中等职业教育国家规划教材
全国中等职业教育教材审定委员会审定
全国建设行业中等职业教育推荐教材

建筑装饰基础技能实训

（建筑装饰专业）

主　编　邱海霞
审　稿　朱　嫕　祝文君

中国建筑工业出版社

图书在版编目（CIP）数据

建筑装饰基础技能实训/邱海霞主编．—北京：中国建筑工业出版社，2003

中等职业教育国家规划教材．建筑装饰专业

ISBN 7-112-05403-6

Ⅰ．建… Ⅱ．邱 Ⅲ．建筑装饰-专业学校-教材

Ⅳ．TU767

中国版本图书馆CIP数据核字（2003）第033250号

本书主要介绍建筑装饰木工、油漆工、抹灰工、钳工、电工等各相关工种基础知识、基本操作、基本功训练和建筑装饰的施工工艺。

在每一章中介绍了各相关工种常用工具的使用方法、基本操作和施工工艺等。本书的内容形式以及与企业的需求都更加密切，且实用性、实践性更强，许多新技术、新工艺也包括其中。本书注重专业技能训练和创新能力的培养，图文对照，新颖直观，通俗易懂，流程清晰，便于学习。全书共分为五章，在每一章节中都有实训步骤和成绩评定标准，供学生掌握操作要领和给教师提供评分参考。

本书可作为中等职业学校相关专业的教学用书，并可作为建筑装饰专业不同层次的岗位培训教材，亦可供相关施工管理人员参考使用。

中 等 职 业 教 育 国 家 规 划 教 材

全国中等职业教育教材审定委员会审定

全国建设行业中等职业教育推荐教材

建筑装饰基础技能实训

（建筑装饰专业）

主 编 邱海霞

审 稿 朱 嫣 祝文君

*

中国建筑工业出版社出版（北京西郊百万庄）

新华书店总店科技发行所

北京市彩桥印刷厂印刷

*

开本：787×1092毫米 1/16 印张：19¾ 字数：478千字

2003年7月第一版 2003年7月第一次印刷

印数：1—3500册 定价：**24.00**元

ISBN 7-112-05403-6

TU·4727（11017）

（邮政编码100037）

本社网址：http://www.china-abp.com.cn

网上书店：http://www.china-building.com.cn

中等职业教育国家规划教材出版说明

为了贯彻《中共中央国务院关于深化教育改革全面推进素质教育的决定》精神，落实《面向21世纪教育振兴行动计划》中提出的职业教育课程改革和教材建设规划，根据教育部关于《中等职业教育国家规划教材申报、立项及管理意见》（教职成［2001］1号）的精神，我们组织力量对实现中等职业教育培养目标和保证基本教学规格起保障作用的德育课程、文化基础课程、专业技术基础课程和80个重点建设专业主干课程的教材进行了规划和编写，从2001年秋季开学起，国家规划教材将陆续提供给各类中等职业学校选用。

国家规划教材是根据教育部最新颁布的德育课程、文化基础课程、专业技术基础课程和80个重点建设专业主干课程的教学大纲（课程教学基本要求）编写，并经全国中等职业教育教材审定委员会审定。新教材全面贯彻素质教育思想，从社会发展对高素质劳动者和中初级专门人才需要的实际出发，注重对学生的创新精神和实践能力的培养。新教材在理论体系、组织结构和阐述方法等方面均作了一些新的尝试。新教材实行一纲多本，努力为教材选用提供比较和选择，满足不同学制、不同专业和不同办学条件的教学需要。

希望各地、各部门积极推广和选用国家规划教材，并在使用过程中，注意总结经验，及时提出修改意见和建议，使之不断完善和提高。

教育部职业教育与成人教育司

2002年10月

前　言

根据教育部建设部有关中等职业学校重点专业建设指导精神，主干专业课程教学大纲开发工作已完成。其中《建筑装饰基础技能实训》是建筑装饰专业的主要实践课程，其教学任务是使学生掌握从事本专业工作所必需的基本操作技术和施工技能，为形成较强的综合职业能力，成为高素质劳动者和初、中级专门人才奠定基础。

专业教学改革方案从培养目标、培养方案、课程体系、培养模式都有了改革与创新，必须有与之相适应的新教材。为了满足中等职业学校人才培养和全面教育的要求，我们编写了能满足当前建筑装饰业所急需人才的配套教材，即《建筑装饰基础技能实训》。

本教材编写是在较强的教学研究和实践基础上进行的。建筑装饰基础技能的培养，经过多年的教学实践，无论从理论上还是实践上都积累了丰富的教学经验和实践经验，本课程也已经形成了一套比较完整的、清晰的体系结构和教学大纲。在教材的编写中我们突出了培养实践能力的原则：理论联系实际的原则；适用性与灵活性相结合的原则。本教材的内容形式与企业的需求都更加密切，实用性、实践性更强，许多新技术、新工艺也包括其中。本教材充分体现了综合能力的培养，体现了实践性特点。注重专业技能训练和创新能力的培养。图文对照，新颖直观，通俗易懂，流程清晰，便于自学。实用性强，可以满足企业对"双证"的要求。

本教材主要介绍建筑装饰相关工种的基本功训练和装饰工程实践的操作方法。共分为五章。每章中都有实训方法和成绩评定标准，供学生掌握操作要领和给教师提供评分参考。

本教材由南京职业教育中心邱海霞主编。南京职业教育中心王勇编写第一章，攀枝花市建筑工程学校赵旭东、齐斌编写第二章，上海市房地产学校卢海泳编写第三章，南京职业教育中心，马忠瑞编写第四章，南京职业教育中心邱海霞编写第五章。清华大学土木工程系朱嫞、祝文君教授担任本书的审稿人，他们对全书的形式和内容以及文字叙述、插图等提出了很多宝贵的意见和建议。编者在此对审稿人员及给予本书编写工作大力支持的院校和中国建筑工业出版社的编辑们表示诚挚的谢意。

在编写过程中笔者参考了许多图书和杂志，书后的参考文献中只列举了主要的参考书目，在此谨向参考文献的作者表示衷心的感谢。

由于时间仓促、编者水平有限，书中尚有许多错误和不足之处，殷切期望专家、同行批评指正，亦希望得到读者的意见和建议。

编者

目　　录

第一章　木工基本技能

本章主要介绍木材的识别选用；常用手工工具和机具的使用和维护；简单构件的下料、放样及制作；成品、半成品保护及质量测评；安全生产和防火要求等。

第一节　常用木材的识别与选用

一、模式标本的采集方法

采集木材标本时，除选择成熟健全树木外，同时要采集带有花、果的蜡叶标本，因为木材分类离不开树木分类，而鉴定树种主要靠花、果的形态。

采集带花、果的标本必须掌握树木开花、结果的季节，要因地制宜（因为我国地域辽阔，季节在南北各地都不一致）。

对于先开花后长叶或雌雄异株等树本应分别或分开收集标本。

木材标本应及时编号，及时压入标本夹中，或暂时放入标本箱中，并要不断换纸、吸水压平，再消毒、装帧。

采集标本的工具有：标本夹、箱、枝剪、锯、斧及野外记录本、标签、绳子和塑料布等。

野外工作应注意安全，并需备有常用药物（消暑、止血、蛇药等）。

二、木材标本的制作

根据要求，截取至少50cm长的带皮原标本，及时记载新鲜木材的材色、气味等。取20cm长制作三切面标本，如图1-1所示。并要做到及时干燥、药物消毒，免遭虫蛀。最后贴上标签，注明科、属、种放在备有樟脑丸的橱内陈列。余下的原木标本气干后制作成一定规格的木材标本，以便贮存和使用。

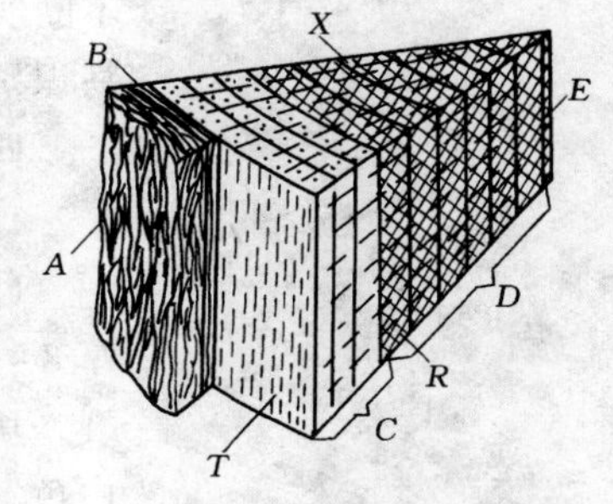

图1-1　木材的三个切面
A—树皮；B—内皮；C—边材；D—心材；E—髓；X—横切面；R—径切面；T—弦切面

随着采集数量的增加，还要对木材标本进行检索表的编制，以便查索。

三、识别木材的方法

木材识别有宏观识别和显微识别两种。前者简易、快速，能满足一般要求，生产上有其实用价值，但准确度较差，特别有些外貌相似的木材难以区分，所以宏观识别仅能鉴定到属、类或常见树种。后者比较精确可靠，但方法复杂，需要一定的设备，通常是在宏观识别的基础上进一步区分，鉴定树种，特别鉴定不常见的树种时是很有意义的。这里仅介绍宏观识别的基本方法。

1. 反复实践

识别木材，首先要对木材的外观（指原木的主要特征和宏观构造）有比较清晰的概念，运用实物，反复对比、识别，以达到熟练程度，并充分掌握一定数量常用树种的外观特征。

2. 抓住主要矛盾

木材种类很多，构造又相当复杂，识别时要善于观察和分析各种木材间的共同点，弄清它们之间的不同点。共同点决定它们同属于一个科或属，不同点决定它们各自独立的种。抓住这些主要矛盾，才能正确区分树种。例如马尾松、红松有许多共同点，所以同为松科、松属；但马尾松早、晚材急变，而红松早、晚材渐变，显然构成不同的两种。再如樟木发樟脑气味，刨花楠有粘液，虎皮楠节疤具粉红色圆圈，毛叶红豆树的心材为桔红色，这些特性都为树种辨认提供了可靠的依据。

3. 对比鉴别

对于外貌特征相似而无明显特征的一些树种，则需分析比较，才能鉴别。如山槐与合欢宏观构造相似，但山槐的树皮为条状，合欢则粗糙而不裂；木蜡与野漆基本相似，但木蜡心材大，野漆心材小等。

4. 综合分析

有些不常见的树种，宏观观察后不易识别，这时就需要查阅检索表和有关资料，直至进一步利用显微镜识别，才能正确判断。

木材初步识别后，应进行核对。如果有标准定名的标本（即模式标本），则核对比较容易。如果没有正确定名的标本，则须查阅有关文献，核对其是否正确。一般来说，针叶材的种类少，比较容易识别。但阔叶材，特别是亚热带和热带的散孔材树种，是很难识别的，必须凭借显微镜下构造和足够的参考文献才有可能识别。

识别木材，一般是由表及里，由原木到木材，由简及繁，由宏观到微观，逐步识别，不断实践，反复练习，不断丰富辨认木材的感性知识，才能不断提高识别木材的能力。

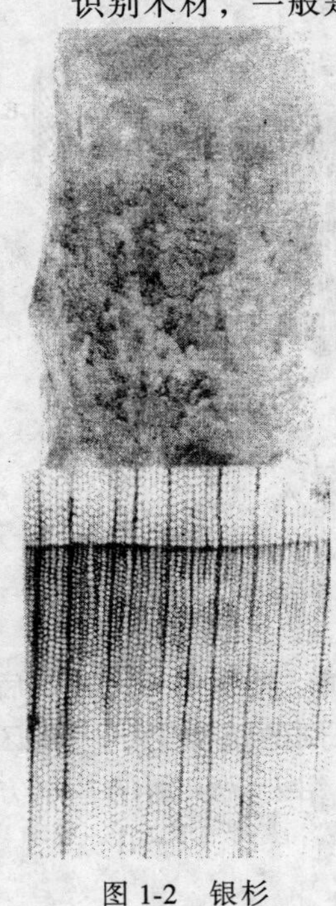

图 1-2　银杉

四、常用装饰木材的特征与用途

1. 银杉

（1）原木特征：常绿乔木，高达 20m，胸径 40cm 以上。树皮厚 8 ~ 10mm 以上，质坚硬，不易剥离。外皮灰黑褐色，不规则浅裂，块状脱落，具斑痕；内皮黄褐色，厚 1 ~ 2mm，石细胞明显，白色，星散状排列，韧皮纤维不发达，易捻成砂粒粉末状。材表平滑。树干断面圆形，略具白色树脂圈。髓实心。

（2）木材宏观特征：心边材区别略明显。边材浅黄褐色，较狭；心材浅红褐色。木材有光泽，微有松脂气味，无特殊滋味。生长轮明显，每厘米约 5 轮。晚材带狭，早材至晚材渐变。木射线极细，肉眼略可见，经面上射线斑纹明显。树脂道数少，在横切面上多数单独，在纵切面上呈褐色条纹。

（3）识别要点：木种为我国特产，系保护树种，该种外皮灰黑褐色，不规则浅裂，块状脱落，具斑痕；石细胞特别明显，为针叶材中少见；材质中等；耐腐性为松科中最强之一。标本见图 1-2。

(4) 用途:该材物理性较好,纹理通直,不易变形、质轻、耐腐,常用于装饰工程的结构、龙骨、木门、窗的制作。

2. 云杉

(1) 原木特征：常绿乔木，高达50m，胸径达1.5m。树皮厚5mm左右，质竖硬，不易剥离。外皮灰褐至暗褐色，老树为不规则浅至深裂，裂片近圆形，为典型的鳞片块状，脱落后具斑痕；内皮浅褐色，厚达2~3mm，石细胞不易见，但可见白色树脂，韧皮纤维不发达。材表平滑。树干断面圆形。髓实心。

(2) 木材宏观特征:心边材区别不明显。木材浅驼色,略带黄白,有光泽,略有松脂气味,无特殊滋味。生长轮明显,稍窄而均匀,每厘米约5~9轮。晚材带狭,约占年轮宽度的1/5,早材至晚材略急变。木射线细。树脂道少,肉眼下看不明显,在横切面上呈散点状或两个以上呈弦向排列,分布在晚材部分。常有油眼。

(3) 识别要点：本类树皮厚为中等，外皮不规则浅至深裂，块状。木材易与冷杉类相混，但本类具正常树脂道，结构较细，有光泽。标本见图1-3。

(4) 用途：该材出材率较高，纹理通直，不易变形，质轻，常用于装饰工程中的结构、龙骨、木门、窗制作。

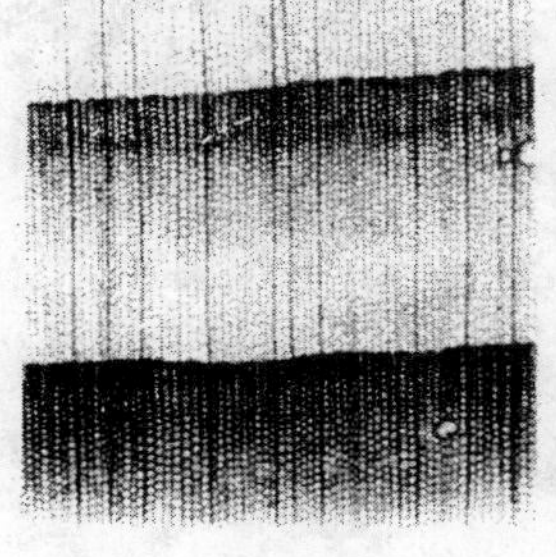

图1-3 云杉

3. 红松

(1) 原木特征：常绿乔木，高达50m，胸径达1m。树皮厚10mm以上，质硬脆，不易剥离。外皮灰褐色，幼树近平滑，老树不规则浅至深裂，块状；内皮黄褐色，厚1~2mm，石细胞未见，韧皮纤维不发达。材表平滑。树干断面圆形，具白色树脂圈。髓实心。

(2) 宏观特征：心边材区别明显。边材黄白色，颇宽，常见蓝变色；心材黄褐色微带肉红。木材有光泽，具松脂气味，无特殊滋味。生长轮明显，狭而匀，每厘米约5~10轮。晚材带甚狭，色略深，早材至晚材渐变。木射线极细。树脂道数多，明显，在横切面上肉眼下呈浅黄色或褐色，星散状，或沿年轮呈弦向排列，多数在晚材部分均匀分布，在纵切面上呈褐色条纹。树脂囊（油眼）很多。

(3) 识别要点：松属依据材质的差异，区分为软松和硬松，软松中材质性脆的白皮松单独列出，故松属划分为红松、白皮松和松木三个商品材名称。本类树皮灰褐至红褐色，不规则浅至深裂；树干断面具白色树脂圈；正常树脂道大而多；心边材区别明显；材质轻软，均匀。晚材带甚狭，不明显，早材至晚材渐变。注意与松木类和油杉类的区别。标本见图1-4。

(4) 用途：该材物理性较好，变形小、出材率高。纹理通直、易加工，是理想的结构、龙骨、木门、窗用材，在装饰等级

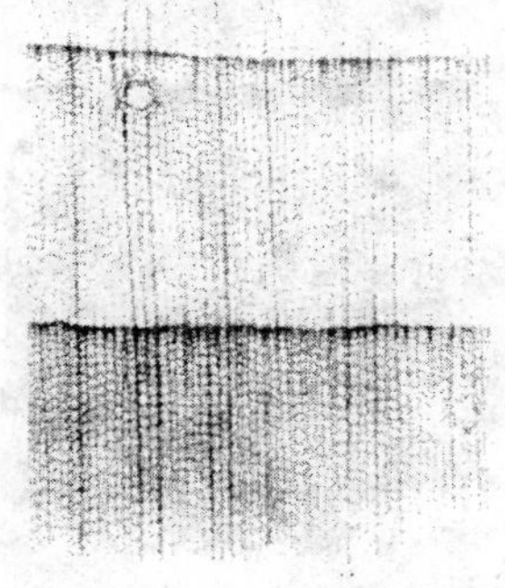

图1-4 红松

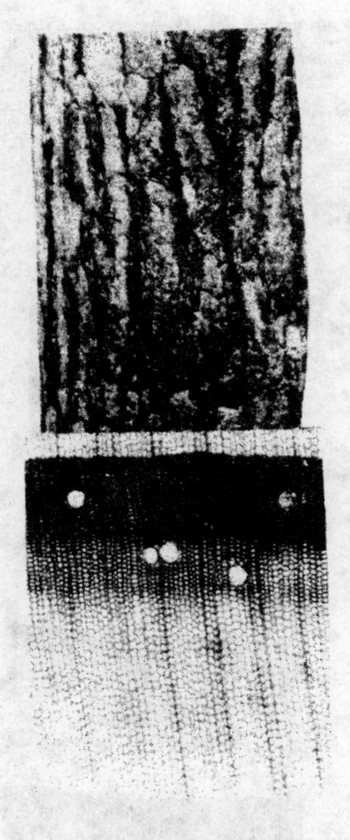

图 1-5　马尾松

不高的情况下也可作为面板和饰面材。

4．马尾松

（1）原木特征：常绿乔木，高达 45m。树皮厚（10mm 以上），质硬脆，不易剥离。外皮红褐至灰黄褐色，不规则浅至深裂，块状；内皮红褐色，厚 1～3mm，石细胞未见，韧皮纤维不发达。材表平滑。树干断面圆形，具白色树脂圈，但易脱落。髓心实。

（2）木材宏观特征：心边材区别明显。边材浅黄色，甚宽，常呈蓝变色；心材黄褐略带红色。木材有光泽，松脂气味显著，无特殊滋味。生长轮很明显，宽狭不匀，每厘米约 2～4 轮。晚材带宽，色深，与早材区别甚明显，早材至晚材急变。木射线极细。树脂道数多、明显，在横切面上呈针孔状或白色小点，多数分布在年轮中部和外部，纵切面上呈褐色条纹。

（3）识别要点：松木类树种属硬松类，本类易与红松类树种相混，但早材至晚材急变；晚材带宽而明显；材质硬、重而不均匀；树干断面白色树脂圈易脱落。现场需注意和油杉类的区别。标本见图 1-5。

（4）用途：该材易开裂和变形，质软硬不易加工，可作一般中、低级装饰工程的结构、龙骨，更多的是用于木地板的地龙骨。

5．柏木

（1）原木特征：常绿乔木，高达 35m，胸径达 2m。树皮薄（3mm 左右），质松软，易条状剥离。外皮浅褐灰色，浅纵裂，裂片窄条状；内外皮不易区分，韧皮纤维发达，薄片层状分离。新伐材树皮断面有树脂溢出，干后呈白色小点，具柏木香气。材表平滑。树干断面近圆形。髓心实。

（2）木材宏观特征：心边材区别明显至略明显，边材黄白至黄褐色带红，略宽；心材浅桔黄微红。木材有光泽，具显著柏木气味，味苦。生长轮明显，略宽，不匀，每厘米 2～5 轮，具假年轮。晚材带极狭，色深，早材到晚材渐变。轴向薄壁组织数多，星散或短弦列，在镜下横切面上呈褐色斑点。木射线极细。具髓斑。

（3）识别要点：本种外貌与侧柏木相似，前者心边材区别略明显。心材浅桔黄微红，柏木香气较淡；后者明显，心材深褐色微紫，香气浓。现场注意观察。标本见图 1-6。

（4）用途：柏木加工后光滑，易作色，有较强的强度和刚度，色差较小。主要用于装饰工程饰面、装饰线条、实木家具、装饰隔断等。

6．楠木

（1）原木特征：常绿乔木，高达 20m，胸径 50cm 左右。树皮薄（3～4mm），质硬，不易剥离。外皮棕褐色，不规则浅裂，小块状脱落，具斑痕，锈色皮孔明显；内皮黄褐色，厚 1～2mm，

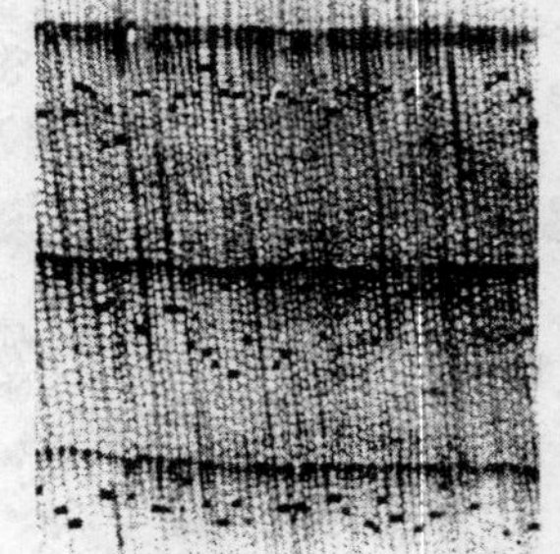

图 1-6　柏木

断面花纹呈火焰状或锯齿状，韧皮纤维不发达。材表细条纹，暗褐色。树干断面圆形，具黑色环层。髓心实。

图 1-7 楠木

（2）木材宏观特征：心边材区别不明显，木材黄褐色微绿，有光泽，具楠木香气，味微苦。生长轮明显，轮界处有深色纤维层，宽度均匀，每厘米 2 ~ 4 轮。散孔材，管孔小，肉眼下略可见，星散或斜列状。轴向薄壁组织傍管束状，镜见。木射线细，肉眼可见，径面射线斑纹显著。

（3）识别要点：树皮和木材有浓烈的楠木香气；材色深浅不一，纹理交错，为本类独特。在现场易区别润楠类树种。标本见图 1-7。

（4）用途：楠木较为贵重，其强度、纹理（尤为弦切面）等为上乘，宜作高档装饰工程中的饰面、实木门、窗、地板、装饰线条、楼梯扶手等脸面部位。

7. 桦木

（1）原木特征：落叶乔木，高达 25m，胸径 80cm 左右。树皮厚度中等（5mm），质竖韧，不易剥离。外皮棕灰带青色，横向开裂，环状卷曲脱落，皮孔明显，线形；内皮黄褐色，厚 4mm，石细胞明显，混合状排列，韧皮纤维不发达，易捻成砂粒粉末状。材表平滑。髓心实。

（2）木材宏观特征：心边材区别不明显。木材浅红褐色，有光泽，具清香气味，无特殊滋味。生长轮明显，宽度略均匀，每厘米 2 ~ 7 轮。散孔材。管孔小，肉眼不易见，星散状。轴向薄壁组织不见。木射线细，肉眼下略可见，径面有射线斑纹。髓斑常见。

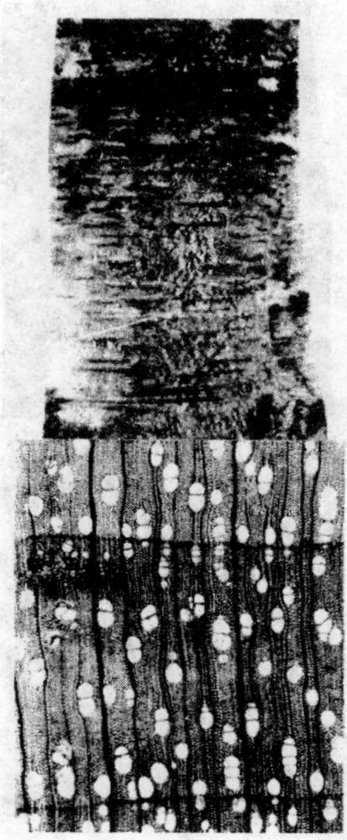

图 1-8 桦木

（3）识别要点：本类树皮多数环状脱落，皮孔线形；心边材区别不明显；散孔材；特征显著，现场极易识别。标本见图 1-8。

（4）用途：桦木可作结构龙骨、中低档装饰工程的饰面、木地板面层等。

8. 榉木

（1）原木特征：落叶乔木，高达 30m，胸 80cm 左右。树皮厚度中等（5 ~ 6mm），质硬，易条状剥离。外皮灰黄褐至棕褐色，不规则浅裂，块状脱落，具斑痕，皮孔明显，线形；内皮黄褐微红色，厚 4 ~ 5mm，石细胞可见，混合状排列，断面花纹辐射状，韧皮纤维发达，柔韧。材表细纱纹。树干断面近圆形。髓心实。

（2）木材宏观特征：心边材区别明显。边材浅黄褐微红色，较宽；心材红褐色。木材有光泽，无特殊气味和滋味。生长轮明显，宽度不匀或略匀，每厘米 3 ~ 7 轮。环孔材。早材管孔中至略大，肉眼明显，宽 1 ~ 2 列，排列稀疏连续；晚材管孔小，镜下可见，簇集、弦向带或波浪形，肉眼可见。木射线细至中，肉眼易见，径面射线斑纹显著，弦面有细纱纹。

（3）识别要点：木类包括榉属所有树种。心边材区别明显，心

图 1-9　榉木

材红褐至赭色；环孔材；轴向薄壁组织与晚材管孔相连成弦向带或波浪形，俗称榆木状；木射线细至中；外皮不规则浅裂，块状脱落，具斑痕。显然与榆木类有区别。标木见图 1-9。

(4) 用途：榉木在中、高档的装饰工程中被广泛的运用在木装修的饰面上，如实木门、窗、装饰木线条、地板、橱柜等。通过加工成为夹板的面层，也是目前木装修较为流行的面板材之一，如果再与白榉面板搭配使用，其效果更好。

9. 柞木

(1) 原木特征：常绿乔木，高达 25m，胸径 80cm。树皮薄（3～4mm），质略硬，不易剥离。外皮浅黄至灰红褐色，幼树平滑，老树不规则浅裂，条块状脱落，具斑痕；内皮黄白色，石细胞镜见，层状排列，韧皮纤维略发达，性脆。材表平滑，具明显的枝刺。树干断面近圆形。髓实心。

(2) 木材宏观特征：心边材区别不明显。木材灰至浅红褐色，具杂斑，有光泽，无特殊气味和滋味。生长轮略明显或不明显，宽度不均匀，每厘米 2～4 轮。散孔材。管孔小，镜下略可见，星散、径列或斜径列。轴向薄壁组织不易见。木射线细，镜见，径面有射线斑纹。

(3) 识别要点：本类仅包括两种，以本种为常见。树身长满枝刺；材质硬重；木材灰至浅红褐色；散孔材；轴向薄壁组织不见；木射线细。现场易与椤木石楠相混，但后者木材红褐色，管孔星散状，而本种树皮富有鞣料。标本见图 1-10。

(4) 用途：榨木木质软硬、纹理较为美丽，是装饰工程中的饰面用材。一般常用于地板面层、装饰木隔断、装饰收口等。

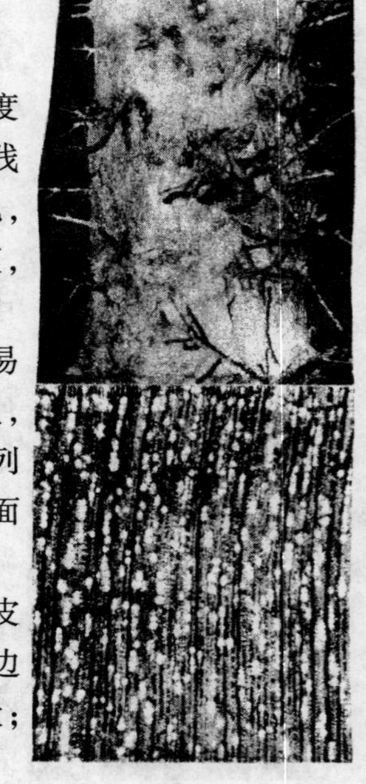

图 1-10　柞木

10. 椴木

(1) 原木特征：落叶乔木，高达 30m，胸径达 1m。树皮厚度中等（5～8mm），质软，易条状剥离。外皮灰黄褐色，不规则浅裂，碎片状（薄片状）脱落；内皮浅黄，厚 4～6mm，石细胞镜见，层状排列，断面花纹辐射状，韧皮纤维发达，柔韧。材表具波痕，棱条可见，树干断面多边形。髓实心。

(2) 木材宏观特征：心边材区别不明显。木材黄白微褐色，易显绿或黄绿色杂斑，有光泽，无特殊气味和滋味。生长轮略明显，略呈波浪形，每厘米 5～8 轮。散孔材。管孔小，镜下可见，径列或星散状。轴向薄壁组织不明显。木射线细，肉眼下不易见，径面射线斑纹不明显，弦面具波痕。

(3) 识别要点：本类包括本属所有树种。韧皮纤维发达，树皮易条状剥离；材表具波痕，棱条可见；多数树干断面多边形；心边材区别不明显，色浅，质轻软；散孔材；管孔多数径列或星散状；木射线细或细至中或中。标本见图 1-11。

(4) 用途：椴木因其较为轻软，并有一定的韧性，故在装饰工

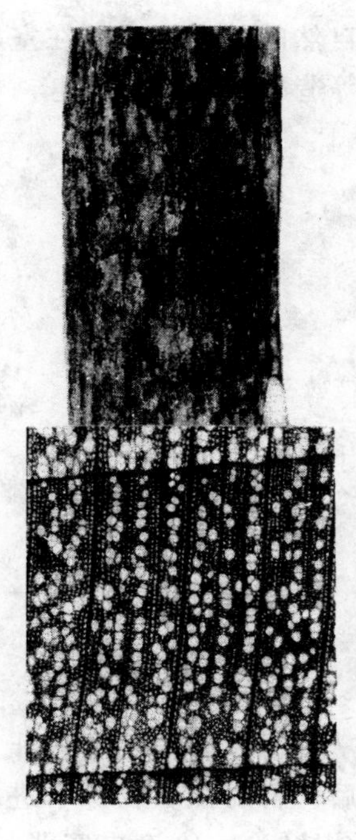

图 1-11　椴木

程中多用于有孤、曲线形等结构部分的基层或龙骨，也可制作木线条等。

11. 水曲柳

(1) 原木特征：落叶乔木，高达 30m，胸径 60cm 左右。树皮厚（10mm 以上），质软，块状剥离。外皮黄褐色，网状深纵裂，窄条状；内皮黄白至浅黄色，厚 6～7mm，石细胞镜见，近层状排列，断面花纹蒜头状，韧皮纤维发达，性脆。材表细条纹。树干断面圆形。髓实心。

(2) 木材宏观特征：心边材区别明显。边材黄白色，狭；心材灰褐色。木材有光泽，无特殊气味，但有酸味。生长轮明显，宽度均匀，通常每厘米 5～7 轮。环孔材。早材管孔中至大，肉眼下明显，宽 1～3 列，排列连续，有侵填体；晚材管孔小，镜见，星散状，在生长轮末端与薄壁组织连成短弦线。轴向薄壁组织傍管状，镜下明晰。木射线细，肉眼下略可见，径面有射线斑纹。

(3) 识别要点：本属根据心材或木材的颜色及管孔等划分水曲柳（包括花曲柳、秦岭白蜡树）和白蜡树（包括苦枥木等）两个商品材类。本类树皮厚，外皮浅至深纵裂，内皮断面花纹蒜头状；心材或木材黄褐色带栗色；环孔材；轴向薄壁组织傍管状；木射线细。本类为我国当前重要而经济价值较高的用材树种，标本见图 1-12。

(4) 用途：水曲柳木质较硬，木纹清晰、弦切面木纹美丽，是装饰工程中的饰面材料。多用于实木地板的面层、实木门、窗、橱、柜等，作为夹板面层的水曲柳夹板价低物美。

12. 杉木

(1) 原木特征：常绿乔木，高达 30m，胸径可达 2.5～3m。树皮中至厚（6～20mm），质松软，易长条状或窗状剥离。外皮灰褐至红褐色，深纵裂，长条状；内外皮不易区分，韧皮纤维发达，性脆易折断，新伐材断面有白色树脂溢出，杉木气味强烈。材表平滑。树干断面圆形。髓实心。

(2) 木材宏观特征：心边材区别明显。边材浅黄褐色，较狭；心材浅栗褐色。木材有光泽，香气显著，无特殊滋味。生长轮明显，宽度不匀，每厘米约 2～5 轮，常有假年轮。晚材带色深，狭，早材至晚材渐变至略急。轴向薄壁组织数多，在横切面上呈褐色斑点，在纵切面上呈褐色细线。木射线细，径面上有射线斑纹。具髓斑。

(3) 识别要点：木种外皮和心材呈紫色；生长轮平滑；早材至晚材渐变至略急；日久后，在材表上具白色粉末。现场易与柳杉区别。标本见图 1-13。

(4) 用途：杉木质轻软，自然木纹较明显，并耐水、腐、不易变形。在装饰工程中多用于普通实木门、窗、木地板等。室内局部

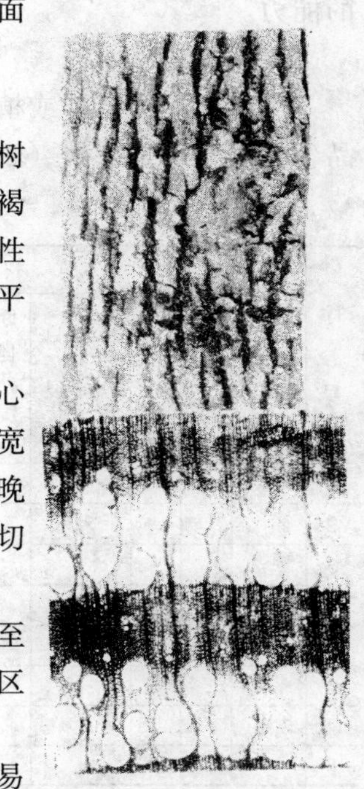

图 1-12　水曲柳

图 1-13　杉木

用其弦切面板材作吊顶面层，能起到回归自然的效果。也可在室外作为装饰板材用，如：做成酒桶、木船等造型，也别有情趣。

五、作业练习

1. 作业内容：

对常见商品木材进行识别。

2. 材料、工具准备：

(1) 原木段（三切面）；

(2) 商品材样品；

(3) 放大镜；

(4) 识别报告表。

3. 识别程序：

树皮→断面形状→年轮→材质→射线→髓心→纹理→颜色→气味→填写报告。

4. 识别要点

认真学习上述木材的识别方法，初步掌握对木材的主要特征和宏观构造的特点。有较清晰的识别概念后，再对照实物标本进行反复实践，反复对比。学生间要进行互相讨论、争论再实践，提高学生的理论和实践相结合的能力和兴趣。木材的识别不是一朝一时就可以掌握的，必须在长期的实际工作中，不断积累，不断地总结经验。所以在今后的教学过程中，要不断地要求学生对使用的木材进行识别，反复研究，并可在生活中（如郊游、植树及日常能接触的任何木制品）积极探索和研究，直至熟练地掌握识别木材的能力。

5. 实地实习

组织学生去郊外或植物园、木材加工厂，进行实地考察和收集标本，制作商品材的样品，并填写识别报告（表 1-1）。

木材识别报告　　**表 1-1**

序号	原木特征												宏观特征					结论		评定
	树皮					断面状况	石细胞	韧皮纤维	年轮	射线	髓心	其他	边心材区别	颜色	气味	纹理	其他	商品材名称	用途	
	厚度(mm)	硬度	颜色	剥离度	开裂状															
1																				
2																				
3																				
4																				
5																				
6																				
7																				
8																				

班级__________姓名__________指导教师__________日期__________

第二节　画　　线

画线是一项重要而细致的工作，它是下料和加工木材制品零件时的依据。

画线时，不但要根据设计图纸的要求，同时还要考虑到加工、装配及安装的需要。

画线的内容有：弹下料线，画刨料线，画长度截断线、画榫眼、榫头线，画割角线等。

一、画线符号和加工余量

1. 画线符号的识别

是在被加工的材料上示出其加工性质、位置、界限和质量。为了便于看懂和识别，以免加工中发生差错，画线符号应作统一规定。

常用画线符号见表 1-2。

常用质量符号见表 1-3。

常用画线符号　　**表 1-2**

名　称	画线符号	说　明	名　称	画线符号	说　明
下料线		平行木纹方向的纵长墨线 有两条以上直线时，表示应按此线下料	基准面符号	NS	常以正面（外观能见的表面）为加工的基准面
中心线		表示中心位置	通眼符号		两面打对穿的榫眼
作废线		不能按此线下料的废线	半眼符号		不穿透的榫眼
截料线		垂直木纹的截料符号，双线外股为下锯线	榫头符号		出榫线

常用质量符号　　**表 1-3**

名　　称	质量符号	说　　明
四面均好的打眼料		木料四面均好，端头无裂纹和节子
四面均好的开榫料		木料四面均好，端头无节子，但可带裂纹
三面好的打眼料（二小、一大）		木料三面好，端头无裂纹和节子
三面好的开榫料（二小、一大）		木料三面好，端头无节子，但可带裂纹

续表

名　　称	质量符号	说　　明
两面好的打眼料		木料两面好，端头无节子和裂纹
两面好的开榫料		木料两面好，端头无节子，但可带裂纹
端头无节子的开榫料		木料端头不能有节子，其他不限（但不断）
只要不断均可用		无质量要求，只要不断均可用
三面好的打眼料（二大、一小）		木料三面好，端头无节子和裂纹
三面好的开榫料（二大、一小）		木料三面好，端头无节子，但可带裂纹

2. 画线的加工余量

木制品的生产，一般要经过锯、刨、凿、磨等工序，因此要损耗部分木材；有的为保证零件装配时有足够的强度和修整的余量，画线时要将毛料的断面尺寸和长度尺寸作适当的放大，即留出加工余量。

因锯割和刨削（以手工工具操作为准）需要留出的加工余量见表1-4。

加　工　余　量（mm）　　**表1-4**

锯割加工	削耗量	刨削加工	消耗量
大　锯	4	单面刨光	1～1.5
中　锯	2～3	双面刨光	2～3
细　锯	1.5～2		

注：刨削加工料长在2m以上时，消耗量还应加大1mm。

为避免零件装配时可能发生损坏端部榫眼，方便装配和修整工作，在长度上留出的增加量可见表1-5。

木制品构件长度加放量（mm）　　**表1-5**

	构件名称	按图纸放长
门窗	门框立梃	70
	门窗框冒头	有走头：20 无走头：40
	门窗框中冒头、中直梃、窗框梃	10～20
	门窗扇梃	40
	门窗冒头、玻璃筋	10～20
	门心板	50
家具	腿	20
	中腿	10
	门梃	30
	面子板、搁板、顶板、底板、抽屉板	30

3. 画线要点

画线前，要选好基准面（以没有弊病、材色木纹好的）；

画线要准确，所画的线宽度一般不超过0.3mm，并要均匀、清晰。尺寸一定要准确；

对于规格相同的零件，应放在一起统一画线，并注意成对（俗称作对），以减少尺寸误差和方向错误；

画线过程中尽可能用同一把角尺，以保证画线的精度。

对于形状较为复杂的构件如线型较多的，曲形、孤形、燕尾榫等，应先制成样板，再按样本进行画线，可以加快画线速度和提高画线质量。

二、画线工具的操作和练习

1. 画平行线练习

画线方法：左手拿住折尺，左手中指抵住尺，注意要指尖朝上，以指甲壳的孤面沿木材侧面边缘前后移动，右手执笔笔尖与折尺端同时进行，便可画出需要的平行线，如图1-14所示。

（1）作业内容：画平行线。

（2）材料、工具准备：木板或细木工板一块；木折尺、木工铅笔。

（3）作业要求：在宽 150～200mm、厚 20～30mm 板材正反面画出间距 5mm 和 10mm 互相间隔的平行线，如图 1-15（每人画不少于 20 道平行线，1 课时完成）。

（4）考查评分：见表 1-6。

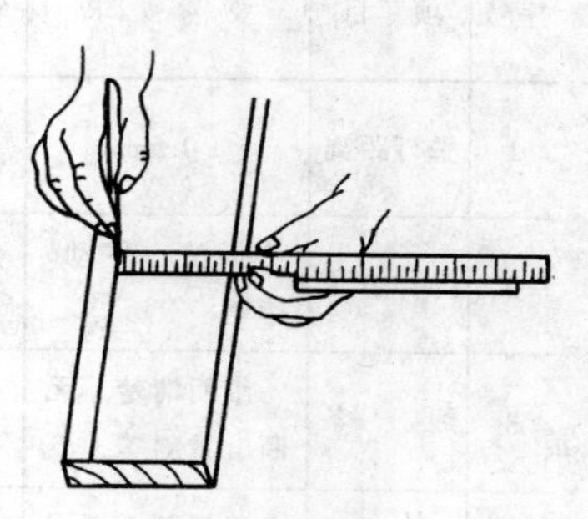

图 1-14 划平行线

2. 直角尺画线练习

画线方法：因直角尺尺柄紧靠木板、方侧面（注意应以基准面为主），沿尺翼画出与木板、方侧边相垂直的线条（通称找方线）；以此线为准，更换被画面（同样以基准面为主），画出四面交圈线段（通常称过线）。见图 1-16。

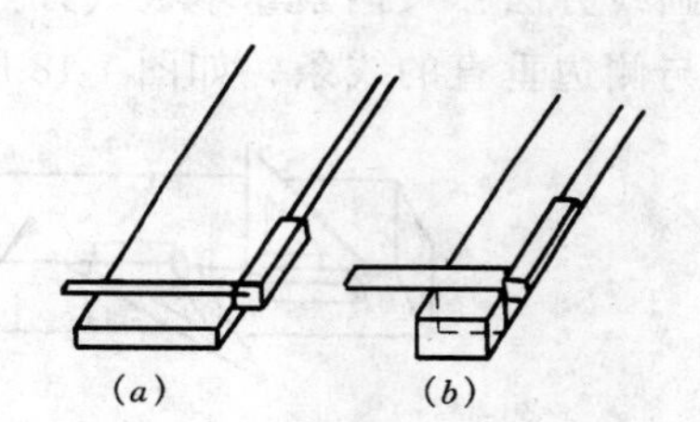

图 1-16 直角尺画线方法
（a）与木材直边相垂直的线（找方线）；（b）四面交圈线（过线）

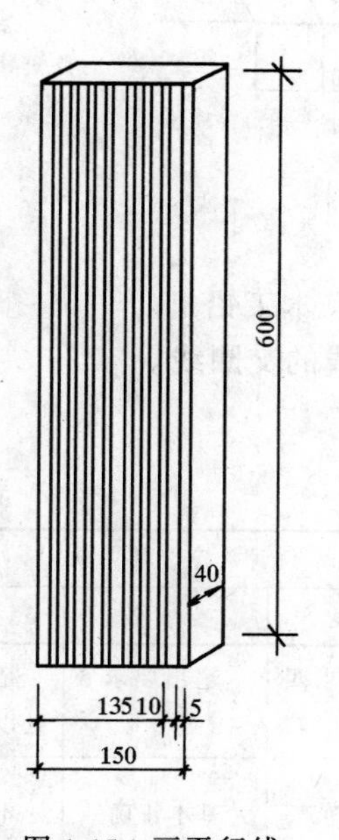

图 1-15 画平行线

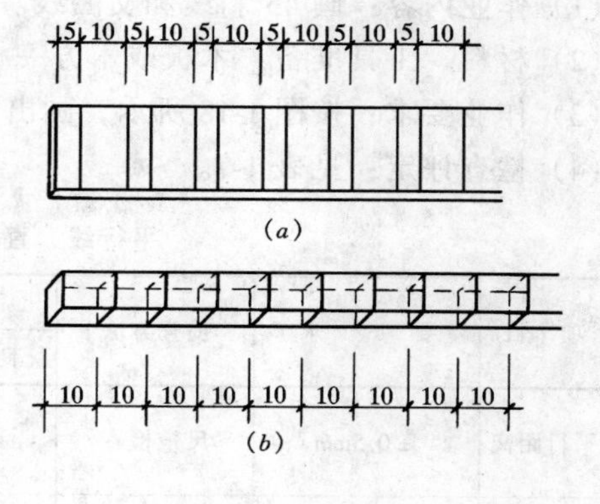

图 1-17 作业要求
（a）找方线正面 40 条；（b）交圈 10 道

（1）作业内容：画找方线、交圈线。

（2）材料、工具准备：木板、木方各 1 块、直角三角尺 1 把、木工铅笔。

（3）作业要求：按图 1-17 所示画找方线 40 条、交圈线 40 道，1 课时完成。

（4）检查评定：见表 1-6。

平行线、直角尺画线考查评定　　表 1-6

序号	项目	要求	检查方法	评定			评定要求		
				优良	合格	不合格	优良	合格	不合格
1	平行距离	±0.5mm	尺量检查				超出要求四处以下	超出要求 5~8 处	超出要求 9 处以上
2	操作方法	指法、移动、持笔	观察检查				操作规范	基本正确	不正确
3	线条	细而清楚，无断、重斜等	观察检查				清晰、整齐	清晰、无大缺陷	有缺陷
4	工效	正反两面画线 40 条以上	观察、清点检查				按时完成	完成 90%	完成 90% 以下

班级＿＿＿＿＿＿姓名＿＿＿＿＿＿指导教师＿＿＿＿＿＿日期＿＿＿＿＿＿

3. 三角尺画线练习

画线方法：尺柄紧靠木板（方）侧边沿 45°尺翼可画出与侧边成 45°斜线；用直角边可画出与侧边垂直的线条，如图 1-18 所示。

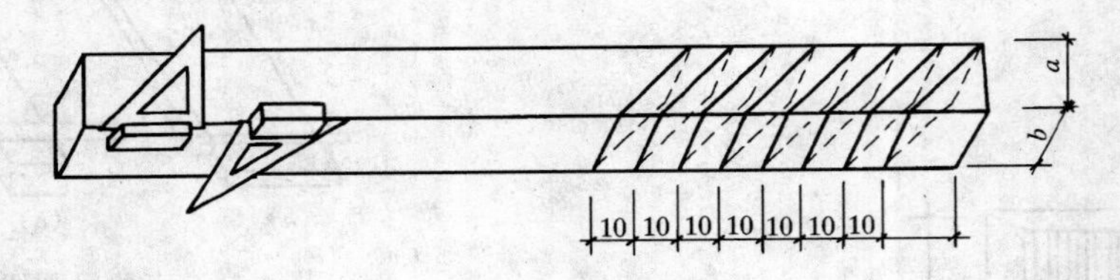

图 1-18　三角尺画线方法

（1）作业内容：画 45°斜线和交圈线。

（2）材料、工具准备：木板或木方一根（块）45°三角尺、木工铅笔。

（3）作业要求：按图 1-18 所示，画出不少 30 道的 45°斜线的交圈线。

（4）检查评定：见表 1-7。

平行线、直角尺画线考查评定　　表 1-7

序号	项目	要求	检查方法	评定			评定要求		
				优良	合格	不合格	优良	合格	不合格
1	平行距离	±0.5mm	尺量检查				超出要求四处以下	超出要求 5~8 处	超出要求 9 处以上
2	操作方法	指法、移动、持笔	观察检查				操作规范	基本正确	不正确
3	线条	细而清楚，无断、重、斜等	观察检查				清晰、整齐	清晰、无大缺陷	有缺陷
4	工效	正反两面画线 40 条以上	观察、清点检查				按时完成	完成 90%	完成 90% 以下

班级＿＿＿＿＿＿姓名＿＿＿＿＿＿指导教师＿＿＿＿＿＿日期＿＿＿＿＿＿

4. 水平尺使用方法：水平测量法是将水平尺置于物体水平方向，如水平尺中间的水准管内气泡居中，表示被测物水平，反之则不水平。为使被测较为准确，应在相同位置将水平尺旋转 180°，如气泡仍居中，则表明所测数据更可靠，同时也表明水平尺精度较为合格。如图 1-19（a）；垂直测量法是将水平尺垂直靠紧被测物体的垂面，如端部水准管内气泡居中，表示该面垂直，在同样位置将水平尺上下端调头测量，如水泡仍居中，表示被测物和水平尺精度合格，如图 1-19（b）。

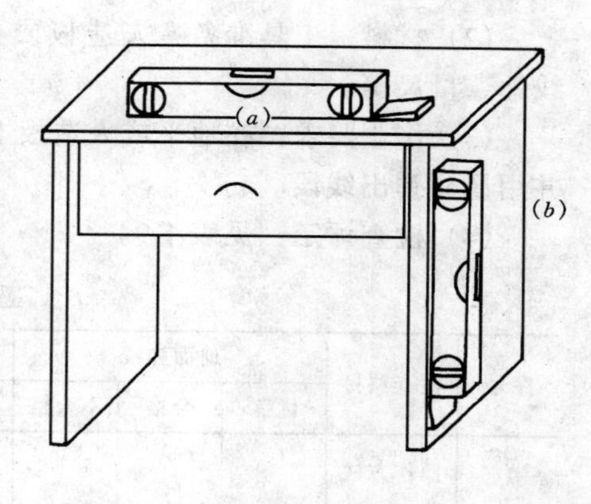

图 1-19 水平尺使用
（a）水平测量；（b）垂直测量

（1）作业内容：水平和垂直测量。

（2）材料、工具准备：课桌、窗洞、墙、柱等，60cm 水平尺。

作业要求：对 4 种以上的物体进行水平和垂直的测量。

检查评定：见表 1-8。

水平尺水平、垂直使用考查评定 **表 1-8**

序号	被测名称	水平评定			垂直评定			工效评定			评定要求
		优良	合格	不合格	优良	合格	不合格	优良	合格	不合格	
											1. 水平、垂直偏差 0～2mm 为优良；2.1～4mm 为合格；4.1mm 以上为不合格 2. 工效 按时完成 优良； 完成 90% 合格； 完成 90% 以下 不合格

班级__________姓名__________指导教师__________日期__________

5. 弹线、吊线工具的使用方法：弹线是用墨斗进行操作，左手握住墨斗，右手用竹笔挤压丝棉（或海棉），使墨汁溢出，然后将竹笔放进墨斗，左手虎口同时压住竹笔，右手拉出饱含墨汁的线绳，将定针扎在木料的一端某点上，将墨斗悬空拉向另一端，右手拇指和食指捏提着墨线，左手无名指和小指按紧轮盘，中指压住浅绳出口，拇指卡握竹笔和斗身，食指定位，拉紧线绳，右手提线的两指同时放开拉紧的墨线使其回弹，在被弹物上弹出墨线，如图 1-20 所示；吊线主要是以线锤找出垂直线，方法是用右手拇指和食指捏紧线绳，中指抵住被测物体加以稳定，锤体自由下垂，闭左眼，用右眼顺线绳上下观察线绳与被测物是否与垂线重叠，来测定被测物是否垂直，或以一点为准，视线顺着线绳来找出另一垂点，或量取上下两端被测物与垂线的距离来测定被测物是否垂直。

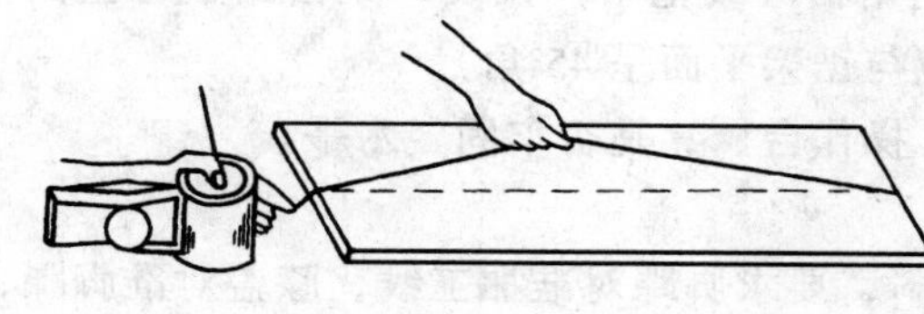
图 1-20 弹线方法

（1）作业内容：墨斗弹直线，线锤吊垂线练习。

(2) 材料、工具准备：人造板或平整地面，墙、柱等，墨斗、竹笔（或木工铅笔）、线锤、量尺等。

(3) 作业要求：在地平或人造板上弹出长度 1.5m 以上的平行线；在墙面找出垂直点并用墨斗弹出线段。

(4) 检查评定：见表 1-9。

墨斗、线锤使用评定 **表 1-9**

序号	检查项目	地面弹线			墙面吊点弹线			评 定 要 求
		优良	合格	不合格	优良	合格	不合格	
1	操作方法							1. 操作方法：规范为优良；正确为合格；有错为不合格 2. 平行，间距相等，线条完整为优良；间距相等为合格；有缺陷为不合格 3. 垂直，偏差 ± 0.5mm 以内为优良；± 0.6 ~ ± 1.0mm 为合格；超过 ± 1.1mm 为不合格 4. 工效：见表 1-6
2	平行线条							
3	垂直线条							
4	工 效							

班级________姓名________指导教师________日期________

第三节 锯割工具的使用

装饰木工现场操作中需要将大料改小、长料截短、切断、锯榫拉肩、裁割板材、挖圆、加工弧曲面等，都离不开锯割工具。手工锯割工具有携带方便、使用灵活等优点，是装饰木工必须掌握的基本工具之一。

一、框锯的使用和维修

框锯又称架锯或手锯，用途最多，是锯割板、方材的主要工具。

框锯分为纵向锯割和横向锯割。纵向锯割如梭料、锯榫等；横向锯割如截、断料、拉肩等。

1. 纵向锯割操作

(1) 操作准备：按作业图画出纵向锯割加工线。

适当绞紧锯绳，以绞板有劲为准，太紧会把锯轴（或把手）拉裂，太松锯条易扭曲，调整好锯条角度（使锯条两端在一直线上，且应与锯架平面呈 45°角）。

检查待锯木料中有无铁钉、砂石等障碍物，操作台、凳是否牢固、水平。

(2) 操作方法：

左脚站立，与加工线成 60°角，右脚踩住木料，要求脚踝对准加工线，膝盖对准脚踝，右手握锯把手，小指与无名指夹住锯轴，胳膊肘对准膝盖，身体与加工线成 45°角，上身略俯，眼睛与加工线垂直（即为：肘、膝、脚踝三点为一条垂直线对准加工线，俗称三点对一线），上下运动，但不能左右摆动。

开始锯割时，锯条中部对准加工线，锯齿向下，用左手食指和拇指捏成钳状，靠近加工线，作为锯条的靠具，以便锯齿能准确的放在加工线位置，而使第一锯准确。然后右手轻轻上下推拉几下（此时千万不可用力，否则会因跳锯而伤手或偏出加工线）。待锯出

5mm 左右的锯缝后，即可腾出左手，帮右手一起推拉，参见图 1-21 所示。

纵向锯割推拉锯时的锯条与被加工木材应呈 75°左右的夹角，上拉（提锯）要轻（即不进行切削），下推要有力并紧跟加工线。手腕肘肩、身腰和上拉、下推同步进行（注意纵向锯割要依靠身体的上下运动，带动手、臂运动，不能只靠手臂上下运动，否则锯不了多久手臂就会发酸，而腰部因一直保持一种状态不动也会硬而发酸）。

图 1-21 纵向锯割姿势

正常的锯割中，要使锯条用满（即不能只用锯条的中间一段，应从上至下都要用），锯割时要随时注意加工的部位，如将靠近工作台、凳时，应提早向前移动加工件，以免将工作台、凳锯割。

锯割至近末端时，锯速应放慢、放轻，同时腾出左手，用左手稳住将要被锯开的工件，防止木料因自重向下突然裂开，而锯伤脚踝和影响锯割质量。

如果锯割较长的加工件时，可以在工作台、凳前再放置一张工作台、凳，使加工好的部分有支撑，也可锯割一半长度后，再从另一端开始，至中部会合（这样因从两端开始在中部会合，对操作者的技能要求就要高些，否则会因误差在中部会合时出现偏差现象）。

2. 横向锯割操作

（1）操作准备：与纵向锯割相同。

（2）操作方法：

将加工件（木材）放置在工作台登上，左脚踏稳加工件，与加工线平行（注意加工线应超出工作台登），以免锯坏工作台、登。

锯割时，右手持锯，左手拇指与食指捏成钳状，靠近加工线，抵住锯条作为靠具，锯条与加工件平面成 30°~45°角，用锯条中部上下轻轻推拉几次，横向锯割姿势参见图 1-22 所示。

待锯切一定深度的锯缝（约 5mm 左右），腾出左手按住加工件，右手重推向下锯割；轻拉（上提），反复进行锯割，同时观察锯缝是否与加工线吻合。

图 1-22 横向锯割姿势

锯割接近端部时，也应腾出左手，稳住将要截断的部分，以免影响加工质量。

3. 框锯维护

（1）一般维护

锯子用后，应及时将铰板放松（以铰板不掉落为准），以延长锯条、锯把和锯轴等部件的使用寿命。如暂时不使用，还要将锯齿上的木屑清除干净，再擦上油进行防锈保护，并将锯齿向下或朝里，放、挂在固定地点或工具橱柜内。

（2）拨齿、锉伐

锯割过程中（或是新买的），感到进度慢，又费力，正常推拉感到夹锯或跑线（不是因操作姿式造成），则说明锯齿不锐利，或锯路偏小，则需要对锯条进行修整。

1）拨齿：锯路偏小或新锯条要用拨齿器对锯条进行拨大锯路，首先应在上下两端（最好在锯轴销钉以外，实际操作中用不到的锯齿），先进行试拨，目的是掌握锯条的硬度和钢度情况及需用力程度，然后再按照设定的料路进行拨齿。拨齿应左右对称，不能有宽窄和倾斜现象，更不能来回拨动，以免拨断锯齿。一根锯条的锯路，从上到下的料度应为枣核形，即中间部分最大，均匀地向两端缩小，至离锯轴销钉处30～50mm，可以不要拨料度，这样的料路既好用，又轻松省力，但要求是整个枣核状的料路一定要呈纯孤形，不得出现波浪状，所以料路拨完后，要认真仔细地迎光检查，如发现局部位置的料路不符合要求，一定要重新校正，在校正过程中，千万不可急燥，以免重复拨齿而将锯齿拨断。

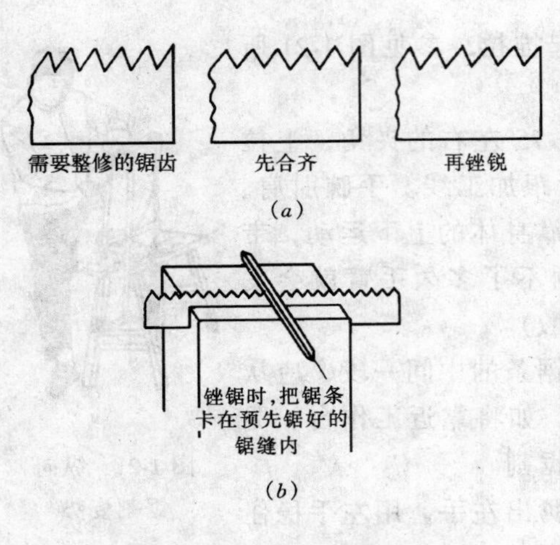

图 1-23　锯齿的锉伐

2）锉伐：锉伐不锐利的锯齿应用三角锉进行。锉伐前，要检查每个齿尖是否在一直线上，如不在一直线上，可用平锉进行合齐，再逐齿锉锐，如图 1-23（*a*）所示。锉伐时，应把锯条卡在板方材预先锯好的锯缝内，也可夹在台钳上，露出需要锉伐的锯齿，锉刀要紧贴齿刃并与锯条面成垂直，前推用力，拉回略离，用力均匀，一齿一锉，逐个进行，不能左右摆动，也不能忽轻忽重。从头至尾锉伐的角度和深度都应一致。锯齿锯伐参见图 1-23（*b*）所示。

向前推时，要使锉面用力摩擦锯齿，要锉出钢屑，回拉时要轻抬，离开齿刃，锉锯齿分描尖和掏腔，描尖就是按照锯齿尖端角度，将齿锉锋利；掏腔就是利用锉的边棱，按照规定角度进行锉，使两齿间夹角加深，锯齿加大。

锉伐好的锯条，锯齿齿尖要高低平齐，在一条直线上，各齿间距要相等，大小一致，夹角一致，锯齿斜度要正确，锯齿尖要锉得有棱有角，非常锋利，用指尖碰触时有粘手感觉，且呈乌青色。

4. 操作中常见的通病与对策

(1) 跑线

跑线的主要表现：一是锯缝与加件表面的加工线相符，但加工面下部（即反面）偏出；二是上下都偏浅，且越想调整，偏线越大。主要原因是操作姿势不正确，如身体倾斜过度或没有倾斜，造成锯条与加工件不成垂直而引起上部对线下部不对线；再者是锯齿钝、或锯路不符合要求，这样的情况即使是熟练工人也无法锯割好。因此，首先要练好操作姿势，尤其是三点对一线的方法，初学时，有些不习惯，总感到有所不适，或者顾上不顾下，身腰不能随着手臂一致运动，不一会就感到很累、很酸，或者一开始上下运动速度太快，而锯条越用越短（是指不能用满锯），熟练的工人，应该是很有节奏的，下锯重，回拉轻，一下是一下，看似速度不快，但锯割效果却很好。所以，一定要按规范练习，才能掌握锯割的操作要领。一般在学校学习时除老师不断巡回指导外，更应安排好学生间的对练（即一人操作一人观察、纠正，一人操作多人评判的方法，来提高练习质量和学习热情（兴趣）。如果一开始就不能按规范要求练习，待养成习惯后，很难纠正；三是要经常检查锯齿的角度和锐利程度，发现料度偏小，或锯速缓慢（用正常的力量而锯料变慢），或出现跑线、偏线等情况（在正确姿势），应随时对锯进行维修。如锯没有问题，锯割中因不在意的情况下出现偏线现象时，不应急燥，而是先将锯条调整与工件成90°角（这样锯条与工件的接触最窄），一边缓缓地进行上下锯割，一边慢慢地调整，（加工线应呈弧形向正确的加工线上调整），切不可强行只顾上面到线，而下面却偏线越来越多（即调整需要有一定的锯割长度，最少也得超过锯条的宽度）。

（2）锯割角度不正确

这主要是因为锯条与加工件的夹角变小，而造成的，一般初学者往往只图快，而忽略了锯条与工件之间的角度要求，只顾上表面紧跟加工线锯割，而不顾下部进展缓慢或原地不动，使锯割角度越来越小，无形中使原加工件断截面变长变大，从而增加难度（斜面越长即厚度变得越厚）。因此操作中应及时停锯，随时观察（或相互提醒），锯条与加工件的角度，如夹角偏小（正常角度应为75°~80°）应及时调整。

（3）横切面翘曲、倾斜

表现在横向锯割中锯切面变形、歪斜，达不到原来的要求。这主要因为：一是锯割姿势不正确，没有按规定的角度进行操作；二是锯齿磨钝未进行修整、锉伐；三是锯路不均匀，不锋利，或有半边大小的现象。因此一方面要练好操作姿势，掌握锯切角度，另一方面要将锯齿锉锐利，锯路调拨符合要求，同时对初学者最好在锯割（横向）时要四面画线，逐面按线进行锯割，以保证横切面平整，厚度一致。

（4）锉伐不正确

表现在所锉齿形大小不一，高低不平，或呈孤形等。这主要因为：一是锉刀端不平，常常改变与被锉面的角度；二是用力不匀，使齿深不一致，造成所锉齿大小不一；三是没有将锯条卡、夹在预先锯好的锯缝的木料或台钳上，进行锉伐，而是用一只手捏住锯条，一只手锉锯而产生锉齿角度不一、深浅不一的不规范现象。因此，首先应预钉好锉锯架，将锯条固定后再进行锉伐，不要怕麻烦，锉伐时要端正锉刀，用力均匀，经常观察锉面的角度，发现偏差及时修正，并且要多练，才能掌握好锉伐的基本功。俗话说：磨刀不误砍柴功，这道理在锯割操作中，同样重要。

5. 锯割练习和考查评分

（1）锯割练习（作业内容）

1）纵向锯割练习，见图1-24（*a*）4课时完成。

2）横向锯割练习，见图1-24（*b*）2课时完成。

（2）材料、工具（每人）

材料：50mm×100mm×800mm木方2根。

工具：中框锯、直角尺、量尺、木工铅笔墨斗、八折尺、工作凳等。

（3）考查评分：见表1-10。

二、板锯的锯割操作

板锯在装饰工程中往往用于框架锯不便操作的情况下，如较宽板材的锯割（多数用于人造板板材的加工），或框锯不易加工的部位，因为板锯没有框架，操作时较为灵活、方便。

板锯的操作方法和维护方法与框锯基本雷同。

1. 锯割较宽的板材或人造板，板锯的操作方法近似框锯的操作方法，只是锯与板的夹角略小于框锯的纵向锯割；略大于框锯的横向锯割的角度，大约为60°左右为宜，并在

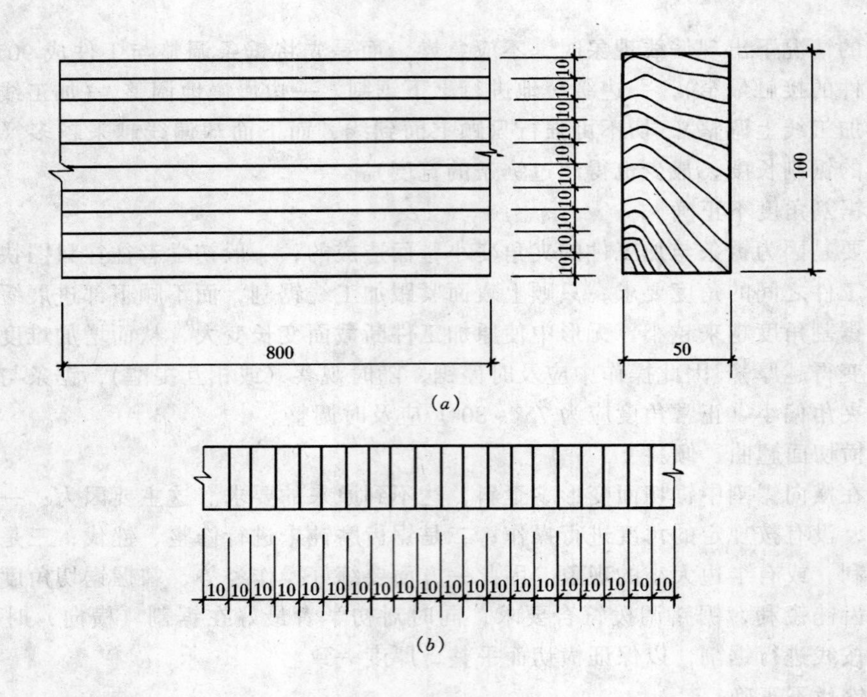

图 1-24 锯割练习
(a) 纵向锯割练习加工图；(b) 横向锯割练习加工图

线外下锯。其锯割的方法可参见图 1-25 所示。

锯割考查评分 表 1-10

序号	项目		单项配分	完成次数（工效）	得分（均分）	评定要求
1	操作姿式	纵向	15			姿式规范 15 分 正确 10 分 有缺陷 5 分 不正确 0 分 观察检查
		横向	15			
2	缝隙	上下偏差	10			上下偏差 1mm 扣 1 分 尺量检查 调头拼合锯面每 1mm 空隙扣 1 分 楔形塞尺检查
		偏离中心	10			
3	角度	纵向	10			量角器检查 偏差 ± 5°以下 满分 ± 6° ~ ± 8° 5 分 ± 9°以上 0 分
		横向	10			
4	安全卫生		10			无工伤，现场整洁
5	综合印象		20			工效、工具使用、维修正确 画线标准 劳动态度等

班级________姓名________指导教师________日期________总得分________

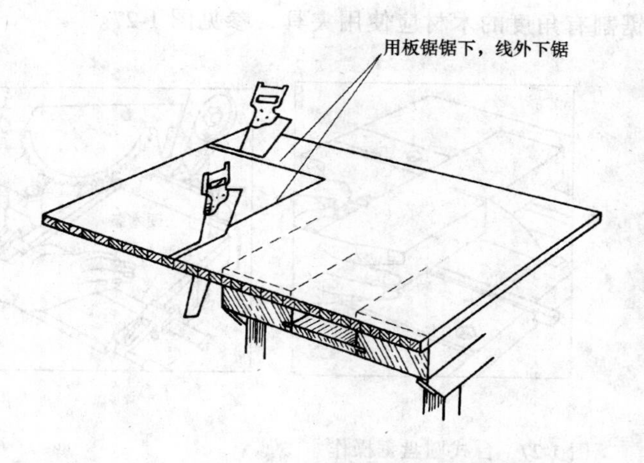

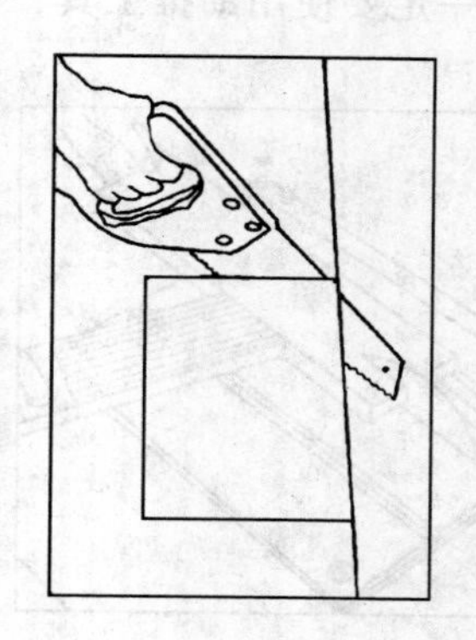

图 1-25　板锯锯割方法

2. 装修改造部位的锯割

对于在装饰过程中的框架、龙骨，木隔断面层、露出墙面的木楔等需要改造或锯割时，用板锯进行操作也是比较方便的。如图 1-26 所示。

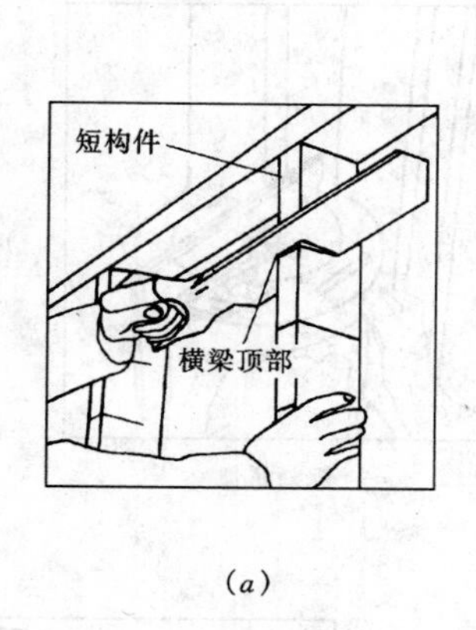

(*a*)

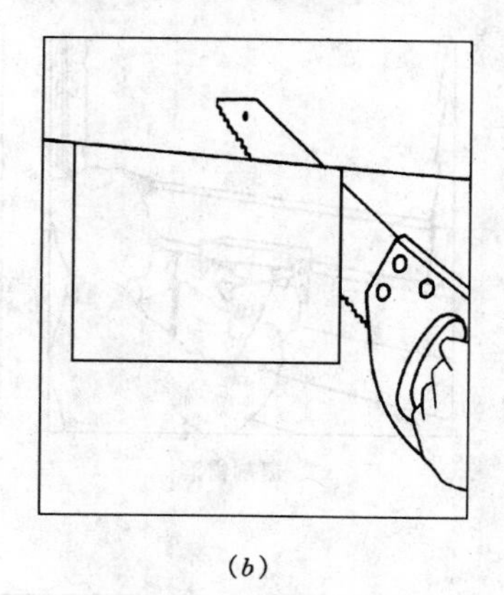

(*b*)

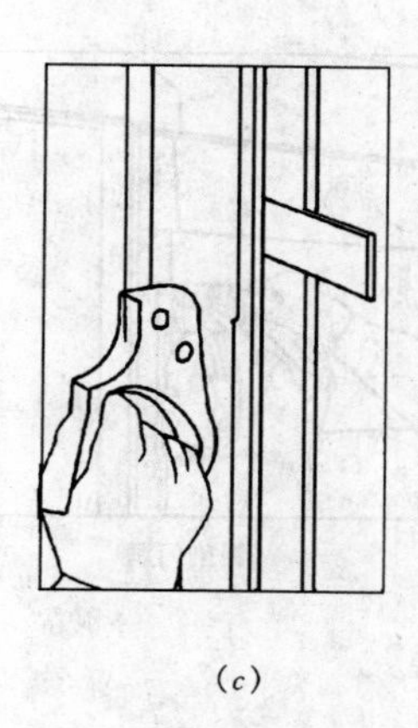

(*c*)

图 1-26　改造剖位的锯割

(*a*) 改造框架、龙骨；(*b*) 锯隔断面层；(*c*) 锯露出的木楔

三、电动锯割工具操作

电动锯割工具主要有台式圆盘锯、手提式圆盘锯和曲线锯（也称往复锯）等。

电动锯割工具的主要特点是：速度快，配合其他靠板和模具后加工效果既快，又准确，但操作中一定要注意安全。在操作过程中一定要遵守电动工具的操作规章。

1. 台式圆盘锯的操作

操作时一般两人配合进行，上手推料入锯，下手接拉锯尽。上手掌握木料一端，紧靠导板，目视前方，水平的稳准入锯，步子走正，照线送料，下手等料锯出工作台面后，接拉后退，直至木料离开锯片。两人步调一致，紧密配合。上手推料距锯片 300mm 时放手，人站在锯片的侧面，下手回送木料时要防止木料碰撞锯片，以免弹伤人。

进料速度要按木料软硬程度、节子情况等灵活掌握，推进不要用力过猛，锯到有节子处速度要放慢，木料过短时应用助推工具。如果一人操作，在操作中更应注意，过于短小的木料一定要使用助推工具，锯割有角度的木材应使用夹具，参见图1-27。

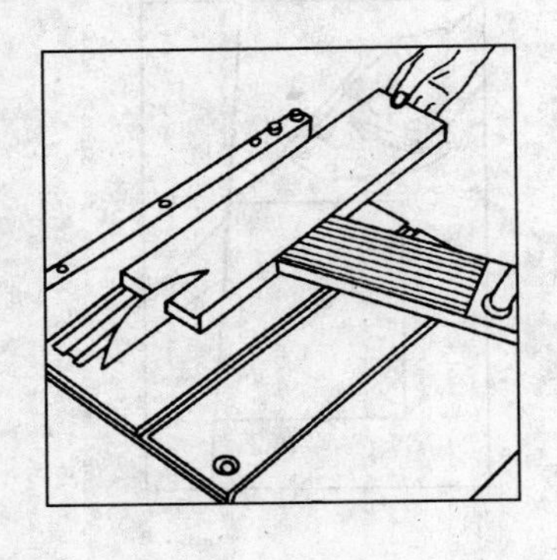

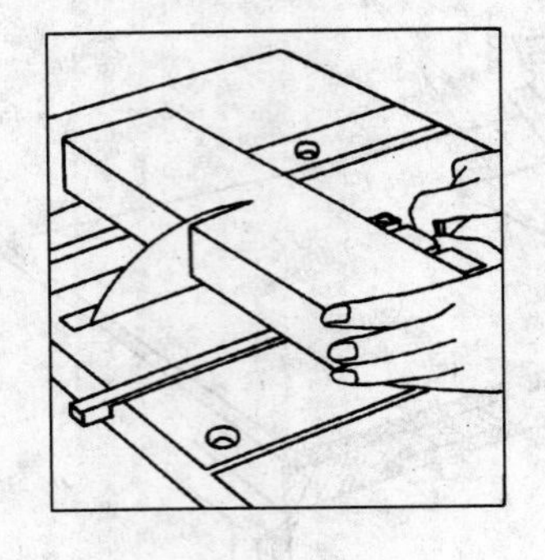

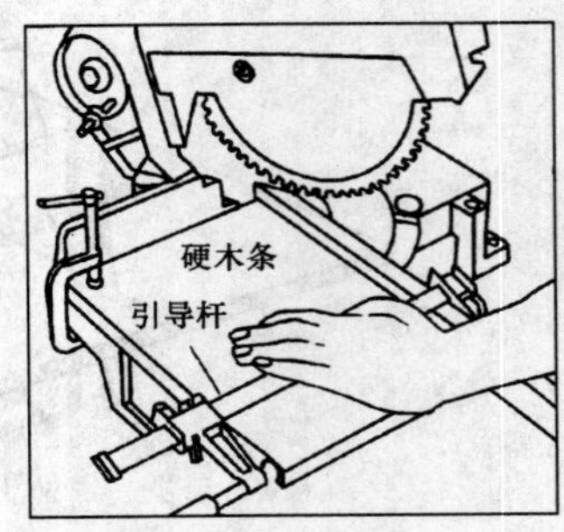

图1-27 台式圆盘锯操作

2. 手提式圆盘锯

手提式圆盘锯操作比台式圆盘锯更为灵活方便，如辅以模具也可作较长的纵向锯割。如在木质墙面开门窗洞、锯割木隔断龙骨等，如图1-28所示。

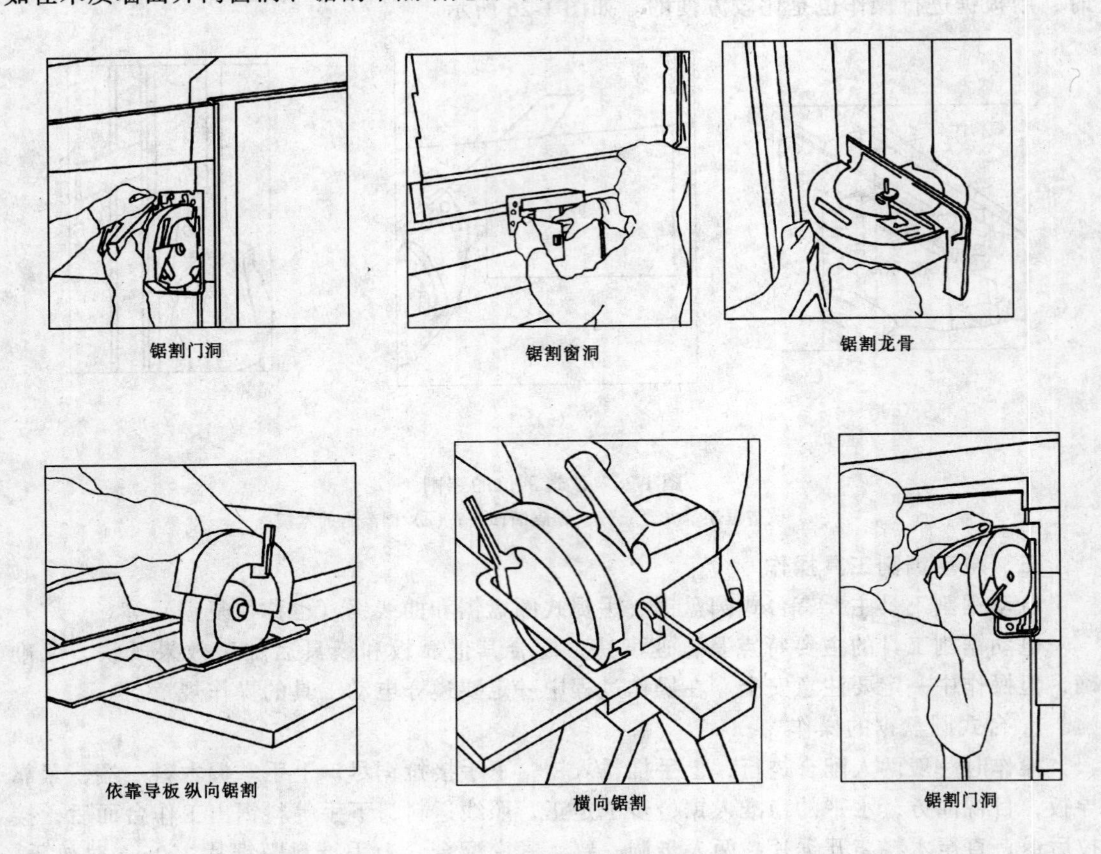

图1-28 手提式圆盘锯的操作

3. 手提式曲线锯

曲线锯又称往复锯，曲线锯的操作方法与手提式圆盘锯基本相同，只是曲线锯锯条较窄，为上下运动。它可以锯割弧、曲线，还可以作为墙、顶等部位的后期开孔、洞，只要在需锯割的范围内钻一能容锯条宽度的孔便可操作。如在天花板上开洞、台面开洞、浴盒框架面板上开洞、料理台面板开洞等，参见图 1-29 所示。

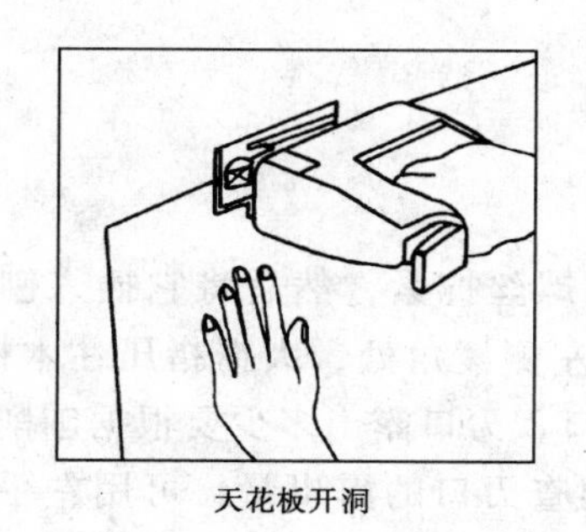
天花板开洞

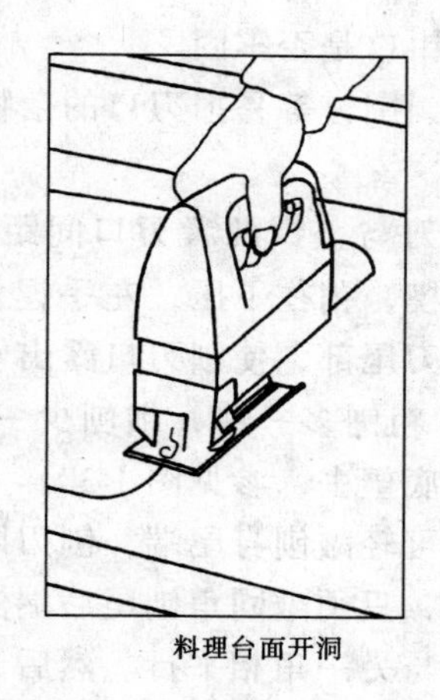
料理台面开洞

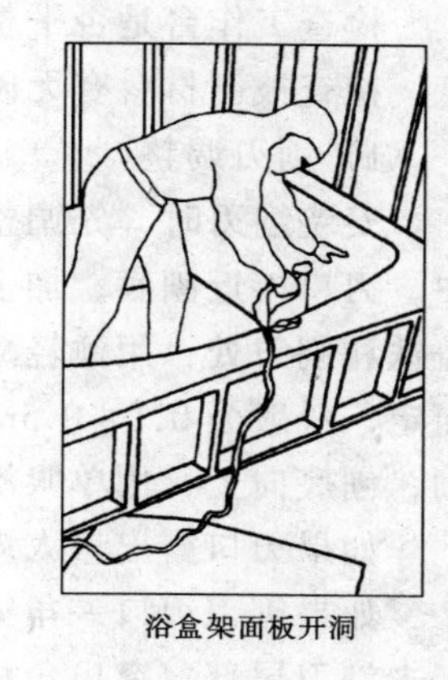
浴盒架面板开洞

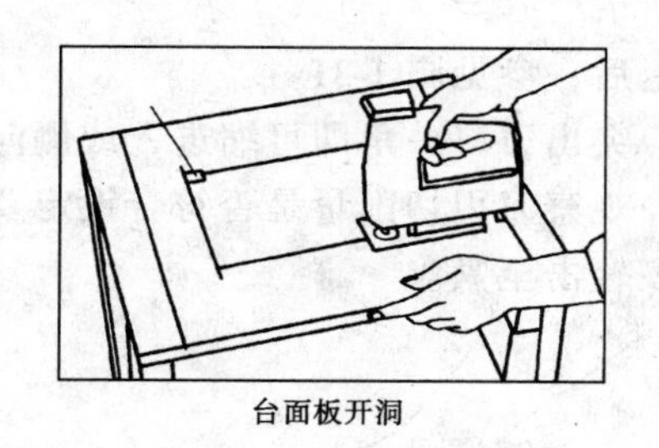
台面板开洞

图 1-29　曲线锯操作

4. 手提式电动锯割工具的使用和维护要点

（1）使用前，要检查机具是否完好、锯片（条）是否安装牢固。锯片（条）吃入工件前，就要启动电锯，待转动、运行正常后，再进行操作。锯割过程中不得强行改变线路，以防卡锯阻塞，甚至损坏机具。

（2）切割不同材料，最好选用不同锯片。如纵横组合锯片，可以适应多种切割；细齿锯片（条）切割面较细但锯路较小，应慢速进行；粗齿锯片（条）切割面较粗但速度较快。

（3）一般右手紧握电锯，左手远离刃口，同时应注意电缆避开锯片，以防电缆被锯，而导至事故的发生。

（4）锯割快结束时，要用力掌握好电锯，以免发生倾斜和翻倒。锯片没有完全停止转动前，人手不得靠近锯片。

（5）更换锯片时，要将锯片转、插至正确的位置，要经常检查锯片、条的锋利情况，并随时换掉不合格的锯片、条以提高工效。

第四节　刨削和凿孔工具的使用

刨按其构造和用途分为平刨和特殊刨两大类；凿孔工具也按其用途分为凿孔和铲削两种。

一、平刨的使用和维修

平刨用来刨削木料的平面，使其平直、光滑，是装饰木工的主要工具之一。

1. 平刨操作

(1) 操作准备

检查工作台是否平整，钳口是否牢固。

检查被刨材料有无砂石、圆钉等易损刃口的杂物。

1) 刨刃调整

安装刨刃时，先调整刨刀与盖铁两者刃口间距离，用螺丝拧紧，然后将它插入刨身中，刃口接近刨底，加上木楔，稍往下压，左手捏住刨身左侧棱角处，大拇指压住木楔，盖铁和刨刀处，用锤轻敲刨刀尾部，使刨刃口露出刨口槽口，刃口露出多少要根据刨削量而定，一般为0.1～0.5mm，粗刨多一些，细刨少一些。检查刃口的露出量，可用左手拿刨，刨底向上，用单眼沿刨底望去，参见图1-30。

如果刃口露出量太多，可轻敲刨身尾端，刨刃即可退后，参见图1-31。

如果刨刀刃口一角突出，只须敲同角刨尾后端侧面，突出刃口一角即可缩进，或侧向轻击刨刀尾部，突出角将会与另一角相平行。然后试刨，观察刀刃切削量是否符合设定要求，如不符合，继续调试，直到符合要求为止，再将木楔轻击至紧。

图 1-30 进刃

图 1-31 退刃

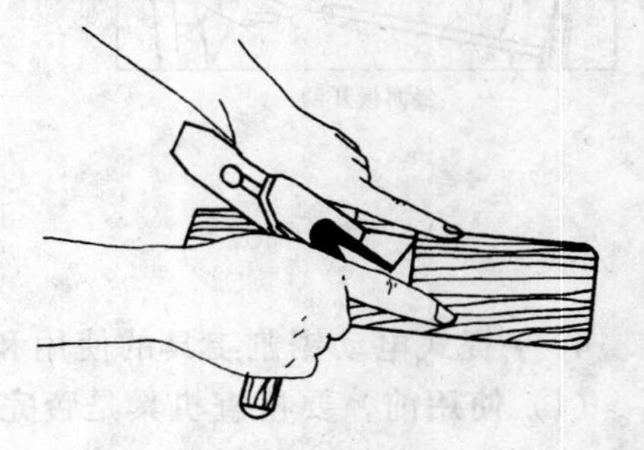

图 1-32 双手握刨

2) 刨面选择

操作前，应对刨削面进行选择，先看木料的平直程度，再识别是心材还是边材，顺纹还是逆纹，一般要选择比较洁净，纹理清楚的心材作为大面，先刨心材面，再刨其他几面。并顺纹刨削，这样容易使刨削面平整，而且比较省力，逆纹刨削会发生戗槎现象，往往因刨花不能顺畅飞出而堵在刨刃与盖铁交接处，而且刨面粗糙，起雀纹，推刨既费力又不通顺。

图 1-33 推刨

(2) 纵向刨削

推刨时，双手紧握刨身，食指前伸压在刨花出口前部，参见图1-32。大拇指在刨柄后，然后，大拇指须加大推力，食指略加压力，左脚在前，右脚在后，成丁字形，双臂略曲，身体随双臂一同运动，双臂同双手用力一致，一齐用力向前推刨，参见图1-33。推刨中途用力要均匀，双臂借助身体向前运动的力量，再转至两手，直到刨刃将近端点，再将两臂伸直，利用两臂由弯曲到伸直的运动力量完成最后一部分的刨削，而不能只靠双手或双臂的运动（运动距离短）完成刨削，所以，要想刨削既省力又刨削距离长，就须学会应用身体运动未增加刨削力量。这是初学者常常忽略而又十分重要的操作动作。

刨削时，向前推刨应用拇指和食指向下加压，使刨底紧贴加工面，而退回时，则应将刨身后部略提起，以免刃口在木料上拖磨，使刃口迟钝。开始不要将刨头翘起，结束不要使刨头低下，如图 1-34 所示。否则，刨出来的木料表面中间部分就会凸起，使刨削的木料成为弧形。

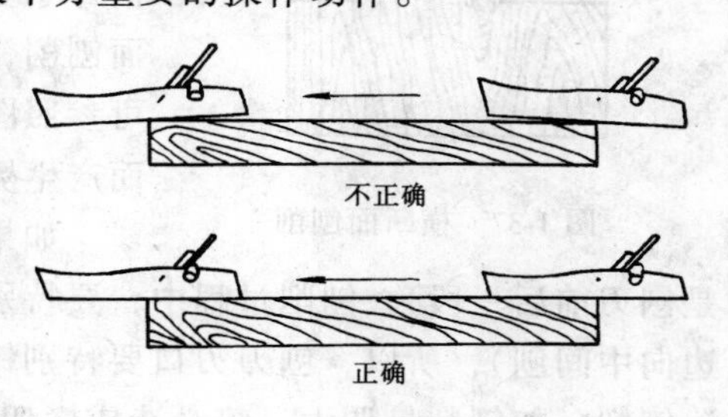

图 1-34　推刨方法

如果被刨削的木料面有凸出部分，应先刨凸起的部位，直到凸起部位与其他部位平齐，再顺次刨削；如果被刨削的木料翘曲，则应刨削翘曲的两对角，不得只刨一只角，使这部分刨削量过大而引起局部尺寸不够的错误。

总的来讲，刨削应按照：先看（观察、挑选）后刨，先刨好面、后刨差面，先刨凸后刨直，先刨翘（翘曲）后刨平（平整），边刨边看，刨看结合的原则，进行练习。

检查刨削面首先要学会单眼观察直和平，刨削面直与否，可通过以一端为准看到另一端是否成一条直线来确定。如从一端看往另一端，中途出现有凸凹现象则说明不直，而刨削面是否平整，必须用双手抓住木料两端以直边为基准，慢慢地转动木料方向，使基准直边与另一边相比较，是否在同一平面上，（即两边直线是否重叠）。如通长两道直边重叠说明刨削面平整。如有部分不重叠则说明刨削面不平整。初学者往往一时不能观察出平整程度，可用两块以上刨削过的刨面重叠在一道，迎光观察，有无空隙。为防止巧合，应再与其他刨面对比（采用第三块刨削面与第一块刨削面重叠，或调头重叠，就能大致确定刨削面是否平整，并能总结单眼观察平整度的经验）。

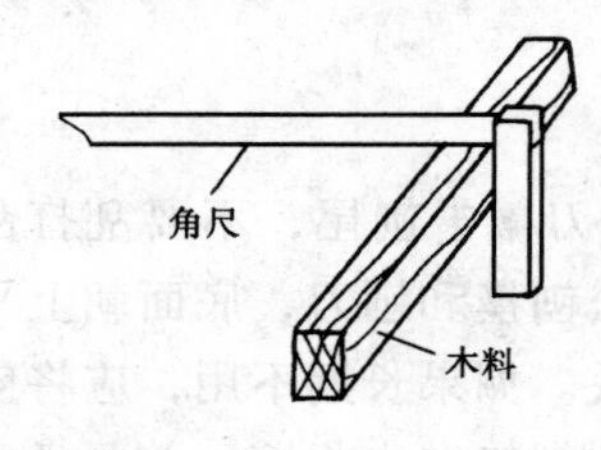

图 1-35　检查直角方法

确定第一个刨面平、直后应及时在刨面上标好大面符号（*S*），再刨削相邻的一个面，这个面不但要检查是否平直，还要用直角尺内角沿大面来回拖动，检查这两个面是否相互垂直（成直角），参见图 1-35。如不符合标准，应修刨第二个面，使其与第一个面必须成直角，直至标准，也标出 *S* 符号。以 *S* 符号的面为基准，用拖线（画平行线）法，画出所需要的宽度和厚度线，依线再刨其他两面，并用同样方法，检查其平，直及其与相邻面是否成直角，就能刨出合格的木料。

（3）横断面刨削

横断面刨削，一般应将需刨削工件用夹具或抵紧于固定的物体（但不能妨碍刨削操作），使其不松动，或是一手抓（抵）紧加工件，一手刨削。单手握刨参见图 1-36。

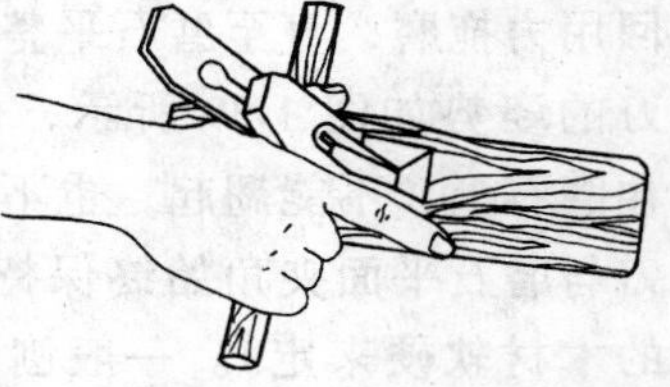
图 1-36　单手握刨示意

刨削时，从两端向中间刨，不能从一端刨到头，防止木材劈裂，如图 1-37 所示。一般在较宽板面端部作横刨时，应先用粗刨，将较凸出的部位，或毛头刨去，再用细刨刨削，如刨面需光洁，

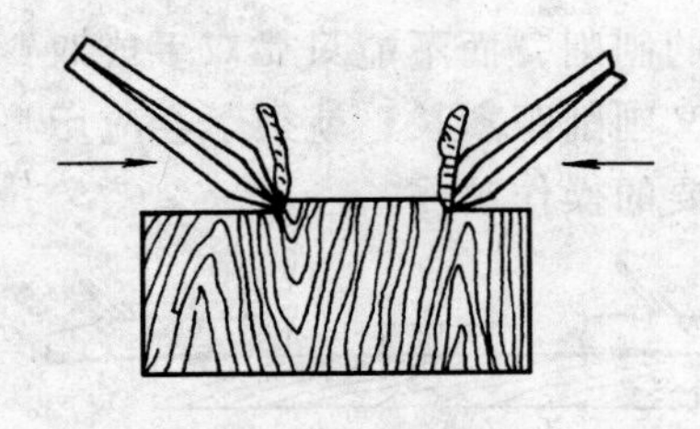

图 1-37　横断面刨削

还可在横切面上用水略潮湿后再刨削，就能使刨面既平整又光洁，同时还不易劈裂，无论何种横切面刨削，都必须格外小心，最好先将横切面的四边棱角刨去，再进行横切面刨削，就更加妥当。如果在刨削细木工板或多层头板时可参照图 1-38 所示。在刨削中千万不可一次从始刨至终端而产生劈裂现象。

如果横切面不长，刨身与刨面接触部位较少（往往只是刨刃前后一段），刨削过程中，要特别注意刨削面的平直（因刨削行程较短，又要从两边向中间刨），所以，刨刀刃口要特别锋利。否则会因刨削量偏小，加上刃口不锋利而无法刨削，如刨削量调大，势必造成横切面粗糙，且易造成劈裂。

2. 刨的维修

(1) 刨的一般维护

图 1-38　细木工板刨削方法

刨在使用时，刨底要经常擦油（机油、黄油均可），进退刨刀敲击刨尾，不要乱打乱敲，刨削时木楔不要打得太紧，以免损坏刨梁，用完后必须退松刨楔和刨刀，底面朝上平放在工作台上擦净、上油，或刨口朝里挂在工具橱中，不要乱丢。如果长期不用，应将刨刀和盖铁及镶口铁涂上黄油，以防锈蚀，将刨楔插在刨口内以防刨口向内收缩，并要经常检查刨底是否平直，如有不平整应及时修整，否则不能使用。

(2) 刨刀研磨

刨刀研磨前要检查磨石是否平整，如磨石面凹陷，不能研磨刨刀，需要用砂放在水泥地面再用磨石在上面来回用力拖磨，直至磨石平整。

磨刨刀的姿势如图 1-39 所示，研磨刀刃时，刀口斜面贴在磨石上，不能翘起，也不能后抬如图 1-40 所示。刨刀与磨石平面夹角始终保持 25°～30°（可根据被刨削的木材软硬来定）。一般刨削较软的木材夹角偏小，这样刃口更为锋利，刨削时较为省力且光

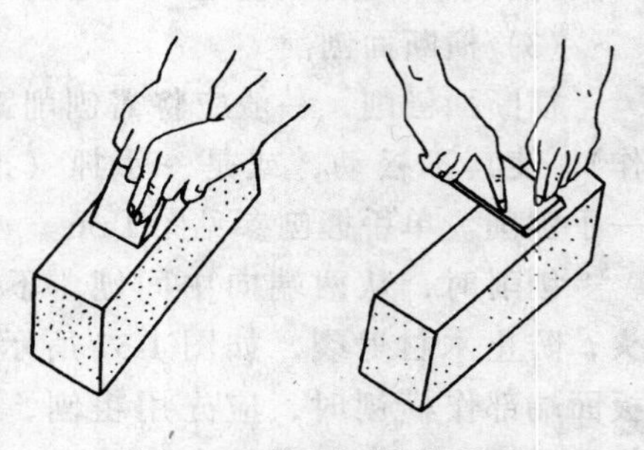

图 1-39　磨刨刀姿势示意

滑；刨削较硬的木料或有胶合材料的人造板夹角偏大，这样刃口不易受损，可减少研磨次数。

研磨中，往前推磨刨刀时，稍用力压紧刨刀，退回时放松（即略提起），使刨刀沿磨石面滑过。磨刨刀平面要特别注意，绝对不能在有凹陷的磨石上研磨，否则，一旦将刨刀平面磨成凸面，刨刀将无法使用。所以，磨平面时最好选用略带凸面的磨石，将刨刀平面紧贴磨石，且尾部不能抬起，研磨时要不断加水，清除粉状物，减少阻力，以免刃口发热退火。

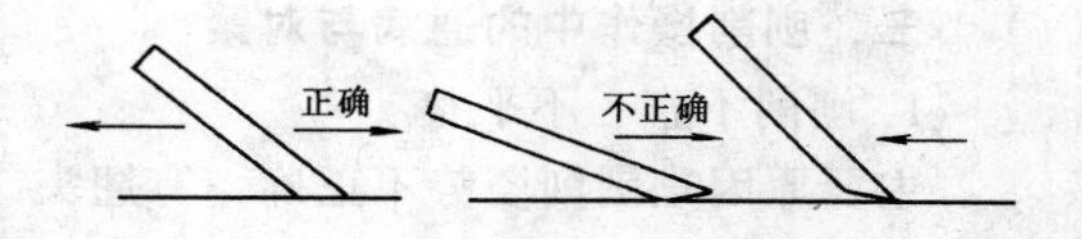

图 1-40 磨刨刀斜度

磨刀时，不要总在一处（或一条线）磨，要不断地变换位置，要用满整个磨石平面，也就是前后、左右都要到边，以保持磨石的平整，以防止过早出现磨石面的凹面现象，而增加磨平磨石的次数。(初学者要特别重视)。

磨好后的刀锋，看起来应是一条极细的黑线，刃口呈乌青色，刃口斜面很平整，刃口与刨刀两侧为直角。为使多削出的刨面不留刨刃棱角痕迹，可将磨好的刨刀刃口的两只棱角在磨石上磨去。

新买的盖铁也需研磨，一是将原料面磨平整、光滑；二是将与刨刀相接合的部位磨平直，使其与刨刀拼合后密实无缝。(以结合后迎光而视无间隙为准）以防刨削时出花不畅，或因有缝隙，刨削中木花会钻入刨刀与盖铁之间的缝隙中，堵住出花口影响操作。

磨好的刨刀和盖铁应及时用干布或干刨花将水渍擦净，装入刨身，以免碰坏刃口。

二、特殊刨的使用和维修

装饰施工现场所用特殊刨主要有槽刨、边刨（裁口刨）和线刨三种。

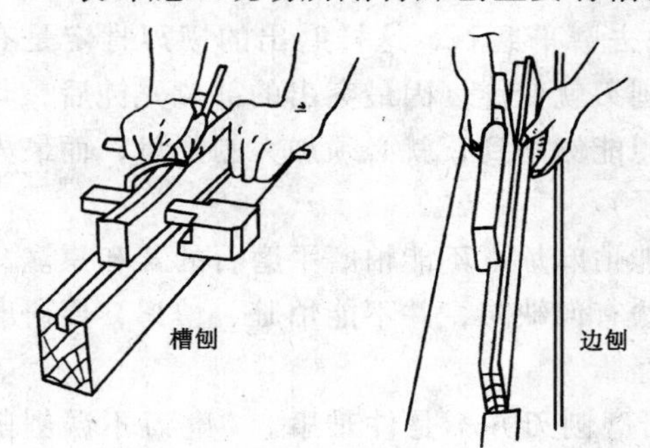

图 1-41 推槽刨、边刨姿势

1. 操作方法

(1) 调试刨刃

槽刨、边刨、线刨在使用前，先要把刀刃适当调出，调试方法与平刨基本相同。

(2) 操作要领

推槽刨的姿式与推平刨相同。推边刨是用右手握住刨身与刨刀上部结合处，左手扶住木料，如图 1-41 所示，线刨与边刨姿势相同。

三种刨的操作方法基本相似，都是向前推送。刨削时，先从离木料前端 150 ~ 200mm 处向前刨削，刨削一定深度后，再后退同样距离向前刨削。按此方法，人向后退，刨向前推，直到最后将需加工的材料从前至后都刨到一定的深度，然后，再从加工件的后端一直推刨到前端，使所刨的凹槽或线条深浅一致，完成刨削。

2. 特殊刨的维修

(1) 一般维护

特殊刨的一般维护与平刨的一般维护相同。

(2) 刨刃研磨

特殊刨刃的研磨与平刨刨刃研磨方法基本相同，只是线刨刀刃具有不同形状，所以，先要将磨石加工成与线刨刀刃相反的形状，才可以研磨出合格的刃口，而槽刨的刀刃因较窄，所以，研磨时要特别注意其方正度，不要将刀刃口磨歪了（即与刨刀侧面不垂直）。

三、刨削操作中的通病与对策

1. 刨削不直、不平整

主要原因是刨削姿势不正确，有翘头、落头现象，两手用力不均匀、刨刃不锋利等。

因此，首先要掌握刨削操作姿势，才能保证不出现翘头、落头的现象，通过练习找出双手用力不匀的原因，加以克服；刀刃要经常研磨，不要等到很迟钝后再去研磨，在保证刨刃锋利的情况下，加强练习就能刨出平直的木料。

2. 刨料不方正

主要因为操作姿势不够正确，刨刃两边的刨削量不等，刨刀迟钝，刨料时不能一次到头，中途停顿后，衔接不好，再加上双手用力不均匀，或因刨身底面不平整等原因造成。因此，刨削前或刨削中要经常观察刨刃两边露出量，如不符合要求应及时调整，如发现在正常的刨削中，比平时吃力，就应该研磨刨刃或在刨底面涂些机油，要保持刀刃的锋利和刨底面的润滑，加强基本功练习，要学会利用身体运动增加力量，尽量使刨削能一次到头，减少中途停顿、衔接次数。刨削第二面时要经常用直角尺检查其方正度，及早掌握单眼观察平、直的能力，通过不断刻苦努力，就能积累实际刨削经验，刨削出来的木料就会方正。

3. 刨刃研磨不锋利，有弧度，刨削时间不长就变钝

这主要是因为研磨刨刃的手法不正确，磨石不平整，研磨角度不固定等原因造成。

因此，首先要从磨平磨石开始。初学者往往因研磨时不能充分利用磨石整个面来磨刨刃，常常在某一处）尤其是中间部位研磨过多（一般初学者怕刀磨到边缘部位会掉出磨石外），造成磨石经常处于凹陷状态，而又不及时地去磨平磨石，这样磨出的刨刃肯定是有弧度的。刨刃有弧度，只要凸出部位一钝，整个刨刃就变钝（因最突出的部位先钝后，其他部位就算还锋利，但是也与木料接触不到，要想能刨削到，就必须加大刨削量，而最先接触木料的凸出部分就因磨损太多，而更加迟钝了）。

所以，只要研磨刨刃就必须将磨石磨平，不能怕麻烦，不能怕磨平磨石的苦和累。只有尽快掌握磨刀的方法，不断摸索自己磨刀时手法有何缺陷，并不能怕脏、怕累，要研磨一次总结一次，慢慢地就会有研磨刨刃的手感和经验。

常言道“万事开头难”，只要自己有信心，研磨刨刃并不是件难事。“磨刀不误刨削功”对木工来说可真是再确切不过的道理了。而掌握磨刨刃的基本功也是木工最基本的技能。因为除刨刀外还有凿、铲等木工大部分工具均为快口工具，都需要自己随时研磨。

从以上几种通病来说，都与研磨好刨刃有密切的关系，所以，只要自己肯下功夫，刨刃就一定会磨好，一旦使用上自己研磨好合格的刃具，刨削质量一定会有一个连自己都感到惊奇的提高。

四、刨削练习和考查评分

1. 刨削练习（作业内容）

（1）按加工图 1-42（*a*）（木方、木板）尺寸进行纵向和横向刨削练习，4 课时完成。

（2）按加工图 1-42（*b*）所示，对木方，木板进行刨槽、裁边练习，2 课时完成。

（3）刨刀的研磨，1 课时完成。

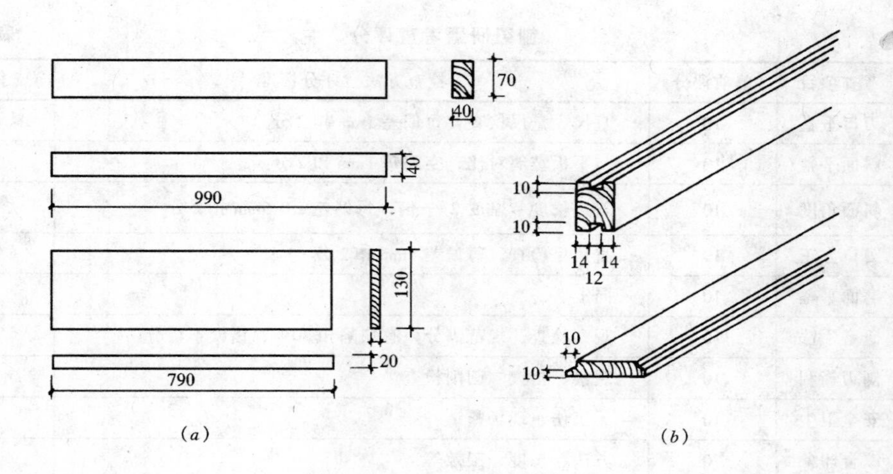

图 1-42　刨削加工

（a）刨削（木方、木板）加工；（b）木方刨槽、木板裁边加工

2. 材料、工具

（1）材料：50mm×80mm×1000mm 木方 1 根，25mm×150mm×800mm 木板一块。

（2）工具：长刨、槽刨、边刨、锤、起子、直角尺、钢卷尺（或八折尺）、木工铅笔、工作台、钳口、油石、刀砖等各一件。

3. 考查评分见表 1-11、表 1-12。

木方、木板刨削考查评分　　**表 1-11**

序号	考查项目	单项评分	纵向刨削								横向刨削				得分	评分要求（1～4 项为均分）
			木方四面				木板四面				木方两端		木板两端			
			大面		背面		大面		背面							
			1	2	1	2	1	2	1	2	1	2	1	2		
1	顺　直	12														直尺量尺检查，每偏差 0.5mm 扣 2 分
2	平　整	12														平板、量尺检查，每偏差 1mm 扣 2 分
3	方　正	12														直角尺、量尺检查，每偏差 1mm 扣 2 分
4	尺　寸	12														量尺检查，每偏差 0.5mm 扣 2 分
5	安全卫生	10														无工伤，现场整洁
6	操作姿势	22														观察检查
7	综合印象	20														方法、态度、工效等

班级________姓名________指导教师________日期________总得分________

刨刃研磨考查评分 表 1-12

序号	考查项目	单项评分	检查方法　评分标准	得　分
1	刃口平直	10	直尺、量尺检查，每偏差 1mm 扣 2 分	
2	斜面平整	10	与平板玻璃对比，空隙每 1mm 扣 2 分	
3	斜面角度	10	斜边长度～厚度 $2\frac{1}{4}$倍，每偏差 ±0.5mm 扣 2 分	
4	刃口方正	10	直角尺检查，每偏差 1mm 扣 2 分	
5	磨面平整	10	同上	
6	研磨手法	10	观察检查，规范满分，有缺陷扣 30%，错误不得分	
7	刨刃锋利	10	观察、指摸、刨削检查	
8	安全卫生	10	无工伤、现场整洁	
9	综合印象	20	方法、态度、工效等	

班级＿＿＿＿＿＿姓名＿＿＿＿＿＿指导教师＿＿＿＿＿＿日期＿＿＿＿＿＿总分＿＿＿＿＿＿

五、电动刨、铣、磨工具的使用

木装饰机具主要分为台式和手提式两种。台式机具可以加工较长、宽大的材料，再辅以靠山和其他夹、模具等便可制作、加工较为复杂形状的工件。而手提式机具则具有方便、灵活不受场地、加工部位等条件限制。由德国某公司设计制造的装饰机具，将台式机具和手提式机具有机地、科学地溶为一体，它由一台机架可以很方便地配上任何功能的手提式机具，就能组合成台式机具如图 1-43 所示。

为了防止加工时出现的灰尘和木屑，费斯托公司还为台式和手提式机具配备了较为先进的吸尘器，当机械工作时，吸尘器也同时工作，能将操作时产生的灰尘和木屑等杂物同时吸去，可随时保持现场的清洁。参见图 1-44 所示。

如果加工件过长还可以配备加长的台面板并可以作有角度的加工如图 1-45 所示。

所有机架和配件主要以铝合金材料制成，自重很轻，一个人就能轻松地搬到楼上，如图 1-46 所示。费斯托公司的木装饰机械较多，下面主要介绍刨、铣、磨电动机具的使用和维护。

1. 刨削机械

刨削机械主要是对木质材料进行粗刨和整形的工作。操作前应先检查机具的性能，首先接通电流，然后开机 1～2min，观察机具运行是否正常，再将机械关停，检查开关是否有效，再开机进行操作，操作中应注意木纹理，（一般要求顺木纹进行加工）将切削量调到合适的程度（可先用废旧材料试一下）。

在台式电刨上操作应两手或两人配合，操作时操作者双手应离开刃口处，根据材质硬，软确定推进速度，如一人操作应一手在前，一手在后，操作者侧于机械进行，如图 1-47所示。

使用手提式电刨，也应如台式电刨先进行性能和开关的测试，合格后才能进行加工操作。

使用手提电刨最好将工件夹紧在工作台上双手握稳电刨进行工作，如图 1-48 所示。如一只手操作则如图 1-49 所示，抓稳电刨。在刨削过程中一手握电刨，一手应将工件稳固在工作台上进行操作，如图 1-50 所示。

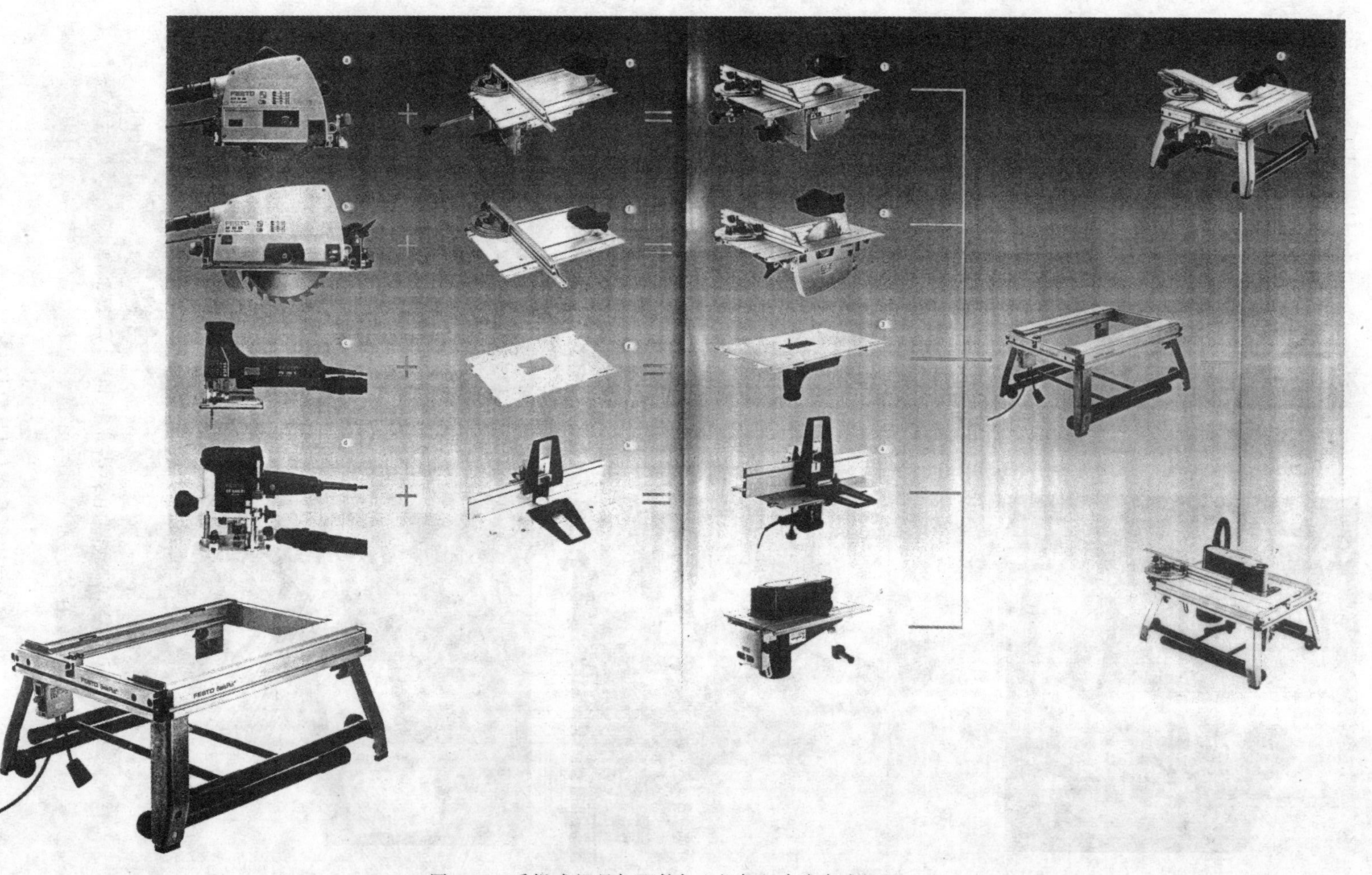

图 1-43　手提式机具加配件加上机架组合成台式机具

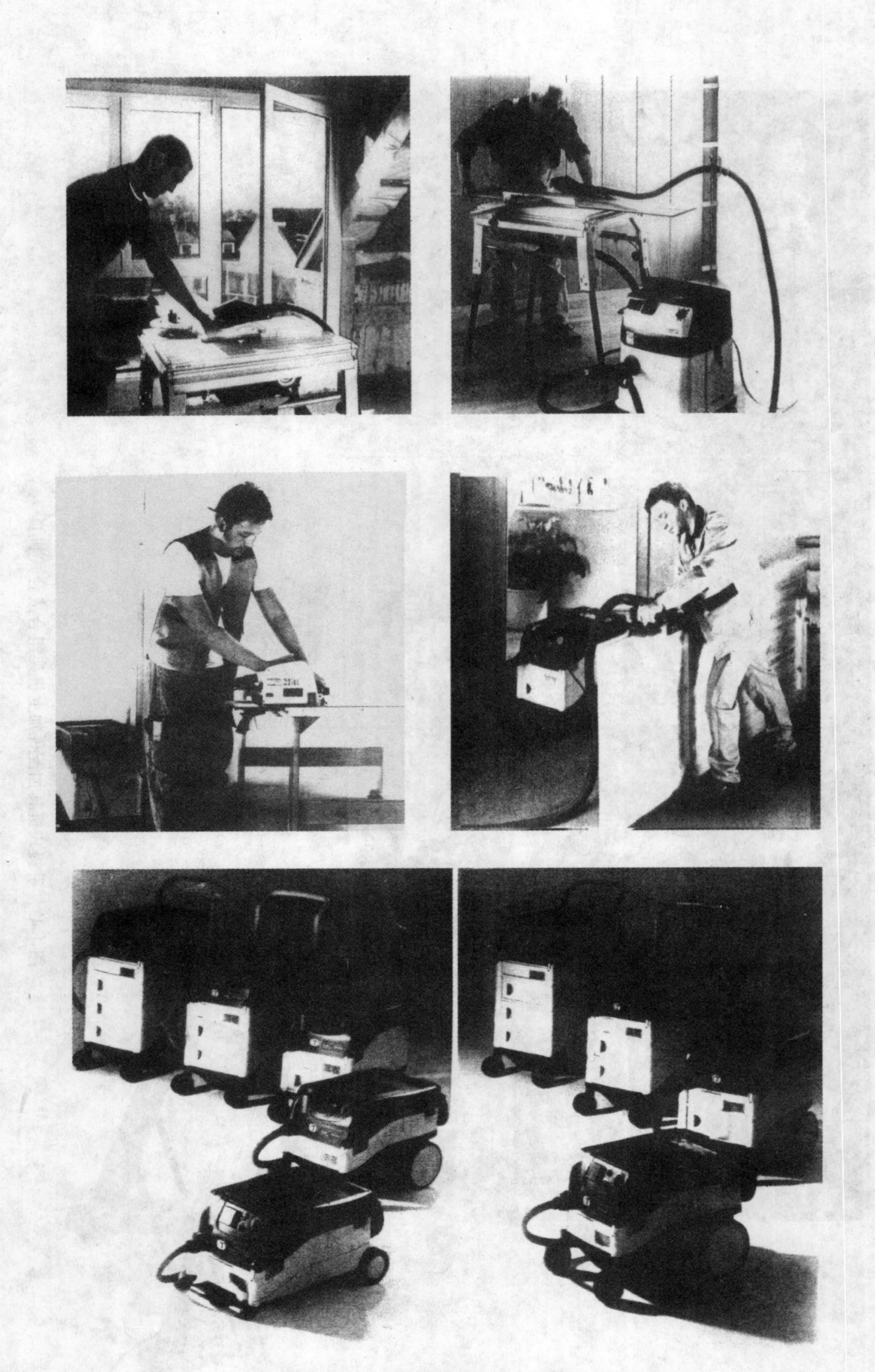

图 1-44　台式和手提式机具配上各种吸尘器

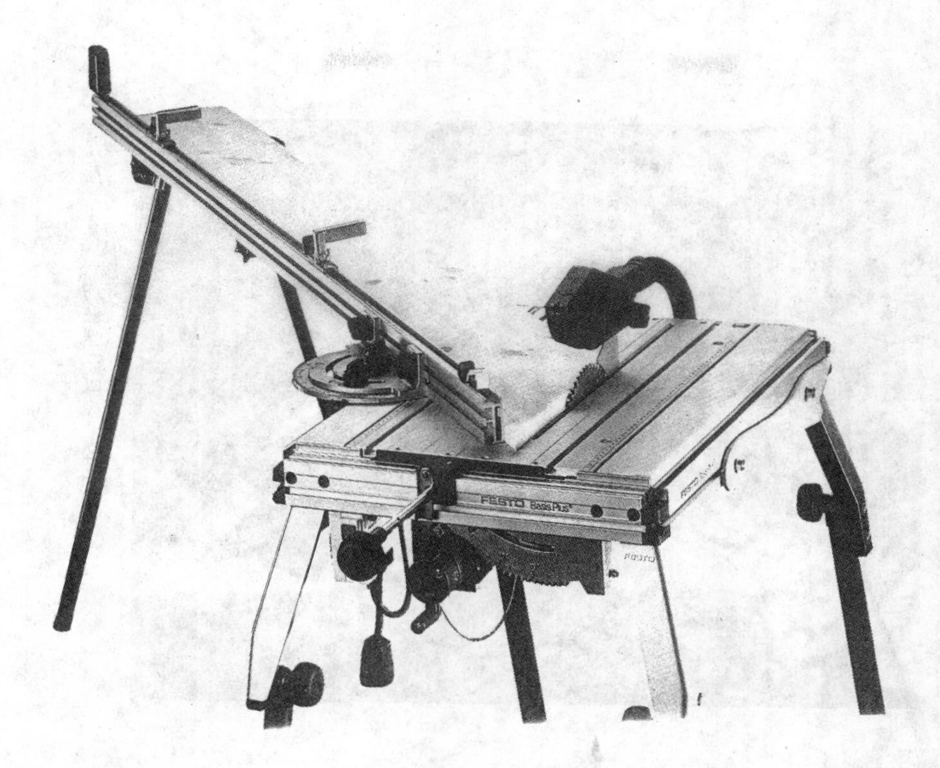

图 1-45　加长并可有角度的加工

图 1-46　轻松地搬到楼上

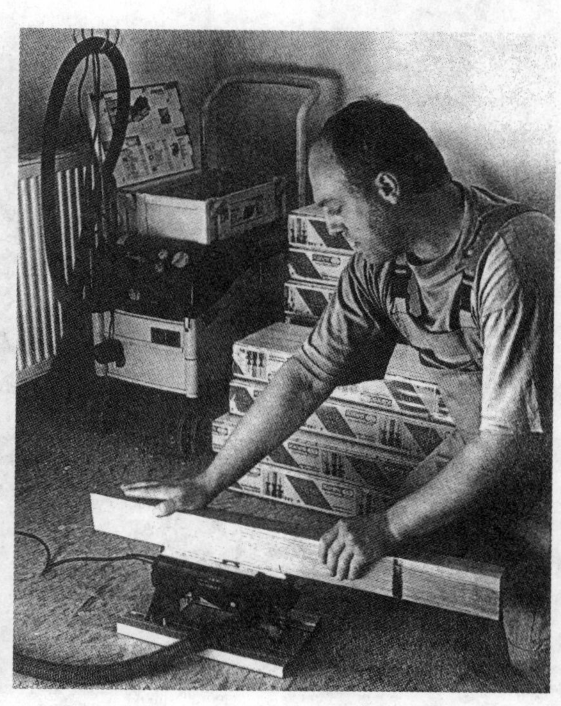

图 1-47　一手在前一手在后，侧身于机械

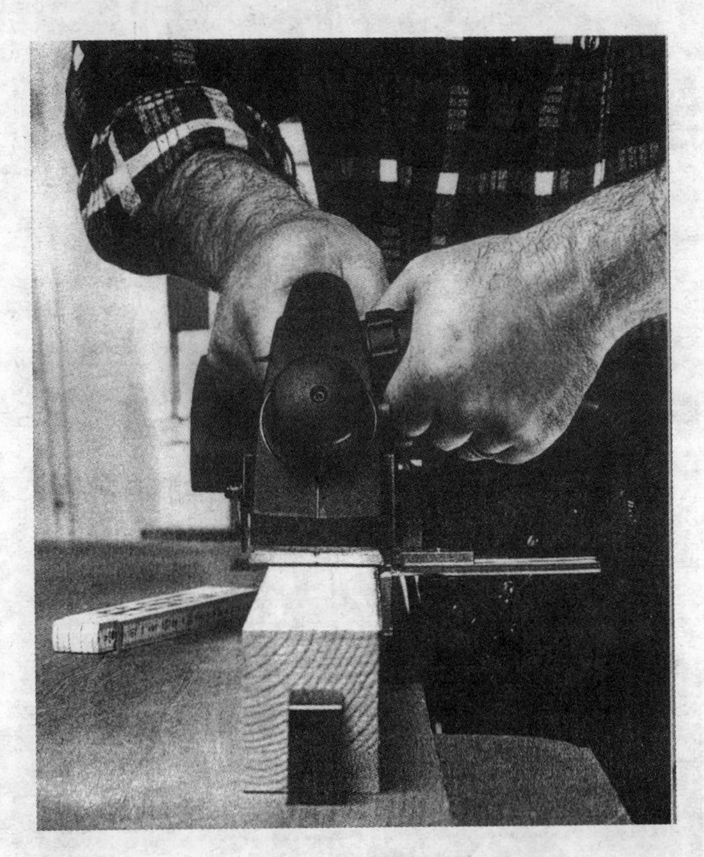

图 1-48　双手握稳电刨

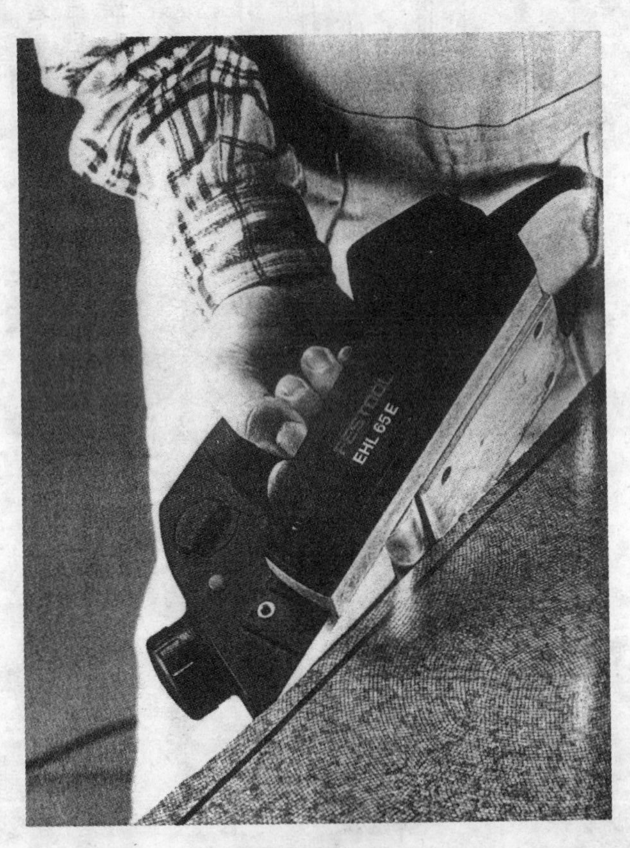

图 1-49　一只手操作

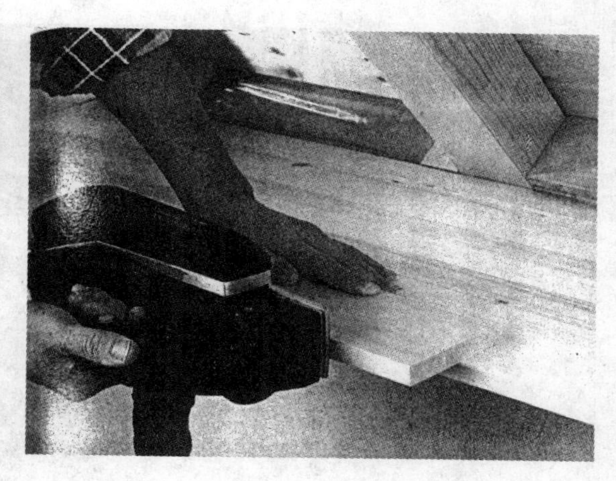

图 1-50 一手握电刨一手应将工件稳固在工作台上

机械使用结束后，应将电源及时切断，再将刃口洞至最小位置，同时将机械清理干净，如较长时间不用还应收入工具柜、橱内，涂上黄油。并检查刀刃口有无钝的情况，如刀刃迟钝还应将刀具拆下进行研磨。

一般电刨的刨刀口是与刨底呈垂直状，所加工的材料表面一般会留下波浪状，而费斯托公司为防止加工面呈波浪状，采取了刨刀与底板成斜角状，就能使波浪状的表面消去，如图 1-51。为防止普通电刨刀刃易松动和安装调节刨刃难的缺陷，费斯托公司将电刨刨刀的安装由通常的平板状嵌入式，改为燕尾状的插槽式，并在紧固螺丝中增添了可调节刀刃切削量的功能，参见图 1-52 所示。

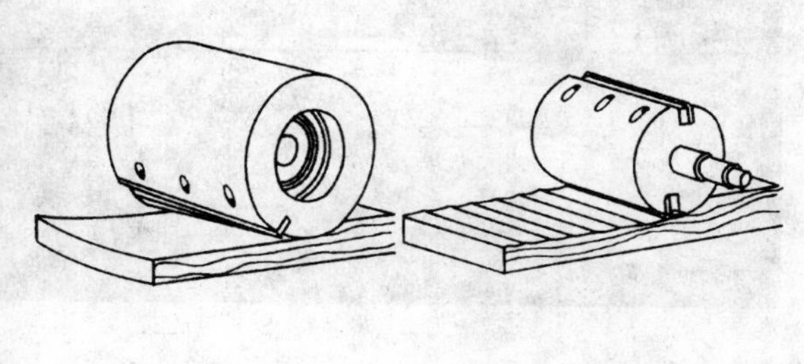

图 1-51 刨刀与底板成斜角状、波浪状的表面消去

2．铣削机械

铣削是木工加工中应用较为广泛的一种加工方法，不论是室内装修，家具加工中的铣孔、开榫、花边饰刻，还是地板铺设维修中的精确开槽、开榫都离不开铣机。费斯托公司提供的铣削机既可以作为台式铣机，又可以方便地取下作手提式使用如图 1-53 所示。再配上各种不同的辅助配件和刀头，就可以进行各种线条、雕刻、挖槽、加工地板等工件的加工如图 1-54 所示。

3．打磨机

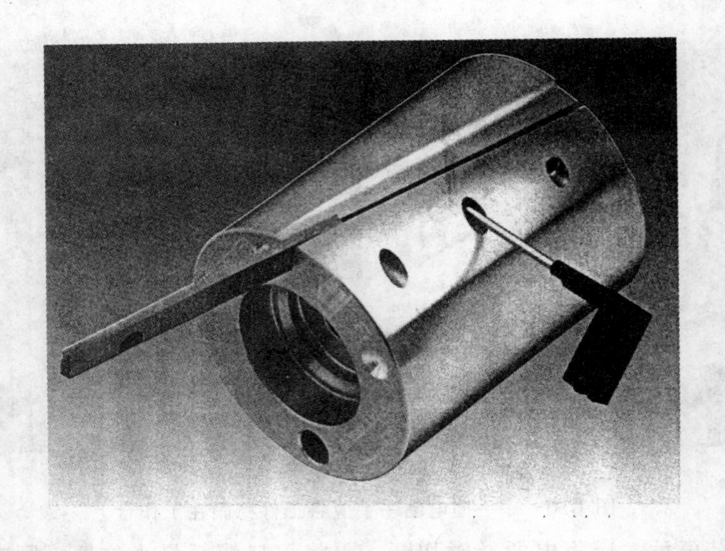

图 1-52　燕尾状的插槽式，紧固螺丝中有调节切削量的功能

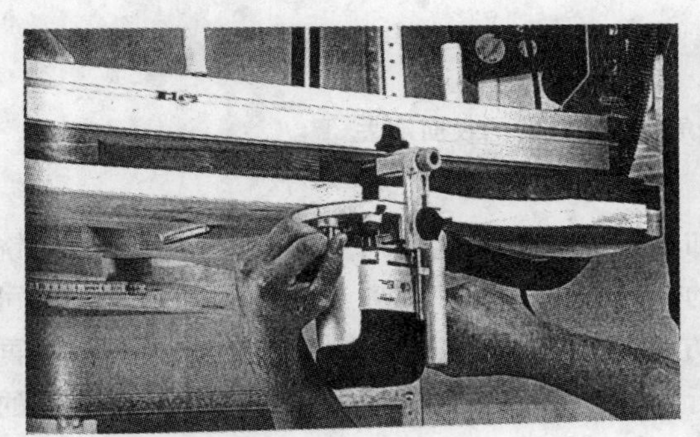

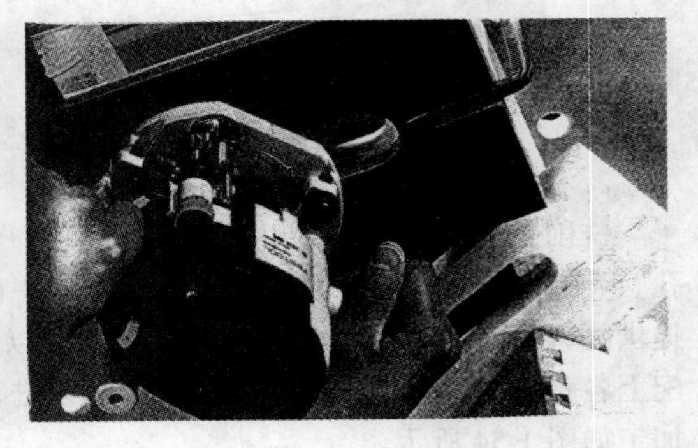

图 1-53　台式铣机，可以取下作手提式使用

图 1-54　辅助配件和刀头，可以进行各种工件的加工

家具或橱柜表面加工质量的优劣往往成为评价木工师傅手艺或一个装修工程质量的最直观的尺度。不完美的表面打磨处理，往往令使工作事倍而功半。而费斯托公司提供的打磨机不但可以进行不同形状的表面打磨处理，而且砂带可以简捷地更换，一体化的吸尘功能则避免磨屑飞扬，危害身体健康。

台式打磨机的操作方法可参见图 1-55。手提式打磨机可参见图 1-56。

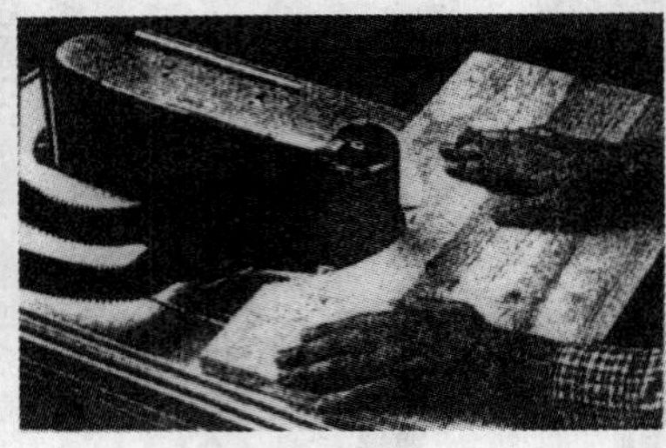

图 1-55 台式打磨机的操作

4. 使用和维护

(1) 电动机具使用前要检查各部紧固、润滑等情况，尤其是工作机构滚动筒和刀具完好情况，保证刀刃完好锋利。

(2) 刨平工作一般二次进行，即顺刨和横刨。第一次刨削厚度 2～3mm，第二次刨削为 0.5～1mm 左右。

(3) 铣切深度一般视加工材的软硬而定，主要是机械的性能，在操作中以吃刀深时，推进速度应慢，反之则可快些，同时要听机械是否发出不正常的声音，(铣切量过大一般机械会发出沉闷声）所以要耳听、眼看不能蛮干。

(4) 操作打磨机和磨光机要平稳，速度要均匀。一般应先粗磨一遍再细磨一遍。

(5) 每班工作结束后，要切断电源，擦拭和保养机具，并及时收藏在工具橱柜内。

(6) 使用电动机具要注意安全，使用前应充分了解和掌握使用的机具性能和原理。最好先进行岗前培训；对电动机具的插头、电源线和开关应随时检查和维护，以防触电事故；严禁使用没有安全保护的电动机具，在操作中应严格按照操作规则进行操作，以防机械伤手等人身安全事故的发生。

使用电动装饰机具可以提高工效、缩短工期、减轻劳动强度、能保证工程质量，但是，一定要选用专业品牌，要有较高的安全、环保的产品。操作人员必须是受过专业培训的熟练技术工人，同时一定要严格按操作规则进行工作。

六、凿孔、铲削工具的操作

1. 凿孔的操作

(1) 凿孔的操作方法

用凿在木材上凿出各种孔眼，称凿眼。凿眼前应先检查被凿的木材部位有无砂石或铁钉，再观察工作台、凳面是否平整、牢固。

凿眼一般可坐凿（但被凿的木料长度应在 600mm 以上），坐凿是将被凿材料放置在工作台凳的有支撑部位（如台、凳腿处），这样在打击时，受力部位比较实，不会有反弹力出现。人的左臂部侧坐在木料上，上身转正，左手握凿，右手拿斧或锤，凿要与所凿木料

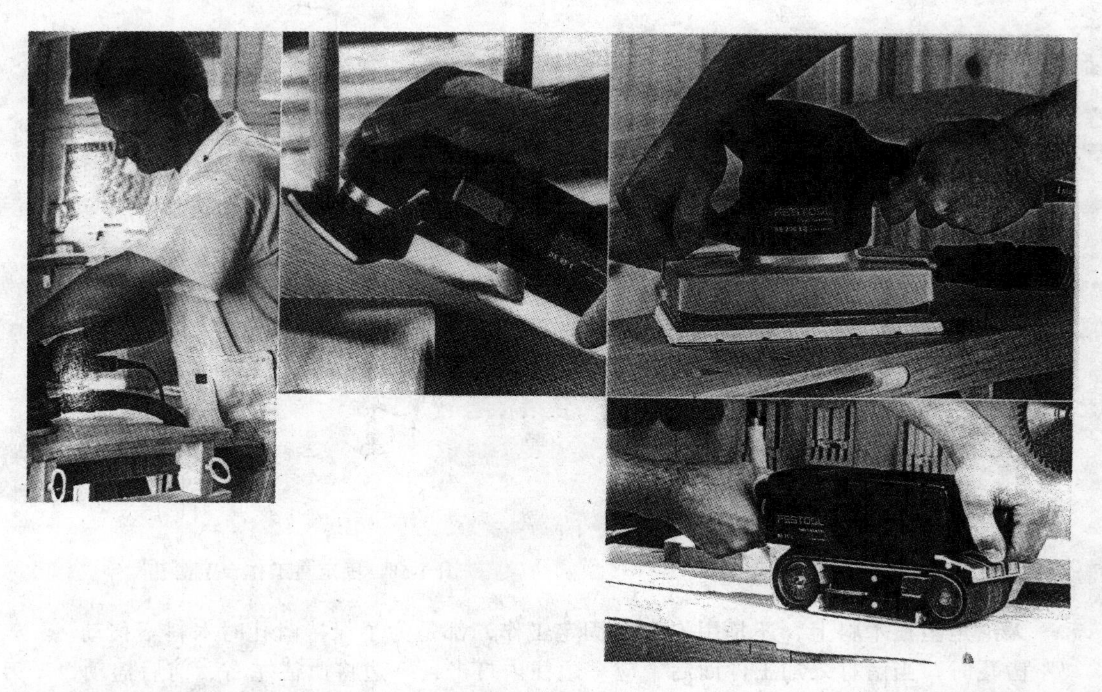

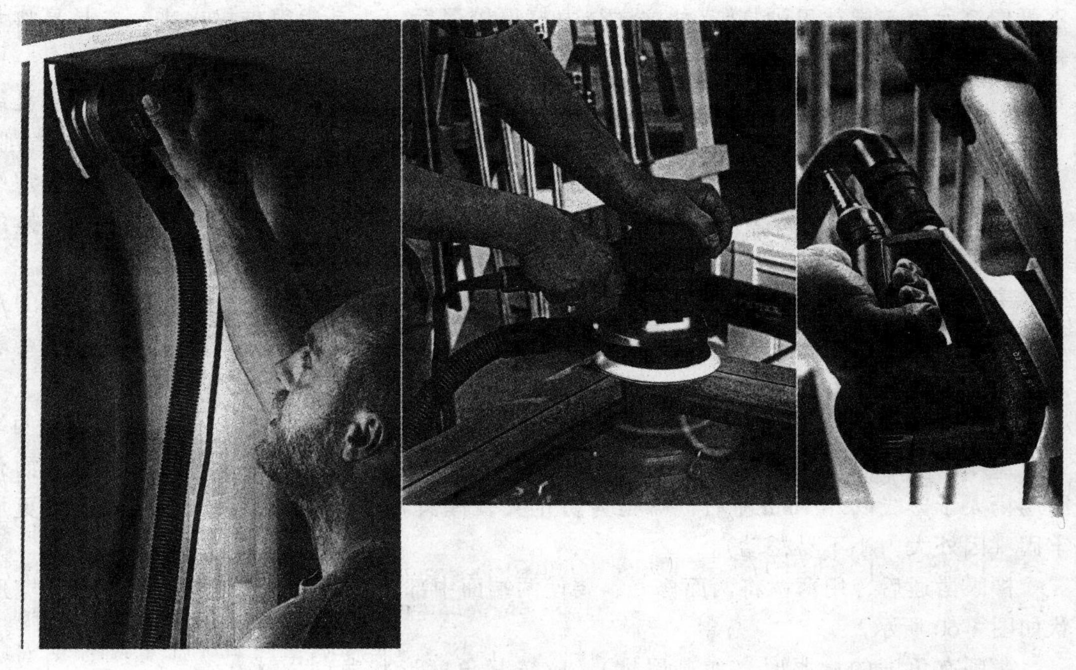

图 1-56 手提式打磨机的操作

相垂直，在孔内离线 2mm 左右地方用锤敲击凿柄。敲击时要正准，力量要适中。坐凿的姿式参见图 1-57。如在凿较短加工件时，可用 C 型夹将工件固定在工作台上，人站着凿孔，参见图 1-58。

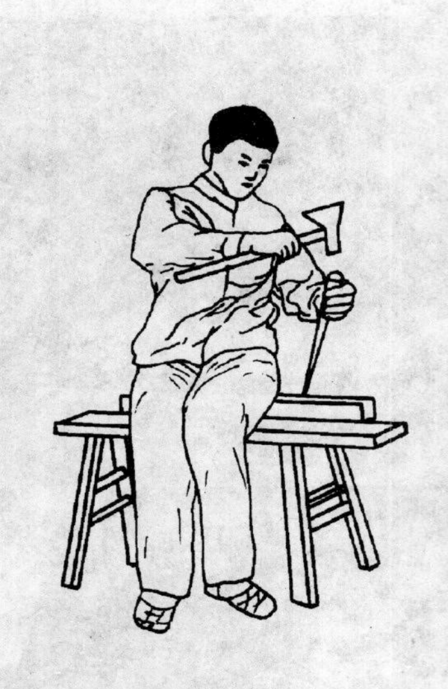

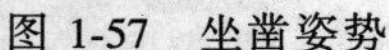

图 1-57　坐凿姿势

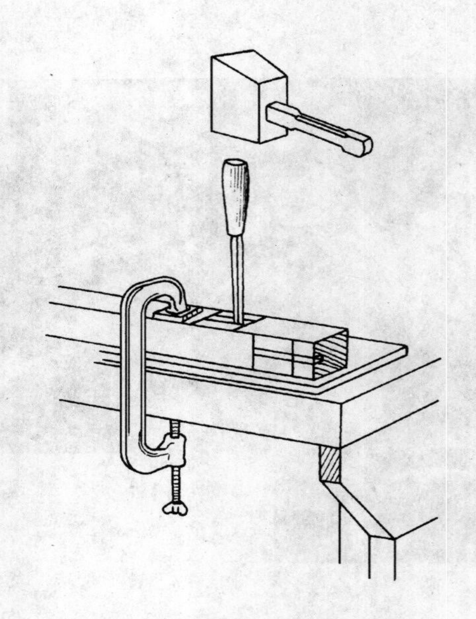

图 1-58　固定在工作台上凿孔

无论是坐在木料上，还是用 C 型钳固定工作，都是为了保持凿孔时木料不移动。

凿孔时，当凿打入加工件面后，应一边往内打击，一边将凿往左右、前后摇动，千万不可像钉元钉一样往里硬打，（如这样往内打得较深后，一是凿很难拔出来，二是易将木料打劈裂），当凿刃进入木料 5mm 以后，便可将凿拔出，拔出同时将凿背抵住木料，一边摇动一边将木屑挑出，这样反复进行，直到离孔线另一端约 2mm 左右时，把凿反转 180°垂直凿削，并挖出凿屑。孔眼深度达到后，再将预留下的墨线余量（也就是上述的前后 2mm 处）凿去。具体的凿榫眼的顺序可参见图 1-59。

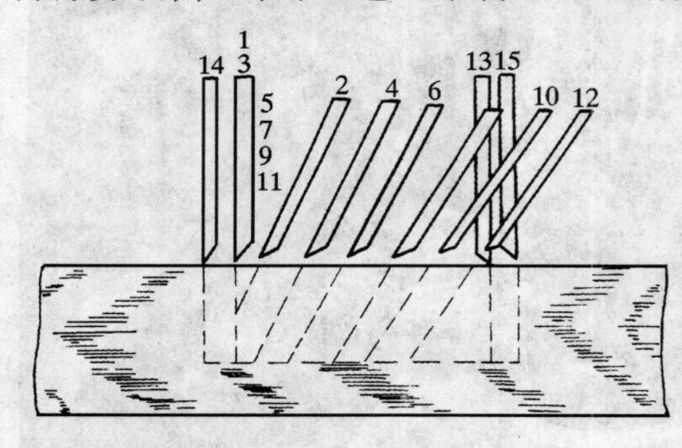

图 1-59　凿榫眼的顺序

图中数字表示凿削先后顺序和凿与木料的角度。如 1 表示第一凿，凿与木料成直角垂直，2 表示第二凿，凿与木料成斜角（约 45°）。

在凿眼过程中，注意挖凿屑时，要防止把两端孔壁撬塌，榫眼需要凿穿时，即将木料翻转 180°，再按上述方法将榫眼凿透，透孔背面孔膛应稍大于墨线以外 1mm 左右，一是为防止安装榫头时将榫眼顶劈裂，二是加楔后更加牢固（因外大内小不易松动）。

榫眼凿通后，用薄凿将两面修光，要使两端面中部略微凸起，以便挤紧榫头，孔壁形状如图 1-60 所示。

凿削有角度的榫眼时（如燕尾榫），应按其角度形状凿削。其方法为先将要凿的部分按其角度要求（即将凿左右倾斜）凿去大部分，再翻转 180°，凿去另一面大部分后再凿至端部墨线为止，操作方法可参见图 1-61。

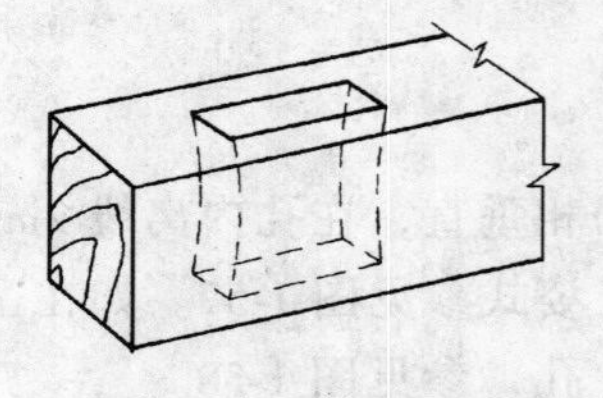

图 1-60　孔壁形状

凿削合页和锁扣盖板等较浅的部位时可参照图 1-62 所示进行操作。

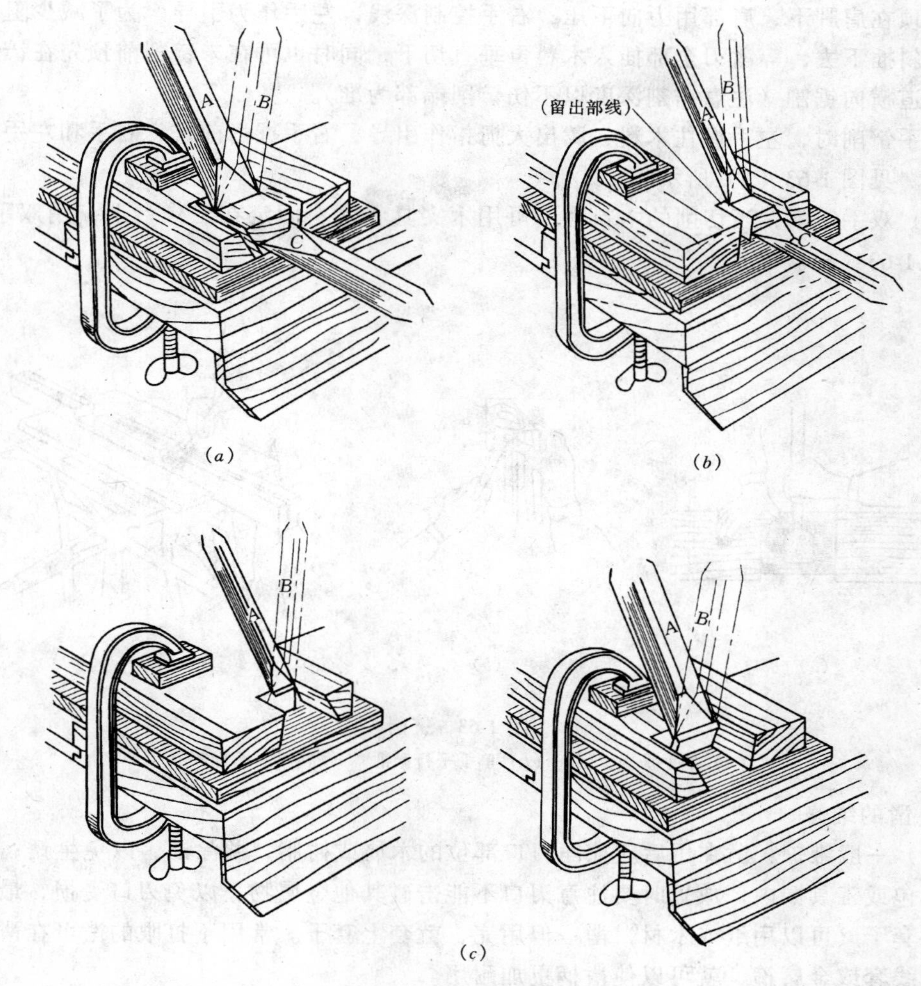

图 1-61 凿燕尾榫眼的方法
(a) 按角度凿去大部分；(b) 翻转180°凿去大部分；(c) 凿至端部墨线

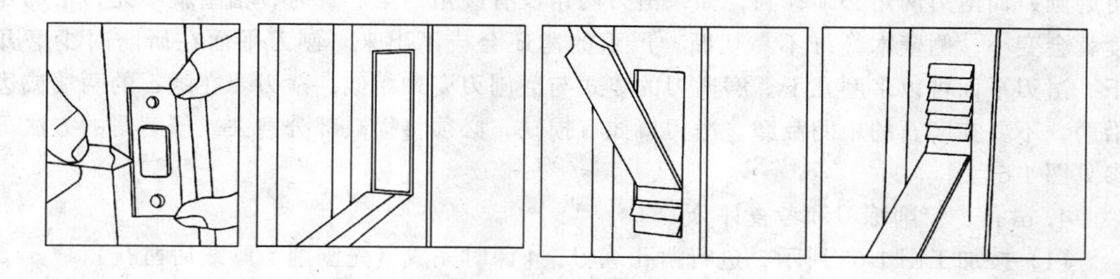
图 1-62 凿锁扣的方法

2. 铲削操作

铲削操作可分单手铲削和双手铲削。

(1) 单手铲削：单手铲削分垂直铲削和平行铲削。垂直铲削时，右手紧握凿柄，左手掌压木材，大拇指在凿的后面或旁边作引导。见图 1-63 (*a*)。若切削量过大，可将凿柄的端部顶在肩胛下，肩部用力向下压，右手控制深浅，左手作为引导。为了减少阻力，可用凿角斜插下去，等凿刃全部插入木料再垂直切下，同时也可在未铲削前预先在铲削部位多作几道横向锯割（注意锯割深度以不伤铲削端部为准）。

平手铲削时，左手握住木料，腾出大拇指作引导，右手握凿前进，右手和左手拇指同时用力。见图 1-63（*b*）所示。

（2）双手铲削，当切削的木料大，可用木夹具将木料固定在工作台上，用双手铲削，参见图 1-63（*c*）。

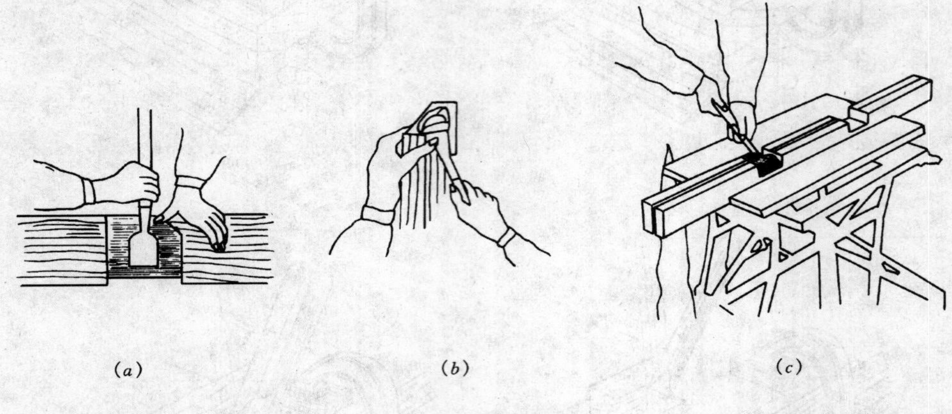

图 1-63　铲削

（*a*）单手垂直铲削　（*b*）单手平行铲削　（*c*）双手平行铲削

3. 凿的维修

（1）一般维护：凿在用后应擦净刃口部位的木屑或树脂，并涂油，以免生锈；随时放在工具包或工具橱内，放置时要注意刃口不能击碰其他金属物，以免刃口受损，最好给凿刃做上套子（可以用纸或木材）凿一但用完，就套上套子。常用于打眼的凿可在凿柄端部加上麻线套或金属箍，就可以使凿柄更加耐用。

（2）凿的研磨：凿刃的磨法和刨刃的磨法差不多，但也有一些区别。刨刀刃口两只角可磨圆，而凿刃两角必须锋利，如果凿刃两角没有棱角，凿、铲时，槽壁就不光，槽的宽度就会变小，侧壁木纤维不易切断，严重的凿还会拔不出来。刨刀平面在研磨时少磨几下，凿刃平面可以多磨几下。磨凿刀的姿式与磨刨刃姿式相似，凿刃要在磨石的两端或边沿磨，不要在磨石的中间乱磨。凿刃口如有损缺，必须将损缺部分磨去。研磨凿的方法可参见图 1-64。

4. 凿孔、铲削练习和考查评分

（1）按加工图 1-65 所示，进行凿孔练习，4 课时完成（先刨削、画线后凿孔）。

（2）按加工图 1-66 所示，进行铲削练习，2 课时完成（先刨削、画线、横向锯割，再铲削）。

（3）材料、工具。

1）材料：白松木方 45mm × 65mm × 1050mm 2 根。

2）工具：平刨、中锯、直角尺、锤、起子、八折尺（钢卷尺）、油石、刀砖、12mm 凿、25mm 凿、铅笔等各 1 件。

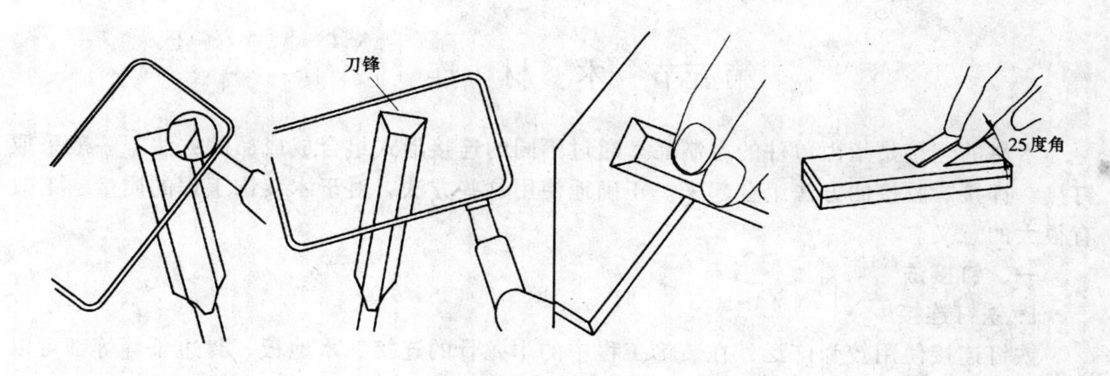

图 1-64　研磨凿的方法

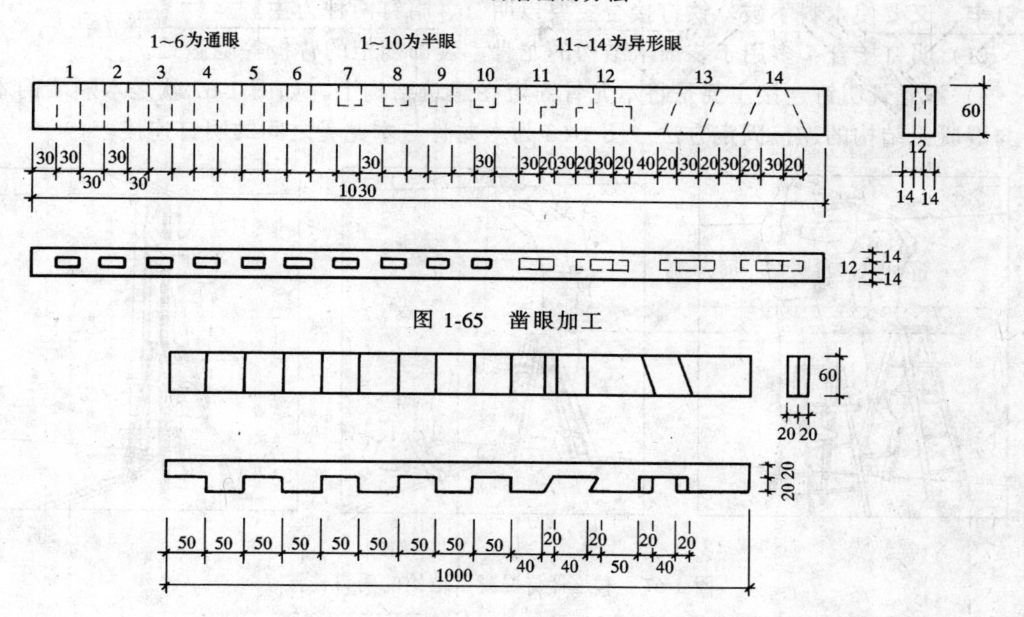

图 1-65　凿眼加工

图 1-66　锯、铲削（切削）加工

（4）考查评分：见表 1-13。

凿、铲考查评分　　　　**表 1-13**

序号	考查项目	单项评分标准	凿眼				铲		得分	检查方法，评分要求（以得分计算）
			通眼	半眼	大小眼	斜眼	直口	斜口		
1	操作姿势	20								观察检查，操作规范满分，合格12分，错误0分
2	规格尺寸	14								量尺检查，每偏差0.5mm扣2分
3	方正（角度）	16								角尺、量尺检查，每偏差0.5mm扣4分
4	工　　效	20								按加工图项目检查工作量
5	安全卫生	10								无工伤，现场整洁
6	综合印象	20								锯、刨操作，工作态度等

班级＿＿＿＿＿＿姓名＿＿＿＿＿＿指导教师＿＿＿＿＿＿日期＿＿＿＿＿＿总得分＿＿＿＿＿＿

第五节　木　材　连　接

木材的连接是指由单件的木制品，通过不同的连接形式组合成成品的方法。一般采取钉接、榫接、胶接的方法组合起来。正确地使用这些方法，对于木装饰工程的质量、工效有很大的意义。

一、钉接法

1. 铁钉连接

铁钉连接使用较为广泛，在装饰工程中的木龙骨的连接、木地板、封边条等等都可以用铁钉进行连接、组合。铁钉有不同的规格，使用时要选择合适的长度、大小，既要把木料钉牢，又要使木料不破。铁钉接合主要以明钉、暗钉两种为主。

（1）明钉接合：多用于装饰木结构的龙骨、装饰橱柜的背板等隐蔽处。

1）木龙骨明钉连接主要是将木龙骨固定在建筑结构上，如图 1-67 就是木隔墙的木龙骨与混凝土结构的连接固定方法。图 1-68 为木龙骨与木龙骨之间的明钉连接。

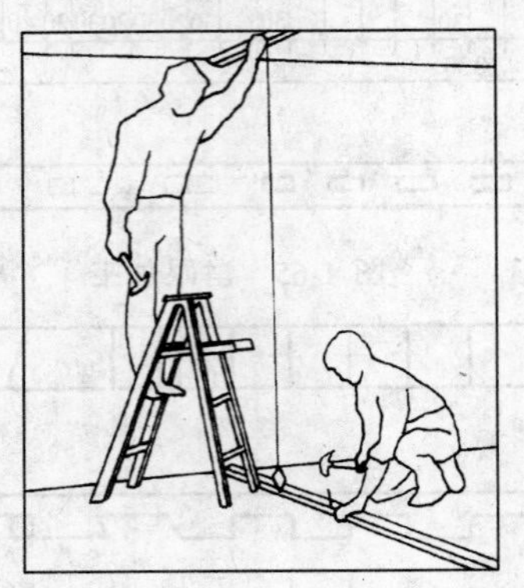
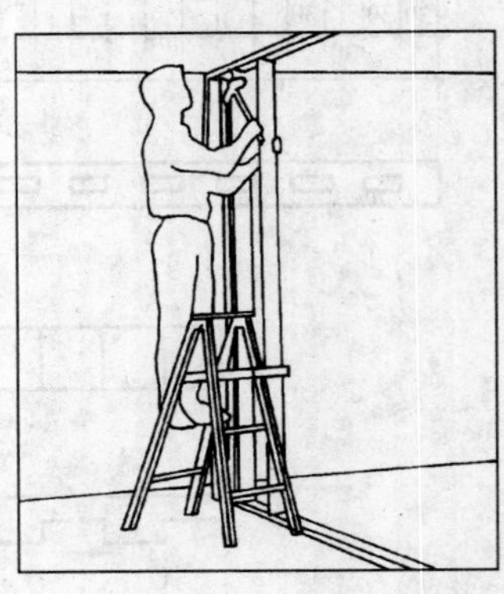

图 1-67　木龙骨与混凝土结构的明钉连接

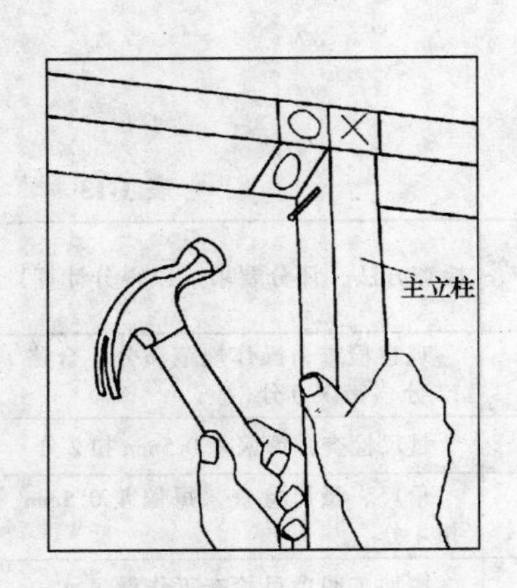

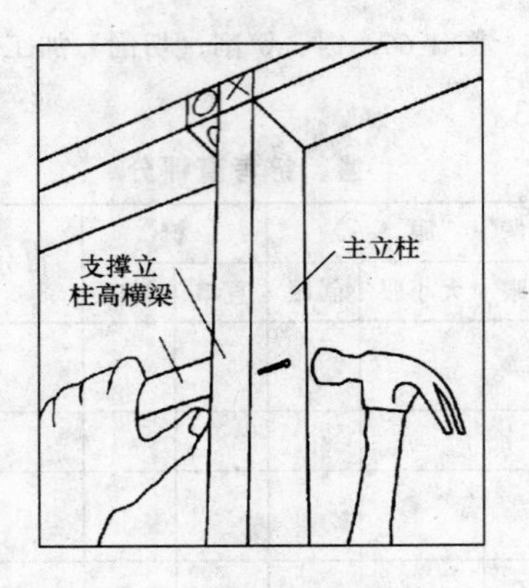

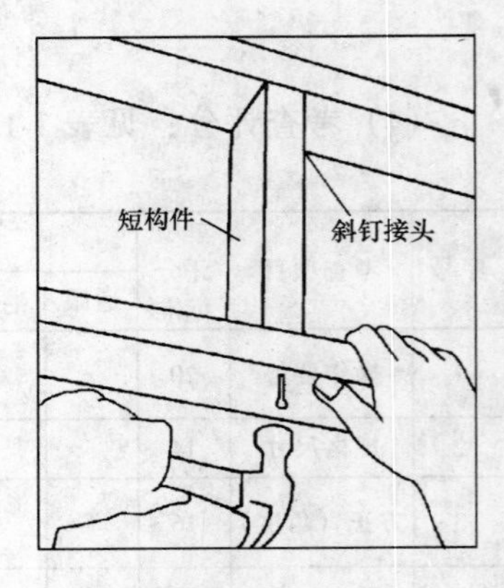

图 1-68　木龙骨与木龙骨之间的明钉连接

2）板式橱柜的明钉连接如图 1-69 所示。这样的明钉连接后的橱柜一般都要在外表面贴上其他装饰板材。

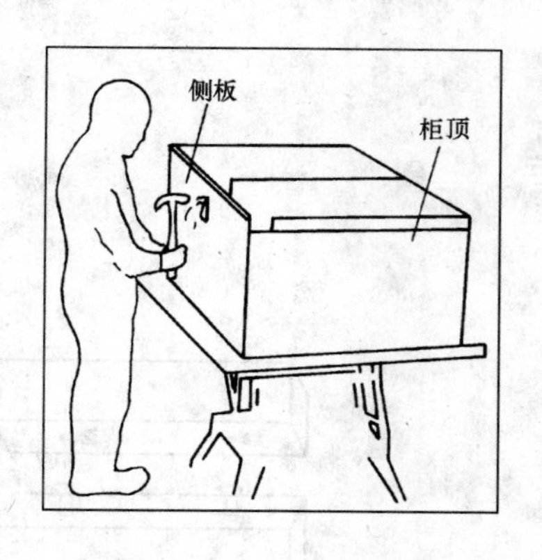

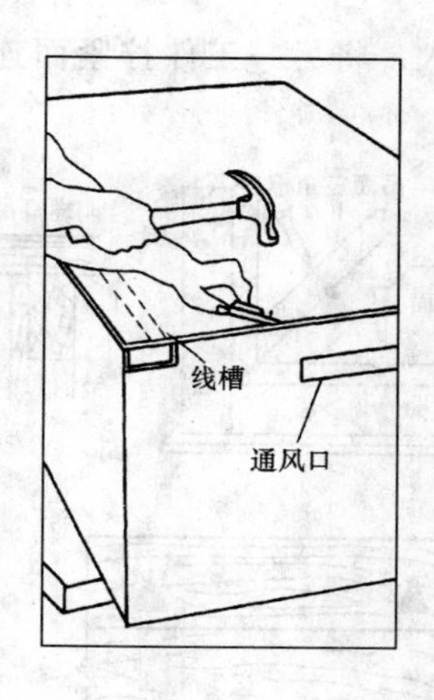

图 1-69　板式橱柜的明钉连接

3）其他如顶板与龙骨的钉连接，装饰收边条的钉连接可参见图 1-70。

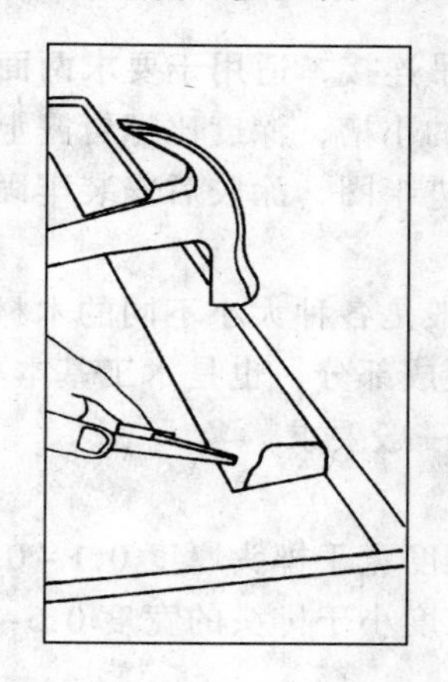

图 1-70　顶板、装饰条的钉连接

（2）暗钉连接：主要用于家具制作的表面部分或装饰面板与龙骨架之间的连接。传统的做法为先将钉帽敲扁，钉入后用钉冲将钉帽冲入木内，不使外露。油漆时将钉眼填没。而现在因有了射钉枪和配套的铜钉和不锈钢钉，所以一般采用射钉枪打钉的方法。因为射钉枪的钉既细，钉头又不会生锈，射钉枪的射钉速度快而方便，所以逐渐取代了传统的暗钉连接方法。

（3）钉胶连接方法：主要是为了加强连接的强度。广泛采用的射钉枪射钉连接的方法一般都要在连接部位先涂上胶，然后再用钉将其连接、固定，待胶干后，连接效果就比单用胶、或单用钉的连接强度要高得多。

2. 螺钉连接

螺钉连接常用于橱柜的某些部件及铁件与木料的结合。

（1）螺钉与铁件的连接，如门窗合页、小五金等。

（2）明螺钉吊接，适用于一面光洁的工件，做法是在距接合处沿 15mm 处凿一个三角形切口，在切口中间钻一小孔贯通到边沿（孔径应比螺钉直径大 1mm）。连接时螺钉从切口处的小孔放入，将另一工件拧紧而连接，如图 1-71 凳面的螺钉连接方法和拼板的螺钉连接方法。

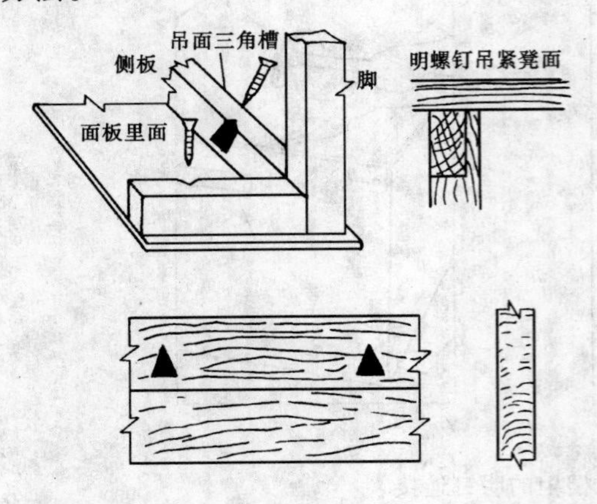

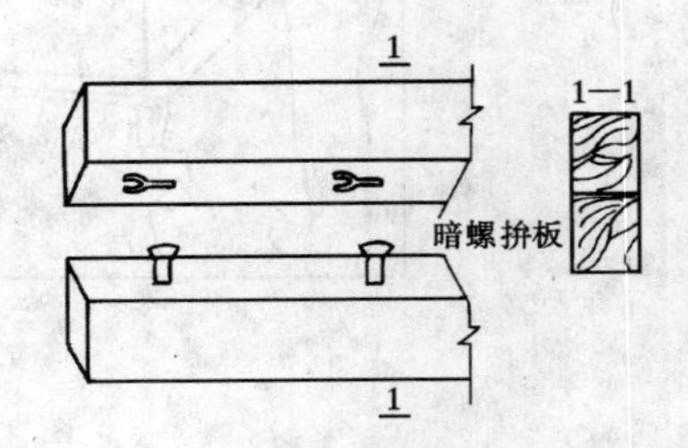

图 1-71　凳面和拼板的明螺钉连接方法

图 1-72　暗镙钉的拼板

(3) 暗钉挂吊连接，适用于要求两面光洁的物件。做法是根据螺钉的大小，凿一个表面像乒乓球一样的小槽，深度比螺钉露上部分长 2mm，先试装，如果接合严密，将镶料取下，再将螺钉旋进半圈，涂胶后安装牢固，参见图 1-72。

二、榫连接

木质制品一般是各种大小不同的木材组合而成。榫眼（槽）的连接（组合）是木构件（家具）的重要组成部分，也是木工基本功优劣的反映。

1. 榫连接的一般要求

(1) 榫眼

1) 榫眼的宽度宽于榫头厚度 0.1～0.2mm，其抗拉强度最大。

2) 榫眼的长度小于榫头的宽度 0.5～1mm，其配合最紧，强度最大。

(2) 榫头

1) 榫头厚度若等于榫眼宽度或比榫眼宽度小 0.1～0.2mm，则抗拉强度最大，参见图 1-73。

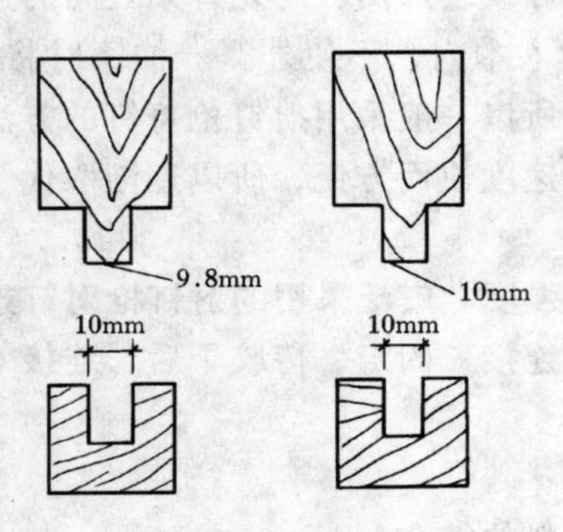

图 1-73　榫头和榫眼的厚度要求

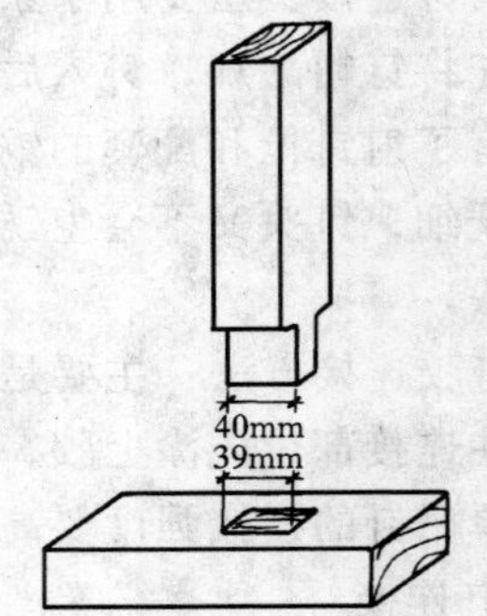

图 1-74　榫头和榫眼的宽度要求

2) 榫头宽度。榫头宽度一般比榫眼长度大 0.5～1mm，实践证明：硬材大 0.5mm，软材大 1mm，配合最紧，强度最大，参见图 1-74。

3）榫头的长度：

（A）明榫接合，榫头长度最低等于榫眼深度，一般要求榫头比榫眼深度大 3～5mm，以利接合裁齐刨平，参见图 1-75。

（B）暗榫接合。榫头长度一般是另一根方材断面宽度（或方材厚度）的 2/3 左右，单榫一般是 1/3～3/7，双榫一般是方材厚度的 1/5～2/9，榫眼深度比榫头长 2mm，参见图 1-76。

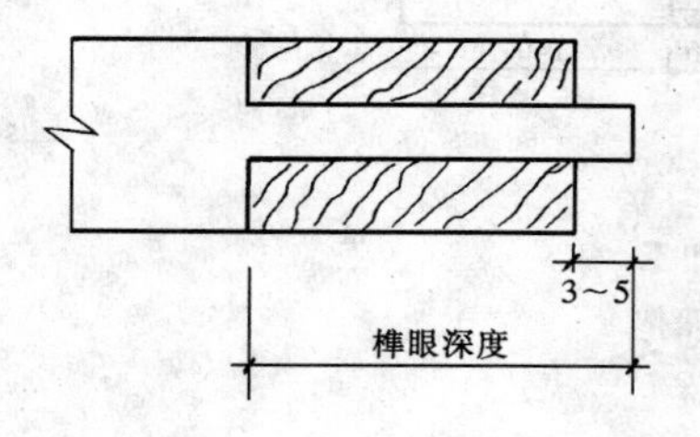

图 1-75　榫头比榫眼深度长 3～5mm

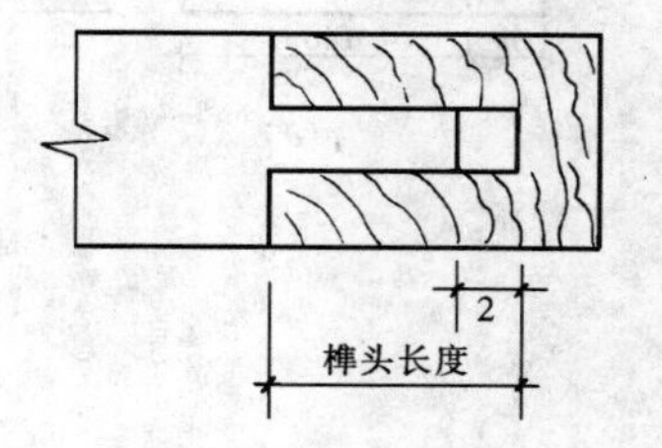

图 1-76　榫头比榫眼深度短 2mm

2. 榫连接的方法

榫连接是基本工具操作的综合运用，装饰木工只有通过从简单到复杂，从平面到立体的榫眼连接操作，加以反复练习，才能掌握其技术、技巧，达到熟练运用的能力，并在今后装饰木结构工程中，发挥更大的作用。

（1）平面节点榫接形式

中榫连接如图 1-77 所示。

角榫连接如图 1-78。

中撑榫连接如图 1-79。

燕尾榫连接如图 1-80。

材　料　单　　　　**表 1-14**

序号	名称	规格（mm）	数量	备　注
1	白松	35×45		1. 材料按加工图计算（包括加工余量） 2. 木材含水率应在 18%以内
2	白松	25×185		
3	白松	25×205		
4	白乳胶	瓶（0.5kg）		

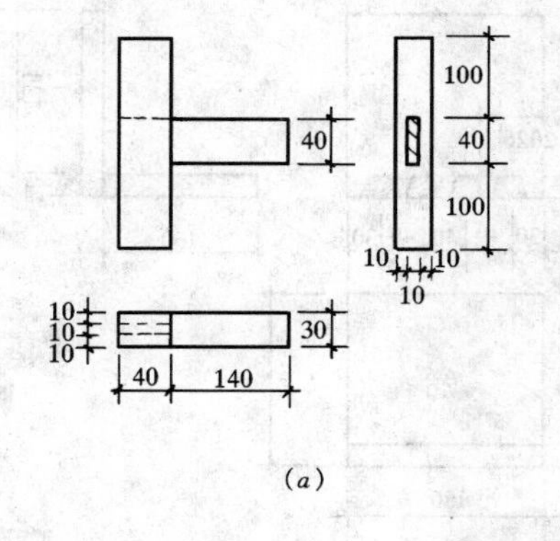

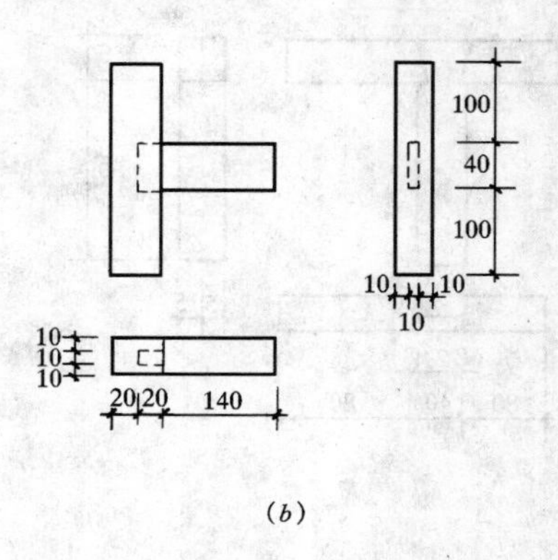

图 1-77　中榫加工图

（a）明榫；（b）暗榫

（2）材料、工具

1）材料：白松木方、木板、白乳胶。详见表 1-14。

2）工具：木工常用手工工具，详见表 1-15。

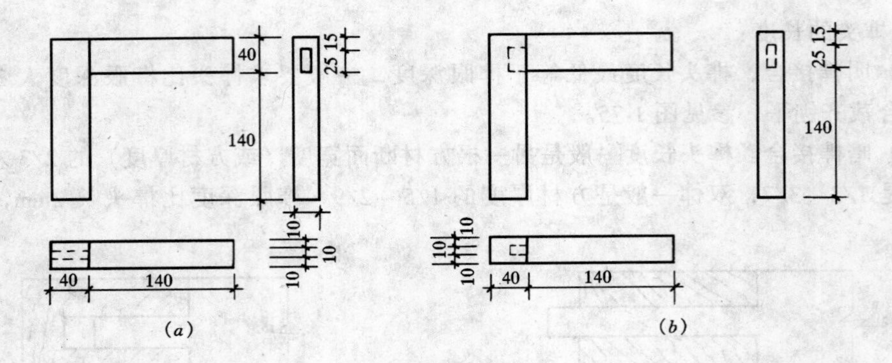

图 1-78　角榫加工

（a）明榫；（b）暗榫

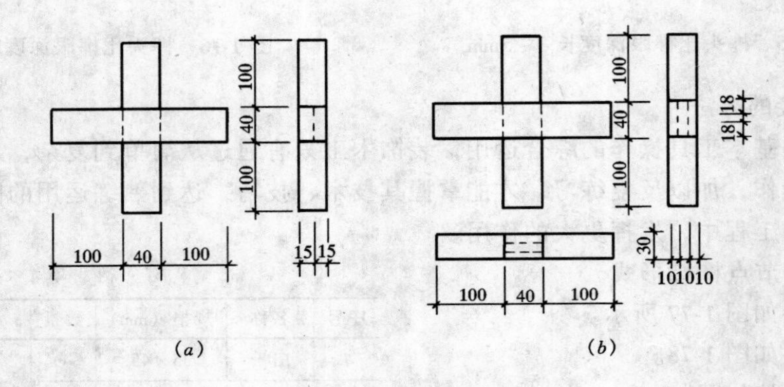

图 1-79　中撑榫连接

（a）搭接式；（b）榫接式

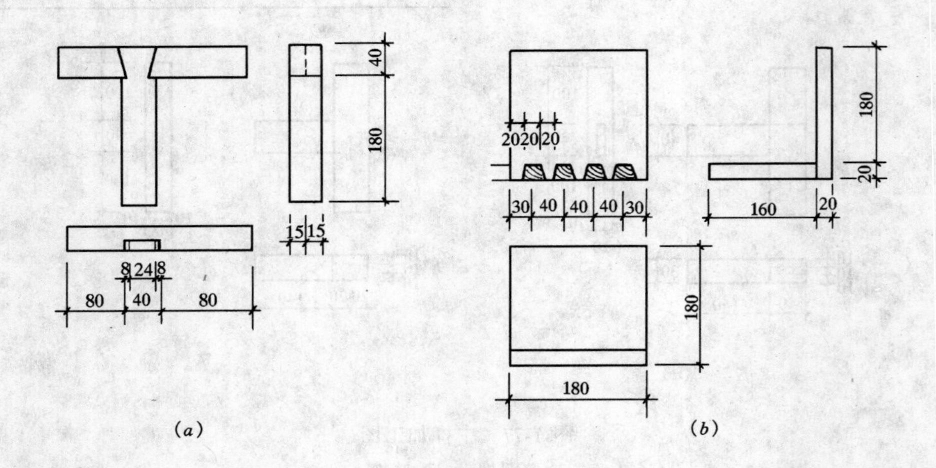

图 1-80　燕尾榫连接

（a）燕尾榫搭接；（b）燕尾榫角接

常用手工工具单 表 1-15

序号	名称	规格（mm）	数量	序号	名称	规格（mm）	数量
1	木工铅笔		1	8	批子	250	1
2	八折尺	木制 1000	1	9	中锯	锯条长 500	1
3	墨斗	木制	1	10	长刨	刨身 450	1
4	直角尺	金属 300	1	11	平凿	10、13、15、20、38	各 1
5	45°角尺	金属 200	1	12	油石		1
6	斧	1kg	1	13	刀砖		1
7	锤	0.75kg	1	14	三角锉		1

（3）操作程序

阅读加工图→填写配料单→配料→下料→刨削→画线→凿眼（槽）→锯榫（槽）→（裁口、起线、刨槽）→拉肩→光线、修榫（槽）→组合、拼装→净面。

（4）操作要点

1）配料要留有合理的加工余量，特别注意角榫凿孔（眼）的木料端部应留有找头长度（一般 20mm 左右）；明榫（通榫）应留出 3～5mm 的冒头长度。

2）画线前要检查、校验角尺等工具的准确，线段清晰、完整，符号正确。

3）刨削裁面方正，并比实际尺寸大 0.5mm，以便光线和净面。

4）榫眼、割角要方正、准确，符合榫连接的要求。

5）组合拼装中，随时检查其方正和平整。

6）光线、净面应使用刨刃锋利的细长刨或光刨，并顺木纹方向刨削，不得损伤横竖交接处。

（5）操作练习（作业内容）

1）按加工图 1-77～图 1-80 填写材料单（毛料），材料单见表 1-14。

2）按加工图 1-77～图 1-80 进行操作练习。

3）每人单独操作，16 课时完成。

（6）考查评分见表 1-16。

榫连接评分表 表 1-16

序号	考查项目	单项评分标准	要求	得分
1	识图	10	包括填材料单，配、截料	
2	划线	10	划线清楚、准确，符号正确	
3	刨削	10	直、平、方，截面尺寸偏差不超过 ±0.5mm	
4	凿眼	10	方、正、无裂缝，尺寸符合要求	
5	做榫	10	方正、尺寸符合要求，无龟榫	
6	组装尺寸	15	总长尺寸不得偏差 ±1mm，无裂缝，肩到缝严，方正无翘曲	
7	安全卫生	10	无工伤，现场整洁	
8	综合印象	25	程序、方法、态度、工效、截口起线等	

班级________ 姓名________ 指导教师________ 日期________ 总得分________

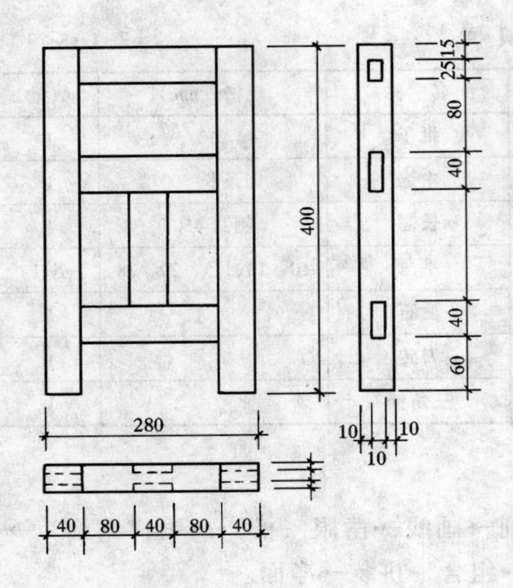

图 1-81　平面框架加工

3. 组合框架

组合框架的制作是各种榫连接的综合运用，是半成品和成品的实际操作；同时也是对以上各基本功操作技术、技能的全面考核。

(1) 组合框架的加工

1）平面框架加工，见图 1-81。

2）立体框架加工，见图 1-82。

(2) 材料、工具

1）材料：白松木方、白乳胶、圆钉等。

2）工具：木工手工工具一套，见表 1-15。

(3) 操作程序

同 2—(3)。

(4) 操作要点

同2—(4)。

(5) 操作练习（作业内容）

1）按加工图填写材料单，见表 1-14。

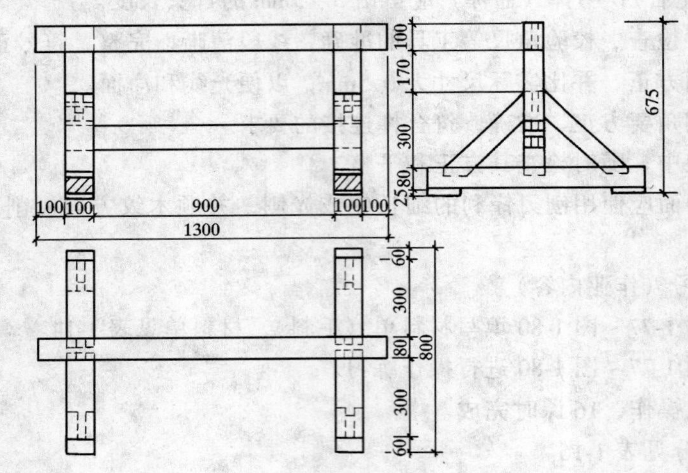

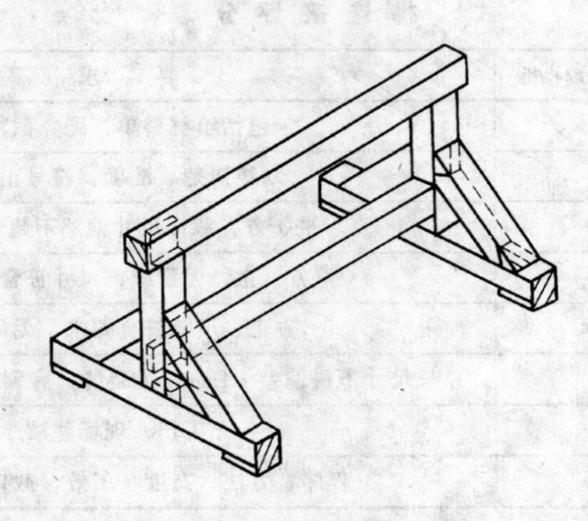

图 1-82　立体组合加工

2）按加工图 1-81 制作平面框架一片，6 课时完成（每人）。

3）按加工图 1-82 制作立体框架一只，12 课时完成（每人）。

（6）考查评分见表 1-17。

框架组合评分表 **表 1-17**

序号	考查项目	单项评分标准	要　求	得分
1	识图	10	包括填材料单，配、截料	
2	划线	10	划线清楚、准确，符号正确	
3	刨削	10	直、平、方，截面尺寸偏差不超过 ±0.5mm	
4	凿眼	10	方、正、无裂缝，尺寸符合要求	
5	做榫	10	方正、尺寸符合要求，无龟榫	
6	组装尺寸	15	总长尺寸不得偏差 ±1mm，无裂缝，肩到缝严，方正无翘曲	
7	安全卫生	10	无工伤，现场整洁	
8	综合印象	25	程序、方法、态度、工效、截口起线等	

班级＿＿＿＿＿＿姓名＿＿＿＿＿＿指导教师＿＿＿＿＿＿日期＿＿＿＿＿＿总得分＿＿＿＿＿＿

第六节　木工放大样

建筑装饰木工的操作技术与传统的家具木工大体相同，不同的是，装饰木工需要有放大样的技术，而家具木工则一般不需要放大样。

木工放大样是在熟悉图纸及掌握一般操作技术后才能够做的工作。在计算较困难的三角形、五边形、多边形及弯曲的构件中，木工的传统做法是用放大样来求得木料的形状及下料尺寸。

放样就是根据图纸及物件的要求，按实际尺寸在地板、混凝土地坪或墙面画出构件尺寸线，然后按尺寸线做出一套样板，再按照样板在木料上画线制作。

一、木楼梯放大样

1．木楼梯构造

木楼梯一般由梯段，平台和栏杆等组成。梯段坡度一般为 30°～40°；单人通行的宽度为 850mm 左右，双人通行的宽度为 1000～1200mm；踏步高度为 150～180mm，宽度 240～300mm；栏杆扶手高度一般为 900mm。

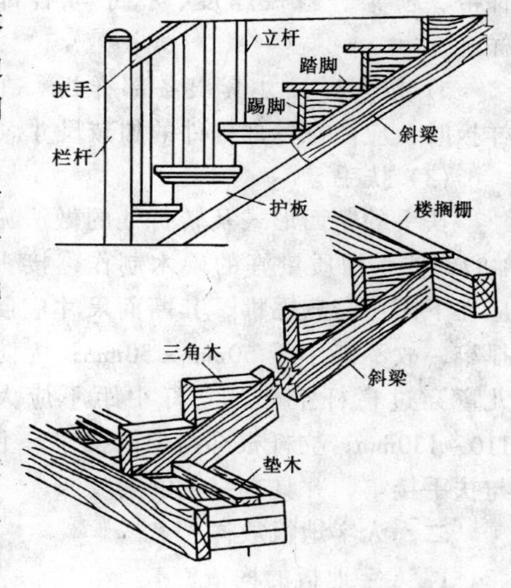

图 1-83　明步木楼梯

木楼梯有明步和暗步两种。明步木楼梯的踏步和踢脚板钉在斜梁的三角木上，侧面看到踏步如图 1-83；暗步木楼梯的踏脚板和踢脚板嵌装在斜梁内侧面的槽口内，楼梯侧面看不见踏步，如图 1-84 所示。它们的结构见图 1-85。

2．木楼梯放大样

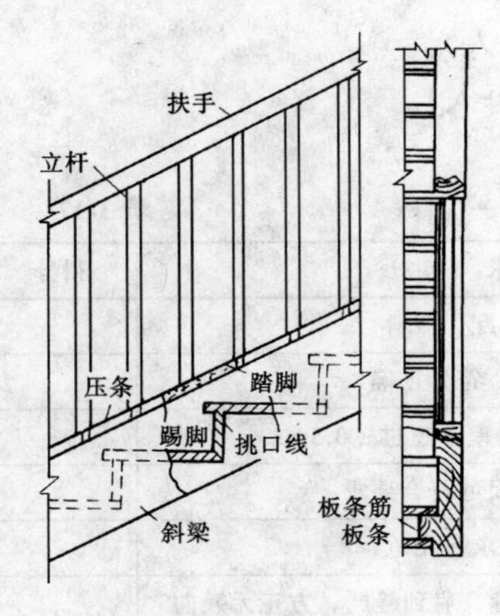

图 1-84　暗步木楼梯

(1) 放样准备

1) 首先熟悉图纸、施工现场位置和建筑的结构以及木楼梯的用材规格。

2) 将准备放样的地面或墙面（最好在木楼梯施工位置的墙面）清理干净。

3) 准备好放样的工具如：图纸、墨斗、铅笔、水平尺、线锤等。

(2) 放样

1) 弹出水平线（即楼梯起点线），在水平线上截取楼梯总水平长度 AB 和平台宽度 BC。

2) 过 A、B、C 三点作水平线的垂线（过 B 点的垂线便是楼梯转弯线），在这三条垂线上作楼板的高度和平台的高度线。

3) 根据图线上楼梯级数、踏步宽度和高度画出小方格，再在小方格上定出楼梯、踏步大样。如果不画小方格，可在楼梯转弯线上把平台高度线减去一踏步高度。得一点 E，从楼梯起点 A 向 E 点作坡度线，在坡度线上按该层楼梯级数减一，平分坡度线，得每级踏步斜边长度。在此基础上，作出踏步的宽度和高度。平台到楼板的坡度，也可按上述方法放样。如图 1-86 所示。

4) 根据图纸要求，在大样图上定出梯帮、横梁、斜板厚度、扶手等各部大样。

5) 按大样尺寸套出各部样板。在套样板时，应注意各部构件的加减尺寸。

(3) 扶手

扶手的断面形式及转折处的做法见图 1-87。扶手用质量好的硬木制作，接头均应在下面用暗燕尾榫，其断面尺寸应便于抓牢，故不能小于 50mm × 50mm；为防止儿童穿过栏杆空档，立杆中距不应大于 110 ~ 130mm；立杆根部与斜梁接牢，上部与扶手接牢，并具有一定的刚度。

二、人字地板放样

1. 人字地板的构造

人字木地板为拼花木地板的种类之一。它应铺钉于毛地板之上，其毛地板材料作为铺钉面板的基层板（或称基面板），可以用实木板，也可以选用厚胶合板或刨花板等，由设计及现场情况择定。无论使用何种板材作毛地板，其重要之点是保证

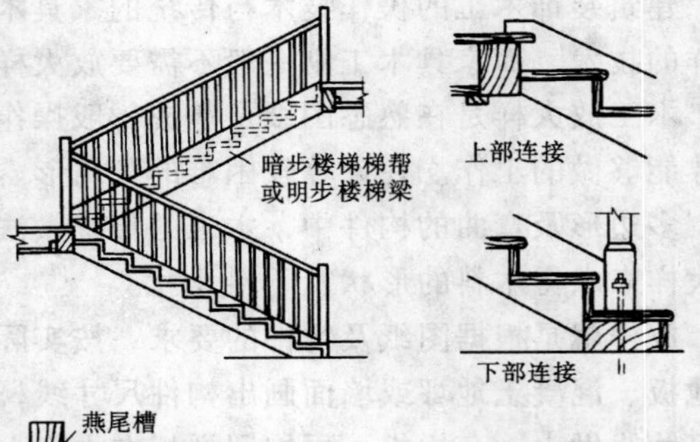

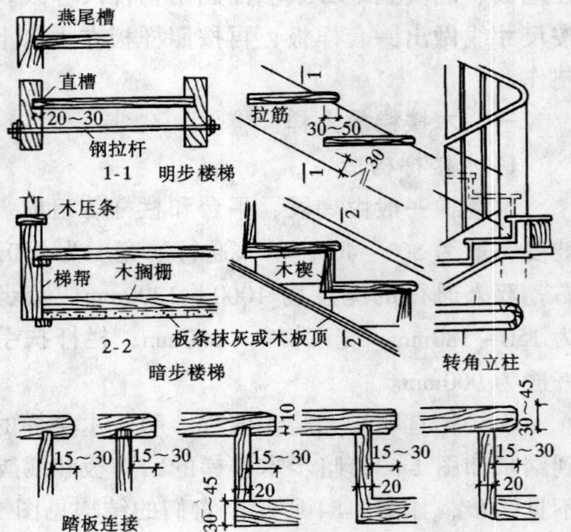

图 1-85　木楼梯结构

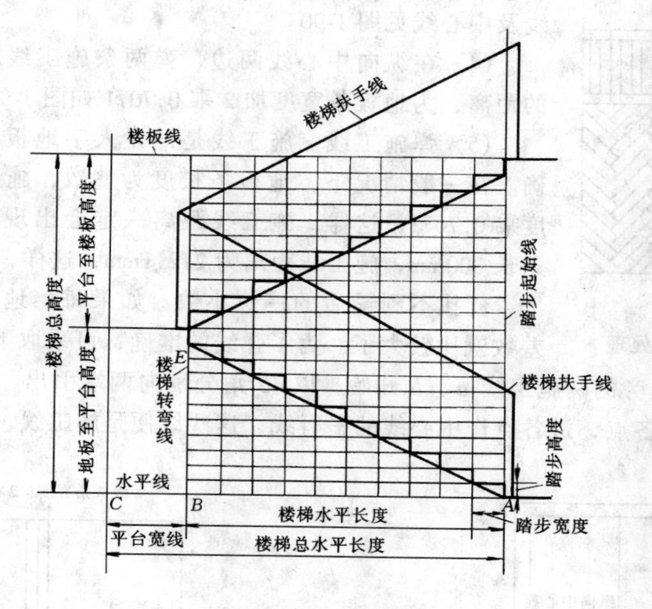

图 1-86 楼梯放大样

牢固地铺钉于木搁栅框架的木方中线上。而人字木地板是钉、胶、或钉胶于毛地板之上的。人字木地板一般选用四面企口形式如图 1-88 所示。一般拼花木地板（人字木地板）都要进行圈边或称镶边处理（一是为美观、二是可以节约）如图 1-89 所示。

2. 人字地板放样

人字硬木地板放样，是根据地板设计图案及成品地板条的规格，放出人字地板施工线。

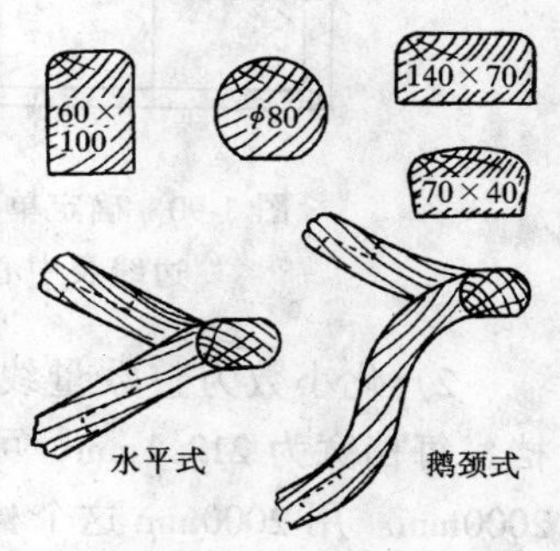

图 1-87 木扶手断面及转折型式

（1）根据地板条长度，求出人字地板施工线距离。人字地板的斜度是 45°，当直角三角形为 45°时，直角边等于斜边的 0.7071 倍。所以，只要用人字地板条的长度乘 0.7071 这个常数，即为施工线距离。比如，人字地板条长 300mm，则施工线距离为 $300 \times 0.7071 = 212.1$mm

（2）根据房屋单间的大小及施工线距离，计算出需铺设地板的档数。人字地板的档数应该是双数，两边留头一致，四周必须有一定的宽度，作为铺长边地板的圈边或镶边。圈边宽度最小不得小于三块地板条的宽度。

（3）将一块地板的宽度乘 0.7071 后加档数总长，得人字地板里框边长度，弹出框边

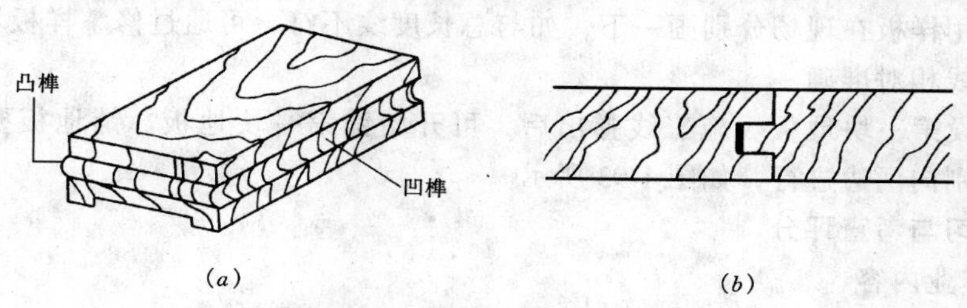

图 1-88 人字硬木地板的企口形式

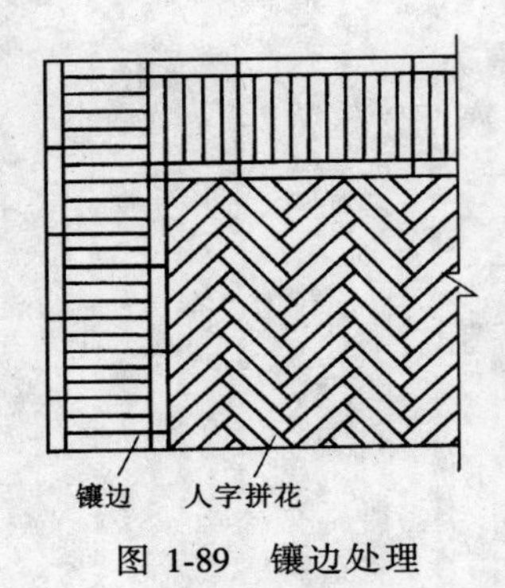

图 1-89　镶边处理

线及中心线见图 1-90。

(4) 在纵向中心线两边，弹两条施工线。施工线与中心线的距离，为地板条宽度加 2 乘 0.7071 如图 1-91 所示。

(5) 弹施工线。施工线是铺设人字地板的依据，应力求准确。在一般情况下，地板条长度为整数，施工距离为地板条长度乘 0.7071，这样，施工线距离一定会出现小数。比如，地板条长 300mm，施工线距离为 212.1mm，这样，在木工使用的钢尺上，就找不到最后的一位小数，如果每档地板差一点，积累的差数就比较大了。为了弹线的准确，可采取下面三种方法：

1) 从中心线旁的两施工线 a、b 开始，以 45°角分别向两端引出，在这个斜边上量出板条实长线，得各点，过各点作中心线的平行线，这些线便是施工线。拉线时，角度一定要准确。

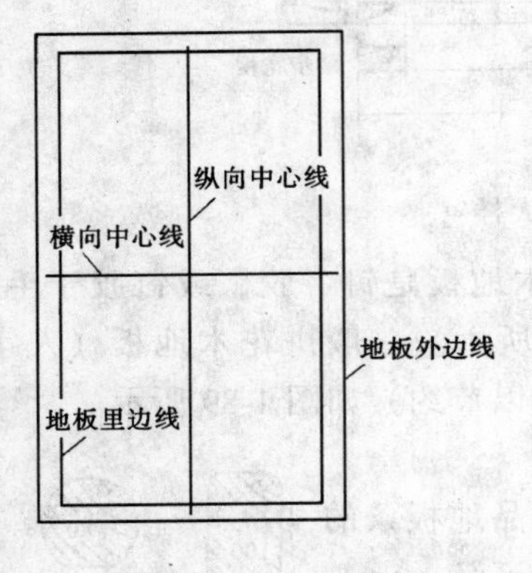

图 1-90　确定单间地板里边线及中心线

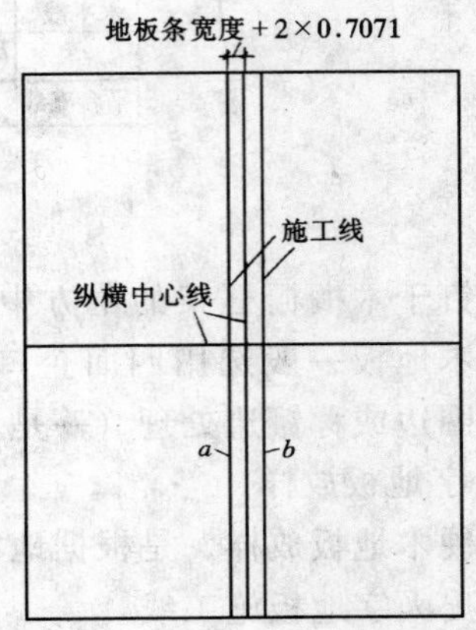

图 1-91　确定中心施工线位置

2) 化小数为整数量线。即用比档宽大的整数乘地板档数，得总长度。如地板为 16 档，每档宽为 212.1mm，可用 16×250mm = 4000mm，从中心线 a、b 到边沿的距离则各为 2000mm。用 2000mm 这个长度，一端靠 a 线上，一端靠在里边线上，在这条斜线上每隔 250mm 取一个点，过这些点作中心线或 a 线的平行线，这些线便是施工线。

为了使平行线作得准确，每边要在靠两端处拉两次，得相对各点，然后连接上下各点。

用这种方法，不要量取角度弹线，方便准确，如图 1-92 所示。

3) 确定档宽。做一块长度等于一档宽的样板，依这块样板弹线，但这种方法不太准确。最好先用样板在现场分别画一下，如与总长度线不符，可通过修整样板块来调整，以保证所画的线相对准确。

(6) 铺设第一块地板。施工线弹出后，可开始铺第一块地板。铺地板要先从中间开始，然后分别向两边进行，如图 1-93 所示。

三、练习与考查评分

(一) 作业内容

1) 按图 1-94 所示，进行人字硬木地板铺设的放样弹线。

2）每两人一组，4 课时完成。

（二）材料、工具

1）材料：硬木地板条 50mm × 200mm；50mm × 400mm 用于圈边。

2）工具：5m 卷尺 1 把、墨斗 1 只、木工铅笔 1 支、扫帚或拖把等。

（三）考查评分见表 1-18。

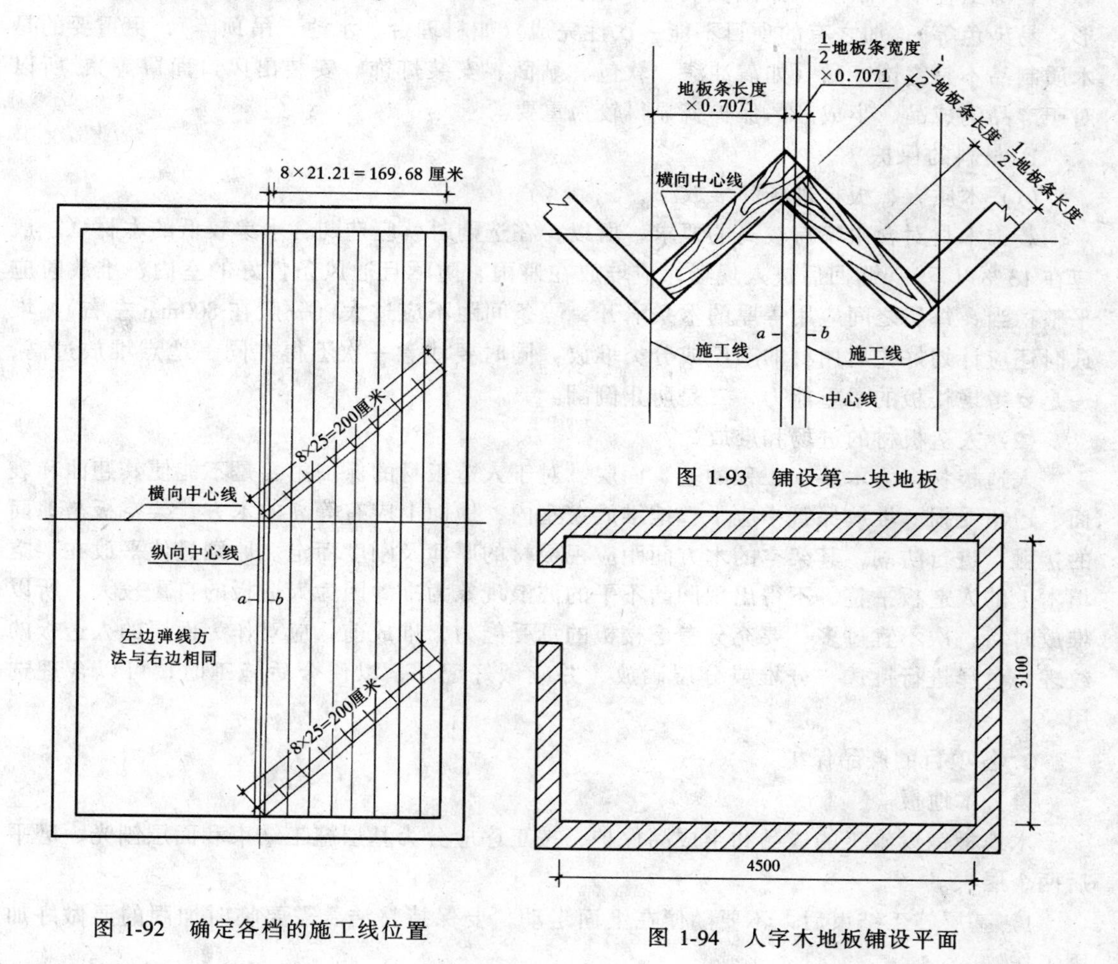

图 1-92　确定各档的施工线位置

图 1-93　铺设第一块地板

图 1-94　人字木地板铺设平面

放样弹线考查评分　　表 1-18

序号	考查项目	单项评分标准	得分	练习要求与评分标准
1	中心十字线	15		线段清楚、准确、方正，每误差 1mm 扣 3 分
2	施工线	10		线段清楚、准确、平行，每误差 1mm 扣 5 分
3	各档施工线	20		线段清楚、准确、平行，每误差 1mm 扣 5 分
4	圈边线	15		线段清楚、准确、合理，每误差 1mm 扣 5 分
5	工效	10		按时完成满分，超时不得分
6	安全、卫生	10		无工伤、现场整洁
7	综合印象	20		方法正确、无错乱线段、熟练程度

班级________姓名________指导教师________日期________

第七节　产品保护与施工生产安全知识

一、成品与半成品的保护

装饰工程中，木质产品因其材料、施工程序等特殊性（如木材易湿涨、干缩、易变形、易染色等），加之有的项目不能一次性完成（如料理台、水池、吊顶等），更重要的是木质制品不是终饰产品（如需油漆、软包、贴面、安装灯饰、安装出风口面罩等），所以对于产品的成品、半成品的保护就显得较为重要。

1. 材料的保护

（1）木质方、板材进场和堆放

装饰木材对含水率有较高的要求，所以，在选购时就应选购含水率较低的木材（一般应在13%以下），购回后进入现场，应堆放在避雨、防晒且通风条件好的室内，堆放时应平整稳当，每层之间应用等厚的木条隔开，隔条间距不应过大（一般在800mm左右），堆放时还应计划好先后用材的顺序或分类堆放，同时要注意一次不得在同一地点堆放过高，一是要考虑楼板的承重能力，二是防止倒翻。

（2）人造板材的进场和堆放

人造板材多为木装饰工程的基、面层。对于人造板材的保护主要是不能使其翘曲和表面、边角受损。堆放保管中应平整地堆放在室内，地面上应有等高的木方，架空板与地面的接触，进行防潮，其架空的木方间距应视板材的厚薄及刚度而定。原则是使平放在架空填木上的人造板平整、不得出现凹凸不平的波浪现象为准。因为人造板的自重较大、所以堆放时、一次不宜过多、要充分考虑楼板的承受能力，堆放前，应对作为面层的人造板的纹理、色泽进行挑选，分堆或分层码放、并应做好记录，以便今后施工时，可以合理选用。

2. 各项目的产品保护

（1）木地板

木地板铺设施工的成品和半成品保护，按工序应分为基层施工结束和面层刨光、磨平后两个层次。

1）基层施工结束后，不要随便在上面走动，要保持整洁。需要临时加固的要做好加固工作。

2）面层刨光、磨平后要及时清扫木屑、刨花，并刷干性底油一道。

3）进出已刨、磨过的地板房间，不能穿有钉的鞋，以免磨损面层。

4）有门窗的房间，应避免阳光直射，以免局部收缩不均匀，人走后应关好门窗防止风雨。

5）严禁用水冲洗木地板，特别防止其他工种在清洗后板材地面时，将水溢到木地板上，而发生变形、变色的现象。

6）进门口处，加设临时压条，保护门口边缘不受损坏。

7）房间墙、顶要做饰面工程时，必须用遮挡物覆盖地板面层上。

（2）木装饰墙、柱

木装饰墙面主要有木质隔墙、木花隔断、护墙板、木墙裙和木装饰柱等，其产品保护也分为骨架部分和饰面部分。

1）骨架部分

（a）骨架基层施工前，应充分考虑其与结构的连接部分，最好能在原结构的预留木砖处进行固定连接。如需改变位置，必须先打洞，将木楔固定在结构上，并画出其位置，以便骨架、龙骨的固定。上述项目的骨架、龙骨能否牢固应取决于连接点的牢固性和布局合理性。

（b）所有与原结构接触的部位，应预先作防腐处理、以免施工后无法进行或不能全部进行。

（c）对需要在该项目中预埋的所有管线，必须充分了解、并在施工操作中作合理安排，既不能漏，又不能过度损坏该项目的结构。尤其是对有水管经过的结构，更应仔细检查，是否有滴漏现象，同时在施工时应特别注意，不能随意搬、撬、撞、击该处的管道，以免出现管道的破裂或堵塞等现象。

（d）如遇该项目的基层龙骨施工已经结束，之后又有其他工种进行水、电、管道等施工，此时应再次对龙骨基层进行检测、观察有无变形、松动等现象。如有，必需修整，直到符合标准。

2）面层部分

（a）面板制作前后，要平放于干燥通风的室内。制作半成品时，要分类、按编号、顺序堆放整齐。

（b）面层制作完毕，要及时清扫现场，并刷底油一遍，在阳角或易碰撞处设临时护面加以保护。

（c）人走断电、下班关好门窗，做好防火、防雨等工作，并及时与下道工序办理交接手续。

（3）装饰木门窗

1）装饰木门窗框、扇制作好以后应及时涂刷干性底油一遍，框还应在与结构接触部位刷上防腐涂料。待干燥后，水平放置于干燥通风处。

2）未安装的木门窗框还应钉好人字或八字撑以防变形，在易碰撞的部位应钉好保护木条、板。

3）安装后的木门窗扇应及时装上锁、销、扣等五金，做到人走锁、扣好门窗的习惯。安装好的门锁钥匙应分类、编号、统一系在钥匙板上，便于寻找和使用。如果是没有锁、扣或需打开通风的门窗扇，可将门扇开至墙边，用门吸或楔形木条将门扇楔吸紧，以免门扇被风吹得忽开忽关而损坏门框、扇。

（4）木龙骨吊顶（轻质吊顶）

1）骨架龙骨的保护

（a）龙骨架必须正确、准确、牢固地安装在原结构上，并做好防腐处理。

（b）面板安装前，对安装在龙骨架上的所有管线、通风管道等设置要进行检查。要确保所有管线的安全、可靠性（如电线、电管、水管、通风管道等），并再次检查龙骨架是否因受管线的压迫而变形和损坏，如有，则需要加固和修整。对所有吊筋的结点进行复查，看是否有松动现象，并进行整固。

2）面层部分的保护

(a) 面层安装完毕应刷底油一遍。

(b) 开设好面层所有的孔洞（如灯具、通风、音响等），且位置、大小应符合设计要求。

(c) 以上工作完毕，可在吊顶面层上临时贴上醒目标语等，提示其他施工人员不要撞碰破损面层。并随后拆除脚手架，将地面清理干净。

(5) 橱、柜家具的保护

橱、柜家具制作过程中，应注意保护半成品，对于刨削好的材料应分类堆放在干燥平整的工作台面上，或有200mm以上平整垫层的平板上。

连结和组装好的框架应待胶干后进行修整，暂不组合的片架应水平或垂直放置（不要随意放置），以免变形。组装拼合后应及时装钉好背、顶、底板，并用小木方临时作人字或八字固定，以免变形。暂不油漆的应及时刷底油一遍。待干燥后用软质材料包覆以免碰撞受损或受潮、污和虫蛀。

操作中，不得抽烟和点燃明火；刨花、木屑等易燃物要"谁做谁清"和"随做随清"，严防火灾。人走锁门，同时做好与下道工序的交接于续。

(6) 细木制品的保护

细木制品主要指：窗帘盒、筒子板、门窗贴脸和装饰木线条等细部装饰工程。此时，装修工程已过大半，在该类项目施工中，往往其他工程已基本完成，所以，在安装、操作该类工作中，除了对木作项目进行产品保护外，还应特别注意保护已完成的工程不受损坏。

操作中，如需站、踩在其他物件时，应采用铺、垫软质覆盖物，防止人为损坏其他产品，进入已装修的木地板房间，应穿软底、无钉、干净的鞋子，操作人员应随时注意自己的手、或其他工具材料的清洁，不能人为地污损本产品或其他产品。

工作结束后，应随时将杂物、灰尘清理干净，以免造成不必要的产品损坏和污迹，并及时做好与下道工序的交接手续。

二、施工生产安全知识

1. 装饰施工多发事故

(1) 火灾

装饰施工阶段易燃、能燃物品多，外墙门窗封闭后油漆、防水作业区挥发性易燃气体浓度高，交叉施工明火作业频繁，这些因素一旦失控便会导致火灾。

(2) 触电

装饰施工阶段电动工具特别是手持电动工具使用广泛，防护和管理不力便可能引起触电。

(3) 物体打击

装饰施工与结构施工及机电安装立体交叉频繁，作业环境易导致物体打击事故。

(4) 机械伤害

现代装饰施工除了广泛使用电动工具以外，还采用大量气动工具甚至以火药致动的工具，导致机械伤害事故的因素多。

(5) 高处坠落

装饰施工阶段，特别是结构外沿和多种洞口尚未封闭之前，各种等级的高处作业随处可见，保护不力即导致高处坠落事故。

2. 安全用电要点

（1）设立期超过半年的现场、生产、生活设施的电气安装均应按正式电气工程标准安装。

（2）施工现场内一般不架设裸导线，现场架空线与施工建筑物水平距离不小于10m，与地面距离不小于6m，跨越建筑物或临时设施时垂直距离不小于2.5m。

（3）多种电气设备均须采用接零或接地保护，单项220V电气设备应有单独的保护零线或地线。严禁在同一系统中接零、接地两种保护混用。不准用保护接地做照明零线。

（4）手持电动工具均要在配电箱装置设额定动作电流不大于30mA，额定动作时间不大于0.1s的漏电保护装置。电动机具定期检验、保养。

（5）每台电动机械应有独立的开关和熔断保险，严禁一闸多机。

（6）使用电焊机时对一次线和二次线均须防护，二次线侧的焊把线不准露铜，保证绝缘良好。

（7）电工须经专门培训，持供电局核发的操作许可证上岗，非电气操作人员不准擅动电气设施。电动机械发生故障，要找电工维修。

3. 预防物体打击事故的措施

（1）进入现场人员戴安全帽。

（2）交叉作业通道搭护头棚。

（3）高处作业的工人应备工具袋，零件、螺栓、螺母随手放入工具袋，严禁向下抛掷物品。

（4）高处码放的板材要加压重物，以防被大风掀翻吹落，高处作业的余料、废物须及时清理，以防无意碰落或被风吹落。

（5）高处作业的操作平台应密实，周围栏杆底部应设高度不低于18cm的挡脚板，以防物体从平台缝隙或栏杆底部漏下。

4. 防止机械伤害事故要点

（1）施工电梯的基础、安装和使用符合生产厂商的规定，使用前应经检验合格，使用中定期检测。

（2）卷扬机须搭防砸、防雨的操作棚，固定机身须设牢固地锚，传动部分须装防护罩，导向滑轮不得用开口拉板式滑轮。

（3）圆锯的传动部分应设防护罩，长度小于500mm，厚度大于锯片半径的木料，严禁上锯，破料锯与横截锯不得混用。

（4）砂轮机应使用单向开关，砂轮须装不小于180°的防护罩和牢固的工件托架，严禁使用不圆、有裂纹和剩余部分不足25mm的砂轮。

（5）各种施工机械的安全防护装置必须齐全有效。

（6）经常保养机具，按规定润滑或换配件，所用刀具必须匹配，换夹具、刀具时一定要拔下插头。

（7）注意着装，不穿宽松服装操作电动工具，留长发者应戴工作帽，不能戴手套操作。

（8）打开机械的开关之前，检查调整刀具的扳手等工具是否取下，插头插入插座前先检查工具的开关是否关着。

(9) 手持电动工具仍在转动的情况下，不可随便放置。

(10) 操作施工机具必须注意力集中，严禁疲劳操作。

(11) 保持工作面整洁，以防因现场杂乱发生意外。

5. 防止高空坠落要点

(1) 洞口、临边防护

1) 1.5m×1.5m 以下的孔洞，应预埋通长钢筋网或加固定盖板；1.5m×1.5m 以上的孔洞，四周须设两道护身栏杆（高度大于 1m），中间挂水平安全网。

2) 电梯井口须设高度不低于 1.2m 的金属防护门，井道内首层和每隔四层设一道水平安全网封严。

3) 在安装正式楼梯栏杆、扶手前，须设两道防护栏杆或立挂安全网，回转式楼梯间中央的首层和以上每隔四层设一道水平安全网。

4) 阳台栏杆应随层安装，若不能随层安装，须设两道防护栏杆或立挂安全网封闭。

5) 建筑物楼层临边，无围护结构时，须设两道防护栏杆，或立挂安装网加一道防护栏杆。

(2) 外沿施工保护

1) 外沿装饰采用单排外脚手架和工具式脚手架时，凡高度在 4m 以上的建筑物，首层四周必须支 3m 宽的水平安全网（高层建筑支 6m 宽双层网），网底距下方物体不小于 3m（高层建筑不小于 5m）。

2) 外沿装饰脚手架必须有设计方案，装饰用外脚手架使用荷载不得超过 $1960N/m^2$，特殊脚手架和高度超过 20m 的高大脚手架，必须有设计方案。

3) 插口、吊篮、板式脚手架及外挂架应按规程支搭，设有必要的安装装置；工具式脚手架升降时，必须用保险绳，操作人员须系安全带，吊钩须有防脱钩装置，使用荷载不超过 $1177N/m^2$。

(3) 室内装饰高处作业防护

1) 移动式操作平台应按相应规范进行设计，台面满铺木板，四周按临边作业要求设防护栏杆，并安登高爬梯。

2) 凳上操作时，单凳只准站一人，双凳搭跳板，两凳间距不超过 2m，准站两人，脚手板上不准放灰桶。

3) 梯子不得缺档，不得垫高，横档间距以 300mm 为宜，梯子底部绑防滑垫，人字梯两梯夹角 60°为宜，两梯间要拉牢。

4) 从事无法架设防护设施的高处作业时，操作人员必须戴安全带。

6. 主要安全管理制度

(1) 安全生产责任制

(2) 安全技术措施审批制

(3) 进场安全教育制

(4) 上岗安全交底制

(5) 安全检查制

(6) 事故调查、报告制

7. 木工消防知识

（1）安全用火要求及防火措施

各类建筑设施、材料的防火间距见表1-19。

建筑设施、材料防火间距 **表1-19**

类别 \ 防火间距（m） \ 类别	建筑物	临时设施	非易燃库站	易燃库站	固定明火处	木料堆	废料易燃杂料
建筑物	—	20	15	20	25	20	30
临时设施	20	5	6	20	15	15	30
非易燃库站	15	6	6	15	15	10	20
易燃库站	20	20	15	20	25	20	30
固定明火处	25	15	15	25	—	25	30
木料堆	20	15	10	20	25	—	30
废料易燃杂料	30	30	20	30	30	30	—

（2）消防设施要求（表1-20）。

消防设施要求 **表1-20**

消防设施项目		要求
消防水管线直径		>100mm 高层建筑设消防竖管，随施工接高
消防栓间距		<120m
消防栓个数	地上式	1个 ϕ100mm 或 2个 ϕ65mm
	地下式	1个 ϕ100mm 或 1个 ϕ65mm
消防栓距道边		<5m
消防栓距房屋建筑		>5m（地下式有困难时可减为1.5m）
消防车道宽度	一般现场	>3.5m
	仓库、木料堆场	6m
车道端头回车场		12m×12m
其他灭火器材		易燃材料搭设的工棚设蓄水池或蓄水桶及灭火器

（3）电气设备防火要点

1）各类电气设备，线路不准超负荷使用，接头须接实、接牢，以免线路过热或打火短路，发现问题立即修理。

2）存放易燃液体、可燃气瓶和电石的库房，照明线路应穿管保护，单用防爆灯具的开关应设在库外。

3）穿墙电线和靠近易燃物的电线穿管保护，灯具与易燃物一般应保持30cm间距，大功率灯泡要加大间距，工棚内不准使用碘钨灯。

4）高压线下不准搭设临时建筑，不准堆放可燃材料。

（4）现场明火管理

1）现场生产、生活用火均应经主管消防的领导批准，使用明火要远离易燃物，并备有消防器材。使用无齿锯，须开具用火许可证。

2）冬季装修施工采用明火或电热法的，均须制定专门防火措施，专人看管，人走火灭。

3）冬季炉火取暖要专人管理，注意燃料存放、渣土清理及空气流通，防止煤气中毒。

4）电焊、气焊工作人员均应受专门培训，持证上岗。作业前办理用火手续，并配备适当的看火人员，随身应带灭火器具。吊顶内要安装管道，应在吊顶易燃物装上以前，完成焊接作业。如因工程特殊需要，必须在顶棚内进行电气焊作业，应先与消防部门商定妥善防火措施后方可施工。

5）工地设吸烟室，施工现场严禁吸烟。

8. 木装修的防火

木材的防火性能差且木装修面层多采用易燃性油漆涂刷，所以，其防火并非一件易事。从这个角度理解，它不同于木结构的防火。

木装修的防火应遵循以下原则：

（1）重要的是守法精神，并从法律角度充分理解防火规范及其他有关规定，注意防火构造和材料的选用。

（2）重视系统环境的防火设计。

（3）加强施工及使用期间的安全防火管理。

（4）火灾之际，火焰从混凝土楼地面、墙壁中的预埋管、贯通孔、通风管等处喷出，引发大面积燃烧的事故较多。这些隐蔽部位的管孔、管道要尽可能用防火材料予以封堵。

小　　结

本章介绍了木材的识别、性能，木工手工工具和电动装饰机具的用途及操作；介绍了各装饰工程的质量标准；也介绍了木工安全生产和防火知识，提高安全生产意识和防范安全事故的能力。

思　考　题

1-1　采集标本应及时做好哪些工作？

1-2　采集标本应带哪些工具并注意哪些问题？

1-3　识别木材的方法主要有哪四点？

1-4　讲述4~6种商品材的宏观特征、并讲出在装饰工程中的用途？

1-5　如何正确地使用框锯？（要讲述纵向锯割）

1-6　框锯的维护方法是什么？

1-7　板锯的特点？

1-8　如何安全使用手提式锯割工具？

1-9　简述普通手工平刨的操作要领。

1-10　手工平刨横断面刨削应注意哪些要求？

1-11　刨削操作中有哪些通病和对策？

1-12　常用装饰电动机的操作有哪些基本要求？

1-13 凿眼过程中有哪些要求？

1-14 铲削操作分为哪几种？

1-15 常用铁钉连接有哪些形式？

1-16 榫连接的一般要求是什么？

1-17 平面节点的榫连接的形式有哪四种？

1-18 写出榫眼连接操作的程序。

1-19 榫眼操作的要点有哪些？

1-20 为什么要放大样？放大样有什么好处？

1-21 怎样进行木楼梯放大样？

1-22 人字地板放样过程中怎样弹施工线？

第二章　砖瓦、抹灰工基本技能

第一节　砌筑、抹灰材料与工具

一、砌筑材料

（一）砖

砖是各种烧结普通砖及工业废料砖的统称。烧结普通砖中的粘土砖是我国应用较早、目前使用量最大的墙体材料❶，有实心砖和空心砖之分。实心粘土砖亦称普通粘土砖，有两种规格：一种尺寸为240mm×115mm×53mm，为国定标准砖，简称普通砖，重约2.6kg/块；另一种尺寸为216mm×105mm×43mm，系南方省市，尤其是江浙一带用的一种小砖，因其长度为8.5英寸，故又称为八五砖，重约1.75kg/块。空心粘土砖亦称多孔砖，其孔洞率在15%以上，优点是自重轻，节约原料和能源，热工性能较好。空心砖按其性能分为承重粘土空心砖和大孔空心砖。承重空心砖有三种类型，主要规格为190mm×190mm×190mm（KM1）、240mm×115mm×90mm（KP1）、240mm×180mm×115mm（KP2），相应重量约为4.5kg/块、3.3~3.7kg/块及6.5~7.8kg/块。大孔空心砖亦称隔墙空心砖，孔洞率在40%~60%左右，有三洞和六洞两种，主要规格为300mm×240mm×150mm。我国工业废料砖因其主要活性胶结材料为硅酸盐，故又称为硅酸盐砖，主要包括灰砂砖、煤渣（炉渣）砖、矿渣砖及粉煤灰砖等；规格尺寸与标准粘土砖相同，为240mm×115mm×53mm。

承重结构用砖，其强度等级不宜低于MU7.5。受流水冲刷，长期处于高温（≥200℃）及骤冷骤热环境或受酸性介质侵蚀部位，一般不宜采用或不得采用灰砂砖和粉煤灰砖；受冻融和干湿交替部位，不得使用MU10以下的煤渣砖。粘土空心砖不宜用于地面以下或防潮层以下的砌体。

砖的外观尺寸应准确，没有或很少有缺棱掉角，表面平整，无裂纹，色泽均匀。

我国各种砖的主要规格、性能及适用范围见表2-1。

我国各种砖的主要规格、性能及适用范围　　**表2-1**

品　种	规格尺寸（mm）（长×宽×高）	重量（kg/块）	强度等级	导热系数[W/（m·K）]	适用范围
普通粘土砖	240×115×53 216×105×43	2.6 1.75	MU30 MU25 MU20 MU15 MU10	0.8	MU10~MU15及其以上等级，可砌筑6层及6层以上民用建筑和重要工业建筑墙体，以及地面以下砌体（因粘土砖占用土地资源，现仅限于局部地区使用）

❶ 由于烧结粘土砖耗煤挖土、占用农田，国家已下令逐步限制使用，而代之以其他新型墙体材料。

续表

品　种	规格尺寸（mm）（长×宽×高）	重量（kg/块）	强度等级	导热系数［W/（m·K）］	适用范围
蒸压灰砂砖	240×115×53	3	MU25 MU20 MU15 MU10	1.1	MU10～MU15及其以上等级，可砌筑6层及6层以上民用建筑。MU15以上等级可砌筑基础。流水冲刷、长期处于200℃高温处不宜用；受骤冷骤热或有酸性介质侵蚀处应避免使用
蒸养煤渣砖	240×115×53 216×105×43	2.4～2.6 1.7	MU20 MU15 MU10 MU7.5	0.81	MU10～MU15及起以上等级，可用于6层以上民用建筑和一般工业建筑。MU15以上可用于建筑物基础。受冻融和干湿交替部位应使用MU10以上优等砖，并用水泥砂浆抹面
蒸压粉煤灰砖	240×115×53	2.2～2.5	MU20 MU15 MU10 MU7.5	0.87	除按照上述蒸养的适用范围外，还应注意：1）用粉煤灰砖砌筑的建筑物应增加圈梁及伸缩缝，以避免或减少裂缝产生；2）长期受200℃以上高温影响及骤冷骤热交替作用部位或受酸性介质侵蚀部位不得使用
承重粘土空心砖	190×190×90 240×115×90 240×180×115	4.5 3.3×3.7 6.5×7.8	MU20 MU15 MU10 MU7.5	0.58	承重粘土空心砖可用于6层以下建筑物，但不宜用于地面或防潮层以下的砌体

（二）石材

石材是世界上最古老的一直沿用至今的传统天然建筑材料。建筑结构所用的石材，要求质地坚实，无风化剥落和裂纹。用于清水墙、柱表面的石材，尚应色泽均匀。

石材按其形体规格不同，分为料石和毛石。料石又称条石、块石及方整石，是经过加工，形体规矩的棱柱体，宽度、厚度均不宜小于200mm，一般在200～350mm之间，长度为厚度的2～4倍，主体规格长度一般在800～1200mm左右。按其加工面的平整程度分为细料石、半细料石、粗料石和毛料石。如表2-2所示，细料石加工较为精细，毛料石较为粗糙，半细料石和粗料石介于其间。而毛石与料石相反，它是未经过加工无固定形状的块体，只是从受力上考虑，要求块体中部厚度不小于150mm，毛石又分为乱毛石和平毛石，乱毛石系指形状不规则的石块；平毛石系指形状不规则，但有两个大致平行平面的石块。

石材的容重和抗压强度因材质的差异而不同。见表2-2。

石材的重度和抗压强度　　　**表2-2**

石材名称	表观密度（kg/m^3）	抗压强度（MPa）	主要用途	耐用年限（年）
花岗岩（俗称豆渣石）	2500～2700	120～250	基础、桥墩拱石、堤坝、路面及装饰石	75～200
石灰岩（俗称青石）	1800～2600	22～140	墙身、桥墩、基础、制作石灰	20～40
砂岩（俗称青条石）	2200～2500	47～140	基础、墙身、路面	20～200
大理岩（俗称大理石）	2600～2700	70～110	装饰材料	40～100

（三）砌块

砌块是指外型尺寸及重量均较大的块体，宽度一般与墙厚相等，重量达数十甚至上百千克。砌体按其尺寸大小分为小型砌块、中型砌块和大型砌块。一般将块体高度小于350mm的谓之小型砌块。360～940mm的谓之中型砌块，大于950mm的谓之大型砌块。小型砌块的规格型号繁多，使用较为灵活，重量较轻，一般采用手工砌筑，劳动强度较大。中型、大型砌块型号较少，对房屋尺寸，尤其是层高制约性较强，块体重量较大，所以需机械吊装。按制作的材料不同砌块有分为混凝土及轻混凝土空心砌块、粉煤灰硅酸盐密实砌块及加气混凝土砌块。

混凝土空心砌块是近年来发展较快的一种墙体材料，国内外均有较多的应用实践，技术上比较可靠，是一种很有发展前途的品种。它有MU3.5、MU5.0、MU7.5、MU10.0、MU15.0等强度等级，孔洞率在35%～60%左右，一般作成小型砌块。

粉煤灰硅酸盐密实砌块，简称粉煤灰砌块，是以粉煤灰为主要原料，配以石灰、石膏作胶凝剂，以煤渣为集料，经搅拌、成型、蒸汽养护而成的一种密实性中型砌块。强度等级分为MU10.0和MU15.0。

加气混凝土砌块因其组织内部含有大量互不连通的密闭气孔而得名。按原料不同有水泥-矿渣-砂、水泥-石灰-砂和水泥-石灰-粉煤灰三个品种。加气混凝土砌块的强度和导热系数与其密度紧密相关，当干密度为500kg/m^3时，其等级为MU1.0和MU2.5；当干密度为700kg/m^3时，为MU3.5、MU5.0和MU7.5。加气混凝土砌块重量轻，特别适用我国北方寒冷地区，可作5～6层房屋的外墙及高层建筑的填充墙。

（四）砌筑砂浆

1. 作用

砂浆是把单个的砖块、石块或砌块组合成砌体的胶结材料，使之成为一个整体，增强砌体的稳定性，提高砌体的强度，能够使块体通过它均匀地传递荷载。同时又是填充块体之间缝隙的填充材料，减小砌体的透风性，对房屋起到保温、隔热、隔潮的作用。

2. 种类

砌筑砂浆是由骨料、胶结料、掺合料和外加剂组成。

砌筑砂浆一般分为水泥砂浆、混合砂浆、石灰砂浆三类。

(1) 水泥砂浆：水泥砂浆是由水泥和砂子按一定比例混合搅拌而成，它可以配制强度较高的砂浆。水泥砂浆一般应用于基础、长期受水浸泡的地下室和承受较大外力的砌体。

(2) 混合砂浆：混合砂浆一般由水泥、石灰膏、砂子拌合而成。在硬化的初级阶段需要一定的水分以帮助水泥水化，在后期则应处于干燥环境中以利石灰的硬化。一般用于地面以上的砌体，也适用于承受外力不大的砌体。混合砂浆由于它加入了石灰膏，改善了砂浆的和易性，操作起来比较方便，有利于砌体密实度和工效的提高。

(3) 石灰砂浆：由石灰膏和砂子按一定比例搅拌而成的砂浆。适用于砌筑一般简易房屋的墙体。

（五）砌筑砂浆的材料

1. 水泥

(1) 水泥的类型

常用的水泥有硅酸盐水泥、普通硅酸盐水泥（简称普通水泥）、矿渣硅酸盐水泥（简称矿渣水泥）、火山灰质硅酸盐水泥（简称火山灰质水泥）、粉煤灰硅酸盐水泥（简称粉煤灰水泥）。此外，还有特殊功能的水泥，如高强、快硬、耐酸、耐热、耐膨胀等不同性质的水泥以及装饰用的白水泥等。

（2）水泥强度等级

水泥强度按规定龄期的抗压强度和抗折强度来划分，以28d龄期抗压强度为主要依据。根据水泥强度，将水泥强度等级为32.5、32.5R、42.5、42.5R、52.5、52.5R、62.5、62.5R等。

（3）水泥的特性

水泥具有与水结合而硬化的特点，它既能在空气中硬化，也能在水中硬化，并继续增长强度，因此，水泥属于水硬性胶结材料。水泥的凝结分为初凝和终凝。从水泥加水拌和至水泥浆开始丧失可塑性的时间为初凝时间。从水泥加水拌和至水泥浆完全失去塑性并开始产生强度的时间为终凝时间。国家标准规定，水泥的初凝时间不得小于45min，终凝时间不得大于12h。目前，各地生产的硅酸盐水泥初凝时间为1～3h，终凝时间为5～8h。水泥的细度对水泥的水化活性大小、凝结硬化速度和硬化后体积变形等均有很大影响。一般来说，水泥越细，直接与水接触反应的表面积就越大，浆体的水化速度及凝结硬化速度就越快，水泥水化得更充分，强度也高。水泥颗粒过粗，不利于水泥活性的发挥，使早期强度偏低甚至无活性。水泥颗粒过细，不仅粉磨成本高，而且配制同样稠度的水泥浆时，需水量也要增加，水泥石硬化收缩变形大，易产生较大的收缩裂纹。

（4）水泥的保管

水泥属于水硬性材料，必须妥善保管，不得淋雨受潮。贮存时间一般不宜超过3个月。超过3个月的水泥，必须重新取样送检，待确定标号后再使用。水泥在贮运过程中应按生产厂、品种、标号及出厂日期分别存放，并加以标明，防止错用、混用和过期。

2. 石灰膏

生石灰经过熟化，用网过滤后，储存在石灰池内，沉淀14d以上，经充分熟化后即成为可用的石灰膏。在混合砂浆中，石灰膏的加入可以增加砂浆和易性，使用时必须按规定的配合比配制，如果掺入量过多则会降低砂浆的强度。

3. 砂子

砂子是岩石风化后的产物，是砂浆中的骨料，由不同粒径组成。按产地分为山砂、河砂、海砂几种；按平均粒径分为粗砂、中砂、细砂、特细砂四种。天然砂子中含有一定数量粘土、淤泥、灰尘和杂物，杂物含量过大会直接影响到砂浆的质量，所以，砂子的含泥量有一定的规定，对于强度等级大于或等于M5的水泥混合砂浆，含泥量不得超过5%；对于低于M5的水泥混合砂浆含泥量不得超过10%。砌筑砂浆以使用中砂为好；粗砂的砂浆和易性差，不便于操作；细砂的砂浆强度较低，一般用于勾缝。

4. 水

水能使水泥起水化作用，还起润滑作用。调制砂浆的水，要求自来水或清洁的天然水，若使用工业废水、矿泉水则进行化验合格后方可使用。

5. 外加剂

外加剂在砌筑砂浆中起到改善砂浆性能的作用，一般有塑化剂、抗冻剂、早强剂、防水剂等。

二、抹灰材料

（一）气硬性胶结材料

1. 石灰

石灰是将含碳酸钙为主要成分的石灰岩、白云岩等天然材料经过1000～1100℃的煅烧，尽可能分解和排除二氧化碳而得到的主要含氧化钙的胶凝材料。石灰按加工方法不同可分为块状生石灰、磨细生石灰、消石灰（水化石或熟石灰）；按化学成分不同分为钙质、镁质石灰；按消化速度不同分为快速、中速、慢速石灰。

（1）生石灰技术指标见表2-3。

生石灰技术指标 表2-3

项目	钙质生石灰			镁质生石灰		
	一等	二等	三等	一等	二等	三等
有效氧化钙+氧化镁含量不小于（%）	85	80	70	80	75	65
未消化残渣含量（5mm圆孔筛的筛余）不大于（%）	7	11	17	10	14	20

注：硅、铝、铁氧化物含量之和不大于5%的生石灰，其有效氧化钙+氧化镁含量指标，一等≥75%、二等≥70%、三等≥60%；未消化残渣含量指标与镁质生石灰相同。

（2）消石灰粉技术指标见表2-4。

消石灰粉技术指标 表2-4

项目		钙质消石灰粉			镁质消石灰粉		
		一等	二等	三等	一等	二等	三等
有效氧化钙+氧化镁含量不小于（%）含水率不大于（%）		65 4	60 4	55 4	60 4	55 4	50 4
细度	0.71mm方孔筛的筛余不大于（%）	0	1	1	0	1	1
	0.125mm方孔筛的累计筛余不大于（%）	13	20	—	13	20	—

注：凡达不到三等品中任何一项指标者为等外品。

（3）石灰的熟化

所谓石灰的熟化即将生石灰加水，使其消解为熟石灰——氢氧化钙，该过程称之为石灰的“熟化”。

用于调制抹灰砂浆时，需将生石灰熟化成石灰浆。即将生石灰在化灰池中加水熟化，通过网化孔流入储灰池中，石灰浆在储灰池中沉淀并除去上层水分后称作石灰膏。石灰膏常用淋灰池制作。且石灰浆在储灰池中常温下陈伏不低于两周（如果用于抹罩面灰时，不应低于30d）。在陈伏期间，石灰浆表面应保留一层水，以便与空气隔绝，避免碳化。1kg生石灰可化成1.5～3L石灰膏。

（4）石灰的硬化

石灰浆与砂、石屑或水泥等拌和成为抹灰用砂浆，在空气中能逐渐硬化，在产生结晶作用时水分蒸发，氢氧化钙从饱和溶液中析出结晶；产生碳化作用时氢氧化钙与空气中的二氧化碳反应生成碳酸钙结晶，释出的水分被蒸发。由于空气中的二氧化碳含量非常稀薄，故上述反应进行的较慢。同时，碳酸钙首先在表面形成坚硬的外壳，阻碍了二氧化碳的进一步透入，砂浆内部的水分不易析出，使石灰砂浆在较长时间内不能达到一定的强度和硬度。为了弥补该缺陷，可适当加入水硬性材料。

(5) 石灰的应用与保管

用石灰膏拌制的砂浆具有较好的和易性。其广泛应用于抹灰工程中，但不宜在潮湿的环境中使用。石灰膏可以配制成石灰砂浆、混合砂浆、麻刀石灰和子筋石灰等。生石灰应堆放在地势较高、防潮、防水较好的仓库，不得堆放在木地板上，不得与易燃、易爆及液体物品混运，保管期不宜超过一个月。在沉淀池内的石灰膏应加以保护，防止其干燥、受冻和污染。

建筑石膏技术指标及质量标准　　**表 2-5**

技术指标		建筑石膏		
项目	指标	一等	二等	三等
凝结时间 (min)	初凝，不早于 终凝，不早于 终凝，不迟于	5 7 30	4 6 30	3 6 30
细度（筛余量%）	筛孔 0.2mm 的（即 900 筛孔/cm²）筛子	15	25	35
抗拉强度（MPa）	养护 1.5h 后，不小于 干燥至恒重时不小于	0.9 1.7	0.7 1.3	0.6 1.1
抗压强度（MPa）	养护 1.5h 后，不小于 干燥至恒重时不小于	4.0 10.0	3.0 7.5	2.5 7.0

2. 建筑石膏

建筑石膏是由天然二水石膏经150～170℃温度下煅烧分解而成的半水石膏，亦称熟石膏，其颜色为白色。建筑石膏适用于室内装饰、隔热保温、吸声和防火等，需防止受潮和避免长期存放。其技术指标及质量标准见表 2-5。

3. 菱苦土

菱苦土为苛性菱苦土的简称。是以天然菱镁矿经 800～850℃温度下煅烧后磨成细粉而得到的一种强度较高的气硬性胶凝材料。其颜色为白色或灰白，有的为淡黄或棕色，新鲜而有玻璃光泽。技术指标见表 2-6。菱苦土在使用时用氯化镁溶液进行拌和。用氯化镁溶液比用水拌和硬化快、强度高。用菱苦土与松木屑按 3:1 调制的混合物，在空气

菱苦土技术指标　　**表 2-6**

项目			指标
化学成分	氧化镁（%） 氧化钙（%） 烧失量（%）		75 4.5 18
细度	900 筛孔/cm² 筛余（%）不大于 4900 筛孔/cm² 筛余（%）不大于		5 25
物理性能	凝结时间	初凝不早于 终凝不迟于	20min 6h
	安定性	在常温 20℃时	合格
	强度（MPa）（在常温 20℃下养护）	3d 净浆抗拉 3d 净浆抗压	1.5 30

中养护 28d 的抗压强度就能达到 40MPa 以上。因菱苦土与植物纤维能很好的粘结，而且碱性较小，不会腐蚀纤维，施工方便，用它与木屑拌和，制作菱苦土楼、地面，并可调制镁质抹灰砂浆、制造人造大理石、水磨石、木丝板、木屑板等。所以，菱苦土在装饰工程中应用的较为广泛。

（二）水硬性胶结材料

水硬性胶结材料主要是指各种水泥。它不但大量应用于工业与民用建筑工程，还广泛用于农业、交通、海港和国防建设工程。

在抹灰工程中常用强度等级为 32.5R 的水泥，并不得使用过期或受潮及小窑水泥，如需使用，则必须经过实验，确定其品质是否符合国家有关规定。

1. 水泥的主要性能及适用范围见表 2-7。

水泥的主要性能及适用范围 　　　　**表 2-7**

项目		硅酸盐水泥	普通水泥	火山灰水泥	矿渣水泥	粉煤灰水泥
密度 (g/cm^3)		3.0～3.15	3.0～3.15	2.8～3.0	2.9～3.1	2.0～3.0
特点	优点	1. 早期强度高 2. 凝结硬化快 3. 抗冻性好	1. 早期强度高 2. 凝结硬化快 3. 抗冻性好	1. 对硫酸盐类侵蚀的抵抗能力及抗水性能好 2. 水化热较低 3. 在潮湿环境中后期强度的增长率较大 4. 在蒸汽养护中强度发展较快	1. 对硫酸盐类侵蚀的抵抗能力及抗水性能好 2. 水化热较低 3. 耐热性好 4. 在蒸汽养护中强度发展较快 5. 在潮湿环境中后期强度的增长率较大	1. 水化热较低 2. 对硫酸盐类侵蚀的抵抗能力及抗水性能好 3. 干缩性较小 4. 后期强度增长较快 5. 耐磨性较好
	缺点	1. 水化热较高 2. 耐热性较差 3. 耐酸碱和抗硫酸盐的化学侵蚀性差	1. 水化热较高 2. 耐热性较差 3. 耐酸碱和抗硫酸盐的化学侵蚀性差 4. 抗水性差	1. 早期强度低，凝结较慢，在低温环境中尤甚 2. 抗冻性差 3. 洗水性大 4. 干缩性较大	1. 早期强度低，凝结较慢，在低温环境中尤甚 2. 抗冻性差 3. 干缩性大，有泌水现象	1. 早期强度低 2. 耐热性较差 3. 抗冻性差 4. 抗碳化能力较差
适用范围		1. 快硬早强工程 2. 高强度等级混凝土	1. 地上、地下及水下混凝土 2. 早期强度要求较高的工程 3. 建筑砂浆	1. 大体积工程 2. 抗渗混凝土 3. 一般混凝土 4. 建筑砂浆	1. 大体积混凝土 2. 耐热混凝土 3. 一般地上、地下及水下混凝土 4. 建筑砂浆	1. 地上、地下及水下混凝土 2. 大体积混凝土 3. 一般混凝土 4. 建筑砂浆

2. 装饰水泥

装饰水泥用于装饰建筑的表层。它具有施工简单，造型方便，维修容易，价格便宜等优点。装饰水泥有白彩色硅酸盐水泥和彩色硅酸盐水泥。

(1) 白彩色硅酸盐水泥

以适当成分的生料，烧至部分熔融，得到以硅酸钙为主要成分及含有少量铁质的熟料，加入适量的石膏，磨成细粉，制成的白色水硬性胶结材料，称为白彩色硅酸盐水泥，简称白水泥。白水泥的标号有325号、425号、525号和625号四种。白度分为一、二、三、四级。适用于白色灰浆、砂浆及混凝土。其技术标准见表2-8。

白彩色硅酸盐水泥技术标准 **表2-8**

<table>
<tr><th colspan="3">项目</th><th colspan="6">技术标准</th></tr>
<tr><td rowspan="10">物理性能</td><td colspan="2">白度</td><td colspan="6">一级84%；二级80%；三级75%；四级70%</td></tr>
<tr><td colspan="2">细度</td><td colspan="6">0.08mm方孔筛，筛余量不得超过10%</td></tr>
<tr><td colspan="2">凝结时间</td><td colspan="6">初凝不早于45min，终凝不迟于12h</td></tr>
<tr><td colspan="2">安定性</td><td colspan="6">用沸煮法实验，合格</td></tr>
<tr><td rowspan="6">强度</td><td rowspan="3">标号</td><td colspan="6">强度分类及龄期</td></tr>
<tr><td colspan="3">抗压强度（MPa）</td><td colspan="3">抗拉强度（MPa）</td></tr>
<tr><td>3d</td><td>7d</td><td>28d</td><td>2d</td><td>7d</td><td>28d</td></tr>
<tr><td>325</td><td>14.0</td><td>20.5</td><td>32.5</td><td>2.5</td><td>3.5</td><td>5.5</td></tr>
<tr><td>425
525</td><td>18.0
23.0</td><td>26.5
33.5</td><td>42.5
52.5</td><td>3.5
4.0</td><td>4.5
5.5</td><td>6.5
7.0</td></tr>
<tr><td>625</td><td>28.0</td><td>42.5</td><td>62.5</td><td>5.0</td><td>6.0</td><td>8.0</td></tr>
<tr><td rowspan="3">化学性能</td><td colspan="2">烧失量</td><td colspan="6">水泥烧失量不得超过5%</td></tr>
<tr><td colspan="2">氧化镁</td><td colspan="6">熟料氧化镁的含量不得超过4.5%</td></tr>
<tr><td colspan="2">三氧化硫</td><td colspan="6">水泥中的三氧化硫的含量不得超过3.5%</td></tr>
</table>

注：白水泥新标准尚未制定，仍沿用GB 2015—91《白色硅酸盐水泥》的相应指标。

（2）彩色硅酸盐水泥

以白彩色硅酸盐水泥熟料和优质白色石膏在粉磨过程中掺入颜料、外加剂（防水剂、保水剂、促硬剂等）共同粉磨而成的一种水硬性彩色胶结材料，称为彩色硅酸盐水泥，简称彩色水泥。它的标号在500号以上。品种有深红、砖红、米黄、浅蓝、深绿、浅绿、银灰等色。这种水泥主要用于配制色浆，又能配制彩色砂浆、水刷石、水磨石及人造大理石等。

装饰水泥的性能同硅酸盐水泥相近，施工和养护方法也与硅酸盐水泥相同，但极易受污染，使用时要注意防止其他物质污染，搅拌工具必须干净。

（三）其他胶凝材料

1. 水玻璃

水玻璃为硅酸盐的水溶液，有透明的玻璃状熔合物，呈无色、微黄或灰白色的粘稠液体。水玻璃与普通玻璃的区别是，能溶于水，以后又能在空气中硬化。水玻璃有良好的粘结能力与高度的耐酸性能，不燃烧，在抹灰工程中常用来配制特种砂浆，用于有耐酸、耐热、防水等要求的工程上，也可用水泥等调制成胶粘剂。

2. 水泥的代用品粉煤灰

粉煤灰为细小粉状物，资源丰富，使用方便，施工质量好，成本低。它的主要成分是硅铝氧化物，在有水分子的情况下能与氢氧化钙发生化学反应，生成具有水硬胶凝性化合物。与水泥混合使用，能加强制品的密实性和强度，还能改善拌合物的和易性，从而减少制品的收缩和开裂。在抹水泥砂浆时除地面外，大部分可掺入1/3粉煤灰，以取代水泥；抹内墙白灰砂浆中掺入1/2粉煤灰，取代白灰膏。

(四) 砂、石骨料

1. 砂

抹灰工程中常用的砂有天然砂与石英砂两种。

(1) 天然砂

在自然条件作用下而形成，粒径不大于5mm的岩石颗粒，称为天然砂。其粒径一般规定在0.15～0.5mm之间。

根据砂的细度模数（Mx）的不同，可分为粗砂（Mx为3.7～3.1)、中砂（Mx为3.0～2.3)、细砂（Mx为2.2～1.6）和特细砂（Mx为1.5～0.7)。

抹灰砂浆中的砂要求干净，使用尽量不含杂质的砂（若含杂质，其含量不超过3%)，使用前应过3mm×3mm的筛孔。抹灰用砂最好是中砂，或粗砂与中砂混合掺用。一般情况下，抹底层砂浆和中层砂浆宜选用中砂或粗砂，而罩面灰用细砂。

(2) 石英砂

石英砂有天然石英砂、人造石英砂和机制石英砂三种。人造石英砂和机制石英砂以不同目度（颗粒）石英砂经过焙烧，经人工或机械破碎、筛分而成，具晶莹光洁的外观，色彩鲜艳夺目。常用于配制耐酸砂浆。

2. 石子

抹灰工程中常用的石子有石粒和砾石两种。

(1) 石粒

石粒（又称色石子、色石渣、石米等）是由天然大理石、白云石、方解石、花岗岩和其他天然石材破碎加工而成，在抹灰工程中用来制作水刷石、水磨石、干粘石及斩假石等。抹灰工程中常用的是大理石石粒。用于水磨石的骨料和水刷石、干粘石等。其规格分为：大二分，粒径约20mm；一分半，粒径约15mm；大八厘，粒径约8mm；中八厘，粒径约6mm；小八厘，粒径约4mm；米粒石，粒径约2～4mm。常用的品种有白石渣、东北红、东北绿、苏州黑、齐红、桃红、南京红、铁岭红、莱阳绿、丹东绿、潼关绿、银河、雪云、松香黄等等。其质量要求为颗粒坚硬、洁净有棱角，不得含有超过限量的粘土、灰尘、碱质及其他有机物等有害物质。使用时应先用清水冲洗并过筛，除去杂质。堆放时应按规格颜色分类堆放。

(2) 砾石

砾石是自然风化形成的石子。常用粒径为5～12mm。主要用于水刷石面层及楼地面细石混凝土面层等。

抹灰工程中常用的还有绿豆砂、白凡石、瓜米石、石屑等。这些石粒用于水刷石、干粘石、斩假石及配制外墙喷涂饰面用的聚合物砂浆等。

3. 其他骨料

(1) 膨胀蛭石

膨胀蛭石由蛭石经过晾干、破碎、煅烧、膨胀而成。是一种复杂的铁、镁含水硅酸铝酸盐类矿物。特点是重度极轻，密度小，导热系数很小，且耐火防腐。通常用来配制膨胀蛭石砂浆，用作厨房、浴室、地下室及湿度较大的车间厂房的内墙、顶棚等部位抹灰饰面。

(2) 膨胀珍珠岩（珠光砂、珍珠岩粉）

膨胀珍珠岩是珍珠岩矿石经过破碎、筛分、预热、在高温（1260℃左右）中悬浮瞬间焙烧，体积骤然膨胀而形成的一种白色或灰白色的中性无机砂状材料。颗粒呈蜂窝泡沫状，质量轻，风吹可扬，有保温、吸音、无毒、不燃、无臭等特点。与水泥、石灰膏及其他胶结材料制成保温、隔热、吸音灰浆，用于墙面、屋面、管面等处，起保温、隔热、吸音的作用。

（五）石粉

抹灰工程常用方解石粉、立德粉、滑石粉、大白粉等。

（1）方解石粉

方解石粉是由方解石磨成的细粉，通常情况下呈白色，含有杂质时呈淡黄色、玫瑰色或褐色等，用于刮腻子、彩色弹涂饰面色浆等的填充料。

（2）立德粉

立德粉是锌钡白的俗称，是硫酸钡与硫酸锌起复合分解而制得。颜色纯白，用于刮腻子、彩色弹涂饰面色浆等的填充料。

（3）滑石粉

滑石粉有白色、黄色或淡黄色，有玻璃光泽，有滑腻感，极软，是拌制大白腻子的主要原料。

（4）大白粉

大白粉是由滑石、矾石或青石等研磨成粉加水过淋而成，是拌制大白腻子的主要原料。

（六）纤维材料

纤维材料在抹灰层中起拉结和骨架作用，提高抹灰层的抗拉强度，增强抹灰层的弹性与耐久性，使抹灰层不易开裂和脱落。

（1）麻刀（麻筋）

细碎麻丝剪切而成，要求均匀、坚韧、干燥、不含杂质，长度不大于30mm。随用随敲打松散。每5kg石灰膏掺0.5kg麻刀，搅拌均匀，即成麻刀灰。

（2）纸筋

有干、湿两种纸筋，湿纸筋又称纸浆。抹灰工程中多用干纸筋，其用法是将干纸筋撕碎用水浸泡、搅碎即成。每5kg石灰膏加1375g纸筋搅拌均匀，即成纸筋灰。

（3）玻璃丝

玻璃丝是制作合成纤维的下脚料，抹灰中用的玻璃丝要剪成长度为10mm左右。每100kg石灰膏掺加100～150g，不宜过多，均匀搅拌成为玻璃灰浆。

（4）草秸

将稻草或麦秸切成50～60mm，泡在石灰水中，在常温下沤腐不少于半个月即可使用。

（七）化工材料

抹灰中常用的化工材料有颜料、胶粘剂、疏水剂、分散剂等。

1. 颜料

为了增强建筑物的装饰艺术效果，通常在抹灰砂浆中掺配适量的颜料，以形成所需的颜色。为了保证抹灰的光泽耐久，必须用耐碱、耐光的矿物颜料或无机颜料。作为抹灰工程中使用的颜料，应具备着色力强、屏蔽力大、分散性好、耐候性好、抗碱性强、副作用小、没有迁移性、价格便宜等特性或特点。

2. 胶粘剂

抹灰工程中常用的胶粘剂有聚醋酸乙烯乳液等。

聚醋酸乙烯乳液（俗称白乳胶或白胶水）是一种白色水溶性胶状体。由44%醋酸乙烯和4%左右的分散剂乙烯醇以及增韧剂、消沫剂、乳化剂、引发剂等聚合而成。可与水泥、石膏等混合使用。其性能和耐久性好，但价格较贵，有效期为3~6个月。

3. 疏水剂

疏水剂（又称憎水剂）的作用，在于它可以在饰面的表层（一般是在外侧，有些情况可以渗入表层内侧）形成一层保护层，使饰面免受污染的侵害，从而提高饰面的耐久性。常用的疏水剂有甲基硅醇钠、聚甲基三乙氧基硅氧烷和甲基硅树脂三种。

（1）甲基硅醇钠

甲基硅醇钠是由一甲基三氯硅烷（$CH_3—Si—Cl_3$）经水解交联制成。为无色透明水溶液，固体含量为30%~33%，体积密度为1.25左右，pH值为14。

甲基硅醇钠在使用时要用水稀释。稀释时甲基硅醇钠与水的重量比为1:9，体积比为1:11，使其含固量为3%左右，并以硫酸铅中和至pH值为7~8。在配制过程中，勿触及皮肤衣服，一旦溅到皮肤上，应立即用大量清水清洗，然后再抹些食醋即可。贮存时必须密封，防止阳光直射，温度宜为0~30℃。稀释后的甲基硅醇钠应在1~2d内用完，存放时间过长，会影响防水效果。

甲基硅醇钠可以直接喷、刷在建筑物的外墙饰面层上(不吸水的光滑表面不能使用)或用硫酸铅中和后掺入聚合物水泥砂浆中用于建筑饰面。雨天不能施工。如果在喷、刷后24h遇雨,则于第二天做憎水实验,以水挂流,饰面不见湿为合格。否则,须再喷、刷一遍。

由于其具有疏水、防污染的效果，使饰面的耐久性得以提高。这两种方法中，内掺法效果较为持久，但外罩法的短期效果要好一些。

（2）聚甲基三乙氧基硅氧烷

聚甲基三乙氧基硅氧烷是由一甲基三氯硅烷（$CH_3—Si—Cl_3$）进行乙醇（含水）水解制得的，是一种具有较低聚合度的有机物。该剂为黄色透明液体，有特殊香味，易燃，酸性较强时遇水易水解。该剂能溶于乙醇和丁醇等有机溶剂，其稀溶液能渗透到建筑材料的内部，干燥后形成透明薄膜。对建筑材料和制品具有透气、疏水、防污染、防风化等功效。但由于其价格贵，配制工艺复杂，只宜在特殊高级工程中使用。

聚甲基三乙氧基硅氧烷在使用前，应用氢氧化钠的水溶液与工业酒精的混合液体（$NaOH—C_2H_5OH—H_2O$）进行中和，使pH值严格地控制在7~7.5的范围内，否则将影响疏水效果。该剂挥发干燥后即有疏水效果，但完全固化需24h以上，聚甲基三乙氧基硅氧烷亦必须随配随用，不能长期存放。

（3）甲基硅树脂

甲基硅树脂是以聚甲基三乙氧基硅氧烷为原料，再进一步水解缩聚而成。为黄色透明液体，体积密度0.85~0.95，pH值为6~7，含固量为70%左右。该剂在常温下，需加入固化剂（一般是加入0.3%一乙醇胺）才能固化成膜，干燥时间，表干为不大于2h，实干不大于24h。

甲基硅树脂可喷、涂刷。所成涂膜平整、光滑、透明、坚硬，具有耐磨、耐热、耐水、耐污染的特性。在建筑饰面的罩面涂层方面应用的非常广泛。但需注意的是：由于甲基硅树脂是以酒精作为稀释剂，作业现场不得有明火；且甲基硅树脂加入固化剂后数小时内即结胶，所以用多少，配多少，随配随用。

上述三种有机硅疏水剂，甲基硅醇钠是水溶性的，聚甲基三乙氧基硅氧烷与甲基硅树脂是醇溶性的。就耐久性而言，聚甲基三乙氧基硅氧烷与甲基硅树脂优于甲基硅醇钠；就对环境的影响及施工条件而言，甲基硅醇钠最好，聚甲基三乙氧基硅氧烷最差；就使用效果而言，甲基硅树脂最好，甲基硅醇最差；就施工角度而言，聚甲基三乙氧基硅氧烷最不方便。

4. 分散剂

抹灰中常用的分散剂包括木质素磺酸钙与六偏磷酸钙。

(1) 木质素磺酸钙

该分散剂为棕色粉末。将它掺入抹灰用的聚合物砂浆中，可减少用水量10%左右，并可起到分散剂作用。木质素磺酸钙使水泥水化时产生的氢氧化钙均匀分散，而且有减少表面析出的趋势，在常温下施工时能有效地克服面层颜色不均匀现象。

(2) 六偏磷酸钙

该分散剂为白色结晶颗粒，易潮解结块，需用塑料袋贮存。用于室外喷涂、刷涂等。可稳定砂浆稠度，使颜料分散均匀及抑制水泥中游离成分的析出。一般掺入量为水泥用量的1%。

第二节　砂　浆　配　制

一、砌筑砂浆的技术要求

砌筑砂浆是由骨料、胶结料、掺合料和外加剂组成的。砌筑砂浆一般分为水泥砂浆、混合砂浆和石灰砂浆三种。砂浆的技术要求如下：

(一) 流动性

砂浆的流动性也叫砂浆的稠度，是指砂浆的稀稠程度。砂浆过稠过稀都不好，过稠不易操作，过稀影响砂浆的强度，影响建筑物的使用寿命。实验室采用稠度计进行测定。圆锥的重量规定为300g，按规定的方法将圆锥沉入砂浆中。10s后计沉入度，砂浆的沉入度(稠度)越大，表示砂浆的流动性越大。沉入度用厘米数来表示。例如沉入的深度为8cm，则表明该砂浆的稠度值为8。

砂浆的流动性与胶凝材料的种类、用量、用水量、砂子的级配、砂子的颗粒大小和形状及搅拌时间等因素有关。对砂浆流动性要求，可因砌体的种类、施工时大气的湿度和温度的不同而异。当砖浇水适当而气候干热时，稠度宜采用8~10。当气候湿冷或砖浇水过多及遇雨天时，稠度宜采用4~5。如砌筑毛石、石块等吸水率小的材料时，稠度宜采用5~7。

砌筑砂浆的稠度表　　表2-9

砌体类别	干热天气或多孔材料 (cm)	寒冷天气或密实材料 (cm)
砌砖	8~10	6~8
砌石	5~7	4~5

砌筑砂浆的稠度表见表2-9。

（二）保水性

砂浆的保水性是指砂浆在搅拌、运输和使用过程中，砂浆内的水与胶结材料及骨料分离的快慢程度的性能。一般说来，石灰砂浆的饱水性比较好，混合砂浆次之，水泥砂浆较差。同一种砂浆，运距远、稠度大，其饱水性就差。保水性不好的砂浆，容易离析，即水分上浮，胶结材料和砂子下沉，使之失去水分，造成操作困难。这样既影响砂浆的硬化，同时也削弱砂浆与块体之间的粘结力，导致砂浆强度的降低，因此砂浆的保水性是砂浆的重要性质之一。

砂浆饱水性的好坏，与砂浆组成材料及级配有关。改善砂浆的饱水性，除选择适当粒径的砂子外，还可掺入适量的石灰膏、粘土膏、增塑剂及微沫剂等，而不可采取增加水泥用量的方法。

（三）强度

砂浆强度以抗压极限强度为主要指标。一般情况下，抗压强度高的砂浆，其粘结强度也较好。砂浆的强度由砂浆试块的强度测定的。将取样的砂浆浇注在尺寸为 7.07cm × 7.07cm × 7.07cm 的立方体试块模中，制成试块。每组试块为 6 块，在规范规定的条件下养护 28d（养护温度为 20 ± 2℃、相对湿度为 70%），然后将试块送入压力机中试压而得到每块试块的强度，再求出 6 块试块的平均值，即为该组试块的强度值。砂浆的抗压强度用标号表示，例如 M2.5 砂浆，它的抗压强度为 25N/mm^2。

砂浆强度与下列因素有关：

（1）砂浆配合比的准确，是保证砂浆强度的主要因素；

（2）加水量过多会使砂浆强度降低，用水量必须控制在规定稠度的范围内；

（3）水泥强度等级和用量对砂浆强度有很大影响；

（4）塑化剂的用量如超过配合比的规定，会降低砂浆强度；

（5）砂子的颗粒级配和所含杂质多少，也会影响砂浆强度；

（6）砂浆拌制的均匀性，对砂浆强度也有影响。

（四）粘结力

砖石通过砂浆的粘结力，形成一个整体，这就要求砂浆具有足够的粘结力。砂浆的粘结力取决于砂浆的强度和保水性及砖石表面的清洁和湿润程度。

二、抹灰砂浆的技术要求

抹灰砂浆是房屋装修的一个重要组成部分。它的主要作用是：保护主体（或围护）结构，使其不受风、霜、雨、雪、日晒和其他有害物的侵蚀；装饰房屋使其美观、舒适、改善居住环境，并起到保温、隔热、抗渗、隔声等作用。抹灰砂浆按用途可分为一般抹灰用砂浆、装饰抹灰用砂浆、饰面抹灰用砂浆和特种用途抹灰用砂浆。

（一）抹灰砂浆的技术要求

1. 一般抹灰用砂浆的技术要求

（1）一般抹灰砂浆多用于粗糙和多孔的底面，水分易被底面吸收，保水性不好的砂浆涂抹后，会直接影响砂浆的正常硬化，从而降低砂浆的强度和粘结力。所以，一般抹灰砂浆必须有很好的保水性。

（2）抹灰砂浆用于结构外层，且抹灰层较薄，几乎全部与空气接触，对气硬性胶结材料的硬化很有利，所以，石灰砂浆在一般抹灰中使用的较广泛。

（3）为了保证抹灰的质量，抹灰砂浆常分底、中、面三层涂抹。各层砂浆的成分和稠度也各不相同。底层主要起着与基体粘结的作用，所以稠度比中层和面层大。砂浆的组成材料也根据基体的种类不同而选用相应的配合比。中层起着找平的作用，砂浆的种类基本与底层相同。面层起着装饰的作用，要求涂抹光滑、洁净，要求用较细的砂子或不用砂子，而掺用麻刀或纸筋。

（4）砂浆配合比和稠度直接影响抹灰的施工质量，所以，砂浆配合比和稠度须经检查合格后方可使用。一般抹灰的稠度及骨料最大粒径见表2-10。一般抹灰砂浆的分层要求在10～20mm之间，分层厚度较小，涂抹后易于开裂；过大则砂浆易离析，不便于操作。手工抹灰一般砂浆稠度及最大粒径见表2-10。

（5）一般抹灰砂浆的搅拌、运输、涂抹应有利于机械施工，从而提高工效。

（二）装饰抹灰砂浆的技术要求

装饰抹灰砂浆与一般抹灰砂浆基本相同，其特点是涂抹成活后，具有特殊的表面形式或呈各种色彩图案。装饰抹灰砂浆一般常用的有：水刷石、水磨石和干粘石面层用砂浆；假面砖、喷涂、滚涂、弹涂和彩色抹灰所用的彩色砂浆；拉条灰、拉毛灰、洒毛灰和仿石等面层用砂浆。其技术要求与一般抹灰砂浆技术要求基本相同。但因其多用于室外，长期受风吹、雨淋、日晒及大气侵蚀污染，不仅要求其色彩鲜艳不褪色，抗侵蚀防污染，还要与基体粘结牢固具有足够的强度，不开裂和不脱落。

手工抹灰一般砂浆稠度及最大粒径　表2-10

抹灰层	砂浆稠度（mm）	砂的最大粒径（mm）	备　注
底层	100～120	2.6	用粘结力强、抗裂性好的砂浆
中层	70～90	2.6	用粘结力强的砂浆
面层	70～80	1.2	用抗收缩、抗裂粘结力好的砂浆

（三）饰面安装用砂浆

饰面安装用砂浆一般有水泥砂浆、水泥混合砂浆和聚合物水泥砂浆等。配制方法及技术要求与一般抹灰砂浆基本相同。但在拌制镶贴釉面砖、陶瓷锦砖用聚合物水泥砂浆时，其配合比要由实验确定。

三、砂浆的配制

（一）砌筑砂浆的配制及养护要求

1. 砌筑砂浆的配合比

砌筑配合比是指砂浆中各种原材料的比例组合，一般由实验室提供。配合比应严格计量，要求每种材料均经过磅秤称量才能进入搅拌机。材料计量要求的精度为：水泥和有机塑化剂在±2%以内；砂、石灰膏或磨细生石灰粉应在±5%以内；水的加入量主要靠稠度来控制。

2. 配制砂浆的原材料各项技术性能必须经实验室测试检定。不合格的材料不得使用。

3. 砂浆必须经过充分的搅拌，使水泥、石灰膏、砂子等成为一个均匀的混合体。如砂浆中的水泥搅拌不均匀，则会明显影响砂浆的强度。

4. 砂浆与砖砌成的砌体，要经过一定时间的养护才能获得强度。养护期要有一定的温度和湿度才能保证砂浆的质量。

（二）砌筑砂浆的拌制

由于施工条件不同，砂浆的拌制分为人工拌制和机械拌制两种方法。砂浆的拌制要求如下：

（1）原材料必须符合要求，而且具备完整的测试数据和书面材料。若使用较次的材料时，应有可靠的技术措施。

（2）砂浆一般采用机械搅拌，要求搅拌时间不得低于 2min。如果采用人工搅拌时，宜将石灰膏先化成石灰浆，水泥和砂子干拌均匀后，加入石灰浆中，最后用水调整稠度，翻拌 3～4 遍，直至色泽均匀，稠度一致，没有疙瘩为合格。

常用水泥砂浆配合比，可参考表 2-11。

常用水泥砂浆配合比　表 2-11

强度等级	每立方米砂浆水泥用量（kg）	每立方米砂子用量（kg）	每立方米砂浆用水量（kg）
M2.5～M5	200～230	1m³ 砂子的堆积密度值	270～330
M7.5～M10	220～280		
M15	280～340		
M20	340～400		

注：1. 此表水泥强度等级为 32.5 级，大于 32.5 级水泥用量宜取下限；
2. 根据施工水平合理选择水泥用量；
3. 当采用细砂或粗砂时，用水量分别取上限或下限；
4. 稠度小于 70mm 时，用水量小于下限；
5. 施工现场气候炎热或干燥季节，可酌量增加用水量。

（3）砌筑砂浆拌制完成后，应及时送到作业地点，应随拌随用，不得积存过多。一般应在 2h 内用完，气温低于 10℃时可延长至 3h，但气温达到冬期施工条件时，应按冬期施工的有关规定执行。

（4）砂浆的配合比由实验室提供，其配合比可参见表 2-11、表 2-12。拌制时对各种材料要进行过秤，以保证质量比的准确。为了使操作者心中有数，可以使用配合比指示牌，悬挂在操作地点。

水泥粉煤灰混合砂浆配合比参考表　表 2-12

砂浆强度等级	配合比 水泥:粉煤灰:砂	每立方米砂浆用料（kg）		
		水泥	粉煤灰	砂
M5	1:0.63:9.10	160	102	1450
M7.5	1:0.45:7.25	200	90	1450
M10	1:0.31:5.60	260	80	1450

（三）抹灰砂浆的配制

一般抹灰砂浆应根据工程类别、抹灰部位和设计的要求，以体积比进行配制。可采取人工拌制或机械搅拌。要求拌制均匀，色泽一致，没有疙瘩。水泥砂浆及掺有水泥或石灰膏的砂浆要随拌随运随用，不得积存过多，应在水泥初凝前用完。

（1）一般抹灰砂浆配制的具体要求见表 2-13。

一般抹灰砂浆的配制　表 2-13

砂浆类别	方法	
	人工搅拌	机械搅拌
水泥砂浆	搅拌前应准备好不漏水的拌板（或水泥抹面地坪），将规定量的砂子和水泥干拌均匀后，把干灰堆成圆形，中间挖成凹坑放定量水，用铁锹翻拌均匀	应先将配量的水和砂子进行搅拌，然后按配合比加入水泥，再继续搅拌均匀，颜色一致，直至稠度合乎要求为止

续表

砂浆类别	方法	
	人工搅拌	机械搅拌
石灰砂浆	把干砂堆成圆形，中间挖成凹坑，将定量的石灰膏耙碎，成石灰浆，再用齿耙和铁锹翻拌数次，使砂浆颜色一致，稠度合适，另一种方法是将定量的石灰膏放入灰浆池内，加水拌成石灰浆，再放入配量的砂了，拌和均匀，至稠度合适为止	先加入少量的水、砂子和全部的石灰膏，拌制均匀后，再加入适量的水和砂子，继续搅拌，待砂浆颜色一致，稠度合乎要求为止，搅拌时间不得少于2min
水泥混合砂浆	把规定配量的砂子和水泥，先在拌板上拌和均匀，颜色一致后，再加入灰池内，用齿耙反复拌和，并随拌随加水，直到颜色一致，稠度合适，即成水泥混合砂浆	先同石灰砂浆的搅拌方法一样，即先加少量水和砂，再加入全部石灰膏，拌制均匀后，再加入水泥、少量的砂和水，直至拌匀为止，搅拌时间不得少于2min
聚合物水泥砂浆	先按搅拌水泥砂浆的方法将水泥砂浆拌好后，按配合比规定的数量把108胶用两倍的水稀释后加入，继续拌制，充分混合为止	先按搅拌水泥砂浆的方法搅拌好水泥砂浆，后加入108胶，继续拌制充分为止
膨胀珍珠岩砂浆	不宜手工拌制	一次不要拌得太多，要随拌随用。砂浆停放时间不宜超过20min，拌制方法与水泥混合砂浆拌制方法基本相同，搅拌时间不宜过长
麻刀石灰、纸筋石灰	应在铁皮或木质大灰槽中或在化灰池中拌制 抹灰用的纸筋应洁净并用水浸透、捣烂，如用于罩面的纸筋最好用麻刀机碾碎磨细。麻刀应选用坚韧、干燥，不得含有杂质，并剪成不大于30mm的碎段 拌制纸筋石灰砂浆，要先将石灰化成石灰浆，将磨细的纸筋投入后，用耙子拉散和充分搅拌，成为纸筋石灰砂浆，然后，存放在石灰池（槽）内经过20d，再用于面层抹灰。一般100kg石灰浆中加入5~7kg纸筋 拌制麻刀石灰砂浆，按100kg石灰膏掺人1.5~2kg麻刀碎段的比例，加入石灰膏中搅拌均匀，即成麻刀石灰	纸筋或麻刀与石灰膏由料斗加入，同时打开水管加入适量的水，经螺旋搅刀搅拌后推进到打灰板，再进行粉碎，拌成糊状灰膏
草筋泥	应将坚韧、干燥的稻草、麦秸剪成不大于30mm的碎段，并先浸泡在石灰浆中，经过两周以上的熟化变软，再与砂泥（有时掺入少量的石灰膏），按配合比搅拌成草筋泥	
石膏灰	石膏灰的拌制，通常在施工前对所用石膏粉进行实验，以确定凝结时间。一般应掺石灰膏拌制，石灰膏可以起到缓凝剂的作用。拌制时，先将石灰膏加水搅拌均匀，再根据石膏粉的数量，并随加随拌和。拌制石膏灰应在操作地点用小灰桶随拌随用	
细纸筋灰	还有另一种细纸筋灰（又称桩光灰），常用于灰线抹灰或高级抹灰面层施工，拌制时，将淋好并存放1~2个月的纸筋石灰，放到木通或灰池中，用铁锹、齿耙或木棍对着纸筋灰，不断的往下捣，把纸筋灰捣细，捣的次数越多越好，要把纸筋全捣到底下，挖取浮在上面的细纸筋灰，就是细纸筋灰	

(2) 一般抹灰砂浆的配合比按设计规定的要求处理。

(四) 装饰抹灰砂浆的配制

装饰抹灰砂浆除了具有一般抹灰砂浆的功能以外，其自身还带有装饰的特殊功效。所以，装饰抹灰砂浆应按设计要求先配制，再确定施工配合比。

1. 彩色砂浆的参考配合比见表2-14。

彩色砂浆的参考配合比 表2-14

设计颜色	普通水泥	白水泥	石灰膏	颜料（按水泥用量的%）					细砂
				氧化铁红	甲苯胺红	氧化铁黄	铬黄	氧化铬绿	
土黄色	5		1	0.2~0.3		0.1~0.2			9
咖啡色	5		1	0.5					9
淡黄色		5					0.9		9
浅桃色		5			0.4		0.5		白色细砂9
浅绿色		5						2	白色细砂9
灰绿色	5		1					2	白色细砂9
白色		5							白色细砂9

2. 水磨石面层的水泥石子浆的配合比

水磨石的面层用水泥石子浆配制稠度约为60mm，配制质量比为（水泥:石子 = 1:1 ~ 1:2.5），在拌和之前，预留20%的干石子作为撒面用。常见的水磨石面层水泥石子浆配合比可参考表2-15。

3. 美术干粘石粘结层砂浆的配合比

这种砂浆在配制时要求加入颜料，用以协调石子颜色，参考配合比见表2-16。

常见水磨石面层水泥石子浆配合比 表2-15

名称	主要材料（kg）								颜料（水泥重量的%）			
	425白水泥	32.5R级普通水泥	紫色石子	黑石子	绿石子	红石子	白石子	黄石子	氧化铁红	氧化铁黄	氧化铬绿	氧化铁黑
赭色水磨石	100		160	40					2			4
绿色水磨石	100			40	160						0.5	
浅粉色水磨石	100					140	60		适量	适量		
浅黄绿色水磨石	100				160			100		4	1.5	
浅桔黄水磨石	100						60	140	适量	2		
本色水磨石		100					60	140				
白色水磨石	100			20			140	40				

注：白水泥新标准未颁布，按《白色硅酸盐水泥》(GB 2015—91) 标准仍采用425号。

美术干粘石粘结层砂浆参考配合比 表2-16

色彩	水泥（kg）		色石子	颜料（水泥用量%）							
	425白水泥	32.5R级普通水泥	天然色石子	老粉	氧化铁黄	铬黄	甲苯胺红	氧化铁红	氧化铬绿	耐晒雀蓝	炭黑
白色	100		白石子								
浅灰		100	白石子	10							
淡黄	100		米黄石子（淡黄）								
中黄		100	米色石子+白石子		5						
浅桃红	100		米红石子			0.5	0.4				

续表

色彩	水泥（kg）		色石子	颜料（水泥用量%）							
	425白水泥	32.5R级普通水泥	天然色石子	老粉	氧化铁黄	铬黄	甲苯胺红	氧化铁红	氧化铬绿	耐晒雀蓝	炭黑
品红	100		白玻璃屑＋黑石子					1			
淡绿	100		绿玻璃屑＋白石子						2		
灰绿		100	绿石子＋绿玻璃屑＋白石子						5～10		
淡蓝	100		淡蓝玻璃屑＋白石子							5	
淡褐		100	红石子＋白石子＋褐玻璃屑								
暗红褐		100	褐玻璃屑＋黑石子					5			
黑色		100	黑石子								5～10

注：同表2-15注。

4. 滚涂用聚合物水泥砂浆的参考配合比见表2-17。

滚涂用聚合物水泥砂浆的参考配合比 **表2-17**

砂浆颜色	425白水泥	32.5R级普通水泥	石灰膏	细砂	108胶	稀释20倍六偏磷酸钠	颜料	水
本色砂浆		100	115	80	20	0.1		42
彩色砂浆	100		80	55	20	0.1	3～6	40

砂浆颜色	425白水泥	矿渣水泥	细砂	108胶	氧化铬绿	木质素硫酸钙	白石英砂	水
灰色	100	10	110	22		0.3		33
绿色	100		30～100	20	2	0.3		20～33
白色	100			20		0.3	100	20～33

注：1. 该表为质量比；
　　2. 砂浆稠度为110～120mm；
　　3. 涂完后应用有机憎水剂罩面。
　　4. 同表2-15注。

5. 弹涂用聚合物水泥砂浆的参考配合比见表2-18。

弹涂用聚合物水泥砂浆的参考配合比 **表2-18**

名称		白水泥	普通水泥	颜料	108胶	水
白水泥	刷底色水泥浆	100		试配定	13	80
	弹花点	100		试配定	10	45
普通水泥	刷底色水泥浆		100	试配定	20	90
	弹花点		100	试配定	10	55

注：该表为质量比。颜料质量不得超过水泥用量的5%。

6. 弹涂用聚合物水泥砂浆罩面溶液的参考配合比见表2-19。

四、抹灰常用的工具

（一）抹子类

1. 铁抹子（铁板）

用于抹底子灰、上灰及水刷石、水磨石面层等，如图2-1所示。

2. 钢皮抹子

弹涂用聚合物水泥砂浆罩面溶液的参考配合比　　**表 2-19**

罩面溶液	缩丁醛	甲基硅树脂	乙醇（工业酒精）		
			冬季	夏季	作用
缩丁醛溶液	1		15	17	溶剂
甲基硅树脂溶液		1000	23	常温 1	固化剂

其外形与铁抹子相同，但比较薄，弹性较大。用于水泥砂浆面抹光、水泥地面以及纸筋灰、石膏灰面层收光。

3. 压子

用于压光水泥砂浆面层和水泥地面。如图 2-2 所示。

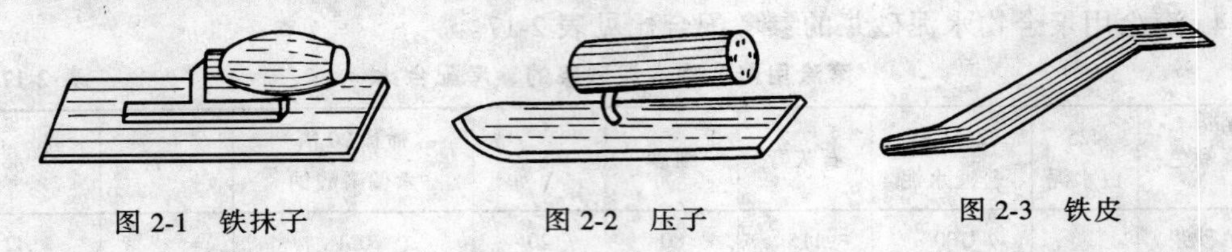

图 2-1　铁抹子　　图 2-2　压子　　图 2-3　铁皮

4. 铁皮

用于小面积或铁抹子伸不进去的地方以及修理等。如图 2-3 所示。

5. 木抹子

用于搓平底子灰。如图 2-4 所示。

6. 阴、阳角抹子

用于压光阴阳角。分为尖角和小圆角两种。如图 2-5、图 2-6 所示。

7. 圆角阴阳角抹子

用于水池、明沟、楼梯防滑条捋光。如图 2-7、图 2-8 所示。

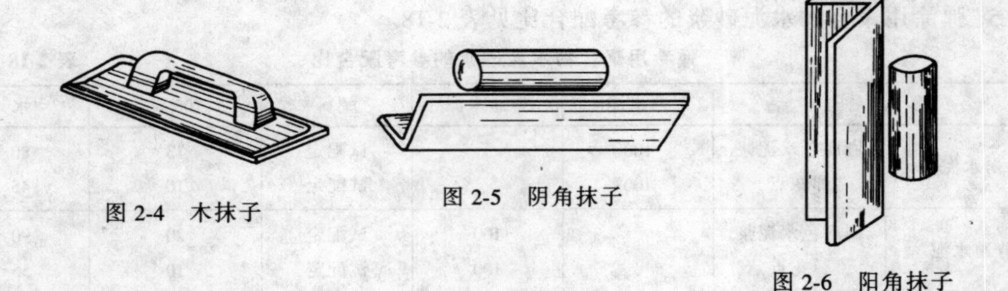

图 2-4　木抹子　　图 2-5　阴角抹子　　图 2-6　阳角抹子

8. 小压子

用于细部压光。如图 2-9 所示。

9. 塑料抹子

用于压光纸筋灰面层。如图 2-10 所示。

（二）木制工具

1. 托灰板

亦称托板、操板。用于抹灰时承托砂浆。如图 2-11 所示。

2. 木杠

又叫刮尺，分为长、中、短三种规格。长杠长 2.5 ~ 3.0m，用于冲筋。中杠长 2.0 ~ 2.5m，短杆长 1.5m，其粗细一般为 40mm × 80mm。用于刮平墙面或地面。如图 2-12 所示。

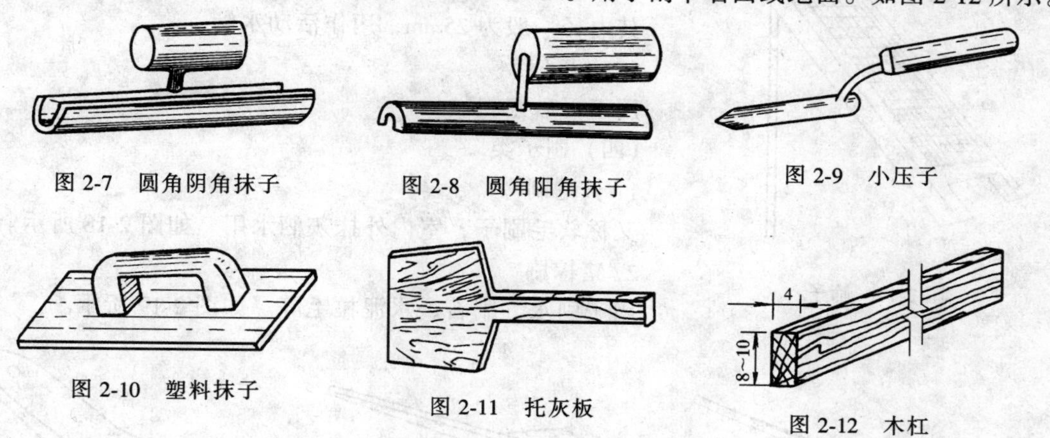

图 2-7　圆角阴角抹子　　图 2-8　圆角阳角抹子　　图 2-9　小压子

图 2-10　塑料抹子　　图 2-11　托灰板　　图 2-12　木杠

3. 八字靠尺板

又称引条、直木条。一般作为做边角的依据，其长度按需截取。如图 2-13 所示。

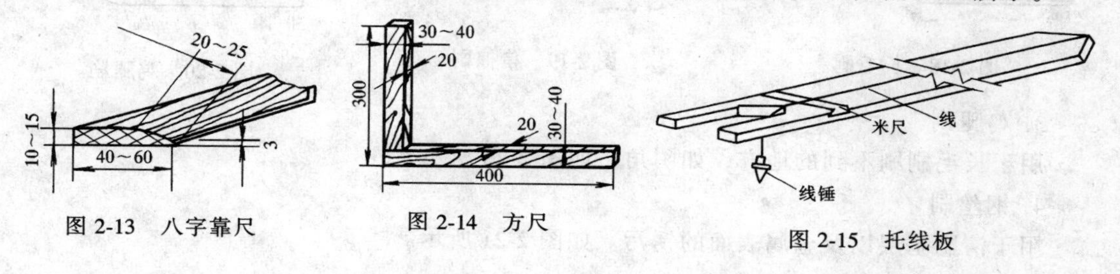

图 2-13　八字靠尺　　图 2-14　方尺　　图 2-15　托线板

4. 方尺

又叫角尺，用于测量阴阳角方正。如图 2-14 所示。

5. 托线板

主要用于挂垂直。其规格为 15mm × 120mm × 2000mm，板中间有标准线。如图 2-15 所示。

6. 分格条

又叫米厘条。用于墙面分格及滴水槽处，尺寸视需要而定。如图 2-16 所示。

图 2-16　分格条

（三）搅拌、运输、存放砂浆的工具

1. 铁锹（分为尖头和平头两种）、灰镐、灰耙、灰叉子等，用于人工拌和各种砂浆及灰膏。

2. 筛子

用于筛分砂子。常见的筛子孔有 1mm、1.5mm、3mm、5mm、8mm、10mm 等六种。如图 2-17 所示。

3. 小车

又称人力翻斗车，供运输材料用。

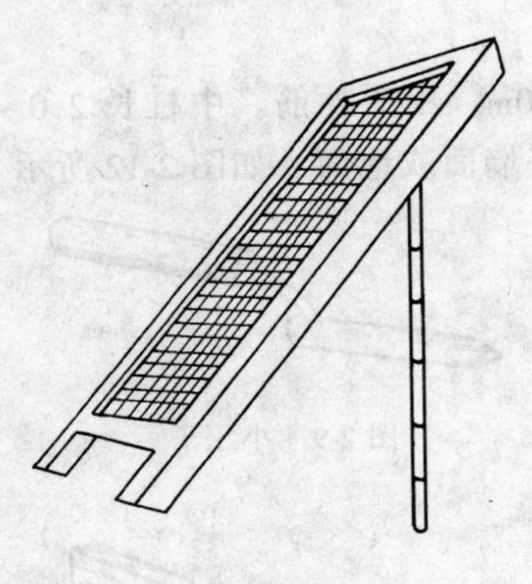

图 2-17　筛子

4．小灰桶

用于施工中盛装砂浆。

5．胶皮管

其内径一般为 25mm，用作活动水管。

6．小灰勺

用于舀砂浆。

（四）刷子类

1．长毛刷

又称软毛刷子，室内外抹灰洒水用。如图 2-18 所示。

2．猪棕刷

用于刷水、刷石、水泥拉毛等。如图 2-19 所示。

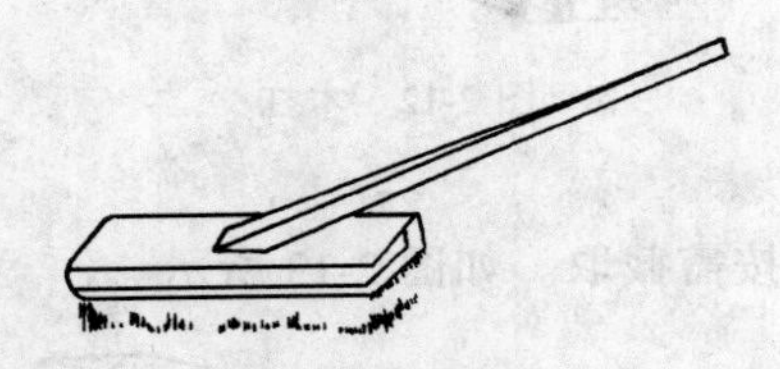

图 2-18　长毛刷

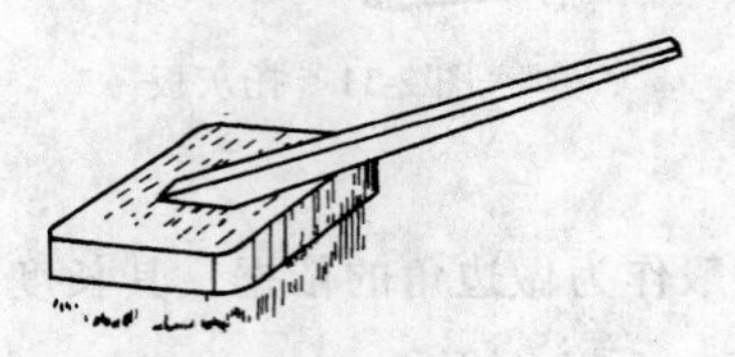

图 2-19　猪棕刷

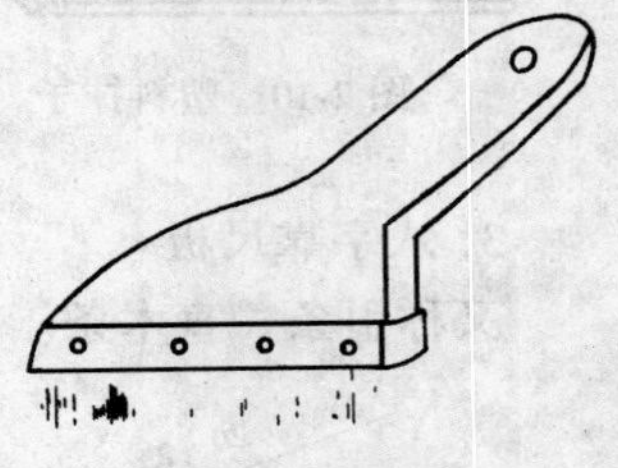

图 2-20　鸡腿刷

3．鸡腿刷

用于长毛刷刷不到的地方，如阴角。如图 2-20 所示。

4．钢丝刷

用于清刷基层以及金属表面的锈污。如图 2-21 所示。

5．茅柴帚

用茅草扎成，用于刷水和甩毛灰。如图 2-22 所示。

（五）饰面安装专用工具

1．小铁铲

用于铲灰。如图 2-23 所示。

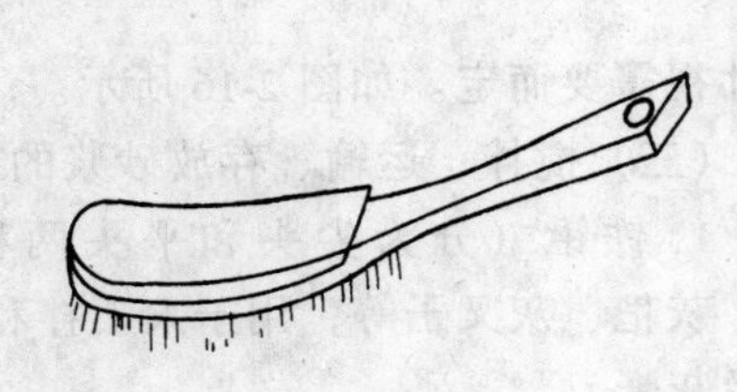

图 2-21　钢丝刷

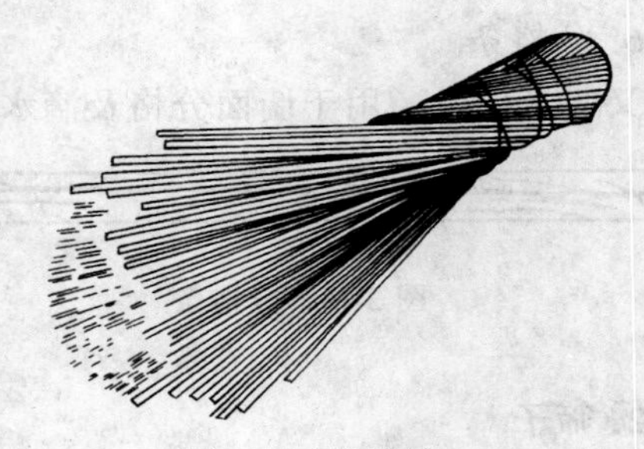

图 2-22　茅柴帚

2．錾子

用于剔凿饰面板材、块材。如图 2-24 所示。

3．开刀

用于陶瓷锦砖拨缝。如图 2-25 所示。

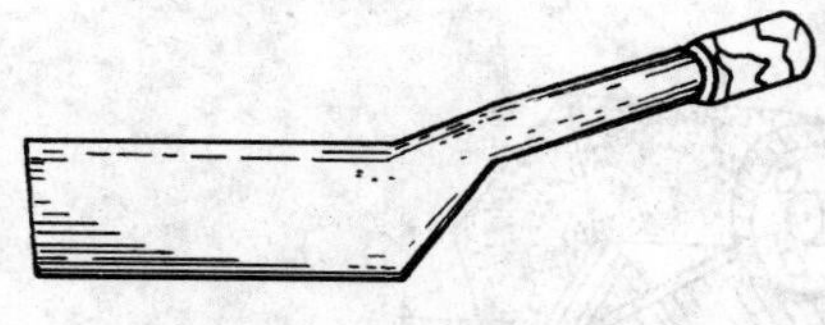

图 2-23　小铁铲

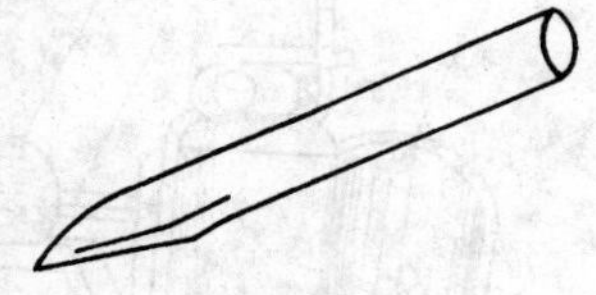

图 2-24　錾子

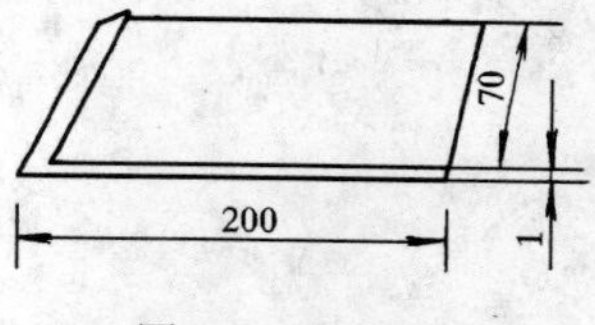

图 2-25　开刀

（六）斩假石专用工具

1. 剁斧

用于剁斩假石，清理混凝土基层剁毛。如图 2-26 所示。

2. 花锤

石工的常用工具，用于斩假石。如图 2-27 所示。

3. 单刀或多刀

多刀由几个单刀组成，用于剁斩假石。如图 2-28 所示。

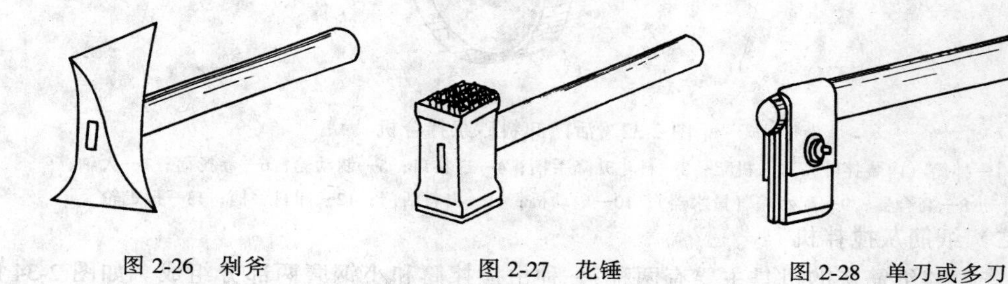

图 2-26　剁斧　　图 2-27　花锤　　图 2-28　单刀或多刀

（七）其他工具

1. 滚筒

一般重 30～40kg，抹水磨石地面及细石混凝土地面时滚平压实用。如图 2-29 所示。

2. 粉线包

也称灰线包，用于弹水平线和分格线等。如图 2-30 所示。

3. 分格器

用于抹灰面层分格。如图 2-31 所示。

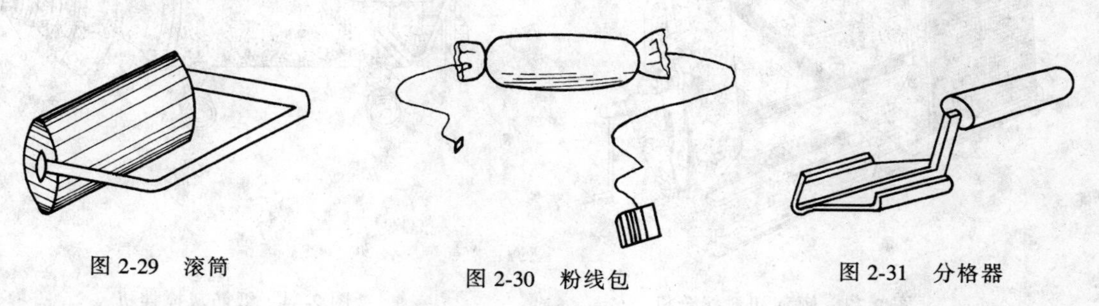

图 2-29　滚筒　　图 2-30　粉线包　　图 2-31　分格器

五、抹灰常用机械

（一）砂浆拌合机

砂浆拌合机有活门卸料式和倾翻卸料式两种。如图 2-32、图 2-33 所示。

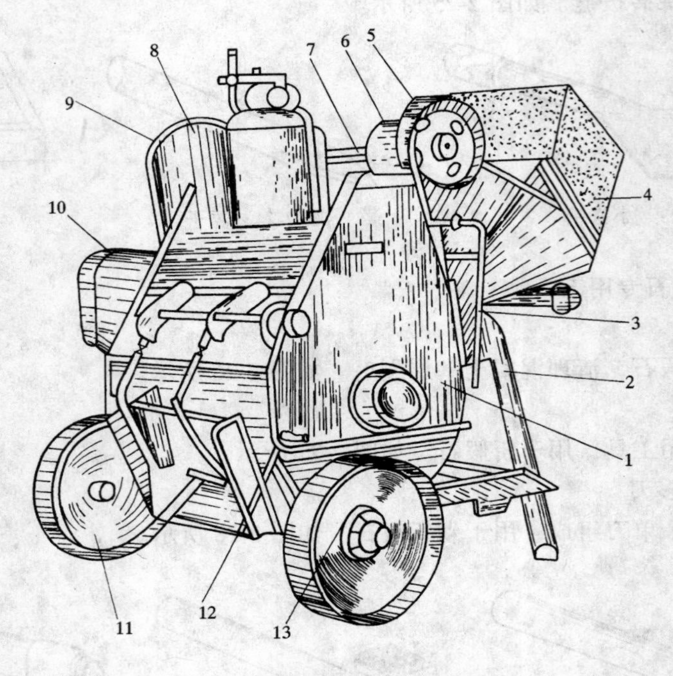

图 2-32　活门卸料砂浆拌合机

1—拌筒（内装拌叶）；2—机架；3—料斗升降手柄；4—进料口；5—制动轮；6—卷扬筒；7—大轴；8—高合器；9—配水箱（量水器）；10—电动机；11—出料活门；12—卸料手柄；13—行走轮

（二）纸筋灰搅拌机

生产搅拌纸筋灰的机具主要有两种:一种由搅拌筒和小钢磨两部分组成。如图 2-34 所示。另一种为搅拌筒内同一轴上分别装有搅拌螺旋片及打灰板。如图 2-35 所示。它们的特性都一样:前部装冒起搅拌作用,后部装盖起磨(打)细作用、台班产量分别为 8t、10t。

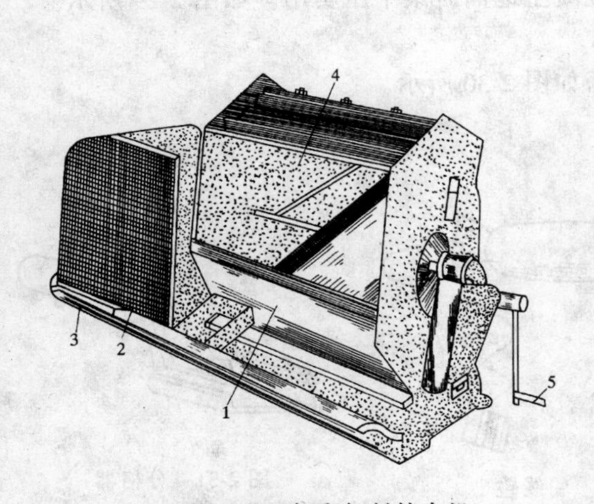

图 2-33　倾翻卸料拌合机

1—拌筒；2—电动机与传动装置；3—机架；4—拌叶；5—卸料手柄

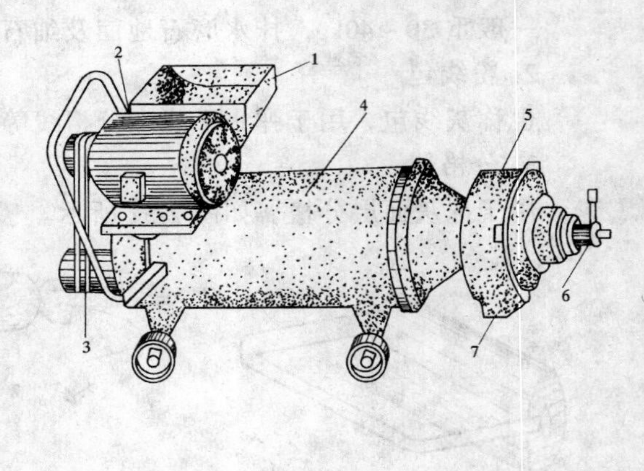

图 2-34　纸筋灰搅拌机

1—进料口；2—电动机；3—皮带；4—搅拌筒；5—小钢磨；6—调节螺栓；7—出料口

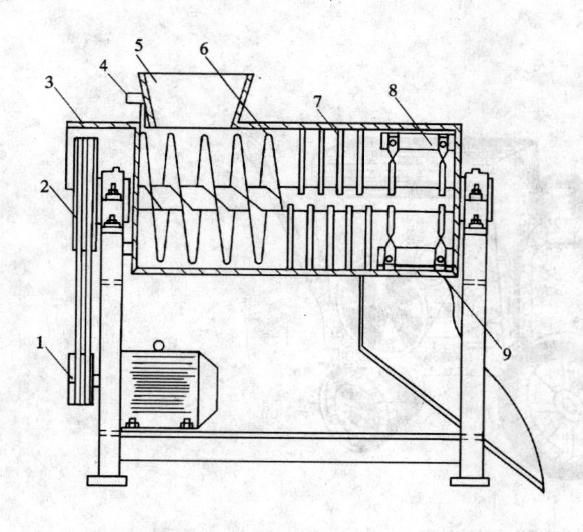

图 2-35　纸筋灰搅拌机

1—电动皮带轮；2—大皮带轮；3—防护罩；4—水管；5—进料斗；6—螺旋；7—打灰板；8—刮料板；9—出料口

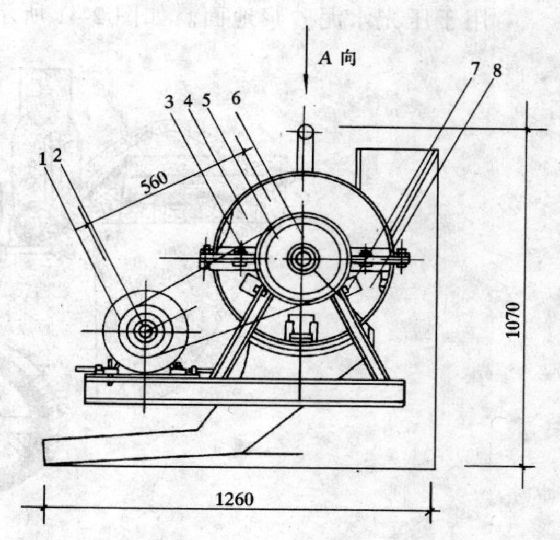

图 2-36　FL-16 粉碎淋灰机示意

1—小皮带轮；2—钩头楔键；3—胶垫；4—筒体上部；5—大皮带轮；6—拌圈；7—支承板；8—筒体下部

（三）粉碎淋灰机

粉碎淋灰机是淋制装饰工程、砌体工程中石灰膏的机具。其主要优点是节省了淋灰池淋灰时间，提高了石灰利用率（达 95%以上）。粉碎淋灰机产量为 16t/台班。如图 2-36 所示。

（四）灰浆泵

灰浆泵的主要作用是加压输送砂浆。目前常用的砂浆输送泵按其结构特征，有柱塞直接作用式灰浆泵，如图 2-37 所示；圆柱形与片状隔膜式灰浆泵，如图 2-38 与图 2-39 所示；挤压式砂浆泵，如图 2-40 所示。

直接作用式及隔膜式灰浆泵出灰量大，效率高，运输距离远，但设备复杂；挤压式砂浆泵设备简单，移动灵活，但相对出灰量小（出浆量 $2m^3/h$），运输距离近（垂直 20m，水平 80m）。

（五）地面压光机

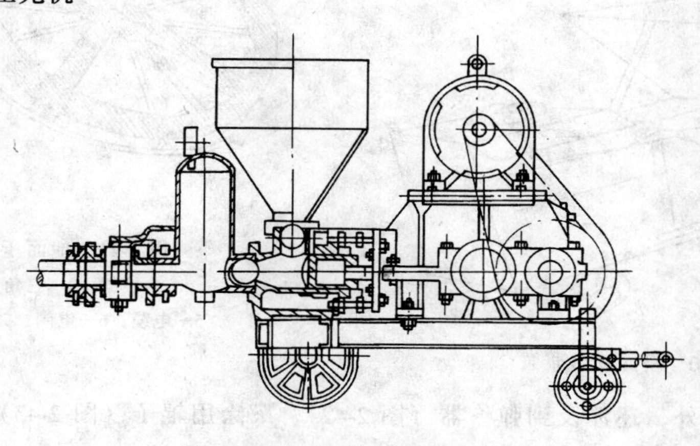

图 2-37　柱塞直接作用式灰浆泵

用于压光水泥砂浆地面。如图 2-41 所示。

图 2-38　圆柱形膜式灰浆泵

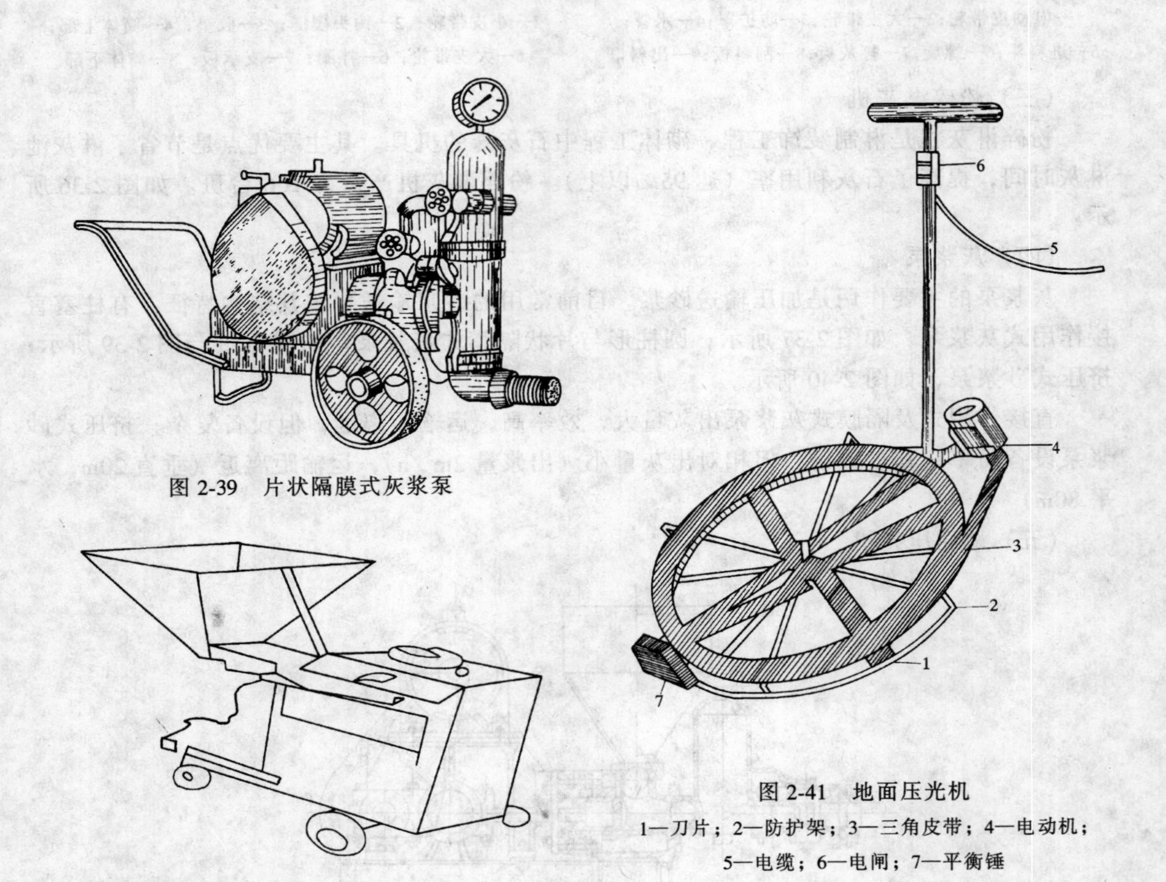

图 2-39　片状隔膜式灰浆泵

图 2-40　挤压式砂浆泵

图 2-41　地面压光机

1—刀片；2—防护架；3—三角皮带；4—电动机；5—电缆；6—电闸；7—平衡锤

除以上机具外，还涉及到弹涂器（图 2-42）、滚涂用辊子（图 2-43）、磨石机（图 2-44）。

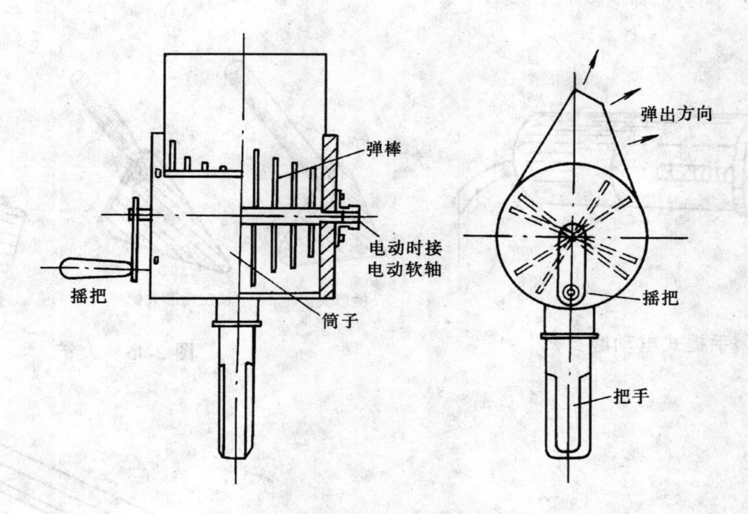

图 2-42　弹涂器

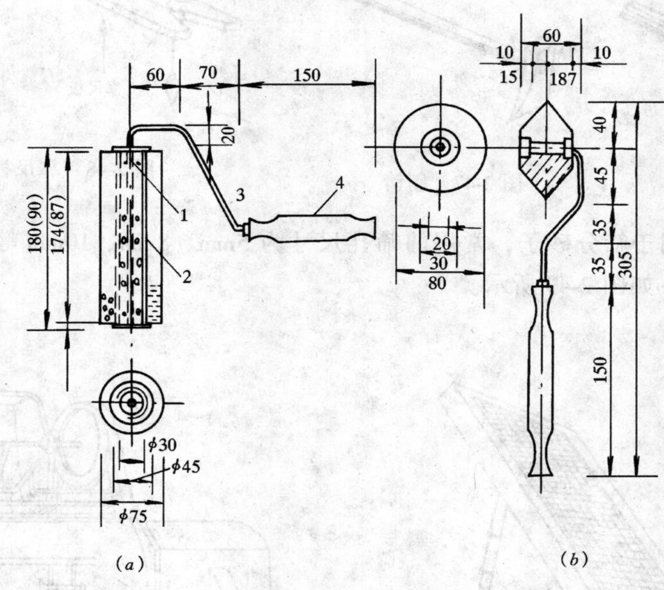

图 2-43　滚涂饰面用辊子

(a) 滚涂墙面辊子；(b) 滚涂阴角用辊子

1—串钉和铁；2—硬薄塑料；3—8 镀锌管或钢筋棍；4—手柄

六、砌筑工具设备及用途

(一) 砌筑工具

(1) 大铲：砌砖时铲灰、铺灰与刮灰用的工具，传统型的大铲有长三角形、桃形、长方形三种，如图 2-45 所示。

(2) 瓦刀：又叫泥刀，用于摊铺砂浆、砍削砖块，其形状如图 2-46 所示。

(3) 刨锛：打砖用的工具，如图 2-47 所示。

(4) 靠尺板和线坠：又称托线板，是用于检查墙面垂直度及平整度的工具，长度一般为 1～2m，如图 2-48 所示。

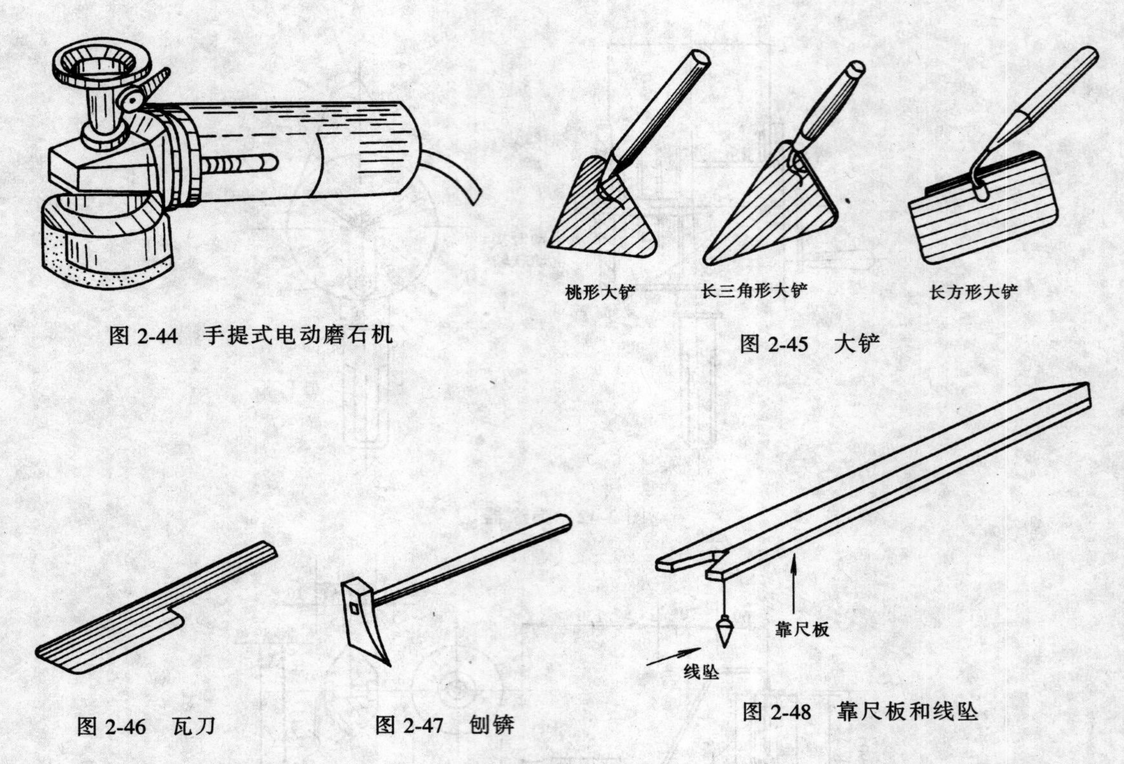

图 2-44 手提式电动磨石机

图 2-45 大铲

图 2-46 瓦刀

图 2-47 刨锛

图 2-48 靠尺板和线坠

(5) 筛子：用于筛分砂子，常用的筛孔尺寸为 5mm、8mm、10mm 等几种。使用时用木杆或竹杆支立，如图 2-49 所示。

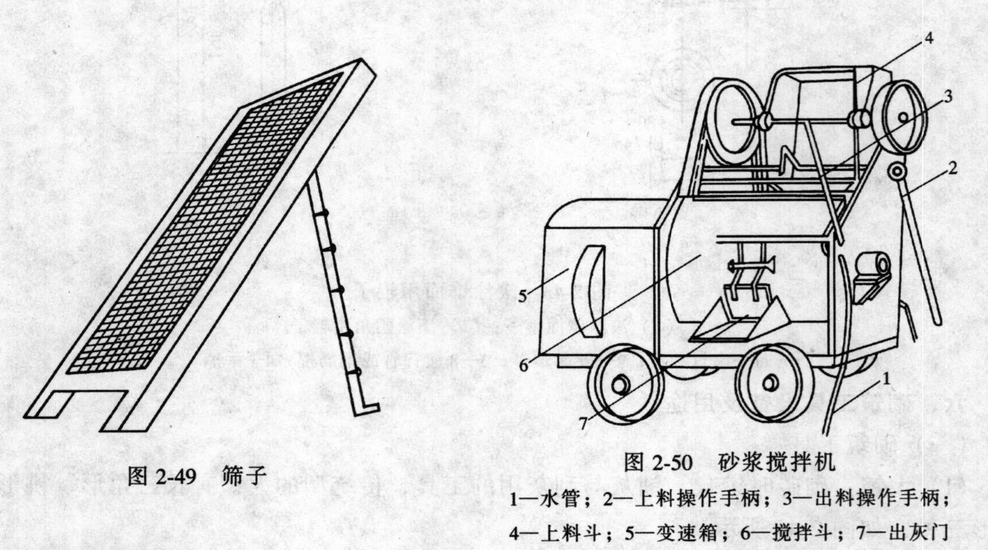

图 2-49 筛子

图 2-50 砂浆搅拌机

1—水管；2—上料操作手柄；3—出料操作手柄；4—上料斗；5—变速箱；6—搅拌斗；7—出灰门

（二）砂浆搅拌机

砂浆搅拌机，是砖瓦工砌砖操作常用拌制砂浆的机械，常用的规格有 200L 和 325L，台班产量分别为 $18m^3$ 和 $26m^3$。砂浆搅拌机如图 2-50 所示。

（三）备料及其他工具

备料工具有运输砖或砂浆的小车；存放砂浆的桶或槽（灰斗）；运输砖时用的砖夹子见图 2-51；过磅用的磅秤；筛砂子的筛子和采用人工拌制砂浆的锹和灰耙等。

（四）勾缝工具

常用的勾缝工具有溜子、抿子或圆套、清水墙勾缝及石墙勾缝等，见图 2-52。

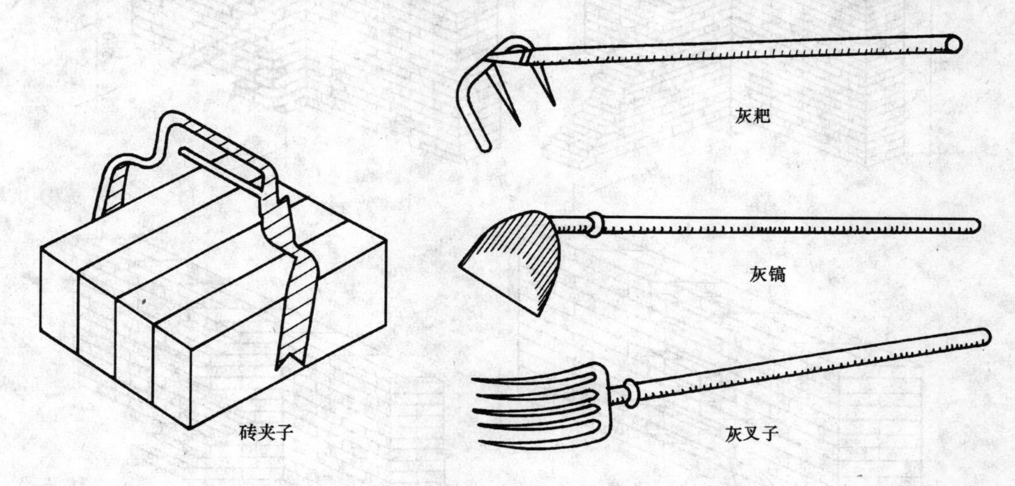

图 2-51　备料及人工拌制砂浆工具

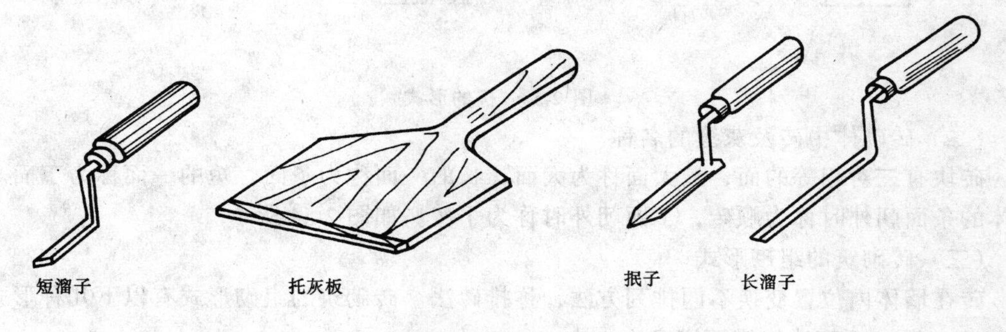

图 2-52　勾缝工具

第三节　砖砌筑的组砌形式和基本方法

一、砖砌筑的组砌形式

（一）砖砌体的组砌原则

砖砌体是由砖块和砌筑砂浆通过各种组砌方法砌成的整体。为了保证砖砌体能够形成一个牢固的整体，在砌筑时要遵循以下的几条原则：

（1）必须错缝搭接砌筑，要求砖块至少应错缝 1/4 砖长。

（2）灰缝的厚度应控制在 80～120mm 之间，一般为 100mm。

（3）墙体之间横纵方向的连接，最好能同时砌筑，如果不能同时砌筑，应按照规定在先砌的砌体上留出接槎（俗称留槎），留槎的方法有留直槎和留斜槎两种。直槎又有三种形式：马牙槎、母槎和老虎槎。在留直槎时，必须在竖向每隔 500mm 配制 $\phi6$ 钢筋（每 120mm 墙厚放一根）作为拉接筋伸出和埋入墙内长度各 500mm。如图 2-53 所示。

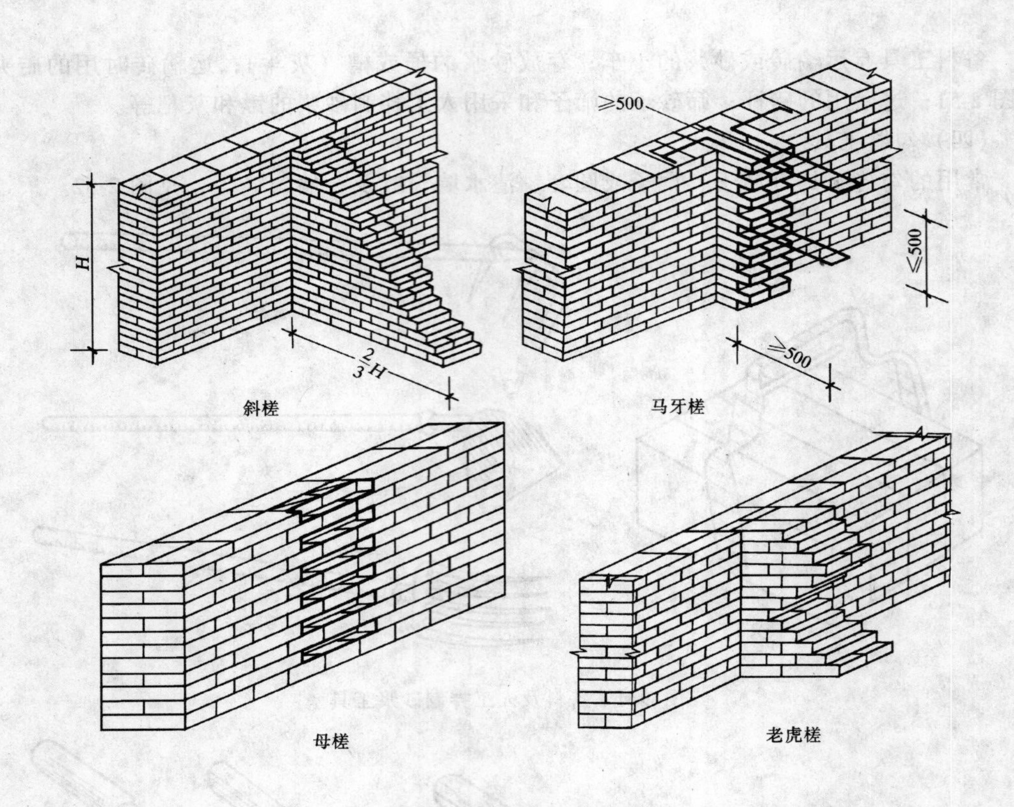

图 2-53　槎的形式

(二) 砖砌体中砖及灰缝的名称

砖块有三对相等的面，最大面称为大面，长的一面称为条面，短的一面称为丁面。当砌体的条面朝外时称为顺砖，丁面朝外时称为丁砖。如图 2-54 所示。

(三) 砖砌筑的组砌形式

砖在墙体内位置变换不同排列方法，称排砖法。砖砌筑的组砌形式有以下几种形式：

1. 一顺一丁砌法（满丁满条）

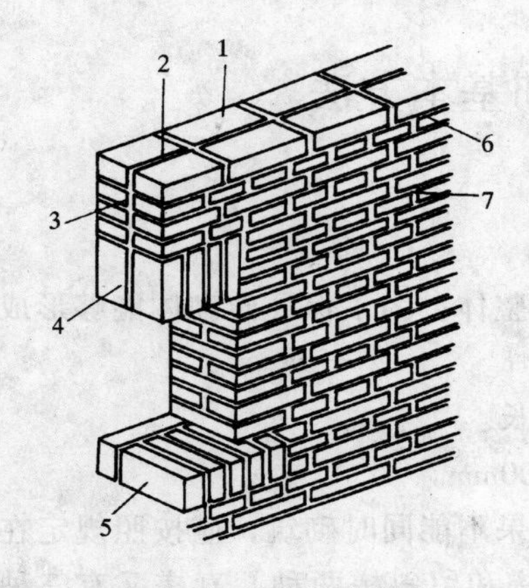

图 2-54　砖墙构造名称
1—顺砖；2—花槽；3—丁砖；4—立砖；5—陡砖；6—水平灰缝；7—竖直灰缝

它是由一皮顺砖与一皮丁砖相互交替砌筑而成，上下皮间的竖缝相互错开 1/4 砖长。如图 2-55 所示。该种砌法的优点是各层间的错缝搭接牢固，墙体整体性好。操作变化小，易于掌握。砌筑时容易控制平直，反手墙较平。但是，有时由于砖的质量问题，竖缝不易对齐，在墙体转角、丁字接头、门窗洞口处砍砖较多。其墙面形式有两种，一种是顺砖上下层对齐，称为十字缝；另一种是顺砖上下层错开半砖，称为骑马缝。一顺一丁砌法在调整错缝搭接时，可在头角和转角处采用“外七分头”或“内七分头”，但“外七分头”较为常见，并应将“外七分头”放在顺砖层。另外，骑马缝形式可在顺砖层和“七分头”后面加砌一块丁砖，上下层顺砖间隔放置。如图 2-56 所示。

2. 三顺一丁砌法

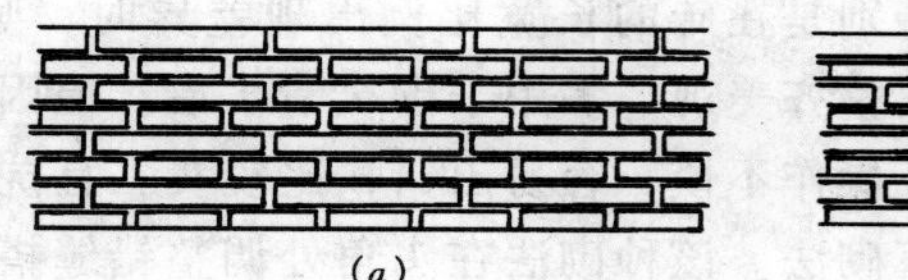
(a)

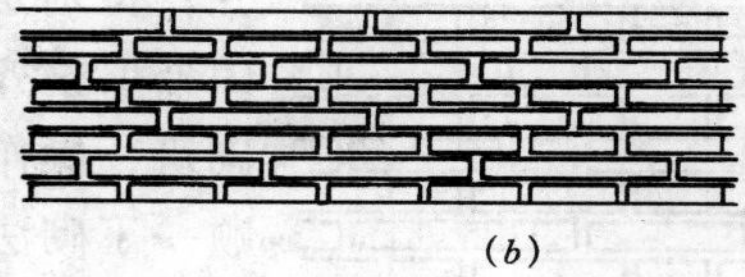
(b)

图 2-55　一顺一丁砌法
(a) 十字缝；(b) 骑马缝

它是由三皮顺砖与一皮丁砖相互交替砌筑而成，上下皮顺砖相互错开 1/2 砖长，顺砖层与丁砖层搭接 1/4 砖长。如图 2-57 所示。

同时要求檐墙与山墙的丁砖层不在同一皮，以利于搭接。其优点是：出面砖较少，在转角处、十字与丁字接头、门窗洞口等处砍砖较少，故操作较快，可提高工效。其缺点是：由于顺砖层较多，反手墙不易平整。当砖较湿或砂浆较稀时，顺砖层不易砌平且易向外挤出，影响质量。该砌筑方法抗压强度接近于一顺一丁砌法，抗拉抗剪性能较一顺一丁砌法佳，多用于承重墙和混水墙。

该种砌法的头角处，错缝搭接通常在丁砖层采用“内七分头”调整。

3. 梅花丁砌法（又称沙包式）

梅花丁砌法是在同一皮砖内一块顺砖、一块丁砖间隔砌筑（在转角处不受此限），上下两皮竖缝错开 1/4 砖长，丁砖必须在顺砖中间。该种砌法内外竖缝每次都能错开，故抗压整体性较好，墙面容易控制平整，竖缝易于对

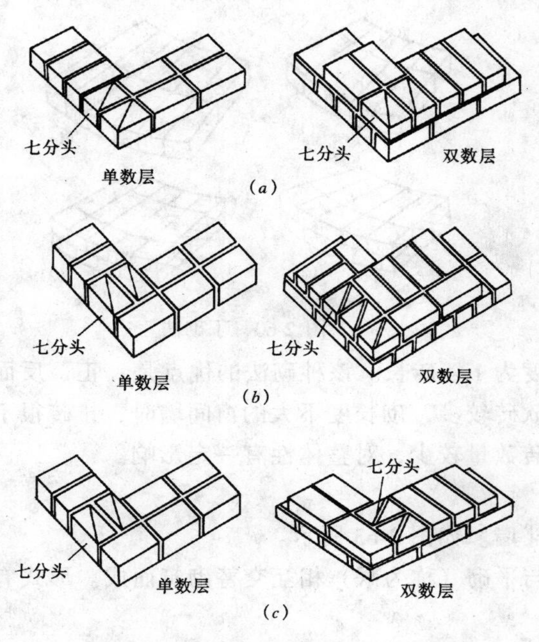

图 2-56　一顺一丁墙角错缝砌法
(a) 一砖墙；(b) 一砖半墙；(c) 一砖墙（内七分头）

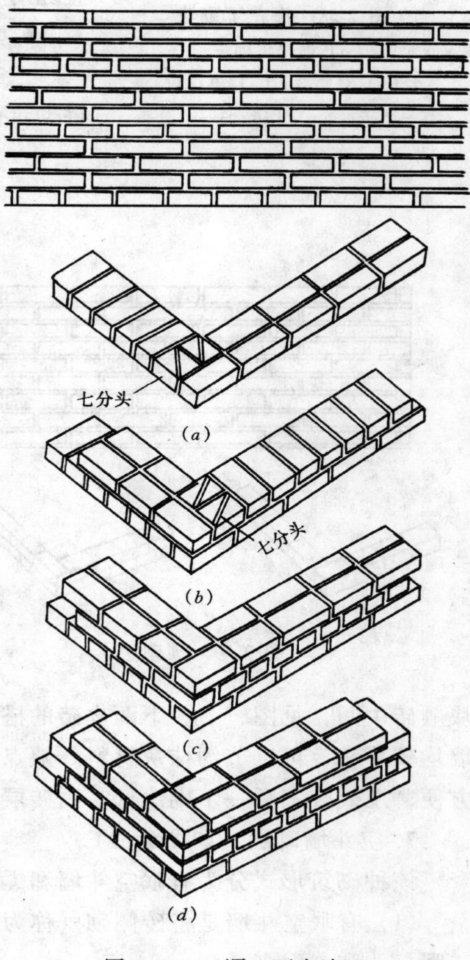

图 2-57　三顺一丁砌法
(a) 第一皮（第五皮开始循环）；(b) 第二皮；
(c) 第三皮；(d) 第四皮

齐，特别是在砖的长宽比例出现差异时，竖缝容易控制。因外形整齐美观，多用于砌筑清水墙。但因丁、顺砖交替砌筑，操作不慎，容易出错，比较费工且抗拉强度不如三顺一丁砌法。该种砌法在头角处调整错缝搭接时，必须采用“外七分头”且只用一个“七分头”。如图 2-58 所示。

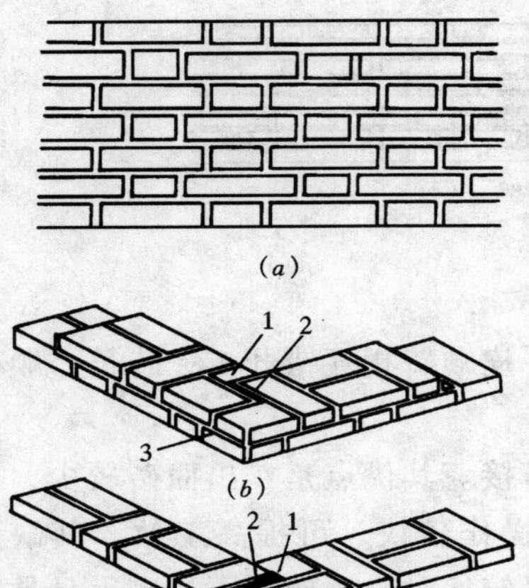

图 2-58　梅花丁砌法

(a) 梅花丁砌法；

(b) 双层数；(c) 单层数

1—半砖；2—1/4 砖；3—七分头

4. 顺砌法（条砌法）（如图 2-59）

每皮砖全部用顺砖砌筑，两皮间竖缝搭接 1/2 砖长。该种砌法仅用于半砖隔断墙。

5. 丁砌法（如图 2-60）

每皮砖全部用丁砖砌筑，两皮间竖缝搭接 1/4 砖长。该种砌法一般多用于圆形建筑物，如水塔、烟囱、水池、圆仓、窨井等的墙身。一般采用外圆放宽竖缝，内圆缩小竖缝的方法形成圆弧。

6. 三三一砌法（三七法）（如图 2-61）

三三一砌法是在同一皮砖层里三块顺砖、一块丁砖交替砌筑而成。上、下皮叠砌时，上皮丁砖应砌在下皮第二

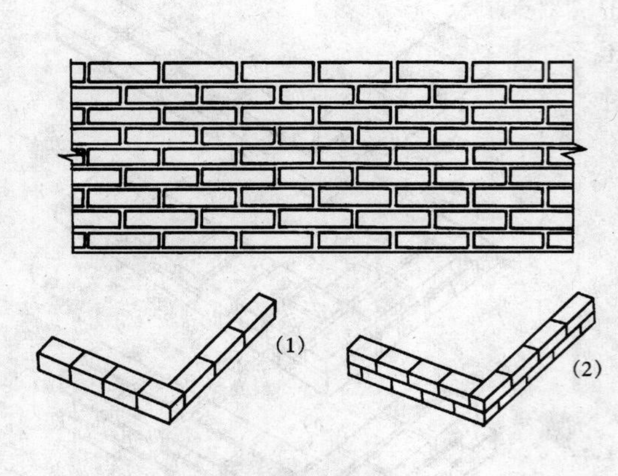

图 2-59　顺砌法

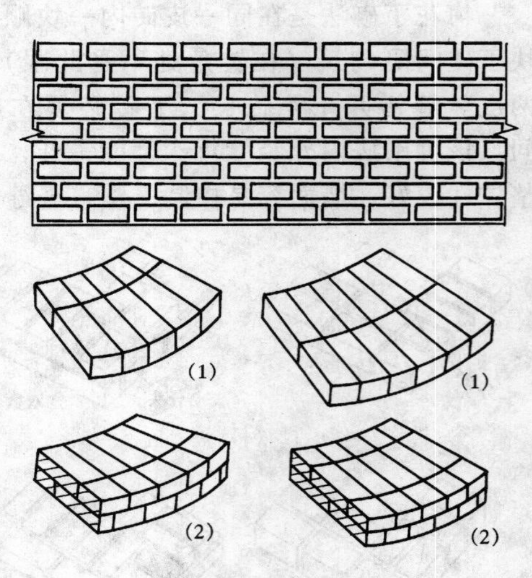

图 2-60　丁砌法

块顺砖中间，见图，上、下两皮砖的搭接长度为 1/4 砖长。该种砌法的优点是：正、反面墙均较平整，可以节约抹灰材料。缺点是：砍砖较多，砌长度不大的窗间墙时，排砖很不方便，工效较三顺一丁砌法低，因砖层内丁砖数量较少，对整体性有一定影响。

7. 空斗墙砌法（如图 2-62）

该种砌筑形式分为有眠空斗墙和无眠空斗墙。如图 2-63 所示。

(1) 有眠空斗墙是将砖侧砌（称为斗）与平砌（称为眠）相互交替砌筑而成。形式有一眠一斗和一眠多斗。

(2) 无眠空斗墙是由两块砖侧砌的平行壁体及相互间用侧砖丁砌横向连接而成。常见的形式有单丁砌法和双丁砌法。如图 2-63 所示。

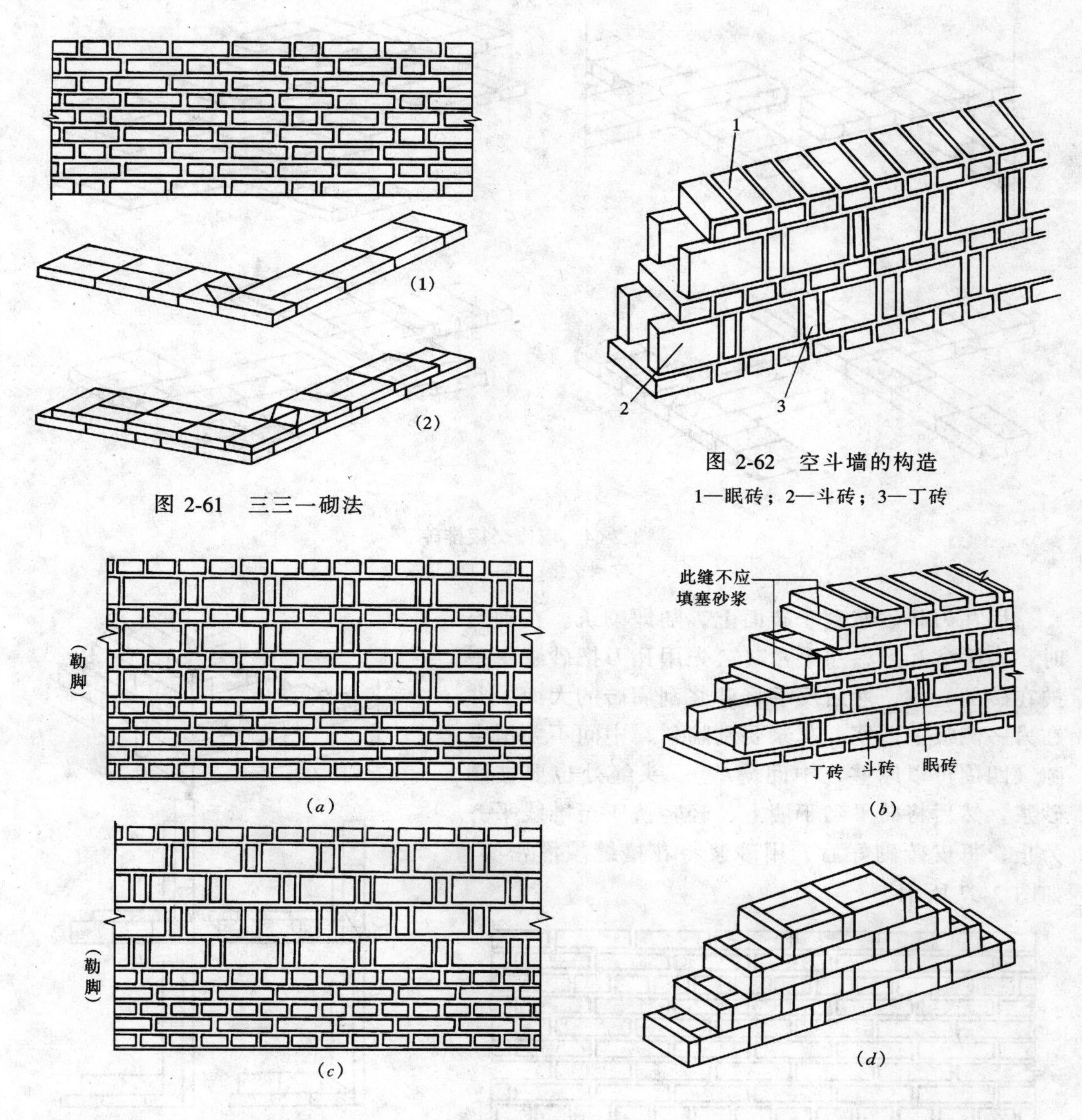

图 2-61　三三一砌法

图 2-62　空斗墙的构造

1—眠砖；2—斗砖；3—丁砖

图 2-63　空斗墙常见形式

(a) 一眠一斗；(b) 一眠二斗；(c) 一眠多斗；(d) 无眠空斗

8. 丁字接头与十字交叉砌法

在砖墙的丁字及十字交叉处，应分皮错缝砌筑。内角相交处竖缝应错开 1/4 砖长。当砌丁字接头时，应在横墙端头加砌“七分头”。十字、丁字墙排砖如图 2-64a、2-64b 所示。

另外，还有一些不常见的组砌形式，如五顺一丁、两平一侧等。如图 2-65、2-66 所示。

二、砌筑的基本方法

(一) 满刀灰砌筑法

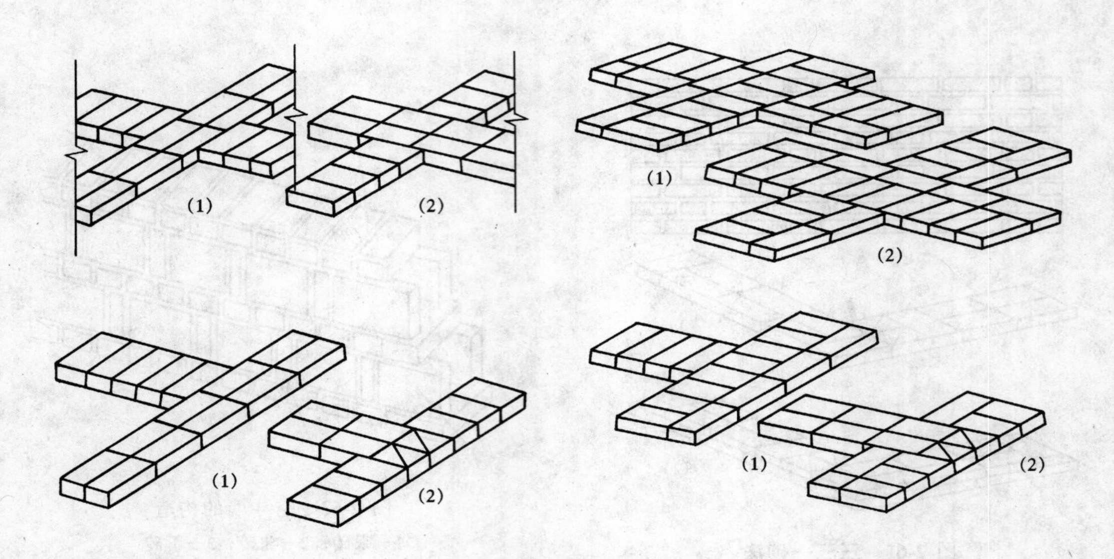

图 2-64 墙体交接排砖

(*a*) 十字墙交接；(*b*) 丁字墙交接

用瓦刀将砂浆刮于砖面上，随即砌筑。在砌筑时，右手拿瓦刀，左手拿砖，先用瓦刀把砂浆正手披在砖的一侧，然后反手将砂浆刮满砖的大面，并在另一侧披上砂浆。灰浆要刮均匀，中间不要留空隙（四周可以厚些，中间薄些）。头缝处也要披满砂浆，然后将砖平砌于墙上，轻轻挤压至准线平齐为止，每皮砖砌好后，用砂浆将花槽缝填灌密实，如图 2-67 所示。

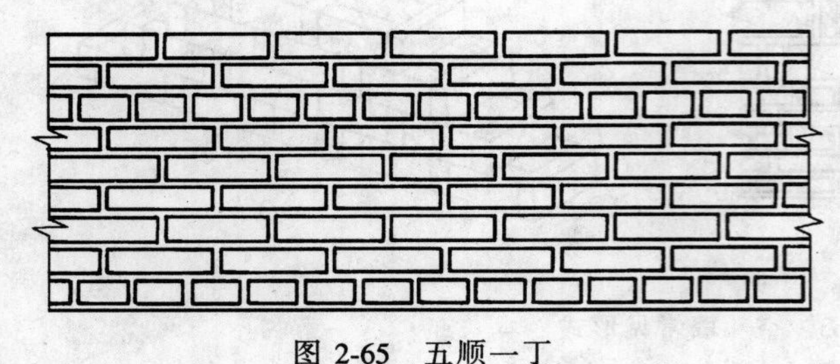

图 2-65 五顺一丁

图 2-66 两平一侧砌法

满刀灰砌筑的墙，其砂浆要刮的均匀、灰缝饱满，所以砌筑的质量好，但工效较低，目前采用较少。它一般用于铺砌砂浆困难的部位，如砌平拱、弧拱、窗台、花墙、炉灶、空斗墙等。

（二）大铲砌筑法（又称“三一”砌筑法）

“三一”砌筑法即采用一铲灰、一块砖、一挤揉的砌法。该法适用于砌窗间墙、短柱、烟囱等短的部位。其优点是：砌筑质量好；操作工具简单——大铲和刨锛；砌筑效率高。其操作顺序为：

1. 铲灰取砖

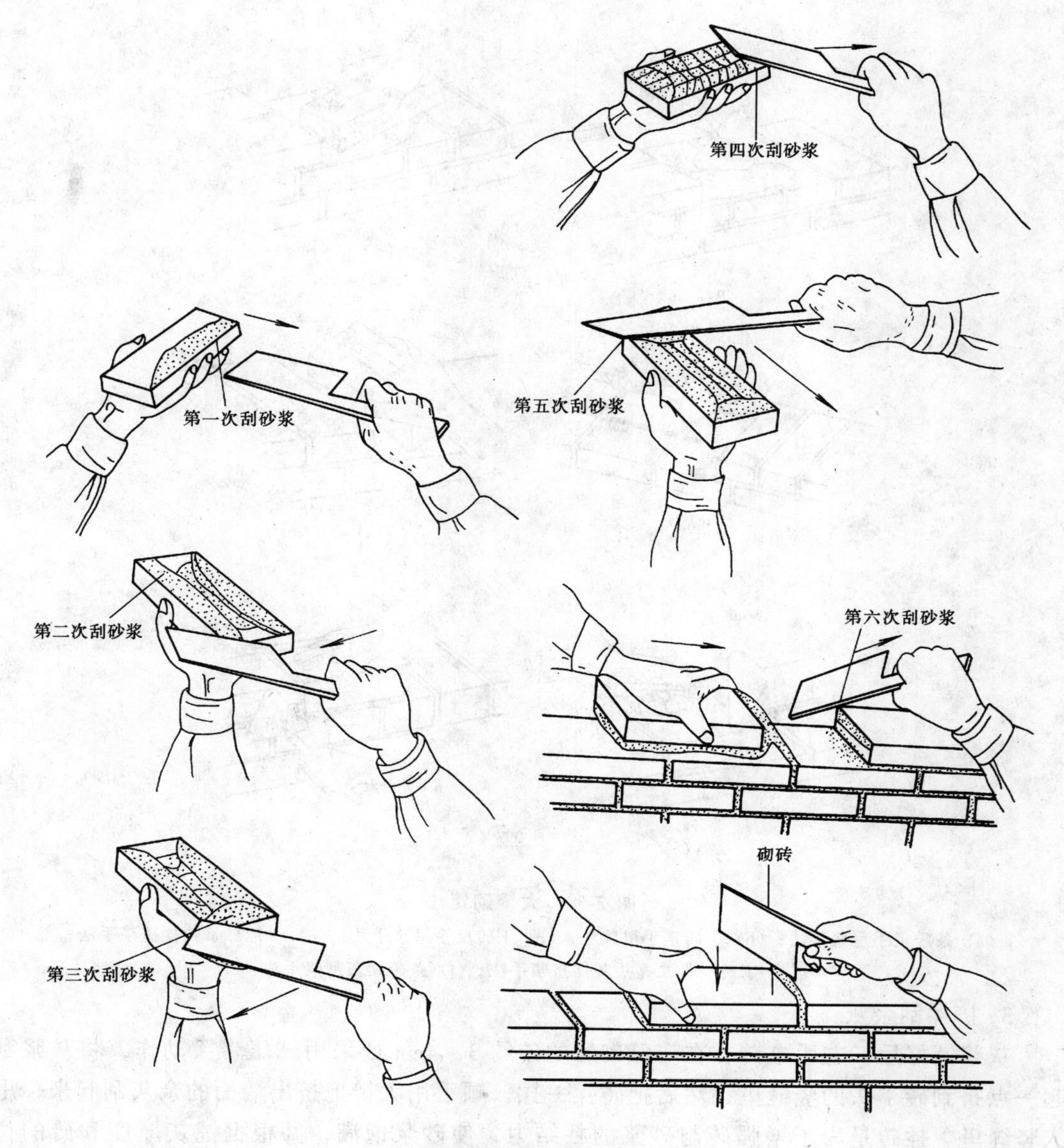

图 2-67　满刀灰砌筑法

砌墙时操作者顺墙斜站，砌筑方向是由前向后退着砌。铲灰时，取灰量应根据灰缝厚度，以满足一块砖的需求为准。拿砖时要随取随挑选，左手拿砖，右手铲灰，同时进行。

2. 铺灰

铺灰是砌筑时比较关键的动作，掌握不好，直接影响砖墙砌筑质量。一般常用的铺灰手法是甩浆，有正手和反手甩浆，如图 2-68 所示。它是“三一”砌筑法基本手法之一，适用于砌离身较低较远的墙体部位。离身较近且工作面较高的部位可采用扣的手法。在实际操作中，根据砌条砖、丁砖及各种不同部位采用的泼、溜、一带二手法，要求铺出灰条一次成行，不要用大铲来回扒拉或用铲尖抠灰打头缝。用大铲砌筑时，砂浆稠度应控制在 7 ~ 10cm 为宜，不能太稠或太稀。

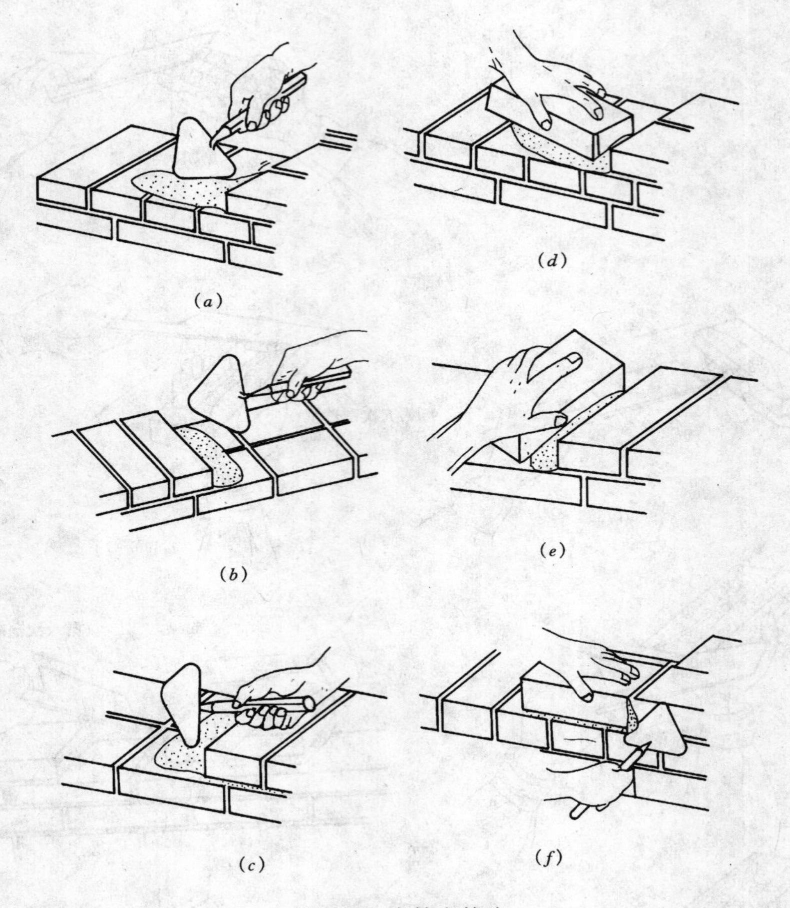

图 2-68 大铲砌筑法

(a) 条砖正手甩浆手法；(b) 丁砖正手甩浆法；(c) 丁砖反手甩浆手法；(d) 一带二条砖揉挤浆手法；(e) 丁砖一带二碰头灰揉挤浆手法；(f) 条砖揉灰刮浆手法

3. 挤揉刮余灰

灰浆铺好后，左手拿砖，在离已砌好的砖约 3～4cm 处采用“压带”动作，将灰浆刮起一点挤到砖丁头的竖缝里，然后把砖揉一揉，顺手用大铲把挤出墙面的余灰刮起来，甩入竖缝里。揉砖是为了增强砖与砂浆的粘结力，使砂浆饱满，并根据铺灰厚度和砖的位置，进行前后或左右揉，揉到上跟线下跟楞为止。

(三) 摊尺（又叫蜕尺）砌筑法

摊尺砌筑法又叫“坐灰砌砖法”。砌筑时右手拿灰勺舀砂浆均匀地倒在墙的砌口上。然后左手拿摊尺，把摊尺搁在砖墙的边棱上，右手拿瓦刀刮平砂浆。如图 2-69，每次砂浆摊铺长度不宜超过 1m。如砂浆摊铺过长，砌到最后几块砖时，砂浆变稠，会影响与砖的粘结力。只有在春、秋，阴天或砂浆标号较低时才可适当增加摊铺长度。砌砖时左手拿砖，右手用瓦刀在砖竖缝处；披上砂浆，随即砌上。砖要看齐、放平、摆正。砌完铺灰长度后，将瓦刀放在最后砌完的砖上，转身再舀灰，如此逐段铺砌。

在砌筑中，不允许在铺平的砂浆上刮取竖缝浆（俗称靠头缝），以免影响水平灰缝饱满程度。采用这种砌法，因摊尺能控制水平灰缝厚度，故灰缝厚薄易于掌握，砌体的水平缝平直，砂浆不易坠落，墙面干净美观，砂浆耗损少。但因摊灰尺仅 10mm 厚，摊出砂浆刚满足缝厚要求，没有余量可供挤砌，砖只能摆砌，不能挤砌，竖缝依靠披缝或上面铺灰时挤入，砌筑质量有影响。此外，摊灰尺铺砌砂浆容易失水往往使水平缝不够饱满，粘结力较差。这种砌筑法适用于砌门窗洞口较多的墙身。

图 2-69　摊尺砌筑法

（四）“二三八一”砌砖法

“二三八一”砌砖法，即二种步伐，三种身法，八种铺灰手法，一种挤浆动作。

（1）两种步伐（即丁字步和并列步）砌筑开始，操作者斜站成丁字步，后腿靠近灰槽，人背向砌筑方向（退着砌），此种站法有如下优点：丁字步是一种站立稳定有力的姿势，适用于砌筑部位远近高低变化，仅以人身重心在前后腿之间变换就可以完成砌筑任务，步子不乱；后腿紧靠在灰槽，便于铲灰取砂浆，握铲的手和后腿在同一位置，稍一弯腰就可以完成铲灰动作；使砌筑者视线始终能看到砌好的砖层跟线情况，发现不合质量的现象，便于及时纠正。另外，能使砌砖动作和身体活动方向一致，具有折回动作，完成砌砖动作比较敏捷。

按丁字步迈出一步可砌 1m 长的墙体，砌至近身，前腿向后退半步成并列步，正面对墙，又可砌 50cm 长的墙体，砌完后将后腿移至另——灰槽近处，复而又成丁字步，重新完成如上动作。丁字步和并列步铲灰、拿砖时，人的重心在后腿。转身铺灰挤浆时，重心又移至前腿。这种身体重心在两腿之间有规律地交替活动，形同人的步行，符合人体生理活动规律。丁字步站立应随意些，不能教条地认为步子站好后就不能动，而是根据砌筑部位离身远近来变化步距，身体活动要自如些，防止活动僵硬。由于一步半正好完成长为 1.5m 墙体的砌筑量，与灰槽中距 1.5m 相对应，如图 2-70。

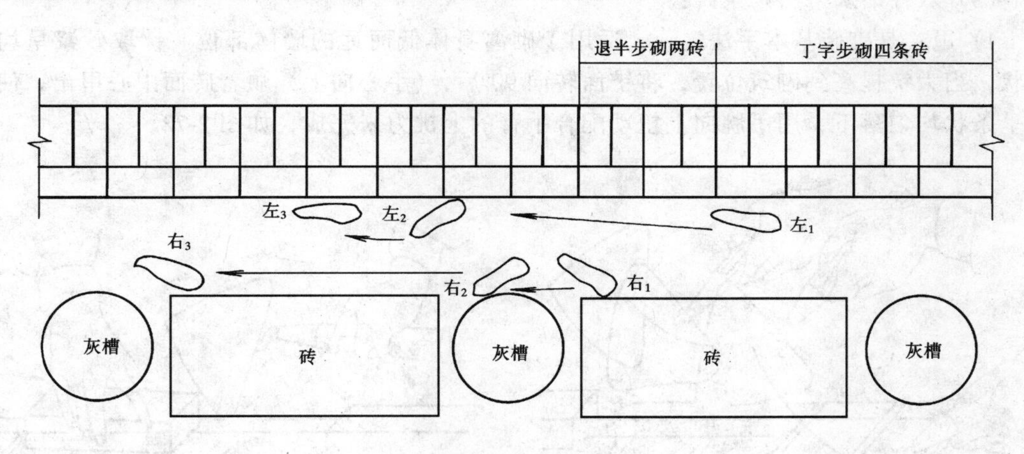

图 2-70　砌砖步伐示意

（2）三种身法　主要指砌砖的弯腰和手臂的动作规律，有侧身弯腰、丁字步正弯腰和并列步正弯腰。正确的身法应根据砌筑部位的变化来改变腰部动作。当铲灰拿砖时，应采取侧身弯腰，利用后腿微弯，斜肩和侧身弯腰来降低身体高度，手臂伸入灰槽很快便能铲到砂浆，同时进行拿砖。侧身弯腰时，身体重心在后腿，这样使动作形成一个趋势，在完成转身拿砖后转身进入铺灰砌筑之际，利用后腿的伸直，转身把身体重心移向前腿或正弯腰，正弯腰根据砌筑部位的远近变化又可转换成两种不同弯腰动作来完成。砌离身较远的部位用丁字步正弯腰进行（身体重心在前腿），砌至近身部位，将前腿收回半步成并列步正弯腰（重心还原），这样使砌砖弯腰——丁字步弯腰与侧弯腰——并列步弯腰的交替活动，有益于减轻劳动强度，保护瓦工腰部健康。

砌砖的弯腰劳动强度也不是一成不变的。上面所说的是砌筑初始低弯腰时的情况，腰部劳动强度最大，随着砌体砌筑高度的升起，使弯腰的强度有所缓和，因此弯腰劳动强度是由强变弱的过程。手臂的劳动强度与腰部恰好相反，是由弱变强的过程。在砌筑开始，手臂的砌筑活动是垂臂砌筑，从铲灰拿砖到铺灰砌筑的距离最短，因此手臂用力很小。即使砌5～7皮砖的高度随腰部抬起手臂仍能保持垂臂砌筑，劳动强度都是弱的。当墙体砌至0.8～1m时，腰部已由铲灰拿砖侧身弯腰转身成直立姿势砌筑，此时腰部肌肉活动强度已变弱。用时间划分，强度大的弯腰动作约占整个砌筑的1/4左右，而手臂的劳动强度随砌筑高度升高而逐渐增加，当墙砌至1m以上的高度，需呈悬臂状态进行砌筑，如图2-71。尤其是在砌37以上宽墙的外皮砖，砌高了，不仅需要手臂平举用力，身材不高的瓦工有时还要辅以耸肩踮足才能够上砌筑面。此时，肩、臂用力达到最大，掌握腰部和手臂劳动强度强弱互换的规律，砌筑时要加快砌筑速度，就能缩短低度弯腰作业的连贯性，利用侧身弯腰铲灰，拿砖后转身在前，双臂随转身形成一个摆动趋势，将转身和砖提升到砌筑部位，对手臂用力起到减轻作用，当然，这对规定一步架可砌高度是有一定关系的。

图2-71　呈悬臂状态砌筑

(3) 八种铺灰手法砌条砖：

1) 甩：是砌砖基本手法之一，适用于砌离身体低而远的墙体部位。铲取砂浆呈均匀条状，当大铲提高到砌筑位置，将铲面转向90°后，（手心向上）顺着砖面中心甩出，使砂浆呈条状均匀落下，用手腕向上扭动配合手臂的上挑力来完成，如图2-72。

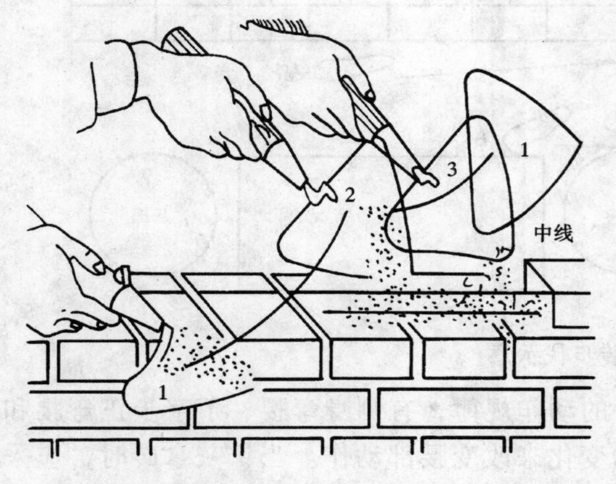

图2-72　砌条砖“甩”铺灰动作分解

图2-73　砌条砖“扣”的铺灰动作

2）扣：适用于砌近身高部位的墙体（步伐成并列步），铲取灰条形状同甩，反铲扣出灰条，铲面运动路线与“甩”相反，是折回动作，手心向下，利用手臂前推力扣落砂浆，如图 2-73。甩和扣灰条运动规律是相同的，将铲取长 16cm，宽 4～5cm，厚 3cm 的灰条，通过甩和扣使灰条形成长 26cm，厚 2cm 左右，宽约 6～8cm 的灰条。铺灰动作都是由灰槽铲取砂浆，转身随身体重心向前运动顺势铺出，动作简练。砌顺砖一般情况始终保持“四甩二扣”的动作规律，用甩和扣交替操作，熟练后十分得心应手。

3）泼：适用于砌近身体部位及砌身体后部的墙体。铲取扁平状条灰，提取到砌筑面上将铲面翻转（手柄向前）平行向前推进，泼出灰条（如图 2-74）。动作比甩和扣简单，熟练后，可用手腕转动成“半泼”、“半甩”动作（动作范围小，适用于快速砌筑）代替手臂干推。泼灰铺出灰条呈扁平状，灰条厚度为 1.5cm。挤浆时，放砖平稳，比甩灰条挤浆省力。也可采用“远甩近泼”，特别在砌至墙体尽头。身体不能后退，可将手臂伸向后部用泼的方法完成铺灰动作，轻松自如。

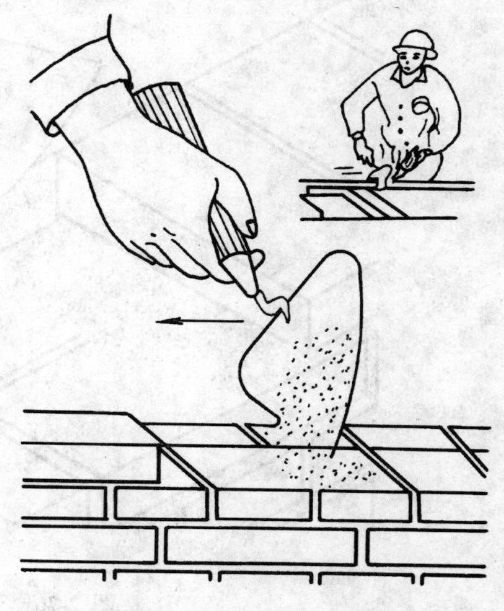

图 2-74　砌近身部位“泼”灰动作

4）溜：适用于砌角砖，是最为简单铺灰动作。铲取扁平状灰条，将铲送到墙角部位，比齐墙边抽铲落灰，（如图 2-75），使砌角砖减少落地灰。

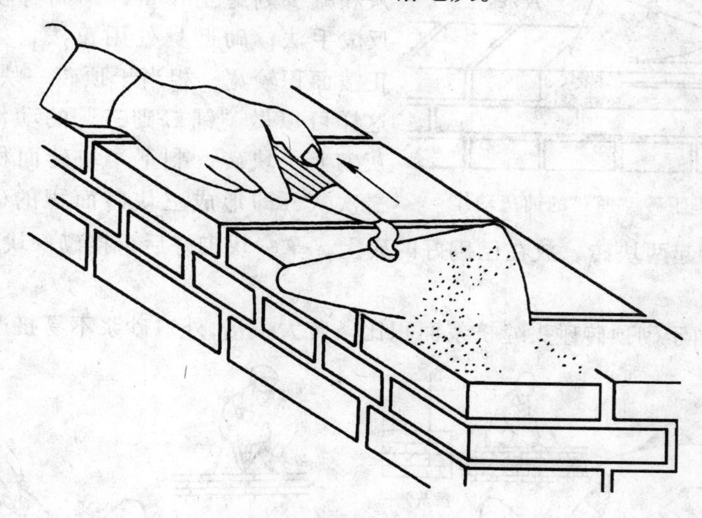

图 2-75　砌角砖“溜”的铺灰动作

5）扣：适用于砌里顶砖（37 墙），铲取灰条前部略低，扣在砖面上的灰条是外口稍厚些，如图 2-76，这样挤浆后，灰条外侧易于做到严实，有些还可伴以铲边刮虚尖灰动作，使外口碰头缝挤满砂浆。

6）溜：适用于砌里顶砖，铲取灰条呈扁平状，前部略厚，铺灰时将手臂伸过准线。

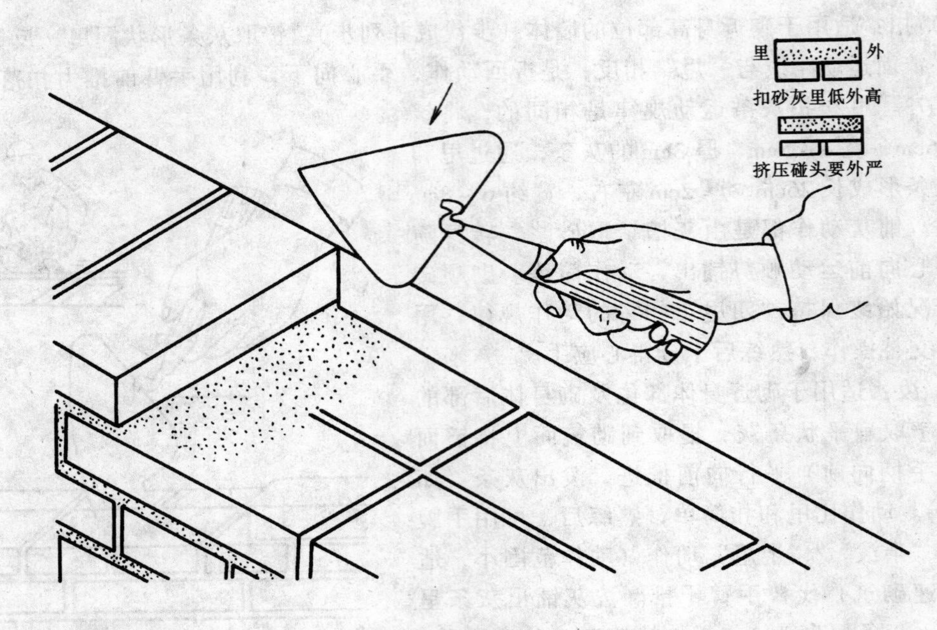

图 2-76 砌里丁砖“扣”的铺灰动作

铲边比齐墙边抽铲落灰，如图 2-77。

图 2-77 砌里丁砖“溜”的铺灰动作

7）泼：适用于里脚手砌外清水墙的顶砖。铲取扁平状灰条，泼灰时，落灰点向里移 2cm，挤浆后成深 1cm 左右整齐的缩口灰，省去刮余灰和减少划缝工作量，砌离身较远处采用平拉反泼手法；砌近身处用正泼，如图 2-78。由于正泼面积较宽，相当于顶砖一块半的铺灰面积，这样可以做“铺二砌三”的动作，即第一次铺灰砌上一块砖，剩下半块砖面积的砂浆接铺第二次灰，即形成三块砖面积的砂浆，在第二次铲灰的同时，拿起两块砖，放在已砌好的砖上，拿一块砌好后再接砌一块，减少一次弯腰动作。

8)一带二:由于砌顶砖碰头缝挤浆面积比条砖大一倍,外口砂浆不易挤严,有的瓦工采取

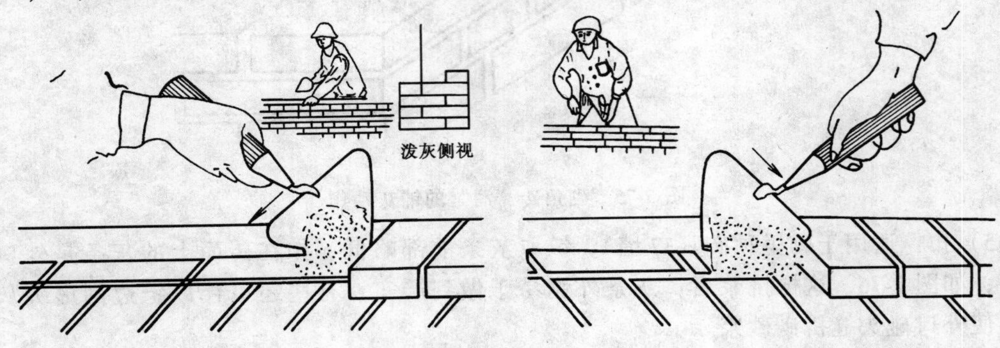

图 2-78 砌外丁砖“泼”灰动作

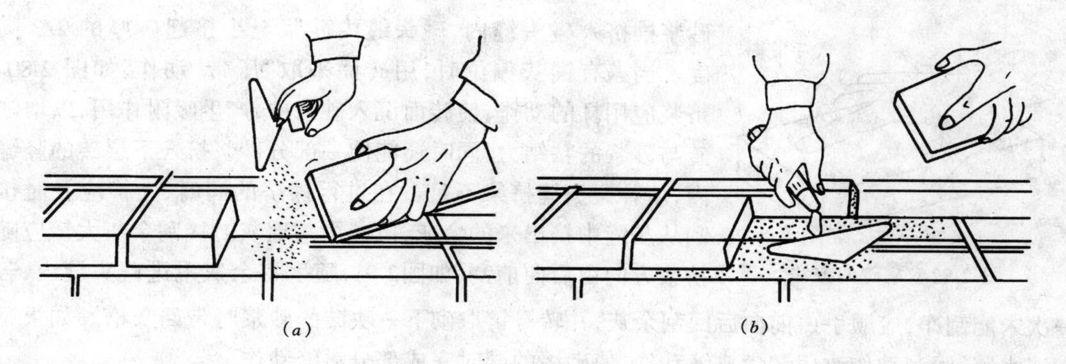

图 2-79 “一带二”铺灰动作
（*a*）接打碰头灰；（*b*）摊铺砂浆

打碰头灰做法：先在灰槽处将丁砖碰头灰打上，再铲取砂浆转身铺灰。这样砌一块砖要做两次铲灰动作；“一带二”是把此两个动作合二为一，利用在砌筑面上铺灰之际，将砖的顶头伸入落灰处，接打碰头灰，使铺灰的同时完成打碰头灰，如图 2-79*a*。“一带二”铺灰后需用铲摊一下砂浆，然后挤浆，如图 2-79*b*。另外在步伐上要随铺灰动作进行变换。砌离身较远部位，铺灰时以前腿为轴心，后腿前提成正面对墙，完成挤浆后，随转身取灰之际，将后腿又回撤到灰槽近处，砌近身部位与上述各法的步伐相同。

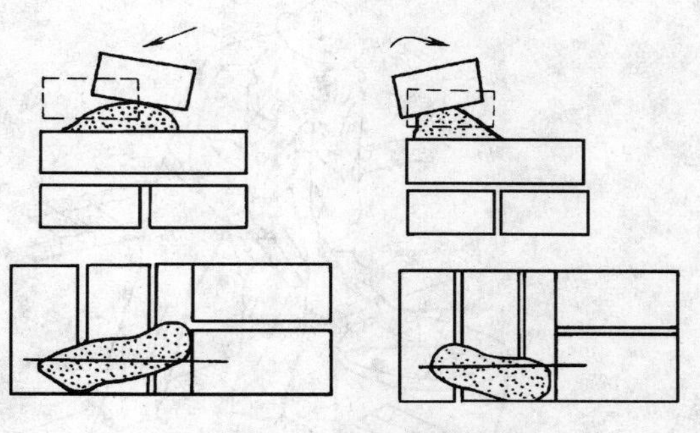

图 2-80 安砖“压带”法

（4）一种挤浆动作 挤浆时应将砖落在砖长或宽的 2/3 灰条处平推，将高出灰缝厚度的

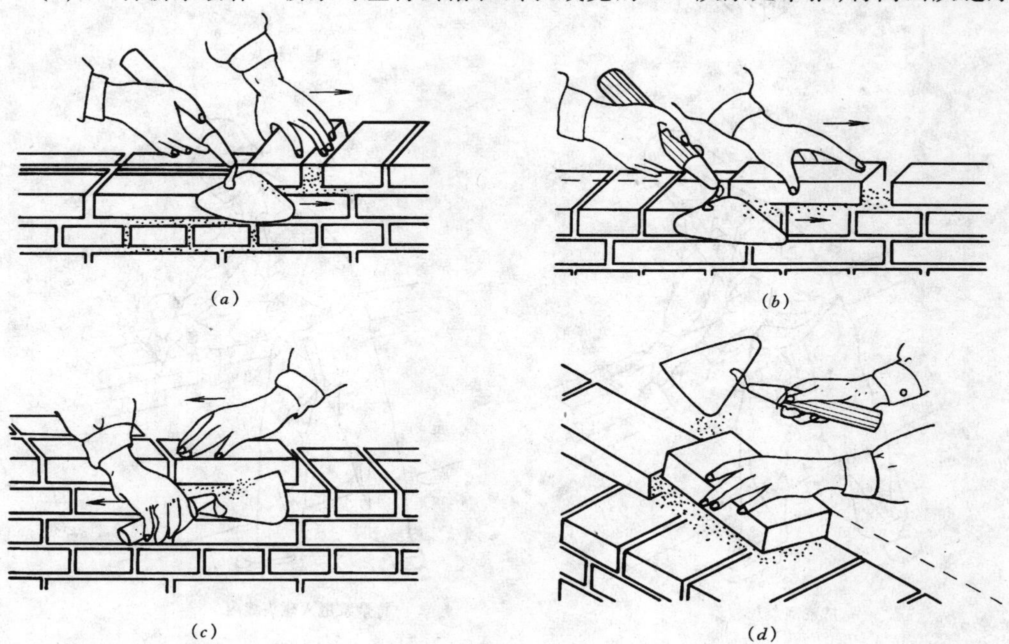

图 2-81 挤浆刮余灰的动作

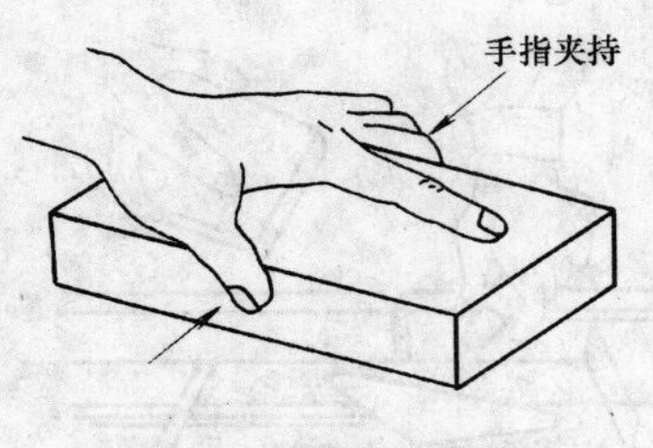

图 2-82　拿砖的方法

砂浆推挤入碰头缝内，碰头缝内砂浆至小挤起砖厚的 2/3 高度。当遇有铺灰偏位时，用砖面采取“压带”动作，如图 2-80。挤浆应用揉的动作，使砖面沉入砂浆中，产生吸附作用，以增强砖与砂浆的粘结力，同时还能使一部分砂浆挤入下层砖的竖缝内，填补碰头缝挤浆不足。在进行揉挤的同时，大铲应及时接刮从灰缝中挤出来的余灰，以减少落地灰。接刮余灰大铲应随挤浆方向由后向前刮，如图2-81，随手将余灰甩进碰头缝内，若一次未能刮净，应顺手由前向后回刮余灰，并转身铲取砌下一块砖的砂浆时带回灰槽。如果是砌清水墙，回刮动作改用铲尖耕缝动作，使砌墙的同时完成部分耕缝动作。

(5) 铲灰和拿砖　铲灰是为铺灰服务的。砌什么部位，砌条砖还是顺砖，铲起的灰条形

图 2-83　二三八一砌砖动作

状是有差别的，不正确的铲灰动作和随意铲取砂浆，铺出砂浆难以做到一次成形，就会增加一些多余动作。要铲取量准而合适的灰条，铲灰前先用铲底摊平一下灰槽内砂浆的表面，这样便于铲取各种形状的灰条。摊平砂浆的动作有两个作用：一是因为每次铲灰后，砂浆表面留下高低不平的痕迹，如果直接铲取灰，就难以取到量准合适的灰条，影响铺灰效果；二是熟练的瓦工用铲摊平砂浆是为探测灰槽内砂浆的深浅，因为在快速砌砖中，注意力和视线用于选砖和挤浆跟线上，铲灰往往是凭手的感觉铲取，当铲底接触到砂浆面，推平一下，随即用手腕轻轻插铲，用侧面铲取合适的灰条。完成铲灰动作要求准确而迅速。

拿砖也有动作要求，在排列整齐的砖堆中选定某一块砖，用食指勾直取出，然后转腕托砖转向砌筑面，待砌砖时手心向下用手指夹持砖块进行砌筑。（如图 2-82）。

铲灰和拿砖必须同时完成，如不同时必然会产生某一动作静停时间的延长，增加体力消耗，影响砌筑效率。“二三八一”砌砖动作如图 2-83。

第四节　砖砌体砌筑基本技能

一、砌筑工艺

（一）抄平、放线

为了保证建筑物平面尺寸和各层标高的正确无误，砌筑前必须认真细致地做好抄平、放线工作，准确地定出各层楼面（地面）的标高和墙柱的轴线位置，作为砌筑时的控制依据。

（二）立皮数杆及门窗樘

（1）立皮数杆：皮数杆一般是用 50mm × 50mm 的方木制成，上面标有砖的皮数、灰缝厚度、门窗、楼板、圈梁、过梁、屋架等以及建筑物各种预留洞口的高度，它是墙体竖向尺寸的标志。其形式如图2-84所示。皮数杆应设立在墙的转角处、内外墙的交接处及楼梯间和洞口较多的部位，如图 2-85 所示，立皮数杆时可用水准仪测定标高，使各皮数杆立在同一标高上。

（2）立门窗樘：安立门窗樘的方法有两种：一种是先留洞口，然后将樘子塞进去；另一种是将樘子立好再砌砖。

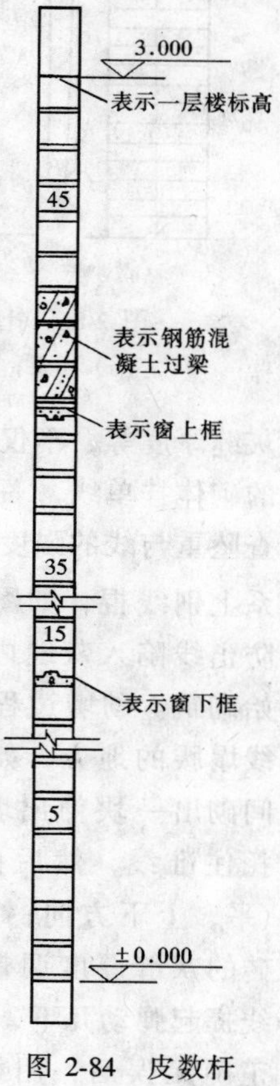

（三）摆砖

砌砖墙之前，弹出墙身线，然后进行摆砖，摆砖的目的：调整竖缝宽度，达到灰缝均匀。有时由于砖的规格有误差，如果砖的条面长度 240mm 出现正偏差，摆砖时适当缩小竖缝宽度，反之就加大竖缝；在实际施工中为使清水墙窗台以下同窗间墙的竖缝上下不搬家（不出现游丁走缝）。摆砖时把窗口位置划出，使竖缝正好赶在窗口边，如果在门窗口处差 1～2cm，凑一下好活。如必须打砖时，在清水墙上的破活最好赶在窗台下部中间位置。摆砖一般采取“山丁檐跑”的方式，即山墙上（横墙）摆丁砖，檐墙（纵墙）上摆顺砖。注意摆砖方向必须与墙身线一致，避免出现摆砖弯曲，缝路不准的现象。

3.000
表示一层楼标高
45
表示钢筋混凝土过梁
表示窗上框
35
15
表示窗下框
5
±0.000

图 2-84　皮数杆

（四）盘角

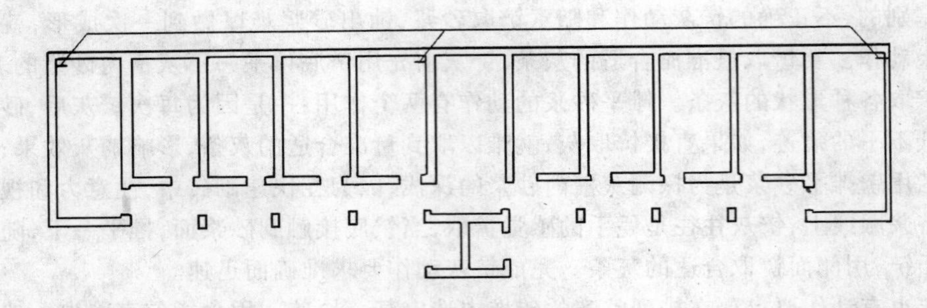

图 2-85 设立皮数杆位置

在摆好砖后，先将墙体两端的大角砌起来，俗称盘角，作为墙身砌筑挂线的依据，首先应根据组砌形式，确定错缝搭接所用“七分头”的安砌位置头，选择棱角整齐砖面方正的砖，用“七分头”搭接错缝进行砌筑，一次砌筑高度 3～5 层，为使大角砌筑垂直，对开始砌筑的 3～5 皮砖，一定要用线锤和托线板校正直，作为以后向上引直的依据，打砍“七分头”时，应将其打成尺寸合格，砍痕整齐，应选用敲之声脆，表面无裂纹的正火砖。

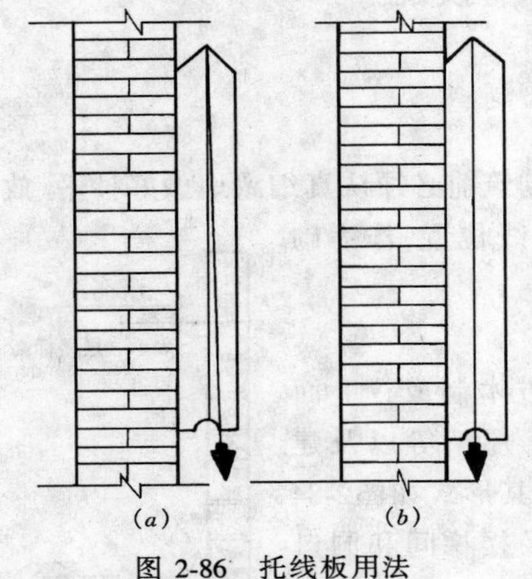

图 2-86 托线板用法
（a）歪斜；（b）垂直

吊线姿势：人正面对墙成 90°，左腿在前成丁字步，站直，右手拿线坠用拇指将线挑起，左手护住线坠，防止大幅度摆动。闭住左眼，右眼看线，以最低层砖为准，从下向上引直，做到三线归一，表示垂直。即墙身线-大角棱线-线坠线重合为一线。如果上面的砖棱突出坠线，说明墙角外涨，凹进坠线则向里收，砌筑当中还要用托线板经常检查头角垂直及平整度，必须做到三层一吊、五层一靠，托线板用法，发现问题及时纠正，标高与皮数、厚度的控制要与皮数杆相符。

（五）挂线

砌墙挂线是为了控制墙体垂直、平整度，标高及灰缝厚度等，不仅有利于砌筑质量的提高，还能提高砌筑效率。挂线，一般要求一砖以下的砌体挂单线，一砖半以上的砌体必须双面挂线。挂线的方法：当采用砖做坠线时，要检查坠重与线的强度是否相符，防止坠重线断，两端必须将线拉紧，并在墙角向里 2cm 处，系上别线棍，如图 2-87。用竹棍或细铁丝防止线陷入灰缝内，准线挂好拉紧后，开始砌筑。砌墙过程中要经常检查有没有抗线塌腰的地方，如墙身较长时，应在墙中间砌出一块伸出墙面 3cm 左右的架线砖，托住准线，然后由墙角处穿看是否平直(平，上下方向；直，左右方向)，用架线砖的灰缝厚度调整线的水平度。然后，将线提起弹动几下，穿看线与墙面是否平直，正确无误后，用线将砖压住，如图 2-88。

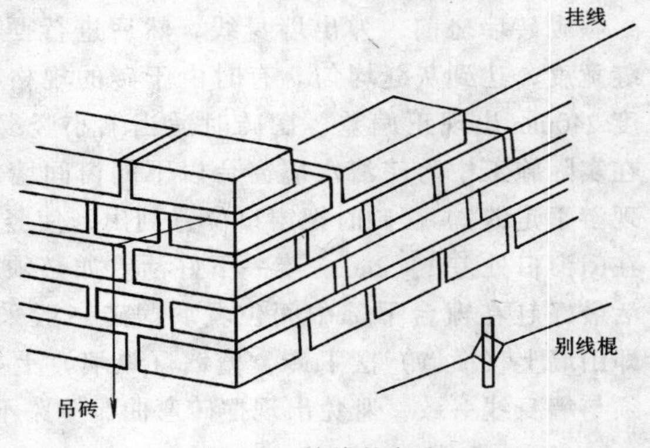

图 2-87 挂线的方法

然后进行砌筑，在有风天气，应根据风力，墙身长度适当增加架线砖以防止风吹动线，使砌筑墙面符合质量要求。

在实际施工中，还有一种挂线的方法，不用坠砖，俗称挂立线，一般用于砌间隔墙，其具体作法：先将立线的两端拴在钉入纵墙水平墙的钉子上并拉紧，用线坠吊正，再拴上水平线拉紧，水平线的两端要由立线的里侧向外拴，如图 2-89，使立线拉成像弓弦线那样，最后用线坠顺着平线吊找立线，当垂线与水平线和立线三线相重合（俗称“三线归一”），即可，如图 2-90。

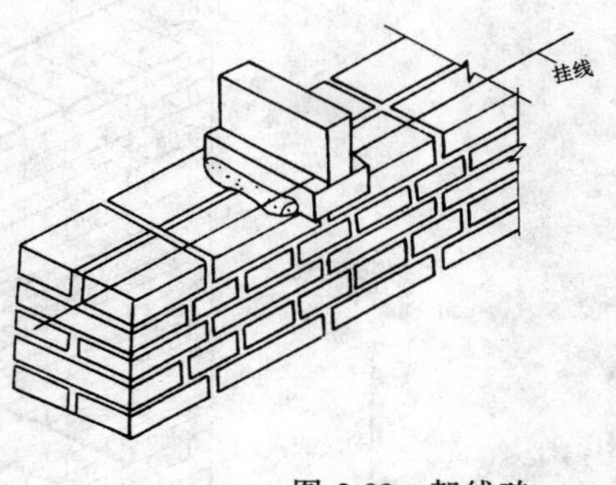

图 2-88　架线砖

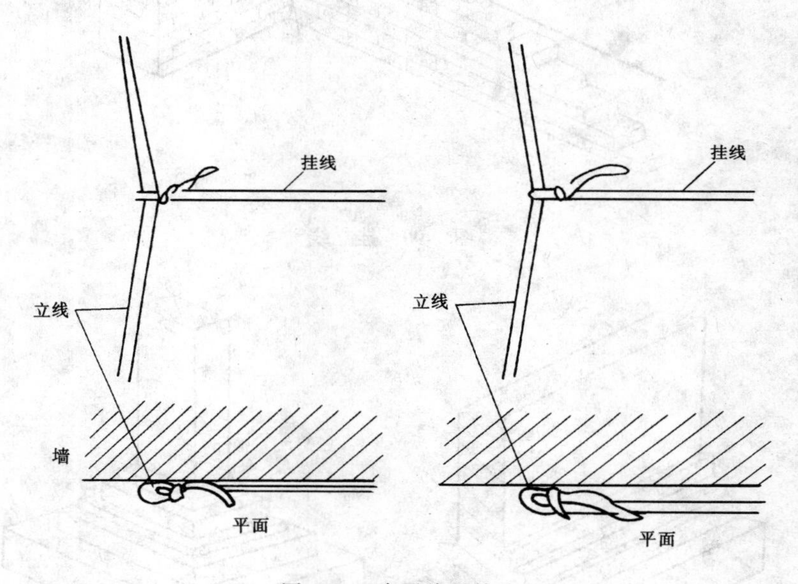

图 2-89　水平线的栓法

二、砖基础砌筑

（一）砖基础的基本构造

基础位于房屋最下层，是房屋地面以下的承重结构。它承担着从屋面、楼板、砖墙传下来的全部荷载，通过它又传递到地基上去。因此一个具有足够强度和稳定性的基础，它不仅与基础上部房屋结构形式和荷载大小有关，而且也和基础下部土壤情况以及地基承载能力有关。

一般常用基础按其构造形式有条形（带形）基础与独立基础如图 2-91。条形基础的长度远大于高度与宽度，呈带状形。为了使地基与基础有较好的接触面，使地基均匀地承受基础传来的荷载，通常采用在基础底部设置垫层的方法。常用的垫层材料有碎石、卵石、碎砖三合土、灰土以及振动灌浆和低标号混凝土等。

（二）砖基础砌筑

（1）砌筑前，垫层表面应清扫干净，洒水湿润，然后再盘角。即在房屋转角、大角处

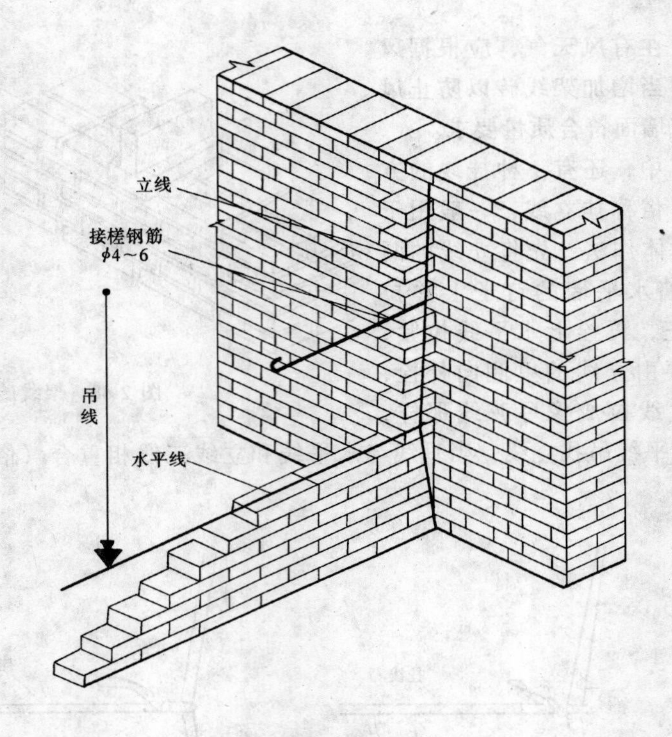

图 2-90　挂立线

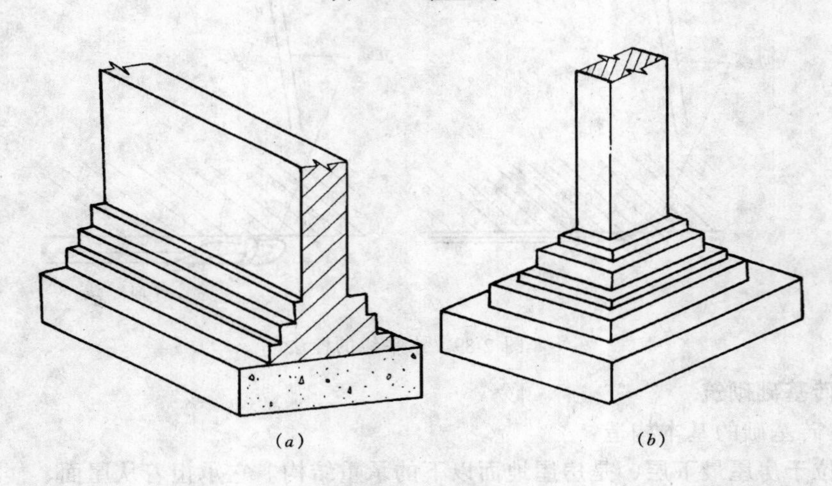

图 2-91　基础形式
(a) 条形基础；(b) 独立基础

先砌好墙角，每次盘角高度不得超过五皮砖，并用线坠检查垂直度，同时要检查其与皮数杆的相符情况，如图 2-92。

(2) 垫层标高不等或局部加深时，应从最低处往上砌筑，并应经常拉通线检查，保持砌体平直通顺，防止砌成"螺丝墙"。

(3) 收台阶：基础大放脚收台阶时，每次收台阶必须用卷尺量准尺寸，中间部分的砌筑应以大角处准线为依据，不能用目测或砖块比量，以免出现偏差。收台阶结束后，砌基础墙前，要利用龙门板拉线检查墙身中心线及边线，并用红铅笔将"中"画在基墙侧面，以便随时检查复核。同时，要对照皮数杆的砖层及标高，如有高低差时，应在水平缝中逐渐调整，使墙的层数与皮数杆相一致。基础大放脚应错缝，利用碎砖和断砖填心时，应分散填放在受力较小的不重要部位。

(4) 基础墙的墙角，每次砌筑高度不超过五皮砖，随盘角随靠平吊直，以保证墙身横平竖直。砌墙应挂通线，24cm 墙外手挂线，37cm 墙以上应双面挂线。

(5) 沉降缝，防震缝两边的墙角应按直角要求砌筑。先砌的墙要把舌头灰刮尽，后砌的墙可采用缩口灰的方法。掉入缝内的砂浆和杂物，应随时清除干净。

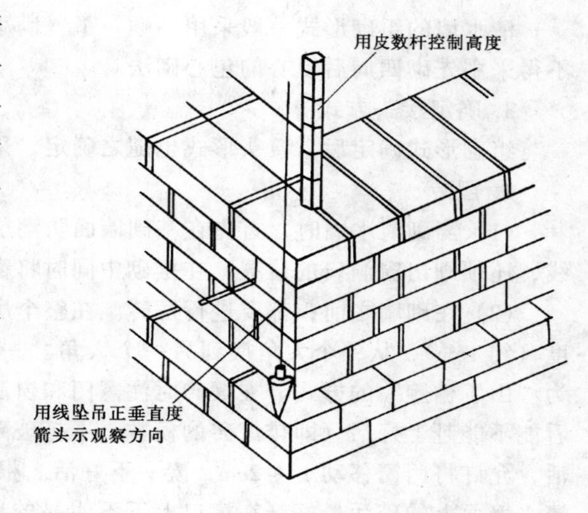

图 2-92 基础皮数杆的设立

(6) 基础墙上的各种预留孔洞、埋件、接槎的拉接筋，应按设计要求留置，不得事后开凿。

(7) 承托暖气沟盖板的挑檐砖及上一层压砖，均应用丁砖砌筑。主缝碰头灰要打严实。挑檐砖层的标高必须准确。

(8) 基础分段砌筑必须留踏步槎，分段砌筑的相差高度不得超过 1.2m。

(9) 基础灰缝必须密实，以防止地下水的浸入。

(10) 各层砖与皮数杆要保持一致，偏差不得大于 ±1cm。

(11) 管沟和预留孔洞的过梁，其标高、型号必须安放正确、座灰饱满。如座灰厚度超过 20mm 时应用细石混凝土铺垫。

(12) 地圈梁底和构造柱侧应留出支模用的“串杠洞”，待拆模后再行补堵严实。

(三) 抹防潮层

基础防潮层应在基础墙全部砌到设计标高后才能施工，最好能在室内回填土完成以后进行。防潮层应作为一道工序来单独完成，不允许在砌墙砂浆中添加防水剂进行砌砖来代替防潮层。防潮层所用砂浆一般采用 1:2 水泥砂浆加水泥含量 3%～5%的防水剂搅拌而成。如使用防水粉，应先把粉剂搅拌成均匀的稠浆后添加到砂浆中去。抹防潮层时，应先将墙顶面清扫干净，浇水湿润。在基础墙顶的侧面抄出水平标高线，然后用直尺夹在基础墙两侧，尺上平按水平线找准，然后摊铺砂浆，一般 20mm 厚，待初凝后再用木抹子收压一遍，做到平、实、表面不光滑。

三、清水墙砌筑

即在砖砌体施工完毕后外墙面不作抹灰，仅以水泥砂浆勾缝而形成的清水墙。

(一) 砌筑前的准备工作

1. 选砖

砌清水墙应选择棱角整齐、无弯曲裂纹、颜色均匀、规格基本一致的砖。敲击时声音响亮，焙烧过火变色、变形的砖可用在不影响外观的内墙上。

2. 组砌形式

清水墙的组砌形式一般采用一顺一丁（满丁满条）、梅花丁或三顺一丁的砌法。砖柱不得采用先砌四周后填心的包心砌法。

3. 确定接头方式

组砌形式确定后，接头形式也随之确定，采用一顺一丁组砌形式的接头形式。

4. 摆砖

(1) 当砌清水墙时，首先在基础墙面防潮层上或楼板上弹出墙身线，划出门洞口尺寸线，还须划出窗洞口的位置，在摆砌中同时将窗间墙的竖缝分配好。

(2) 在砌墙之前，都要进行摆砖。在整个房屋外墙的长度方向放上卧砖，排出灰缝宽度（约 1cm)，从一个大角摆到另一个大角。一般采用山墙放丁砖、檐墙放顺砖，即俗称为“山丁檐跑”的方式。在摆砖时注意门和窗洞口、窗间墙、附墙砖垛处的错缝砌法，看看能不能赶上好活（即排成砖的模数，不打破砖)。如果在门、窗口处差 1~2cm 赶不上好活，允许将门窗移动 1 ~2cm，凑一下好活。根据门、窗洞口宽度、如必须打破砖时，在清水墙面上的破活最好赶在窗口上下不明显的地方，不应赶在墙垛部位，另外在摆砖时，还要考虑到在门、窗口两侧的砖要对称，所以在摆砖时必须要有一个全盘计划。

(3) 防潮层的上表面应该水平。为了校验与皮数杆上的皮数是否吻合，要通过撂底找到标高。如果水平灰缝太厚，一次找不到标高，可以分次分皮逐步找到标高，争取在窗台口甚至窗上口达到皮数杆规定标高，但四周的水平缝必须在同一水平线上。

5. 盘角（俗称把大角）

在摆砖后，要先将建筑物两端的大角砌起来（俗称盘角)，作为墙身砌筑挂线的依据。盘角时一般先盘砌 5 皮大角，要求找平、吊直，跟皮数杆灰缝。砌筑大角时要挑选平直方整的砖。用七分头搭接错缝进行砌筑，使大角竖缝错开。为了使大角砌筑垂直，对开始砌筑的几皮砖，一定要用线坠与靠尺板（托线板）将大角校直，作为以后砌筑时向上引直的依据。标高与皮数的控制要与皮数杆相符合。大角是砌筑墙身的关键，因此，从一开始砌筑时就必须认真对待。

6. 挂线在砖墙的砌筑中

为了确保墙面的垂直平整，必须要挂线砌筑，如图 2-93 所示。当一道长墙两端墙角依靠线坠、靠尺板砌起一定高度时，中间部分的砌筑主要是依靠挂线，一般一砖厚墙采用单面外手挂线，一砖半墙就必须双面挂线。挂线时，两端必须将线拉紧。挂好线后，在墙角处用别线棍别住如图 2-93（*a*)，防止线陷入灰缝中。在砌墙过程中要经常穿平，检查有没有顶线或塌腰的地方。为了避免挂线较长中部下垂，可用砖将线垫平直如图 2-93（*b*)，俗称腰线砖。挂线虽然是砌墙的依据，但它有时也会受风或其他因素的影响偏离正确位置，所以在砌砖时要经常检查，发现有偏离时要及时纠正。同时，在砌筑中要学会“穿墙”，即穿看下面已砌好的墙面，找准新砖位置。

（二）砌砖的基本操作

规范规定：砌筑实心砖砌体宜采用“三一”砌砖法。所谓“三一”砌砖法就是采用一铲灰、一块砖、一挤揉的砌法，也叫满铺满挤操作法。根据其操作顺序现把要领分述于下：

(1) 砌砖前先做好调灰、选砖、检查墙面等工作。操作时右手拿铲、左手拿砖，当用大铲从灰浆桶中舀起一铲灰时，左手顺手取一块砖，右手把灰铺在墙上后，左手将砖稍稍

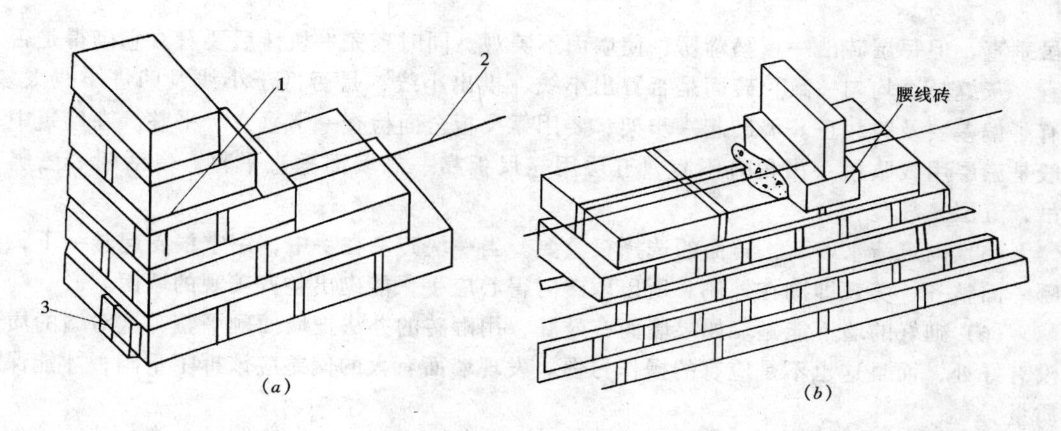

图 2-93 挂线方法

1—别线棍；2—挂线；3—简易挂线坠

蹭着灰面，把灰挤一点到砖顶头的立缝里，然后把砖揉一揉，顺手用大铲把挤到墙面上的灰刮下，甩到前面立缝中或灰桶中。这些动作要连续、快速。

(2) 砌的砖必须跟着挂的线走。俗语为“上跟线，下跟楞，左右相跟要对平”。就是说，砌砖时砖的上楞边要与线约离 1mm，下楞边要与下层已砌好的砖楞平，左右前后的砖位置要准确。此外，上下层要错缝，相隔一层要对直，俗话叫“不要游丁走缝，更不能上下层对缝”。

(3) 砌条砖和砌丁砖在铺灰方向和手使劲的方向是不同的。砌丁砖又有堆砌和拉砌两种，所以砌时手腕必须根据方向不同而变换，如图 2-94 所示。

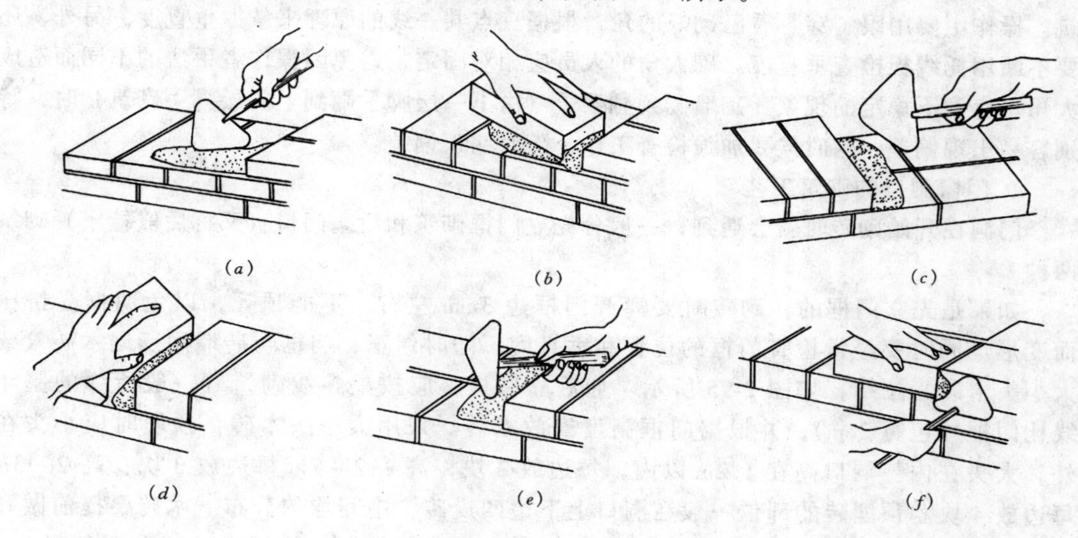

图 2-94 砌砖（清水砖墙）操作手法

(a) 条砖正手甩浆手法；(b) 一带二条砖揉挤浆手法；(c) 丁砖正手甩浆法

(d) 丁砖一带二碰头灰揉挤浆手法；(e) 丁砖反手甩浆法；(f) 条砖揉灰刮浆手法

(4) 砌的砖必须放平，切不能灰浆半边厚、半边薄，成砖面倾斜。如果养成这种不好的习惯，砌出的墙面不垂直，俗称“张”（向外倾斜）或“背”（向内倾斜）；也有出现墙虽垂直，但每层砖出一点马蹄楞，使墙面不美观。同时砌完一块砖后要看看它砌得是否平直，灰缝是否均匀一致，砖面是否冒出小线、拱出小线，是否低于小线及凹进小线太多，有了偏差要及时纠正。墙砌起一步架，要用靠尺板全面检查一下垂直、平整。在砌筑中一般是三层用线坠吊一吊角直不直，五层用靠尺板靠一靠墙面垂直平整，俗话叫“三层一吊，五层一靠”。

(5) 砌筑清水墙面，砖面的选择很重要。当一块砖拿在手中，用掌根支起转一下，看哪一面整齐、美观即砌在外侧。所以取砖时得心应手，能砌出整齐美观的墙面。

(6) 砌好的墙不能砸。如果墙面有鼓肚，用砸砖的办法把墙面砸平整，这对墙的质量没有好处，而且这也不是应有的操作习惯。发现墙面有大的偏差应该拆了重砌，才能保证质量。

(7) 在操作中还要掌握一块砖用多少灰浆就舀多少，不要铺得超过砖长太多，多了还要铲掉，反而减慢了速度。此外，铺了灰不要再用铲来回扒，或用铲角抠一点灰去打碰头缝，这种手法容易造成灰浆不饱满；砌完的砖不要用大铲去敲打。这些要求称为“严禁扒、拉、凿”。

(三) 墙身砌筑工艺

1. 大角的砌筑工艺

大角处1m范围内，要挑选方正和规格较好的砖砌筑，砌清水墙时尤其要如此。大角处用的“七分头”一定要棱角方正、打制尺寸正确，一般先打好一批备用，将其中打制尺寸较差的用于次要部分。开始时先砌3~5皮砖，用方尺检查其方正度，用线坠检查其垂直度。当大角砌到1m左右高时，应使用托线板认真检查大角的垂直度，再继续往上砌筑。操作中要用眼“穿”看已砌好的角，根据三点共一线的原理来掌握垂直度，另外，还要不断用托线板检查垂直度。砌大角的人员应相对固定，避免因操作者手法的不同而造成大角垂直度不稳定的现象。砌墙砌到翻架子（由下一层脚手翻到上一层脚手砌筑）时，特别容易出现偏差。这时候要加强检查工作，随时纠正偏差。

2. 门窗洞口的砌筑工艺

门洞在开始砌砖时就会遇到，一般分先立门框砌筑和后塞门口（又称后嵌樘子）砌筑两种。

如果是先立门框的，砌砖时要离开门框边3mm左右，不能顶死，以免门框受挤压而变形。同时要经常检查门框的位置和垂直度，随时纠正，门框与砖墙用燕尾木砖（或大小头木砖）拉结，如图2-95所示。如后立门框，应按墨斗线砌筑（一般所弹的墨斗线比门框外包宽2cm），并根据门框高度安放木砖。采用大小头木砖，预埋时应小头在外，大头在内。洞口高在1.2m以内，每边放2块，高1.2~2m每边放3块；高2~3m每边放4块。预埋砖的部位一般在洞口上下边四皮砖，中间均匀分布。木砖要提前做好防腐处理。窗框侧面的墙同样处理，一般无腰头的窗每侧各放两块木砖，上下各离2~3皮砖；有腰头的窗要放三块，即除了上下各一块以外中间还要放一块。后塞口做法，如图2-96所示。

推拉门、金属门窗不同木砖，其做法各地不同，有的按图纸设计要求砌入铁件，有的预留安装孔洞，这些均应按设计要求预留，不得事后剔凿。墙体抗震拉结筋的位置、钢筋规格、数量、间距均应按设计要求留置，不应错放、漏放。当墙砌到窗洞标高时，须按尺寸留置窗洞，然后再砌窗洞间的窗间墙，还要进行砌筑窗台、窗顶发砖璇或安放钢筋混凝土过梁等操作。

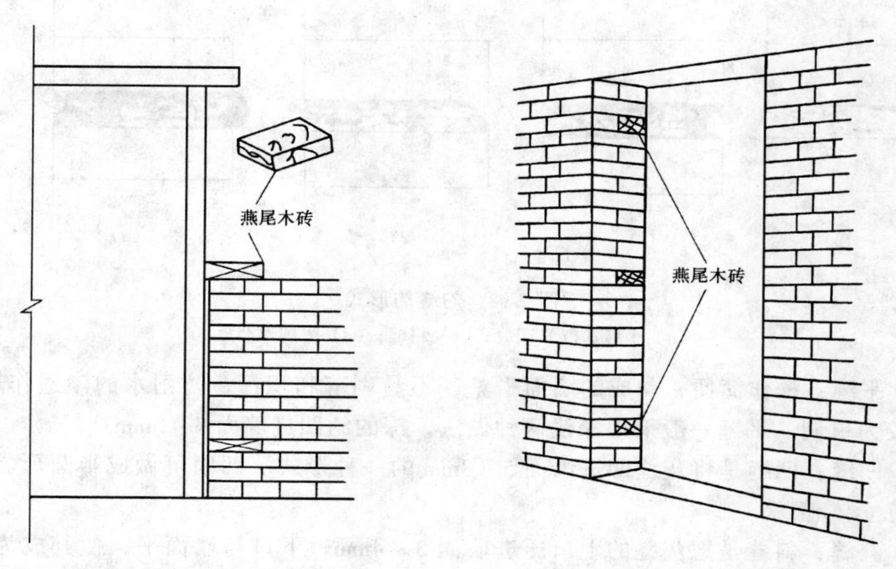

图 2-95　先立门框做法　　图 2-96　后塞口做法

(1) 窗台砌筑：窗台分出砖檐（又称出平砖）和出虎头砖两种砌法如图 2—97。出砖檐的砌法是在窗台标高下一层砖，根据分口线把两头砖砌过分口线 6cm，挑出墙面 6cm，砌时把线挂在两头挑出的砖角上。砌出檐砖时，立缝要打碰头灰。出虎头砖的砌法是在窗台标高下两层砖就要根据分口线将两头的陡砖（侧砖）砌过分口线 10～12cm，并向外留 2cm 的泛水，挑出墙面 6cm。窗口两头的陡砖砌好后，在砖上挂线，中间的陡砖以一块丁砖的位置放两块陡砖的规矩砌筑。操作方法是把灰打在砖中间，四边留 1cm 左右，一块挤一块地砌，灰浆要饱满。

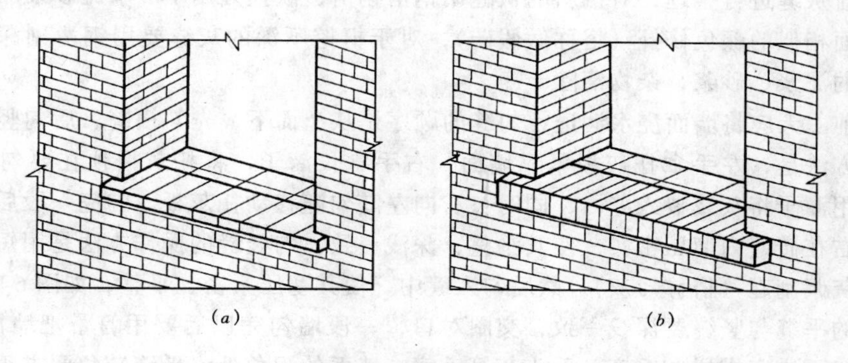

(*a*)　(*b*)

图 2-97　砖窗台的形式

(*a*) 出砖檐；(*b*) 出虎头战

(2) 窗间墙的砌筑：窗台砌完后，拉通准线砌窗间墙。砌第一皮砖时要防止窗口砌成阴阳膀（窗口两边不一致，窗间墙两端用砖不一致），往上砌时，位于皮数杆处的操作者，要经常提醒大家皮数杆上标志的预留、预埋等要求。

(四) 清水墙勾缝

清水墙砌筑完毕要及时抠缝，可以用小网皮或竹棍抠划，也可以用钢线刷剔刷，抠缝深度应根据勾缝形式来确定，一般深度为1cm左右。勾缝的形式一般有4种，如图2-98。

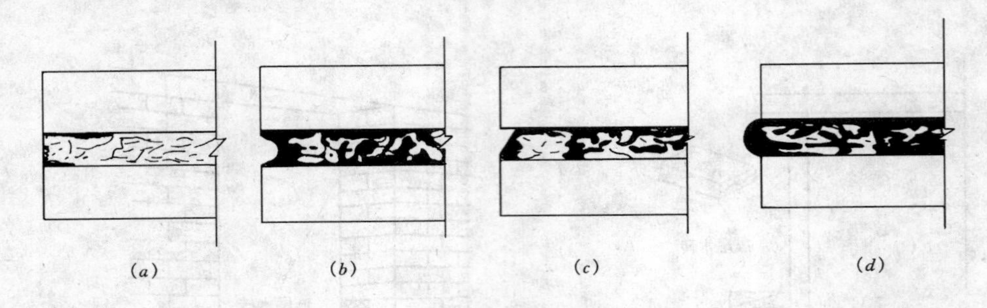

图2-98　勾缝的形式

（a）平缝；（b）凹缝；（c）斜缝；（d）半圆形凸缝

（1）平缝：操作简便，勾成的墙面平整，不易剥落和积污，防雨水的渗透作用较好，但墙面较为单调。平缝一般采用深浅两种做法，深的约凹进墙面3~5mm。

（2）凹缝：凹缝是将灰缝凹进墙面5~8mm的一种形式。凹面可做成半圆形。勾凹缝的墙面有立体感。

（3）斜缝：斜缝是把灰缝的上口压进墙面3~4mm，下口与墙面平，使其成为斜面向上的缝。斜缝泻水方便。

（4）凸缝：凸缝是在灰缝面做成一个半圆形的凸线，凸出墙面约5mm左右。凸缝墙面线条明显、清晰，外观美丽，但操作比较费事。

勾缝一般使用稠度为4~5cm的1:1水泥砂浆，水泥采用强度等级32.5的砂子要经过3mm筛孔的筛子过筛。因砂浆用量不多，一般采用人工拌制。

勾缝以前应先将脚手眼清理干净并洒水湿润，再用与原墙相同的砖补砌严密，同时要把门窗框周围的缝隙用1:3水泥砂浆堵严嵌实，深浅要一致，并要把碰掉的外墙窗台等补砌好。要对灰缝进行整理，对偏斜的灰缝用钢凿剔凿，缺损处用1:2水泥砂浆加氧化铁红调成与墙面相似的颜色修补（俗称做假砖），对于抠挖不深的灰缝要用钢凿剔深，最后将墙面粘结的泥浆、砂浆、杂物清除干净。

勾缝前1天应将墙面浇水洇透，勾缝的顺序是从上而下，先勾横缝，后勾竖缝。勾横缝的操作方法是，左手拿托灰板紧靠墙面，右手拿长溜子，将托灰板顶在要勾的缝口下边，右手用溜子将灰浆喂入缝内，同时自右向左随勾随移动托灰板。勾完一段后，再用溜子自左向右在砖缝内溜压密实，使其平整，深浅一致。勾竖缝的操作方法是用短溜子在托灰板上把灰浆刮起（俗称刁灰），然后勾入缝中，使其塞压紧密、平整，如图6-99所示。

勾好的平缝与竖缝要深线一致，交圈对口，一段墙勾完以后要用笤帚把墙面扫干净，勾完的灰缝不应有搭槎、毛疵、舌头灰等毛病。墙面的阳角处水平缝转角要方正，阴角的竖缝要勾成弓形缝，左右分明。不要从上到下勾成一条直线，影响美观。砖璇的缝要勾立面和底面，虎头砖要勾三面，转角处要勾方正，灰缝面要颜色一致、粘结牢固、压实抹光、无开裂，砖墙面要洁净。

四、隔墙、空心砖墙砌筑

（一）隔墙的砌筑

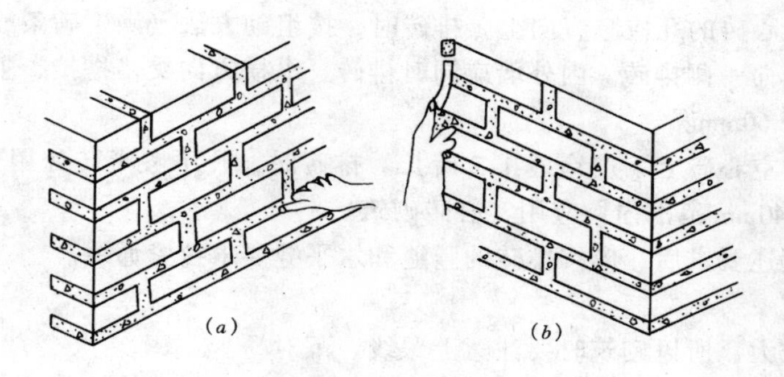

图 2-99 勾缝的操作手法
(a) 勾平缝；(b) 勾竖缝；

隔墙由于不承重，一般都采用半砖墙，墙面均采用条砌法。当砌到梁或板的下面时，砌筑十分困难。由于塞灰不严使墙体上部分与梁、板接触处产生空隙，墙体上端成为自由端，当墙体受到门窗开闭和周围一些经常性的振动时，日久天长会使上端边角处灰层开裂，脱落，影响使用质量。所以，要求墙体上端与梁、板接触处采取立砖斜砌进行固定。

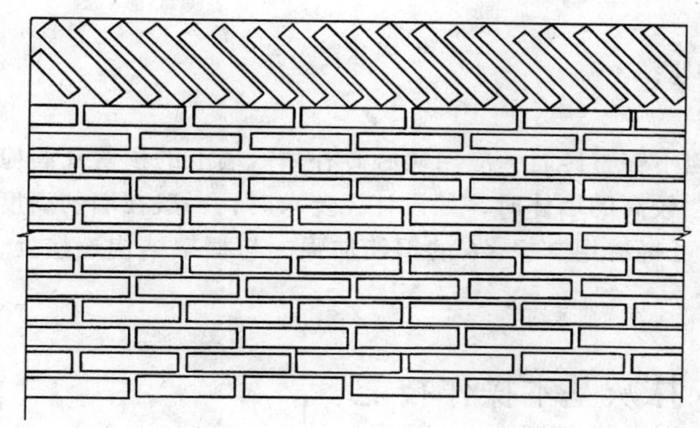
图 2-100 12 墙与 18 墙的砌筑

具体做法是：当砌至梁、板 200mm 左右时，先在角处斜砌一块半砖，然后进行整砖斜砌，采取在砖面上打灰条，同时打上丁头灰，斜砌时用瓦刀或刨锛将砖块向上楔紧，且用砂浆塞严条砖下部灰缝，如图 2-100 所示。使墙体上端与梁、板接触严实。12 墙砌的较高较长时，应按设计规定加砌拉结钢筋，至少应每砌 1～1.2m 在墙的水平缝中加设 2ϕ6 钢筋，并与主墙内预留钢筋拉结。

（二）空心砖墙的砌筑

1. 排砖撂底

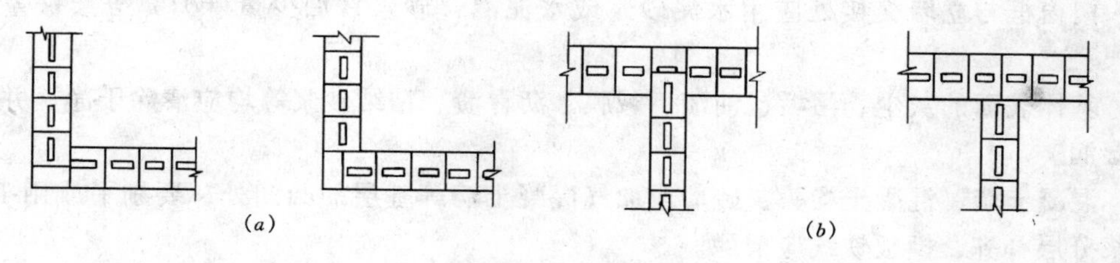

图 2-101 承重空心砖墙大角及内外墙交接处的组砌
(a) 大角处；(b) 内外墙交接处

(1) 空心砖墙的灰缝厚度一般为 8～12mm。排砖撂底时，应按砖块尺寸和灰缝厚度计算排数和皮数。

(2) 承重空心砖的孔应竖直向上，排砖时，按组砌方法（满丁满条或梅花丁）先从转角或定位处开始向一侧排砖。内外墙应同时排砖，纵横方向交错搭接，上下皮错缝，一般搭砌长度不小于 60mm。

(3) 非承重空心砖上下皮错缝 1/2 砖长。排砖时，凡不够半砖处用普通实心砖补砌，门窗洞口两侧 240mm 范围内，应用实心砖砌筑。

(4) 符合上述要求后，应按排砖的竖缝和水平缝要求拉紧通线。

2. 砌筑工艺

(1) 厚度较大，所以砌筑时要注意上跟线、下对楞。

(2) 墙体不允许用水冲浆灌缝。

(3) 承重空心砖墙大角处和内外墙交接处，应加半砖使灰缝错开如图 2-101。盘砌大角不宜超过 3 皮砖，不得留槎；内外墙应同时砌筑，如必须留槎时应留斜槎。

(4) 非承重空心砖砌筑时，在以下部位应砌实心砖墙：

1) 地面以下或防潮层以下部位；

2) 墙体底部三皮砖；

3) 墙体留洞、预埋件、过梁支承处；

4) 墙体顶部用实心砖斜砌挤实。

(5) 空心砖砌筑时，不宜砍砖。当不够整砖时，应用实心砖补填。墙上的预留孔洞应在砌筑时留出，不得后凿。在砌较长、较高的墙体时，如设计无要求时，一般在墙的高度范围内加设一道或两道实心砖带，亦可每道用 2 根 $\phi6$ 的钢筋加强。与框架结构连接处，必须将柱子上的预留拉结筋砌入墙内。

第五节　抹灰基本操作技能

一、基层处理

抹灰前应根据具体情况对基层表面进行必要处理，处理方法如下：

(1) 墙上的脚手眼、各种管道穿越过的墙洞和楼板洞、剔槽等应用 1:3 水泥砂浆填嵌密实或堵砌好。散热器和密集管道等背后的墙面抹灰，应在散热器和管道安装前进行，抹灰面接槎应顺平。

(2) 门窗框与立墙交接处应用水泥砂浆或水泥混合砂浆（加少量麻刀）分层嵌塞密实。

(3) 基体表面的灰尘、污垢、油渍、碱膜、沥青渍、粘结砂浆等均应清除干净，并用水喷洒湿润。

(4) 混凝土墙、混凝土梁头、砖墙或加气混凝土墙等基层的凸凹处，要剔平或用 1:3 水泥砂浆分层补齐，模板铁线应剪除。

(5) 加气混凝土表面应用 108 胶水（胶:水 = 1:3 ~ 4）的水溶液封底。

(6) 金属网应铺钉牢固、平整，不得有翘曲、松动现象。

(7) 在木结构与砖石结构，木结构与钢筋混凝土结构相接处的基层抹灰，应先铺设金属网，并绷紧牢固。金属网与各基体的搭接宽度从缝边起每边不小于 100mm，并应铺钉牢固，不翘曲。

二、墙体抹灰工艺

（一）基层处理

为了保证抹灰砂浆与基体表面牢固的粘结，防止抹灰层空鼓、脱落，在抹灰前，除必须对抹灰基体表面进行处理外，还应在基体表面浇水。

内墙抹灰前必须首先把外门窗封闭（安装一层玻璃或满钉一层塑料薄膜）。对 12cm 以上砖墙，应在抹灰前 1d 浇水，12cm 砖墙浇一遍，24cm 砖墙浇两遍，浇水方法是将水管对着砖墙上部缓缓左右移动，使水缓慢从上部沿墙面流下，待自然流至墙脚为止，一个墙面浇完为一遍，第二遍是从头再浇 1 次，使渗水深度达到 8～10mm。如为 6cm 厚的立砖墙抹灰浇水，应用喷壶喷水 1 次即可，但切勿使砖墙处于饱水状态。

（二）做灰饼与冲筋

灰饼（又称塌饼）与冲筋（又称出柱头），是为了有效地控制抹灰层的垂直度、平整度与厚度，使其符合装饰工程的质量验收标准。为此，应先在墙面设置灰饼和冲筋，作为底、中层抹灰的依据。设置灰饼和冲筋之前，先用 2m 长的托线板，对墙面进行全面检查。按照墙面的平整度与垂直度，大致可定出抹灰层的平均厚度，最薄处不小于 7mm，最厚处不大于 25mm，当厚度超出这个范围时应予以调整。做灰饼的材料同抹灰的底层材料，灰饼的大小以 50mm 见方为宜，如图 2-102 所示。然后以上部灰饼为依据，用两小块木板（长约 100～200mm）进去 50mm 锯一缺口。与线坠垂直方向的灰饼，要求离开楼地面 200mm 处作一灰饼，再在两灰饼之间沿垂直线作一灰饼，如图 2-102 所示。同样的方法将整个墙面灰饼都做完。

灰饼的砂浆收水后，即可做冲筋。做冲筋的方法是以垂直方向的灰饼为依据，抹一条约 60～70mm 宽的梯形灰带，其厚度应比灰饼厚 1mm 左右。然后以灰饼的厚度为准，用刮尺将灰带刮到与灰饼面平，并用铁抹子将灰带两边未刮平的灰浆切成斜边，即冲筋，如图 2-103 所示。冲筋的材料同底层抹灰材料。

图 2-102　引做灰饼

图 2-103　抹冲筋

底层灰采用石灰砂浆时，为了避免碰坏，可在门窗洞口及墙的阳角处做水泥砂浆护角，此时该处的冲筋可省略。冲筋完成后，即可开始抹灰。通常冲筋不隔夜，否则会使冲筋砂浆收缩。而抹灰层却是干缩后的冲筋为依据，结果在抹灰层收水干缩后，冲筋显露出来，产生一条条明显的冲筋痕迹，影响墙面平整与美观。灰饼有当时做的，也有隔夜的，

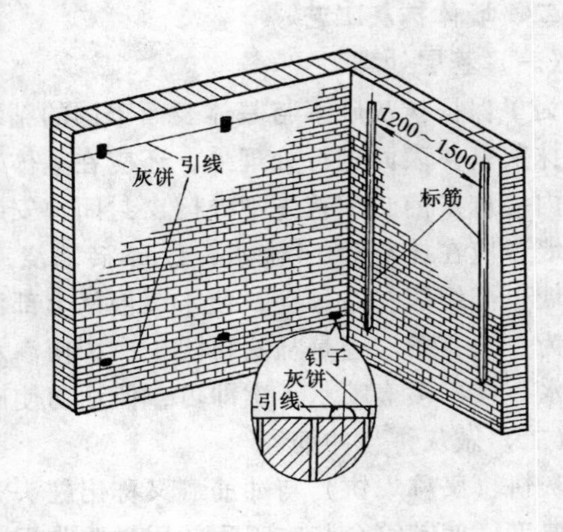

图 2-104 挂线做标志块及标筋

如墙面抹灰要求较高，在墙面完成后，隔夜灰饼应铲掉，再用砂浆补上。

（三）护角线

在墙面抹石灰砂浆的工程中，为使每个外突的阳角在抹灰后线条清晰、挺直，并防止碰坏，一般都要做护角线，护角线分为明暗两种，如图 2-105、2-106 所示。

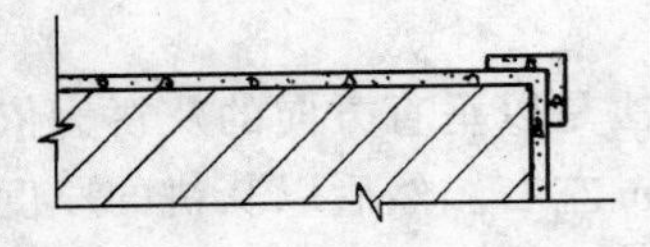

图 2-105 明护角线

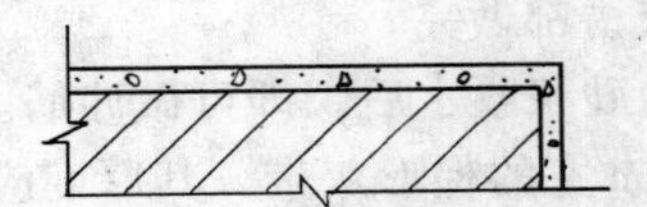

图 2-106 暗护角线

1. 明护角线

它是用 1:3 水泥砂浆抹底层，用 1:2 水泥砂浆抹面层。其厚度比纸筋灰面厚 3~5mm，宽度两侧各宽 50~80mm，高度为 1.5~1.8m。其操作方法是：在石灰砂浆底层未抹前，将在需要抹护角的墙角处，洒水湿润，靠好八字直尺，用 1:3 水泥砂浆抹底层，其厚度同墙冲筋一致。角的另一侧用同样方法抹好底层。后将整个墙面的石灰砂浆底层抹好，用 1:2 的水泥砂浆抹护角面层，其厚度为 5~7mm。由于明护角线显露在外，因此整栋房子的明护角线的高度、宽度以及外形应当一致，表面要方正光洁。

2. 暗护角线

这是使用较多的一种护角方法。墙面石灰砂浆底层灰抹之前，将墙角处洒水湿润，在阳角两侧先薄薄抹一层宽 50mm 水泥砂浆底子灰。后借助钢筋夹头或竹芭片，将八字尺夹住或撑稳，同一高度的护角线撑八字要一次完成。八字尺安放完后要用线坠或目测的方法检查，将其调整至垂直为止。然后分层抹成斜面。用同法抹另一侧，再用捋角器捋光压实，使其呈八字形小圆角。

3. 门窗洞口护角线

它与暗护角线基本相同。首先将靠门窗框的砖墙浇水润湿，门窗框离墙角的空隙用 1:3 水泥砂浆塞严，而另一边则以墙面的抹灰层厚度为准作为护角线的厚度，此时的护角线可起到冲筋的作用，如图 2-107 所示。操作方法同暗护角线。

水泥砂浆暗护角线也有在墙面石灰砂浆底子灰抹完之后做的。把石灰砂浆底子灰距阳角 50mm 的墙面，垂直切成直槎。将砖上石灰砂浆清理干净，再做水泥砂浆护角。

（四）室内抹灰

室内砖墙面一般用石灰砂浆作，纸筋灰或石膏灰罩面。

1. 底层与中层

常见的内墙底层与中层抹灰多用 1:3 石灰砂浆。将砂浆抹于墙面两筋之间，作为底子灰，要求比冲筋薄（这道工序也称装档或刮糙）。待收水后（约五六成干、手指触及不软）再抹，其厚度以抹平冲筋为准（高级抹灰的中层灰，应分层进行），并使其收水及刮杠后与冲筋平。

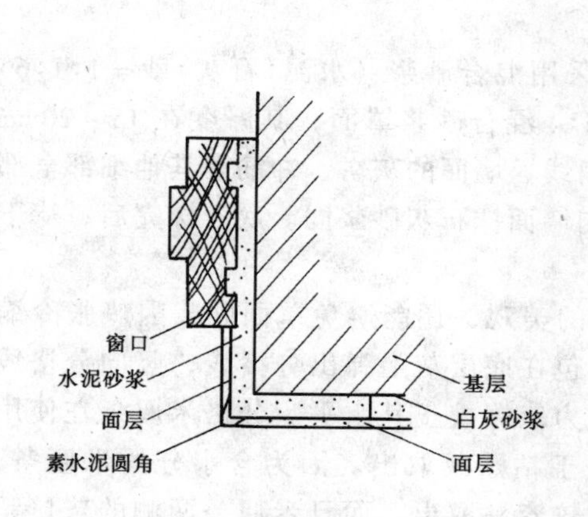

图 2-107　门窗洞口护角线做法

图 2-108　抹底、中层砂浆

抹灰一般按照冲筋一格一格地进行，左手握住托灰板，右手握铁抹子，将托灰板端头靠近墙面，铁抹子横向将砂浆抹于墙上，如图 2-108 所示。托灰板在铁抹子下方，以便托住抹灰时掉下来的多余砂浆。手握铁抹子要紧而有力，使铁抹子紧贴墙面，用力要均匀，以便砂浆与墙面粘结牢固。前后抹上去的砂浆要衔接起来，铁抹子不在上面多溜，用目测法控制其平整度。随后用刮尺按冲筋厚度刮平。使用刮尺时，人要站成骑马式，双手张开握紧刮尺，用力均匀，由下往上移动。移动时应将刮尺的上口略微翘起，先横向后竖向，进行刮平找直，凹陷处宜补增砂浆，然后再刮，直至平直为止。在一般情况下，做完冲筋就进行抹灰。冲筋较软，使用刮尺时，不要将冲筋损坏以免造成抹灰层凹凸不平的现象。

墙的阴角抹直找方工作，通常是用阴角器上下抽动扯平，使室内四角方正顺直，抹面平整光洁，如图 2-109 所示。

在台度或踢脚线处，要预先弹线作出标志。抹灰层在台度或踢脚线上口 50mm 处，要切成直槎，并清理干净。

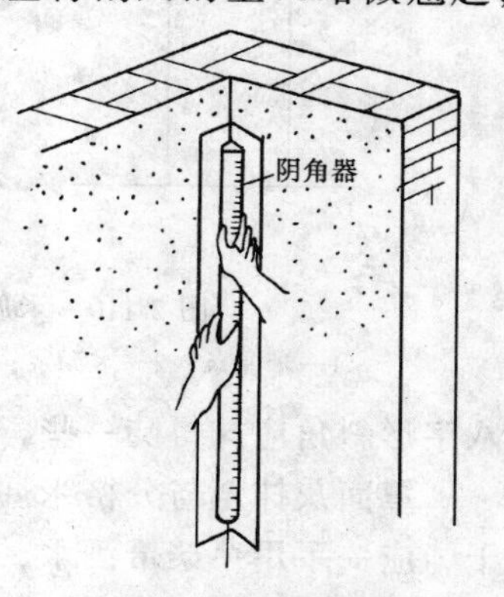

图 2-109　阴角抹直找方

1. 罩面

(1) 石灰膏罩面

须待底子灰五六成干以后进行罩面，底子灰如已干燥应先浇水润湿。一般用纸筋灰、麻刀灰或玻璃丝灰罩面。抹罩面灰的抹子一般用钢皮抹子或塑料抹子。由阴、阳角处开始。最好两人同时操作，一人竖着（或横着）薄薄的刮一遍底，第二人横（或竖）抹找平。两遍总的厚度约2mm。阴阳角分别用阴角抹子和阳角抹子捋光，墙面再用抹子压一遍，然后顺抹子纹压光。随手用毛刷子蘸水将门窗口边阳角的水泥小圆角、墙裙和踢脚线上口刷净，将地上清理干净。

（2）刮灰膏罩面

底层用石灰砂浆打底找平后，随即用素石灰膏在底层表面刮白，这一层越薄越好，只起到把底层表面刮平刮白的作用，厚度不超过1mm。灰膏刮后1~2h，灰膏未干以前，再进行压实赶光一遍。这种做法操作简便，能节省材料，并且抹灰表面不宜发生龟裂现象。灰膏如能用磨细生石灰粉加水化成，刮出质量会更好，并适于低温施工。

（五）室外抹灰

外墙的抹灰层要求有一定的防水性能。一般采用混合砂浆（水泥:石灰:砂 = 1:1:6）打底和罩面，或用1:1:6混合砂浆打底，用1:0.5:4混合砂浆罩面，其厚度在15~20mm左右。墙面抹灰前，基层应处理好，门窗洞口护角线、墙面的灰饼、冲筋等其他细部全部完成后才能进行。其刮糙打底、赶平的操作方法与墙面抹石灰砂浆同。底子抹完后，待干到六七成时，即可弹线分格。

弹线分格贴分格米厘条，是为了增加外墙面的美观，还能避免罩面砂浆因热胀冷缩而产生裂缝。弹线分格是根据设计尺寸，用灰线包在底层灰上弹出分格线，竖向分格线要求用线坠或经纬仪校正垂直，横向要以水平线为依据校正其水平。分格米厘条在使用之前，要在水中浸泡透，防止使用时变形，也便于粘贴或取出。因为含水分的米厘条，在墙面罩面完成之后、水分蒸发而体积收缩就比较容易取出，而且米厘条两侧的灰口整齐。

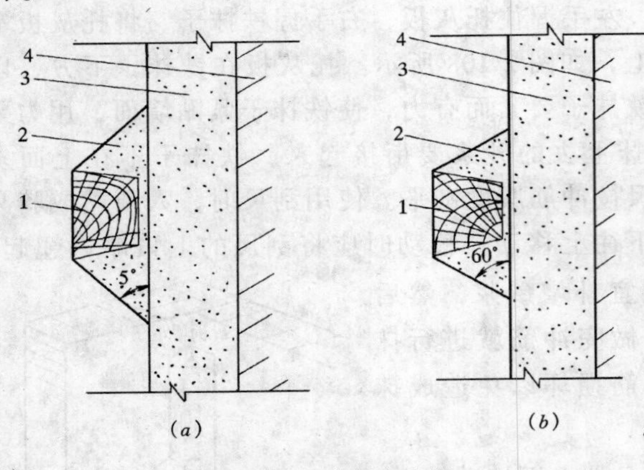

图2-110 米厘条安贴

1—米厘条；2—水泥浆；3—底层；4—基层

分格米厘条安贴的方法，是按设计尺寸要求刨好的米厘条，浸饱水后取出，用铁抹子将素水泥浆满抹在它的小面，沿着灰线包弹的线进行安贴。水平分格线宜安贴在弹线的下口，垂直分格线宜安贴在弹线的左侧，这样易于检查，操作比较方便。安贴一条竖向或横向米厘条后，用长直靠尺校正其平直并将米厘条两侧用水泥浆抹成八字形斜角。当天抹罩面层的米厘条，两侧八字斜角可抹成45°，如图2-110（*a*）所示。如当时不抹罩面灰的“隔夜条”，两侧八字形斜角应抹得陡一些，成60°，如图2-110（*b*）所示。

罩面灰抹至与分格米厘条平，然后按米厘条厚度刮平，搓密实。搓时若面层砂浆太干，应一手用茅柴帚洒水，一手用木抹子打磨，不得干磨，否则会造成颜色不一致。木抹子的使用方法与铁抹子相同。将木抹子平贴墙面，靠转动手腕，自上而下，从右至左，以圆圈形打磨，用力要均匀，使表面平整密实。然后再上下抽拉，轻重一致，顺向打磨，使抹纹顺直，色泽均匀。否则表面会产生粗糙不一的抹纹。如用芦花帚顺向拖扫一下则效果更佳。

罩面灰抹完后，将米厘条表面的余灰清除干净、以免起条时因表面余灰与罩面灰浆的粘结而损坏分格缝口。当天贴的条子，在罩面灰完成后即可取出。“隔夜条”不宜当时起条应在罩面层达到强度之后再取出。

取出米厘条一般从分格线的端头开始，用抹子轻轻敲动，条子即自动弹出。如取条较难时，可在条子端头钉一小钉，轻轻地将其向外拉出。条子取出后应将其清理干净，收存待用。分格缝应平直，不得掉棱和缺角，其缝宽窄和深浅应均匀一致。

（六）砖墙面抹水泥砂浆

对潮湿比较大的建筑物或与水直接接触的砖墙面，一般用1:3水泥砂浆打底，厚约10～13mm；用1:2～1:2.5水泥砂浆罩面，厚约5～8mm，操作方法基本与外墙面抹混合砂浆相同。其不同点在于：底子灰刮平之后，还需在底子灰上划毛，便于与面层粘结牢固，24h后抹罩面灰。罩面灰一般分两遍抹，先薄薄抹一遍，跟着抹第二遍，用刮杠刮平，用木抹子搓平，钢皮抹子压实收光。

墙面抹水泥砂浆的注意事项：

（1）当抹灰面较干时，罩面灰不易压光。用大劲抹压，会造成罩面灰与底子灰分离空鼓或把水泥砂浆压成黑色。因此抹灰面较干时须洒水再压抹。

（2）当墙面较湿不吸水，罩面灰不容易干燥，当天不能完工时，在表面可洒上1:2干水泥砂灰来吸水。干水泥砂灰撒上后，粘在罩面灰上，形成一层水泥砂浆。要把这层水泥砂浆刮掉再压光。

（3）水泥砂浆面层抹完后，隔24h要浇水养护。

三、楼地面抹灰

楼地面是建筑物的底层地坪和楼层地坪的总称，一般由面层、垫层和基层等部分组成。地面的名称通常是以面层所用的材料命名的，如水泥砂浆地面、水磨石地面、陶瓷锦砖地面等。楼地面抹灰一般分水泥砂浆抹面和细石混凝土面层两种。根据建筑物的使用要求不同，对楼地面面层要求也不尽相同，一般要求砂浆面层有足够的坚固性和耐磨性、表面平整、易于清扫、不脱皮、不起砂、不起壳、不开裂，并要求尽量做到适用、经济，就地取材、施工简便。

（一）施工准备

为保证水泥地面的质量要求和加快工程进度，施工水泥地面应充分做好准备工作。

（1）水泥　要求采用强度等级不低于32.5的普通硅酸盐水泥。

（2）砂子　选用中砂或粗砂，含泥量不超过3%。使用前应过筛。

（3）基层处理　对于混凝土的基层，应将表面积灰、浮渣以及杂物清除干净。表面过于光滑应凿毛，炉渣垫层要震平拍实，表面松动颗粒应清除干净。

（4）找坡　对厨房、浴室、厕所等房间的地面，必须将流水坡找好，使水自然流向地漏的一边。

（5）作灰饼、冲筋，为控制抹灰面厚度和散水坡度，用水平仪和水泥砂浆，间距为1.5m做冲筋。隔天做的灰饼，待冲筋做完后，将灰饼铲除，以防收水不一，影响质量。

（二）水泥砂浆地面的操作

（1）扫浆　在抹水泥砂浆前，先把干水泥均匀地撒在基层上，然后用喷壶边洒水边用竹扫帚纵横拖扫，直至基层表面全部沾浆，但不宜厚，薄薄的一层为佳。扫浆时应注意，为使面层与水泥浆有较好的粘结，一次扫浆的面积不宜过大。在垫层低凹处不应有积聚水泥浆的现象。

（2）铺抹面层　混凝土的垫层宜用干硬性水泥砂浆（稠度以手捏成团稍稍出浆），炉渣垫层可用一般水泥砂浆（稠度为25~35mm）。

在两冲筋间均匀地铺上，应比冲筋厚度略高6mm左右，然后用刮尺按冲筋刮平、拍实，要从房间里面往外刮到门口符合门框上锯口线平。刮好后，用木抹子打磨平，要求把死坑、孔洞、脚印都打磨掉，特别注意靠墙四周"突起"打磨平。打磨时，如太干可洒一点水。木抹子用力要均匀，但又不要压得太紧，以免抹子与面粘住。操作人员在工作半径内，打磨一圈后，随即用钢皮抹子将这部分压光。打磨压光应在水泥砂浆初凝以后完成。这一遍完后，要求无死坑、砂眼、脚印和抹子纹。待地面人站上有脚印但不下陷时即进行第二遍压实收光，抹子与地面接触时发出"沙沙"声。如抹后光洁度欠佳，可待砂浆进一步收水后，进行第三次压光，但必须在水泥砂浆终凝前完成压光工作。

应注意，水泥砂浆地面不宜多次反复压抹，否则由于多次压抹将水泥浆过多地挤出表面，破坏砂浆与基层的粘结，使抹灰层与基层脱离，造成抹灰层开裂起壳的现象。

（3）养护　水泥地面最后一遍收光完成后，经24h即可浇水养护，若铺上锯末再浇水养护效果更好。待强度达到5MPa时方能上人。

（三）细石（豆石）混凝土地面的操作

（1）与抹水泥砂浆的地面一样，操作前基层要清扫干净，撒干水泥，浇水扫匀。根据水平线用细石混凝土作灰饼、冲筋。室内有地漏时，应在做灰饼、冲筋时找出坡度。

（2）细石混凝土的稠度为干硬性，即手捏成团后能出浆为准。用刮尺将细石混凝土铺摊于两冲筋间，按冲筋厚度刮平拍实后，用铁滚筒（30~50kg）来回纵横压滚，直到表面压出浆来。上面的浆水如呈均匀的细丝花纹状，表明已滚压密实，可以进行压光工作。如泛上的水泥浆较多，则可撒些1:1干水泥砂子，借以吸收泛出水泥浆中的多余水分，起到增强面层强度的作用。因为当已收水的细石混凝土在滚筒重压之下，一些水泥水化后尚未蒸发的多余水分被挤出表面，使表面层的水泥浆变稀，水灰比变大，所以这层水泥浆的强度就必然降低。撒干水泥砂子后，必须待其收水时刮平，用滚筒来回滚压，使水泥浆渗入混凝土中，加强两者之间的粘结。用木抹子搓平，钢皮抹子压光一遍即可，全部工作在水泥终凝前完成。

（3）隔24h之后，洒水养护。

（四）地面分格的做法

地面面积较大或设计要求地面分格时，在做灰饼和冲筋的同时，按要求先在墙上或踢脚线处划分好分格线的尺寸。用刮尺将面层刮平，待收水后，将分格线尺寸引测到地面上，并用粉线包按尺寸弹出分格线，将靠尺放在分格线上，用水泥地面分格器贴紧靠尺抽出格缝，再用木抹子与钢皮抹子将缝两侧搓平、压光，使分格线粗细一致，纵横垂直，线条清晰。在预制梁板接头处，为避免不规划裂缝的出现，宜在该处划线分格。

（五）水泥地面抹灰注意事项

水泥地面的起砂、起壳、开裂，是目前一些建筑工程质量通病之一，其中尤以起砂为最不良的弊病。这种地面总是扫不净，每扫一次起一层灰，直至整个地面面层磨耗完毕。水泥地面起砂、起壳的原因很多，要及时分析产生的原因，以便在施工中正确掌握各个环节，采取预防措施，保证水泥地面质量。

1. 起砂

（1）水泥强度等级低或水泥过期、受潮、结块或活性差，影响地面面层强度和耐磨性能。

（2）砂子粒径过细或含泥量过大，使强度降低，影响水泥与砂子的粘结力。

（3）砂浆（细石混凝土）在拌制时用水量不控制，造成水灰比过大，这是影响水泥地面的重要原因之一。根据实验证明，水泥水化作用所需的水分仅为水泥重量的25%左右(即水灰比为0.25)。这样小的水灰比，施工操作是无法进行的，所以在实际施工时，水灰比都大于0.25。但水灰比和砂浆强度两者是成反比例的，水灰比大，砂浆强度低。完工后一经走动磨损，就会起灰。

（4）不了解水泥硬化的基本原理，地面压光时间过早或过迟。过早压光，水泥的水化作用刚刚开始，凝胶尚未全部完成，游离水分还比较多，虽经压光，表面不会出现水光(即压光后表面游浮一层水)，对面层砂浆的强度和抗磨能力很不利。压光过迟，水泥已终凝硬化，不但操作困难，无法消除面层表面的毛细孔及抹痕，而且会扰动已经硬结的表面，也将大大降低面层砂浆的强度和抗磨能力。

（5）水泥地面在尚未达到足够的强度就有工人走动或进行下道工序施工，使地表面遭受破坏，容易导致地面起砂。这种情况在气温低时尤其明显。

（6）水泥的水化作用必须在潮湿环境下才能进行。水泥地面完成后，如果不洒水养护或养护天数不够，在干燥环境中面层水分迅速蒸发，水泥的水化作用就会减慢或停止硬化，致使水泥砂浆脱水而影响强度和耐磨。此外，如果地面抹好后不到24h就浇水养护，也会导致大面积脱皮，砂粒外露，使用后起砂。

（7）水泥地面在冬季施工时，未采取防冻措施，导致水泥砂浆受冻，其强度将大幅度下降，粘结力也被破坏，形成松散颗粒。另外房间内碳火升温，燃烧时产生的二氧化碳，对水泥的水化作用亦有影响。

2. 地面空鼓（又称起壳）

地面起壳多发生于面层和垫层之间，起壳处用小锤敲击有空鼓声，受力后，即开裂。造成水泥地面起壳的原因，现分析如下：

（1）垫层（基层）表面清理不干净，有浮灰、浆膜或其他污物。特别是室内粉刷的石灰浆沾污在楼地面的基层表面，又不容易清理干净，严重影响与面层的粘结。

（2）面层施工时，垫层（基层）表面不浇水湿润或浇水不足，过于干燥。铺设砂浆后，由于垫层吸收水分，致使砂浆强度不高，面层与垫层粘结不牢。

（3）垫层（基层）表面有积水，铺抹面层后，有积水部分其砂浆水灰比增大，影响与面层的粘结力。

（4）抹压次数过多，造成水泥浆上浮，砂子下沉，就导致面层与基层无法粘结而分离。

第六节　墙、地面砖铺贴基本技能

一、内墙面砖铺贴

（一）釉面砖

又称内墙面砖，是上釉的薄片状精陶建筑材料。釉面砖为多孔的精陶坯体在长期与空气的接触过程中，特别是在潮湿环境中使用，会吸收大量水分而产生吸湿膨胀的现象。由于釉的吸湿膨胀非常小，当坯体湿膨胀的程度增长到使釉面砖处于拉应力状态，应力超过釉的抗拉强度时，釉面发生开裂。如用于室外，经多次冻融，更易出现剥落掉皮现象，所以釉面砖只能用于室内，不能用于室外。釉面砖的种类和特点见表 2-20。釉面砖的技术性能见表 2-21。

釉面砖的种类和特点　　　　**表 2-20**

种类		特点
白色釉面砖		色白洁净、釉面光亮镶于建筑物内墙面、清洁大方
彩色釉面砖	有光彩色釉面砖	釉面光亮晶莹，色彩丰富雅致、美观大方
	石光彩色釉面砖	釉面半无光、不刺眼、色泽一致、色调柔和、优美清新
装饰釉面砖	花釉面砖	系在同一砖面上，施以多种彩釉，经高温烧成，色釉相互渗透，花纹千姿百态。具良好的装饰效果
	结晶釉砖	晶花辉映，纹理多姿，优雅别致
	理石釉砖	颜色丰富，变化万千，具天然大理石花纹
	斑纹釉砖	花纹斑烂，丰富多彩，美观大方，装饰效果较好
图案砖	白地图案釉面砖	系在白色釉面砖上，装饰各种彩色图案，纹理清晰、色彩明朗
	色地图案釉面砖	系在有光或石光彩色釉面砖上，装饰各种图案，经高温烧成。具有浮雕、缎光、绒毛、彩漆等效果，别具风格
瓷砖画及陶瓷字	瓷砖画	以各种釉面砖拼成各种瓷砖画，或根据画稿绘于砖面，经高温烧制成釉面砖，拼装成瓷砖画，永不褪色
	色釉陶瓷字	以各种色砖、瓷土烧制而成，色彩丰富，光亮美观，永不褪色

釉面砖的技术性能　　　　**表 2-21**

项目	说明	单位	指标	备注
密度	—	g/cm^3	2.3～2.4	—
吸水率	—	%	<18	—
抗折强度	—	MPa	2.0～4.0	—
抗冲击性	用 30g 钢球从 30cm 高落下三次	—	不碎	—
热稳定性	由 140℃至常温剧变数次	次	≮3	—
白度	—	%	>78	指白色釉面砖

白色釉面砖是最常用的一种。有正方形和长方形两种，用于高级装修的还需用一些配件砖来组成一个完整的墙面。釉面砖的规格尺寸见表 2-22。白色釉面砖及配件砖如图 2-111 所示。

釉面砖的规格尺寸 **表 2-22**

分类	名称	编号	规格 (mm)				
			长	宽	高	圆弧半径	
正方形	平边	F_1	152	152	5	—	
		F_2	152	152	6	—	
	平边一边圆	F_3	152	152	5	8	
		F_4	152	152	6	12	
	平边两边圆	F_5	152	152	5	8	
		F_6	152	152	6	12	
	小边圆	F_7	152	152	5	5	
		F_8	152	152	6	7	
		F_9	108	108	5	5	
	小圆边一边圆	F_{10}	152	152	5	5	8
		F_{11}	152	152	6	7	12
		F_{12}	108	108	5	5	8
	小圆边两边圆	F_{13}	152	152	5	5	8
		F_{14}	152	152	6	7	12
		F_{15}	108	108	5	5	8
长方形	平边	J_1	152	75	5	—	
		J_2	152	75	6	—	
	长边圆	J_3	152	75	5	8	
		J_4	152	75	6	12	
	短边圆	J_5	152	75	5	8	
		J_6	152	75	8	12	
	左二边圆	J_7	152	75	5	8	
		J_8	152	75	6	12	
	右二边圆	J_9	152	75	5	8	
		J_{10}	152	75	6	12	
配件	压顶条	P_1	152	38	6	—	9
	压顶阳角	P_2	—	38	6	22	9
	压顶阴角	P_3	—	38	6	22	9
	阳角条	P_4	152	—	6	22	—
	阴角条	P_5	152	—	6	22	—
	阳角（端圆）	P_6	152	—	6	22	12
	阴角（端圆）	P_7	152	—	6	22	12
	阳角座	P_8	50	—	6	22	—
	阴角座	P_9	50	—	6	22	—
	阳三角	P_{10}	—	—	6	22	—
	阴三角	P_{11}	—	—	6	22	—
	腰线砖	P_{12}	152	25	6	—	—

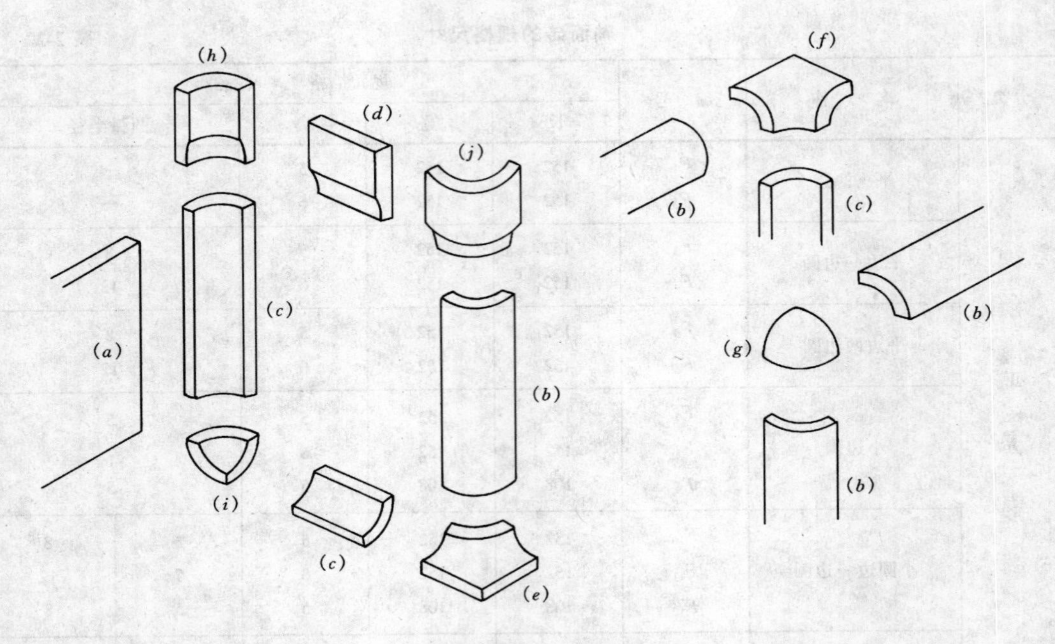

图 2-111　白色釉面砖及配件

(a) 平边（方口砖）；(b) 阳角座；(c) 阴角座；(d) 压顶条；(e) 阳五角；
(f) 阴五角；(g) 阳三角；(h) 压顶阴角；(i) 阴三角；(j) 压顶阳角

(二) 施工准备

瓷砖饰面的镶贴操作技术较复杂，要求较高。施工前做好准备工作，是保证镶贴质量、达到装饰效果的重要环节。

1. 一般要求

(1) 基体处理：镶贴饰面的基体表面质量很重要，应具有足够的稳定性和刚度，饰面砖应镶贴在平整粗糙的基层上。对光滑的基体表面应进行凿毛处理，凿毛深度应为 5～15mm，凿痕间距 30mm 左右。对于基体表面残留的砂浆、尘土和油渍等应用钢丝刷子和水刷洗干净。为使凿毛的墙面抹灰找平层粘结牢固，抹灰前可先用稀水泥砂浆（水泥:细砂=1:1）或用 108 胶水溶液拌制的聚合物水泥浆处理。

混凝土、砖面等基体表面的凹凸明显部位，应事先剔平或用 1:3 水泥砂浆补平。

(2) 润墙：饰面砖镶贴前应浇水润墙。砖墙基体一般应浇水两遍，砖面渗水深度约 8～12mm，混凝土墙体吸水率低，浇水可少一些。

(3) 抹底层、中层（找平层）：根据基体表面的平整度，找出镶贴饰面砖内墙的规距。

对于多层及高层房屋建筑，底、中层砂浆抹完后，应在角、垛、窗间墙两侧用经纬仪测量放出垂直线，并从各层引出水平线，以便控制墙面平整和线条垂直。

2. 选材

镶贴饰面砖前，应进行选砖。即根据设计要求，挑选规格一致，形状平整方正，无凸凹扭曲，颜色均匀的饰面砖。同时注意挑选出不掉角、不缺棱、不缺边、不开裂、不脱釉的釉面。

对于各种零、配件砖也应挑选规格一致并分类堆放。

3. 预排

饰面砖镶贴前应预排，以使接缝均匀。预排砖时要注意同一墙面的横向排列，均不得有一行以上的非整砖。非整砖行应排在次要部位或阴角处，方法是预排时要注意用接缝宽度调整砖行。室内镶贴釉面砖如无设计规定时，接缝宽度可在1～1.5mm之间调整。预排时，在突出的管线、灯具、卫生设备的支承部位，应用整砖套割吻合，不能用非整砖拼凑镶贴，以保证饰面的美观。

外墙镶贴面砖则要根据设计图纸尺寸，进行排砖分格，并要绘制大样图。一般要求水平缝应与璇脸、窗台齐平，竖向要求阴角到窗口处都是整砖，如分格按整块分均，确定缝大小做分格条和划出皮数杆。根据大样图尺寸对各窗间墙、墙垛处要事先测好中心线、水平分格线、阴阳角垂直线。

釉面砖的排列法有两种：一种是竖、横缝都在同一直线上，俗称“直线”排列。另一种是竖缝错过半砖，俗称“骑缝”排列，如图2-112所示。

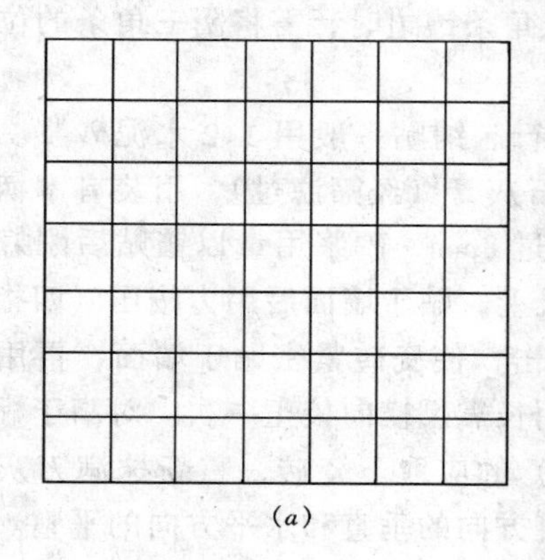

(*a*)

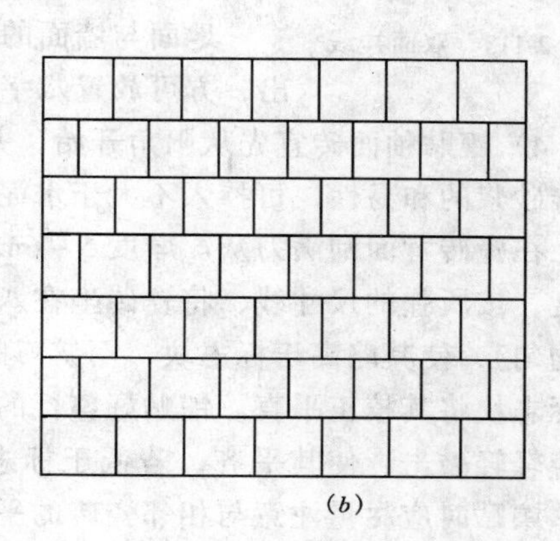

(*b*)

图2-112　瓷砖排列形式

(*a*) 直线；(*b*) 骑缝

4. 饰面砖浸水

饰面砖镶贴前，要先清扫干净，然后放入清水中浸泡。釉面砖要求浸泡到不冒泡为止，且不少于2h。

浸透水后取出凉干，表面无水迹后方可使用（即外干内湿）。没有用水浸泡的饰面砖吸水性较大，在铺贴后会迅速吸收砂浆中的水分，影响粘结质量，而浸透水没凉干（即表面还积聚较多水分），由于水膜作用，铺贴饰面砖时会产生瓷砖浮滑现象，对操作不便。且因水分散发会引起饰面砖与基体分离自坠。

饰面砖浸水晾干的时间视气温和环境温度而定，一般为12h左右，以饰面砖表面有潮湿感，但手按无水迹为准。

（三）内墙面砖镶贴操作工艺

（1）传统镶贴法的镶贴顺序为先贴大面，后贴阴阳角、凹槽等费工多、难度大的部位。

1）首先放线找规距，在清理干净的中层上，依据室内标准水平线，找出地面标高，按贴砖的面积，计算纵横的皮数，用水平尺或水平仪找平，并弹出釉面砖（瓷砖）的水平和垂直控制线。如用阴阳角条镶边时，则将镶边位置预先分配好。此时应根据瓷砖选砖后的实际尺寸，另外加灰缝。最高一皮砖应采用整块砖，而将不足部分留在最下一皮与地面交接处。

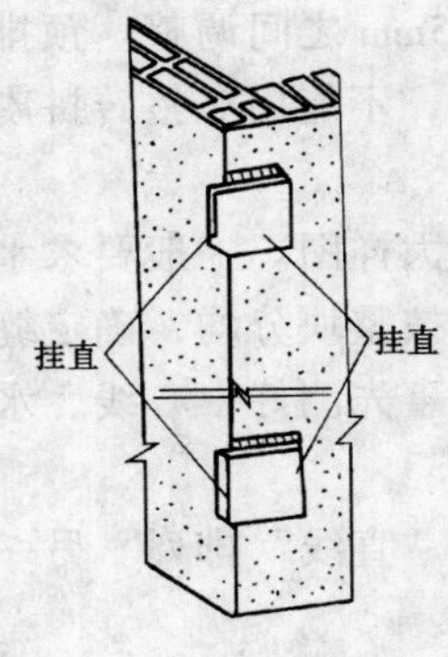

图 2-113 双面挂线

2）镶贴瓷砖前，应先贴若干块废瓷砖作为标志块，上下用托线板控制在一条垂线上，作为粘贴厚度的依据，横向每隔 1.5m 左右做一个标志块，用拉线或靠尺校正平整度。在门窗洞口或阳角处，如用阴阳三角条镶贴时则应将其尺寸留出先铺一侧墙面，并用托线板校正垂直。如无镶边，靠阳角的侧面墙也要挂直，称为双面挂直，如图 2-113 所示。

3）镶贴时，按地面水平线上嵌上一根八字尺或直靠尺，用水平尺校正，作为第一行瓷砖水平方向的依据。镶贴时瓷砖的下口坐在嵌上的尺上，这样可防止瓷砖因自重而下滑，以确保其横平竖直。

地面与墙面的相交处有阴三角条镶边时，需将阴三角条的位置留出，方可放置八字尺或直靠尺。

4）镶贴釉面砖宜先从阳角开始，并由下往上进行。铺贴一般用 1:2 水泥砂浆。为了改善砂浆的和易性，可掺入不大于水泥用量 15% 的石灰膏（经筛滤过），用装有木柄的铲刀，在瓷砖背面刮满刀灰。厚度 5～6mm，最大不超过 8mm，砂浆用量以镶贴后刚好满浆为度，按所弹的尺寸线，将瓷砖坐在八字尺或直靠尺上，贴于墙面后用力按压（四指用力要均匀），使其略高于标志块，用铲刀的木柄轻轻敲击，使瓷砖紧密贴于墙面，再用靠尺按标志块将其校正平直。铺贴好整行的瓷砖后，再用长靠尺横向校正一次。对高于标志块的应轻轻敲击，使其平齐，若低于标志块（即亏灰）的应取下瓷砖，重新抹满刀灰再镶贴，镶贴时应尽量注意与相邻瓷砖的平整，以及竖直方向的垂直和水平方向的平整。如瓷砖的规格尺寸或几何形状不等时，应在铺贴每一行后随时调整，使缝隙宽窄一致。当贴到最上一行时，要求上口成一直线。上口如没有压条（镶边），应用一面圆的瓷砖，阳角的大面一侧应用一面圆的瓷砖，这一排的最上面一块应用两面圆的瓷砖，如图 2-114 所示。

镶贴时，在有脸盆、镜箱的墙面，应按脸盆下水管部位分中，往两边排砖。肥皂盒可按预定尺寸和砖数排砖，如图 2-115 所示。

5）镶贴完后进行质量检查，用清水将瓷砖表面擦洗干净，接缝处用与瓷砖相同颜色的石膏灰、白水泥或水泥浆擦嵌密实（潮湿房间不得用石膏灰），并将瓷砖表面擦洗干净。全部完

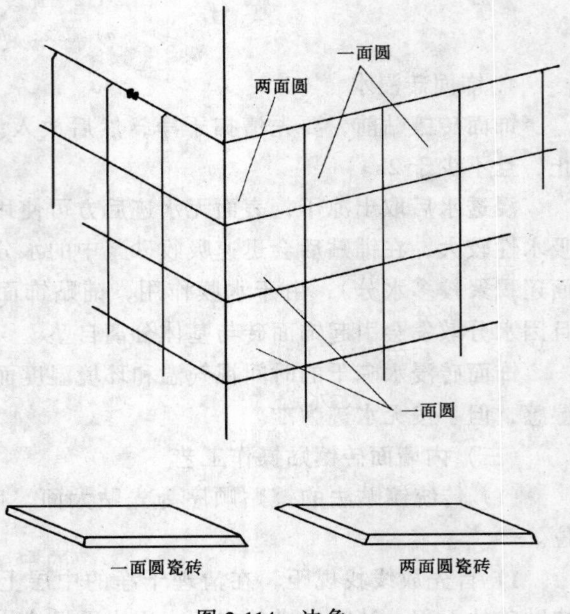

图 2-114 边角

工后，如有污染，要根据不同污染情况，用棕丝、砂纸清理或用稀盐酸刷洗，并紧跟用清水冲净。

镶边条铺设顺序，一般按墙面→阴（阳）三角条→墙面进行，即先铺贴一侧墙面瓷砖，再铺贴阴（阳）三角条，然后再铺贴另一侧墙面吻合。

（2）聚合物水泥（砂）浆镶贴法。使用聚合物水泥砂浆或聚合物水泥浆镶贴瓷砖，是传统镶贴工艺的改进。

瓷砖传统镶贴法是用水泥砂浆或水泥混合砂浆坐灰镶贴，其缺点是砂浆层不仅厚而且太软，所以镶贴时平整度不易掌握，施工效率低。为了提高瓷砖的镶贴质量，采用水泥砂浆或水泥浆掺入108胶的聚合物水泥（砂）浆镶贴，可改善镶贴砂浆的性能和操作条件，提高了工程质量，也提高了生产效率。

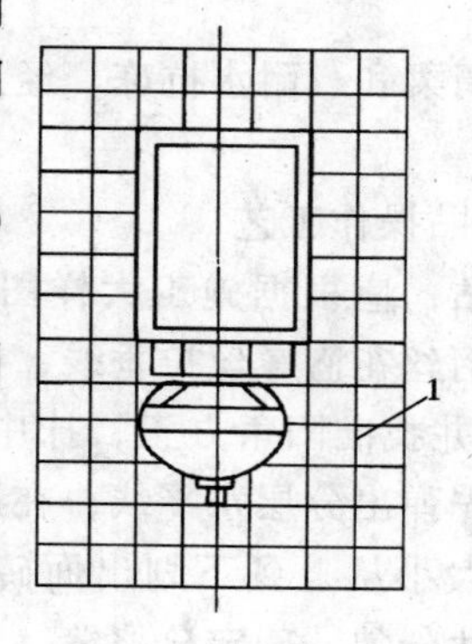

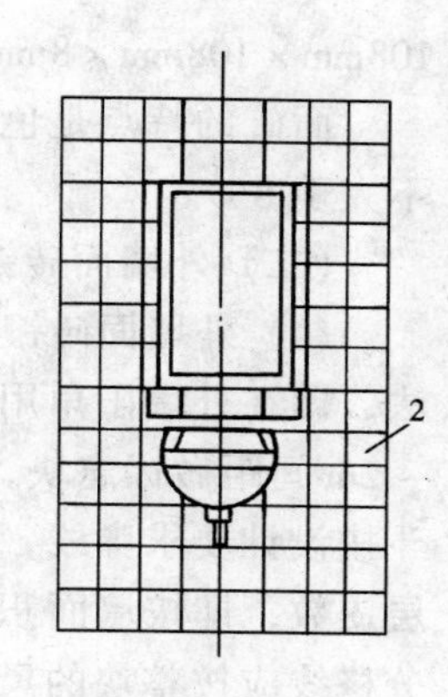

图2-115　洗脸盆、镜箱和肥皂盒部位瓷砖排砖示意图

1—肥皂盒所占位置为单数砖时，以下水口中心为面砖中心；2—肥皂盒所占位置为双数砖时，以下水口中心为砖缝中心

砂浆中加入108胶后，其和易性有很大改善，凝结时间变慢，这样在镶贴时就有充足的时间对镶贴砖进行拨缝、调整、压平、对线，不致因多拨动瓷砖而出现起壳现象。

当采用聚合物水泥浆镶贴时，属于硬底薄层，即聚合物水泥刮灰厚度可在3mm以下，不仅改善了砖间平整度，也便于镶贴。

1）聚合物水泥砂浆法：砂浆配合比为水泥:砂＝1:2，另外掺加水泥重量2%～3%108胶。先将108胶用两倍的水稀释，然后加在搅拌均匀的水泥砂浆中，继续搅拌至充分混合为止，其稠度为60～80mm。

镶贴时用铲刀将聚合物水泥砂浆均匀涂抹在砖背面，厚度不大于5mm。四周刮成斜面，按线就位，用手轻压，然后用橡皮锤轻轻敲击，使其与底层贴紧，并注意确保瓷砖四周砂浆饱满，接着用靠尺找平。

2）聚合物水泥浆法：聚合物水泥浆配合比为水泥:108胶:水＝100:5:28，将拌好的聚合物水泥浆满刮砖背面，贴于墙面上用手轻压并且用橡皮锤敲击。并随时用棉丝或干布将缝中挤出的浆液擦净。镶贴好的瓷砖不要碰撞，以免错动。

聚合物水泥砂浆应随拌随用，并在收工前全部用完。

二、外墙面砖铺贴

（一）外墙贴面砖

外墙贴面砖是用作建筑外墙装饰的板状建筑材料，一般是属于陶质的，也有一些属于石质的。坯体的颜色众多，如米黄色、紫红色、白色等。其性能由于原料和配方的不同有所不同，制品分有釉、无釉两种，颜色丰富，花样繁多。它不仅可以防止建筑物表面被大气侵蚀且可使立面美观。外墙面砖的坯体质地密实，釉质耐磨。因此具有耐火、抗冻、耐磨性。

面砖表面有光干、粗糙或凹凸花纹等多种，背面有肋纹，便于与墙面粘接。

面砖的规格有：200mm×100mm×12mm；75mm×73mm×8mm；150mm×75mm×12mm；

108mm × 108mm × 8mm。

面砖的特点是色调柔和、耐水抗冻、经久耐用。其主要技术性能为质地坚硬，吸水率不大于8%。

（二）外墙面砖镶贴操作工艺

（1）外墙面砖镶贴，应根据施工大样图要求，统一弹线分格、排砖，可采用如下方法，即在外墙阳角用钢丝花篮螺丝拉垂线，根据阳角钢丝做出墙面标志，墙面上每隔1.5～2m间距做标志块，并找准阳角方正，抹中层砂浆并找平找直。在中层上用粉线袋或墨斗按设计要求弹线，先弹出分层水平线，在层高范围内应根据实际用的面砖尺寸，划出分层皮数，即按墙面积大小从上到下划出面砖皮数杆，面砖镶贴如有分格线（离缝分格），分格线应按整块的尺寸分匀，确定分格缝（离缝）的尺寸后，再做分格用的分格条。分格条的宽度一般宜控制在8～10mm。

（2）根据皮数杆的皮数，在墙面上从上到下弹若干条水平线，控制水平的皮数，按整块面砖尺寸分竖直方向的长度，要求阳角到窗口都是整砖，并按尺寸弹出竖直方向的控制线。此时应注意水平方向与垂直方向的砖缝一致。

墙面和柱面的阴、阳角必须自上而下挂线，并进行兜方，阳角应双面挂线。

（3）镶贴面砖也要做标志块，其挂线方法以及阳角处双面挂线方法与瓷砖相同。

（4）镶贴面砖前，应先将墙面清扫干净，检查平整度是否符合要求，在墙面有无妨碍镶贴面砖的障碍物并及时处理。外墙面砖则要隔夜浸泡。

（5）镶贴面砖时，先按水平线垫平八字尺或直靠尺，操作方法基本与瓷砖相同。铺贴的砂浆一般为1:3水泥砂浆或掺入不大于水泥质量15%的石灰膏的水泥混合砂浆。砂浆的稠度要一致，避免砂浆上墙后流淌。刮满刀灰厚度一般为6～10mm。贴完一行后，须将每块面砖上的灰浆刮净。如上口不在同一直线上，应在面砖的下口垫小木片，使上口在同一直线上，然后放上分格条，既可控制水平缝大小与平直，又可防止面砖向下滑移。分格条放置完后，再进行第二皮面砖的镶贴。

（6）镶贴程序应自上而下分层分段进行，分段的镶贴程序是自下而上进行，而且要先贴墙柱，后贴墙面，再贴窗间墙。

竖缝的宽度与垂直除依据竖直线外还要靠目测控制。所以在操作中要特别注意随时检查，除依靠墙面的控制线外。还应该经常用线坠检查。

如果缝是离缝（不是密缝）时，在粘贴操作中对挤入竖缝处的灰浆要随手清理干净。

分格条应在隔夜后起出（也可当天起出）。起出后的分格条应清洗干净，为在以后的操作中继续使用。

（7）在贴完一块墙面或待全部墙面完成并检查合格后，即可进行勾缝。勾缝用1:1水泥砂浆（砂子要过窗纱筛）或水泥浆分皮嵌实，一般分两次进行，头一次用一般水泥砂浆，第二次用设计要求的色彩配制的水泥浆勾缝。如设计无要求，最好用石灰水泥浆勾缝，线条清晰。轮廓分明。为美观起见，勾缝可做成凹缝，凹进面砖深度3mm左右。

（8）完工后应将面砖表面清洗干净，清洗工作应在勾缝材料硬化后进行。如有污染用水很难清洗时，则可用浓度为10%的盐酸刷洗，再用水冲净，夏期施工为防止阳光曝晒要注意遮挡养护。

在贴窗角、垛角时用方尺找正，横向不是整砖时，可用切割机找正切齐。

第七节　成品、半成品的保护

建筑装饰工程项目工程造价一般来说占总造价的 30% ~ 50%，因此，对装饰项目的成品、半成品的保护，有利于提高经济效益，也是对用户负责的体现。

（一）清水墙

对于清水墙建筑，在墙面施工完成后要及时清理墙面上的灰耳朵、污面，避免灰浆干硬后，清理不干净，损坏墙面、影响美观。清水墙灰缝应勾成平缝，避免沉积灰尘。

（二）地面

地面做法分为现浇地面和块材装饰地面两种。

现浇地面没有完全达到强度之前，不能在地面上行走，搁放重物。

水泥砂浆地面压光 24h，铺锯末洒水养护，保持湿润。养护时间不少于 15d。

现浇水磨石地面产生强度后应酸洗，用 240 ~ 300 号细油石研磨擦洗至表面光滑洁净，再用清水洗净，撒锯末扫平，经晾干擦净后，用干净的布或麻丝沾稀糊状成蜡均匀地涂在磨石面上，用磨石机压磨，擦打第一遍蜡，用同样的方法擦打第二遍。

块状地面施工完成后，应采取保护措施，避免表面划痕，影响美观。

（三）墙面抹灰

为了保证抹灰质量，有利于成品的保护，不同的墙面应采用不同的施工方法。

(1) 有吸声要求的房间，石灰膏与木屑拌和均匀，经钙化 24h，使木屑纤维软化后才使用。

(2) 加气混凝土墙面施工时，先均匀刷 108 胶溶液一遍，然后薄薄刮一遍底灰，打底后隔 2d 罩面。

(3) 对于水砂面层高级抹灰，最好使用热灰浆，其目的在于使砂内盐分尽快蒸发，防止墙面产生龟裂。水砂拌和后置于池内进行硝化 3 ~ 7d 后方可使用。

第八节　质量通病与防治措施及评分标准

一、质量通病与防治措施

（一）砌体结构质量通病与防治措施

1. 砖砌体组砌混乱

(1) 产生原因

1) 砌砖柱需要大量的七分砖，砍砖较费工，操作人员为省事常不砍七分头砖，而用包心砌法。

2) 在同一工程中，采用几个砖厂的砖，致使砖的规格、尺寸不一，造成累积偏差，而常变动组砌形式。

(2) 防治措施

1) 砌砖墙应注意组砌形式，砌体中砖缝搭接不得少于 1/4 砖长。

2) 内外皮砖层，至少每隔五层砖应有一层丁砖拉结，使用半砖头应分散砌于混水墙中。

3）砌砖柱时，该砍砖则必须砍砖，严禁采用包心砖法。

4）同一工程中，尽量使用同一砖厂的砖。

（二）游丁走缝（清水墙）

1. 产生原因

（1）砖的长宽尺寸误差较大，如砖的长度超长，宽度不够，砌一顺一丁时，竖缝宽度不易掌握，误差逐皮累积，易产生游丁走缝。

（2）砌墙摆砖时，未考虑窗口位置对砖竖缝的影响，当砌至窗口处时，窗的边线不在竖缝位置，使窗间墙的竖缝上下错位。

（3）采用里脚手架砌砖时，看外墙缝不方便，易产生误差，出现游丁走缝。

2. 防治措施

（1）砌清水墙前应进行统一摆砖，确立组砌方法和调整竖缝宽度。

（2）摆砖时应将窗口位置引出，使砖的竖缝与窗口边线相齐。

（3）砌筑时，应尽量使丁砖的中线与下层顺砖中线重合（即丁压中）。

（4）每砌几层砖后，宜沿墙角1m处，用线坠吊一次竖缝的垂直度。沿墙每隔一定距离，用线坠引测，在竖缝处弹墨线，每砌一步架或一层墙后，将墨线向上引伸，以防游丁走缝的出现。

（三）水平缝不直，墙面凹凸不平

1. 产生原因

（1）砖规格偏差较大，两个条面大小不等，砌筑时不跟线走，易使灰缝宽度不一致；个别砖大条面偏差较大，不易将灰缝砂浆压薄，而出现冒线砌筑。

（2）墙长度较大时，拉线不紧，挂线产生下垂，跟线砌筑后，灰缝易产生下垂现象。

（3）当第一步架墙体出现垂直偏差进行调整后，砌第二步架交接处易出现凹凸不平。

（4）操作不当，铺灰厚薄不匀，砖不跟线，摆砖不平。

2. 防治措施

（1）砖规格偏大，应注意跟线砌筑，随时调整灰缝，使缝宽大小一致，砌砖宜采用小面跟线。

（2）挂线长度超过15m时，应加腰线砖，腰线砖突出墙面30～40mm。

（3）第一步架墙体出现垂直偏差（在允许范围内），第二步架调整时，应逐步收缩，使表面不出现太大的凹凸不平。

（4）灰浆要铺平，摆砖要跟线，每块砖要摆得横平竖直。

（5）瓦工应带托线板、吊线坠，经常检查表面平整度，做到“三皮一吊，五皮一靠”。

（四）砌体粘结不良

1. 产生原因

水源不足，班组浇湿砖制度不健全，脚手架上余砖未浇水，接砌时直接取用。

2. 防治措施

（1）避开用水高峰期，尽量利用早、中、晚时间给砖浇水或建贮水池，贮水浇砖。

（2）建立专人浇水制度。

（3）脚手架上备水桶贮水，浇湿已风干的砖；接砌时，瓦工应先将接砌墙面浇湿，再铺砂浆砌筑。

(4) 建立干砖上墙推倒重砌的制度。

(五) 灰缝厚薄不匀，砖墙不交圈（即同一砖层标高相差一皮砖厚度）

1. 产生原因

(1) 灰缝无控制，拉线不直，皮数杆与实际砖行不一致。

(2) 未坚持层层砖挂线砌筑。

2. 防治措施

(1) 按进场砖的实际尺寸画皮数杆，房屋四角，楼梯间或纵横交接处立皮数杆。

(2) 接线要直，皮数杆与第一层砖不符时，应用细石混凝土找平。

(3) 按皮数杆砌好大角，坚持层层砖拉通线，线应平直，做到上跟线、下跟棱，左右相跟要对平。

(六) 砂浆不饱满

1. 产生原因

采用水泥砂浆砌筑，拌合不匀，和易性差，挤浆费劲，用大铲或瓦刀铺刮砂浆易产生空穴，砂浆层不饱满。

砌砖应尽可能采用和易性好，掺塑化剂的混合砂浆砌筑，以提高灰缝砂浆饱满度。

2. 墙面抹灰工程质量通病与防治措施（见表 2-23）

墙面抹灰工程质量通病与防治措施 　　表 2-23

质量通病	原因分析	防治措施
墙面空鼓、裂缝	1. 基层处理不好，清扫不干净，浇水润湿不透、不均 2. 原材料的质量不符合要求，砂浆配合比不当 3. 一次抹灰层过厚，各层灰之间间隔时间太短 4. 不同材料的基层交接处抹灰层干缩不一 5. 墙面浇水湿润不足，灰砂抹后浆中的水分易被吸收，影响粘结力 6. 门窗框边塞缝不严密，预埋木砖间距太大，或埋设不牢，由于门扇经常开启振动 7. 夏季施工砂浆失水过快，或抹灰后没有适当浇水养护	1. 抹灰前认真做好基层处理 (1) 不同基层材料相接处，应铺钉金属网，两边搭接宽度不小于 100mm (2) 将基层表面清扫干净，脚手架孔洞填塞堵严，墙表面突出部分要事先剔平刷净 (3) 加气混凝土基层，宜先刷 1:4 的 108 胶水溶液一道，再用 1:1:6 混合砂浆修补抹平 2. 基层墙面应在施工前 1d 浇水，要浇透浇匀 3. 采取措施使抹灰砂浆具有良好的施工和易性和一定的粘结强度 (1) 掺石灰膏、粉煤灰、加气剂或塑化剂，提高砂浆保水性 (2) 掺入乳胶、108 胶等，提高粘结力 4. 底层与中层砂浆配合比应基本相同，以免在层间产生较强的收缩应力 5. 门窗框边要认真塞缝，要采取措施以保证与墙体连接牢固
墙面接槎有明显抹纹，色泽不匀	1. 墙面没有分格或分格太大，抹灰留槎位置不当 2. 没有统一配料，砂浆原材料不一致 3. 基层或底层浇水不均，罩面灰压光操作不当	1. 抹面层时应把接槎位置留在分格条处或阴阳角、水落管处，并注意接槎部位操作，避免发生高低不平、色泽不一等现象，阳角抹灰应用反贴八字尺的方法操作 2. 室外抹灰稍有抹纹，在阳光下观看就很明显，影响墙面外观效果，因此室内外抹水泥砂浆墙面应做成毛面，用木抹刀搓毛面时，要做到轻重一致，先以圆圈形搓抹，然后上下抽拉，方向要一致，以免表面出现色泽深浅不一，起毛纹等问题

续表

质量通病	原因分析	防治措施
雨水污染墙面	1. 在窗台、阳台、压顶、突出腰线等部位没有做好流水坡度和滴水线、槽时，易发生雨水顺墙流淌，污染外墙饰面，甚至造成墙体渗漏	1. 在墙面突出部位（阳台、窗台、压线等）抹灰时，应做好流水坡度和滴水线、槽。其做法：深10mm，上宽7mm，下宽10mm，距离外表面不小于20mm 2. 外墙窗台抹灰前，窗框下缝隙必须用水泥砂浆填实，防止雨水渗漏；抹灰面应缩进木窗框下1～2cm，抹出泛水。当安装钢窗时，窗台抹灰应不低于钢窗框下1cm，窗框与窗台交接处必须做好流水坡度
窗台、阳台、雨篷等抹灰饰面在水平和垂直方向不一致	1. 在结构施工中，现浇混凝土和构件安装偏差过大，抹灰时不易纠正 2. 抹灰前上下、左右未拉水平和垂直通线，施工误差较大所致	1. 在施工中，现浇混凝土和构件安装都应在垂直和水平两个方向拉通线，找平找直，减少结构施工偏差 2. 安窗框前应根据窗口间距离找出各窗口的中心线和窗台的水平通线，按中心线和水平线立窗框 3. 抹灰前应在阳台、阳台分户隔墙板、雨篷、柱垛、窗台等处，在水平和垂直方向拉通线找平找正，每步架起灰饼，再进行抹灰
分格缝不直不平，缺棱错缝	1. 没有拉通线，或没有在底灰上统一弹水平和垂直分格线 2. 木分格条浸不透，使用时变形 3. 粘贴分格条和起条时操作不当造成缝口两边错缝或缺棱	1. 柱子等短向分格缝，对每根柱子要统一找标高，拉通线弹出水平分格线，柱子侧面要用水平尺引过去，保证平整度；窗间墙竖向分格缝，几个层段应统一吊线分块 2. 分格条使用前要在水中浸透，水平分格条一般应粘在水平线下边，竖向分格条一般应粘在垂直线左侧，以便于检查其准确度，防止发生错缝、不平等现象 3. 分格条两侧抹八字形水泥砂浆作固定时，在水平线处应抹下侧一面，当天抹罩面灰压光后就可起分格条，两则可抹成45°，如当天不罩面的应抹60°坡，须待面层水泥浆达到一定强度后才能起分格条 4. 面层压光时，应将分格条上水泥砂浆清刷干净，以免起条时损坏墙面

二、评分标准

（一）砖墙砌筑评分标准（见表2-24）

砖墙砌筑评分标准　　表2-24

<table>
<tr><td>班级</td><td></td><td>学号</td><td colspan="2"></td><td>姓名</td><td></td><td>工种</td><td></td></tr>
<tr><td rowspan="2">产量定额</td><td>单位</td><td rowspan="2">510</td><td rowspan="2">定时</td><td rowspan="2">4h</td><td rowspan="2">实际用工时</td><td rowspan="2"></td><td rowspan="2">超工时扣分</td><td rowspan="2"></td></tr>
<tr><td>块</td></tr>
<tr><td>考核项目</td><td>考核内容</td><td colspan="5">考核要求</td><td>配分</td><td>检测结果</td></tr>
<tr><td rowspan="8">主要项目</td><td>砂浆饱满度</td><td colspan="5">水平灰缝砂浆饱满度不小于80%</td><td>30</td><td></td></tr>
<tr><td rowspan="7">允许偏差</td><td colspan="5">1. 轴线位移±10mm</td><td>10</td><td></td></tr>
<tr><td colspan="5">2. 垂直度偏差≤10mm</td><td>10</td><td></td></tr>
<tr><td colspan="5">3. 表面平整度≤5mm</td><td>6</td><td></td></tr>
<tr><td colspan="5">4. 水平灰缝平直线≤7mm</td><td>6</td><td></td></tr>
<tr><td colspan="5">5. 水平灰缝厚度±8mm</td><td>6</td><td></td></tr>
<tr><td colspan="5">6. 游丁走缝≤20mm</td><td>7</td><td></td></tr>
<tr><td colspan="5">7. 门窗洞口宽度±5mm</td><td>4</td><td></td></tr>
</table>

续表

班级		学号		姓名		工种	
一般项目	外观	1. 刮缝严密				7	
		2. 选砖恰当				4	
安全文明生产	安全生产	按国家颁布的《建筑施工操作规格》考核				5	
	文明生产	按企业有关规定考核				5	
其他							
记录员		检验员			评分员		

（二）一般抹灰评分标准（见表 2-25）

一般抹灰评分标准 表 2-25

序号	测定项目	分项内容	满分	评分标准	检测点					得分
					1	2	3	4	5	
1	面层	接痕，透底程度	30	每处接痕扣 2 分；每处透底扣 5 分						
2	阴、阳角	垂直度	25	偏差以 4mm 为标准，每超出 1mm 扣 2 分						
3	分格缝	平直	15	偏差以 3mm 为标准，每超过 1mm 扣 3 分						
4	工艺	符合操作规范	10	错误无分，局部错误酌情扣分						
5	工具	使用方法	20	错误无分，局部错误酌情扣分						

姓名______学号______日期______总分______班级______指导教师签名________

第九节 安全常识与环境保护

一、安全知识

（一）砌体工程安全注意事项

1. 一般知识

在砌筑施工中必须贯彻执行“安全第一，预防为主”的方针，对职工进行安全生产教育，做到人人安全生产。

新工人入场前必须进行安全生产教育，熟悉安全生产有关规定，树立安全为了生产，生产必须安全的思想。在操作过程中自觉地遵守安全操作规程。

在施工前必须检查操作环境是否符合安全要求，如道路是否通畅，机具是否牢固可靠，安全设施及防护用品是否齐全，并经检查符合要求后才能施工。

施工中还必须注意以下事项：

（1）凡进入现场的人员，必须戴安全帽，同时不准穿高跟鞋和拖鞋。

(2) 脚手架未验收前不准使用。验收后不应随意拆改及自搭飞跳。必须拆改时，应由架子工进行。

(3) 非机电设备操作人员，不准随便开动机械和接拆机电设备的电线。

(4) 高空作业必须系戴安全带，不准向下扔东西。

(5) 操作时思想要集中，不准嘻笑打闹，不准上下投掷东西，不准乘吊车上下，不准穿塑料或硬底皮鞋上架。

2. 砌筑安全

砌筑安全参照各种砌筑形式的安全注意事项。

3. 堆料

(1) 基槽边 1m 内禁止堆料。

(2) 架板上堆砖不得超过三皮，砖要顶头朝外堆置；同一根排木上不准放两个或两个以上的灰槽。

(3) 砖应在地面上先浇好水，不准在基槽边或架子上用水管大量浇水。

(4) 在大风、雪、雨天，应对脚手架进行详细检查，如发现有立杆沉陷或悬空、连接松动、架身歪斜等情况，应及时纠正处理。

(5) 架子必须满足工人操作、材料堆放及供运料的需要。

4. 运输

(1) 垂直运输时，所使用的吊笼、钢丝绳滑轮、卷扬机刹车等，必须安全可靠，保证满足使用的要求，不得超载。

(2) 用塔吊吊砖要用砖笼。吊砂浆的料斗不能装得太满。在起吊材料时，吊车回转半径内不得站人。吊车起吊或下落时，砂浆料斗或砖笼都不得碰撞架子。

(3) 运料时，平道两车距离不应小于 2m，上坡下坡时两车距离不应小于 10m。

(4) 运输中要跨越的沟槽，在其上面要搭宽度不少于 1.5m 以上的便道。沟宽如超过 1.5m，则由架子工架设便道。

(5) 人工垂直向上或向下运砖时，应搭运输架子。小飞跳宽度不小于 600mm，并有栏杆。

(6) 对运输道路上的零碎材料、杂物，要经常清理排除，保证道路通畅。

5. 砌烟囱安全注意事项

(1) 砌筑烟囱属于高空作业，操作人员必须经过体检合格后才能操作。高血压、心脏病、癫痫病等患者均不能从事此项工作。

(2) 砌筑高度超过 5m 以上时，进料口必须搭设牢固的防护棚，进口两侧要作垂直封闭。高度超过 4m 要支挂安全网，网内落物应及时清除。

(3) 施工中如遇恶劣天气或风力在 6 级以上影响安全时，应停止施工。大风大雨后要检查架子有无问题，如发现问题应及时进行处理后才能继续使用。

(4) 施工中上下烟囱要走扶梯。禁止攀登架子及烟囱跌爬梯。

(二) 抹灰工程主要安全措施

操作前按照搭设脚手架的操作规程检查架子和高凳是否牢固。在架子上操作时人数不宜集中，堆放的材料要散开，存放砂浆的槽子、小桶要放稳。刮杠（刮尺）不要一头立在脚手架上，一头靠在墙上，要平放在脚手板上。

层高在3.6m以下，由抹灰工自己搭设脚手架时，间距应小于2m。不准搭探头板，也严禁支搭在暖气片、水暖管道上。采用木制高凳时，高凳一头要顶在墙上，以免木制高凳摇晃。

无论是在搅拌砂浆操作过程中，还是在抹顶棚灰时，应特别注意不要使灰浆溅入眼内造成工伤。

临时用的移动照明灯必须用低压电。机电设备，如磨石机、地面压光机、砂轮机、切割机等，应固定专人并经培训后方能操作。小型卷扬机的操作人员须经培训考试合格后，才能持证上岗操作。现场一切机电设备，非专业操作人员严禁动用。

多工种立体交叉作业应有防护设施，作业人员必须戴安全帽。上架操作时不得穿塑料底鞋或硬底皮鞋。

采用竹片固定八字尺（引条）时，应注意防止竹片弹出伤人；在用钢筋卡子卡夹八字尺时，要注意防止因卡子滑脱而摔倒。

冬季施工期间，室内热作业时应防止煤气中毒，热源周围禁止堆放易燃物品以免引起火灾。外架子要经常扫雪，扫雪时应在架下无人时进行；春暖开冻时注意外架沉陷变形。

二、环境保护

（一）施工现场环境保护

砖瓦抹灰工在施工现场应有足够的环境保护意识，以维护施工现场良好的环境条件，尽可能地减少施工对环境的破坏和污染。就施工现场而言，环境保护应从进场施工时做起，并贯穿整个施工过程。首先应尽可能地保护好建筑施工占地范围内以及相邻和周边地区的植物，特别应对古树加以保护。不能破坏树木周围的土壤结构及树木的根部，树干及树冠部分也应避免碰撞和折断；施工现场排水应加以疏导，不能浸泡树根，以免使树根腐坏，导致树木死亡；更不能将灰池、搅拌站等设置在树木旁边，应有一定距离（一般不小于5m)，砖、石等建筑材料堆放时应注意不伤及树干；施工脚手架、拦护架等设置更不能搭置在树木上。如施工现场窄小，不能对现场内植物实行有效保护时，应在施工前与环保绿化部门联系，将树木由专业人员进行移植。

其次应注意基础工程土方开挖和回填。基础工程应尽量选择在当地雨季外的其他季节施工。基础挖方应堆放在距排水、用水施工一定距离处，以不使挖土由排水带走为宜，以免对城市排水设施造成淤堵，影响排水系统的使用。回填后尚余土方应及时进行处理，先在现场内消化，如还有剩余应及时运出施工现场，倒置在城建环保部门允许倾倒堆放的场所，以保护环境。

施工现场还应在建筑物外围加设现场围护，在可能情况下，应进行专门的施工现场围护设计，以增加施工现场的环境美。

（二）施工垃圾的处理

在砌筑和抹灰施工过程中，会产生很多碎砖、石、灰浆等边角余料，其中仍可继续使用的边角料应及时清理出来，并堆放整齐以备用，这样，既清洁施工环境，又节约材料、降低浪费、减少施工垃圾。而对不能再继续使用的边角余料，即建筑施工垃圾，应进行及时彻底的清理，并将清理出的垃圾运出施工现场，倾倒在环保部门允许倾倒建筑垃圾的场所；如建筑垃圾较少（不足一车）时，也可以在现场中找一处既方便运输又不影响施工环境的位置暂时堆放，待聚集到一定数量时（以一车装载量为准），再及时运出。

砌筑和抹灰工程施工中产生的建筑垃圾，数量最大最多。操作工人每天作业完毕后，应做到及时彻底地清理现场，保持现场整洁，这是保持施工现场良好环境的重要一环。建筑垃圾严禁乱堆乱甩，更不允许从楼上或高处往下抛甩，应采取有效措施运至地面并进行归类堆放和处理。

建筑垃圾不同于其他生活、工业垃圾，建筑垃圾中无污染材料多，如砂、碎砖、石等，具有污染小，空隙大和较松散的特点，进行有效处理后，可再利用。常采取深置消化处理的方法（可在施工现场采用）：在建筑垃圾中掺和一定的锯木灰、稻草秸等有机物或泥土后深埋，不仅不污染环境，还能增加土壤的肥性和松软度，更适合植物的生长，是一种有效处理建筑垃圾的方法。实现建筑垃圾的有效利用，变废为宝，减小对环境的污染，是处理建筑垃圾、保护环境的重要手段。

思考题

2-1 各类砖的规格尺寸是多少？各自的适用范围是什么？

2-2 水泥的特性是什么？水泥的存放有哪些注意事项？

2-3 砂浆的种类与作用及技术要求有哪些？

2-4 影响砌筑砂浆强度的主要因素是什么？

2-5 砖砌体砌筑应遵循哪些原则？有哪些组砌形式？

2-6 什么是“二三八一”砌筑法？

2-7 皮数杆的作用是什么？如何设立皮数杆？

2-8 砌墙为什么要挂线？如何挂线？

2-9 墙面抹灰前，基层表面应如何处理？

2-10 水泥地面抹灰有哪些注意事项？

2-11 瓷砖镶贴有什么具体要求？

2-12 砌体工程安全有哪些注意事项？

第三章　油漆工基本技能

本章主要介绍油漆工的常用材料与工具、常用涂料的配制、常用腻子的调配、不同基层面的处理、刷涂训练、涂料施工、裱糊施工、玻璃裁配与安装、成品半成品的保护及质量测评。

第一节　材 料 与 工 具

本节主要介绍油漆施工中常用的材料性能状况、油漆施工中常用的工、机具的使用和维护方法，同时介绍油漆施工材料的配制。

一、常用涂料的性能

涂料是指涂刷于物体表面，经固化而形成的一层附着坚固涂膜，这层涂膜能起到保护物体，装饰、美化环境的作用，它是一种使物体表面形成连续性薄膜的物质。

（一）涂料的作用

涂料能起到封闭隔绝作用；能使被涂物体的表面与周围的空气、水分、阳光及各种腐蚀性物质相隔而不受侵蚀；能延长被涂物的使用寿命；能利用涂料的不同色彩，涂饰在不同的物体上起到美化环境及装饰效果；同时它还具有特殊作用，如：航海、航空、军工、电器等工业中能起到防水、防火、防霉、杀虫、隔声、隔热、防静电和发光等特殊功能。

（二）涂料的分类

为了有利于涂料的生产和管理，方便使用者对各种涂料品种的选择，国家制定了涂料基料中主要成膜物质为基础的分类方法。按照这样的分类方法，将涂料分成十七大类，再加上辅助材料则为十八大类。涂料的分类表见表3-1所示。辅助材料分类表见表3-2所示。

涂 料 分 类 表　　　　**表3-1**

序号	代号	成膜物质类别	主 要 成 膜 物 质	备　注
1	Y	油脂漆类	天然植物油、清油、合成油	
2	T	天然树脂漆类	松香及其衍生物、虫胶、乳酪素、动物胶、大漆及其衍生物	包括天然资源所产生的物质及经过加工处理的物质
3	F	酚醛树脂漆类	酚醛树脂、改性酚醛树脂	
4	L	沥青漆类	天然沥青、石油沥青、煤焦沥青	
5	C	醇酸树脂漆类	甘油醇酸树脂、季戊醇酸树脂、其他改性醇酸树脂	
6	A	氨基树脂漆类	脲醛树脂、三聚氰胺甲醛树脂、聚酰亚胺树脂	
7	Q	硝基漆类	硝基纤维素、改性硝基纤维素	
8	M	纤维素漆类	乙基纤维、苄基纤维、羟基纤维、醋酸纤维、醋酸丁酸纤维、其他纤维酯及醚类	
9	G	过氯乙烯漆类	过氯乙烯树脂	

续表

序号	代号	成膜物质类别	主要成膜物质	备注
10	X	乙烯漆类	氯乙烯共聚树脂、聚醋酸乙烯及其共聚物、聚乙烯醇缩醛树脂、聚二乙烯乙炔树脂、含氟树脂、石油树脂等	
11	B	丙烯酸漆类	丙烯酸树酯、丙烯酸共聚树脂及其改性树脂	
12	Z	聚酯漆类	饱和聚酯树脂、不饱和聚酯树脂	
13	H	环氧树脂漆类	环氧树脂、改性环氧树脂	
14	S	聚氨酯漆类	聚氨基甲酸酯	
15	W	元素有机漆类	有机硅、有机钛、有机铝等元素有机聚合物	
16	J	橡胶漆类	天然橡胶及其衍生物、合成橡胶及其衍生物	
17	E	其他漆类	除以上所列的成膜物质	

辅助材料分类表 表 3-2

序号	代号	名称	序号	代号	名称
1	X	稀释剂	4	T	脱漆剂
2	F	防潮剂	5	H	固化剂
3	C	催干剂			

(三) 涂料的命名

涂料的全名称是由三部分构成，即颜色或颜料的名称、成膜物质的名称和基本名称，用以下公式来表示。

涂料全名称=颜色或颜料名称+成膜物质名称+基本名称。

有的涂料没有颜料，不带色，如：酚醛清漆。在它的名称中就没有颜色或颜料名称，而只有成膜物质名称+基本名称。

若涂料基料中含有两种或两种以上物质时，取主要成膜物质命名，必要时也可两种成膜物质并用，如环氧硝基磁漆等。

涂料名称中成膜物质的名称，有时应作适当的简化，如聚氨基甲酸酯，可简化为聚氨酯。

(四) 涂料的编号

涂料的型号由三个部分组成，第一部分是成膜物质，用汉语拼音字母来表示，见表 3-1 涂料分类表所示，及表 3-2 辅助材料分类表所示；第二部分是基本名称，用二位数字表示，见表 3-3 部分涂料的基本名称代号表所示；第三部分是序号，见表 3-4 涂料产品序号所示，以表示同类品种间的组成、配比或用途的不同。

部分涂料的基本名称代号 表 3-3

代号	基本名称	代号	基本名称	代号	基本名称
00	清　油	11	电泳漆	51	耐碱漆
01	清　漆	12	乳胶漆	52	耐腐蚀漆
02	厚　漆	13	其他水溶性漆	53	防锈漆
03	调合漆	14	透明漆	54	耐油漆
04	磁　漆	23	罐头漆	55	耐水漆
05	粉末涂料	31	绝缘漆	61	耐热漆
06	底　漆	32	绝缘磁漆	64	可剥漆
07	腻　子	40	防污漆	98	胶　液
09	大　漆	50	耐酸漆	99	其　他

涂料产品序号 **表 3-4**

涂料品种		序号 自干	序号 烘干
清漆、底漆、腻子		1～29	30 以上
磁漆	有光	1～49	50～59
	半光	60～69	70～79
	无光	80～89	90～99
专用漆	清漆	1～9	10～29
	有光磁漆	30～49	50～59
	半光磁漆	60～64	65～69
	无光底漆	70～74	75～79
	底漆	80～89	90～99

【例 3-1】 醇酸树脂磁漆的编号方法见图 3-1 所示。

辅助材料的型号分二个部分，第一部分是辅助材料种类见表 3-2 所示；第二部分是序号。

【例 3-2】 稀释剂的编号方法见图 3-2 所示。

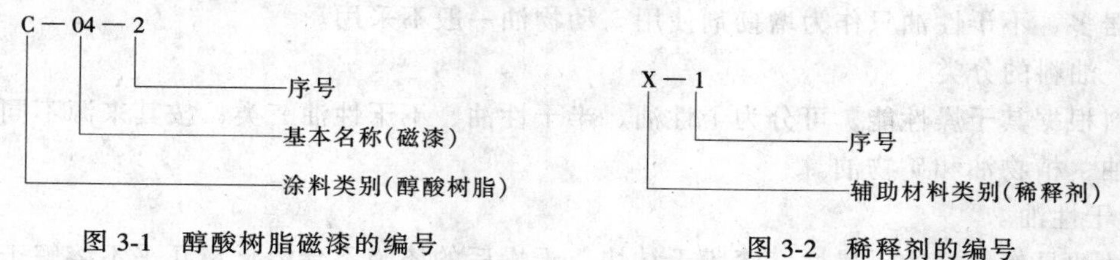

图 3-1 醇酸树脂磁漆的编号　　图 3-2 稀释剂的编号

（五）涂料的组成

组成涂料的全部原料成分按其作用可分为主要成膜物质、次要成膜物质和辅助成膜物质。如图 3-3 所示。

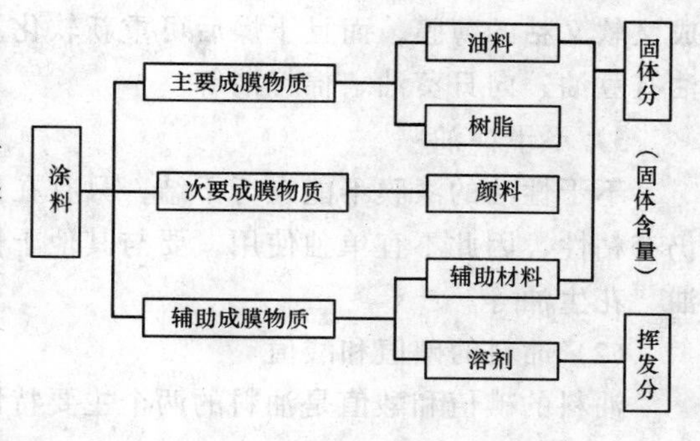

图 3-3 涂料组成

1. 涂料的主要成膜物质

主要成膜物质也称为胶粘剂和固着剂，是组成涂料的基料。由于它的作用使其他组分粘结成一体形成附着于物面上的坚韧的保护膜，用于建筑涂料的胶粘剂应具有较高的化学稳定性，使用得最多的胶粘剂是树脂和无机盐，而油料使用得较少。

2. 涂料的次要成膜物质

涂料的次要成膜物质也是构成涂膜的组成部分，但它不能离开主要成膜物质而单独构成涂膜。这种成分就是涂料中所使用的颜料。颜料是不溶于水、溶剂和漆基的粉状物质，但能扩散于介质中形成均匀的悬浮体。颜料是涂料中的固体成分，它能增加涂料的遮盖力和调制人们所需要的各种色彩，还能提高涂膜的厚度、机械强度以及抵抗外界自然环境侵蚀的能力。通常所用的颜料有着色颜料和体质颜料。着色颜料分为有机颜料和无机颜料两大类。体质颜料也称填充料或填料。常用的品种有大白粉、滑石粉、石膏粉和云母粉等。

3. 涂料的辅助成膜物质

涂料的辅助成膜物质不能构成涂膜或涂膜的主体，但对涂料的成膜过程有很大的影响，并能对涂膜的性能起一些辅助作用。涂料的辅助成膜物质主要有溶剂和辅助材料两大类。

涂料的组成物质主要是胶粘剂、颜料、溶剂和辅助材料。

(一) 常用胶粘剂

胶粘剂可促使涂料粘附于物体表面，形成坚韧的涂膜，是主要成膜物质，也可胶粘颜料等物质共同成膜，这是涂料的基本成份，因此也常称为基料、漆料或漆基。胶粘剂有油料和树脂两类。

1. 油料类

油料类是涂料工业中最早使用的成膜物，可以用来制造清漆、色漆、油改性合成树脂以及作为增塑剂使用。以油料为主要成膜物质的涂料称油性涂料或油性漆（油脂漆）。油性漆依靠油料干结成膜，牢固附着在物件上，其漆膜具有良好的柔韧性。油性漆中所用油料量至少占20%，有的甚至全部使用植物油。一般油性漆所用的油料以干性和半干性的植物油居多，不干性油只作为增韧剂使用。动物油一般不采用。

(1) 油料的分类

油料根据其干燥性能，可分为干性油、半干性油、不干性油三类；按其来源不同可分为动物油、植物油和矿物油。

1) 干性油

干性油具有较好的干燥性，漆膜干结快，干燥后的漆膜不会溶化，几乎不溶解于有机溶剂中。常用的干性油有桐油、亚麻仁油等。

2) 半干性油

半干性油与干性油相比，半干性油漆膜干燥速度较慢，要等十几天甚至几十天才能结成又软又粘的薄膜，而且干燥后可重新软化及溶化，易溶解于有机溶剂中，常用的半干性油有豆油、向日葵油、棉籽油等。

3) 不干性油

不干性油的漆膜不能自行干结，只有在催化剂的作用下才会逐渐干燥，其干后的漆膜仍有粘性，因此不宜单独使用，要与其他干性油或树脂混合使用。常用的不干性油有蓖麻油、花生油等。

(2) 油料的碘值和酸值

油料的碘值和酸值是油料的两个主要特性常数，是反映油料性能和质量的理化性能指标。

1) 碘值

碘值指每100g油料所能吸收碘的克数，是表示油料干燥速度的重要指标。干性油的碘值一般在140g以上；半干性油100～140g；不干性油的碘值一般在100g以下。

2) 酸值

酸值是反映中和1g油料中的游离酸所需氢氧化钾的毫克数，用来表示油料中所含游离酸的多少。油料中所含酸值的多与少，表示油料质量的劣与优。新鲜油料的酸值低，而长期存放的油料因酸败而导致酸值升高。

(3) 几种常用的植物油

1) 桐油

桐油是最早使用的油漆原料之一，盛产于我国长江流域及以南地区，是我国的特产。桐油是从桐树的果实中榨取的一种浅黄色液体，经炼制后可直接用作油漆。桐油的主要优点是聚合速度快和容易干燥。生桐油可直接与树脂一起高温熬炼，制成的产品涂刷后不粘。桐油是油料中干燥最快的一种，干固后的油膜坚硬密实，因而其耐水性和耐碱性好。桐油的缺点是油膜弹性差，生桐油漆膜干后会出现严重的皱皮。造漆时常将桐油与其他干性油配合使用，以克服桐油的缺点，同时可利用桐油易皱皮的特点制造皱纹漆。

2) 亚麻仁油

亚麻仁油又叫胡麻籽油，产于我国的黄河以北的内蒙古、山西、陕西、河北等地区。亚麻仁油由压榨亚麻籽而得，可以食用。亚麻仁油的干性稍次于桐油和梓油，用它制得的油漆柔韧性及耐久性好，但耐光性较差，易泛黄，不宜制作白色漆。可用它加工成聚合油后再生产各种油基清漆。

3) 梓油

梓油又叫青油，是从乌桕树的籽仁压榨取得的干性油，盛产于我国江苏、浙江、江西、四川、湖南、贵州等省。梓油的干性稍次于桐油，但优于亚麻仁油，漆膜较为坚硬。由梓油制成的油漆，颜色浅，不易变黄。市场上所称的鱼油，实际上是熟桐油和亚麻仁油。

4) 苏籽油

苏籽油是由野生植物白苏子压榨而得，也是一种干性油，产于我国东北和河北地区。苏籽油的干燥性略比亚麻仁油好，其用途与亚麻仁油相同。

5) 豆油

豆油是从大豆压榨而得。豆油干性较慢，与向日葵油、菜籽油等同属半干性油。豆油与向日葵油的使用性能相近，不易变黄，可以用来制作白色油漆。

6) 向日葵油

向日葵油又叫葵花籽油。是从向日葵籽压榨而得。向日葵油是一种很好的食用油，它还可以用来制造肥皂等。

7) 蓖麻油

蓖麻油是由蓖麻籽仁压榨而得，是一种不干性油。蓖麻油中含有羟基，经高温处理（脱水）后可转变为干性油，其干燥性、耐水性、耐碱性介于桐油与亚麻仁油之间，漆膜不易泛黄，但有反粘现象。

8) 椰子油

椰子油是从椰树果实所得，它在低温下呈固态状，颜色较浅，用于制造不干性醇酸树脂，其漆膜硬度大，不易褪色，但稍脆。

(4) 常用油脂漆的品种

用植物油制造的油脂漆品种较多，目前还在使用的油脂漆有下列几种：

1) 清油

清油也称熟油，是用干性油或半干性油经过炼制后加入适量催干剂制成的。它是一种价格便宜的透明涂料。

用清油制作油脂漆，通常采用加热聚合的方法，也就是将干性油加热到290～300℃，保持一定的时间至所需的稠度为止。油在高温下的长时间内，其分子间就会发生聚合作用，从而改变了分子的结构，加快了油的干燥速度，改善了油的耐水、耐久性能，并增加了光泽与坚韧性。例如熟桐油，也是清油。它就是以桐油为主要原料，加热聚合到适当稠度，再加入催干剂而制成的。熟桐油干燥较快，漆膜光亮，耐水性好。因此目前有些地区还在使用，但不能用作中、高档木质制品表面的涂饰。

清油在多数情况下，是用作调制油性厚漆、底漆和腻子等。

2）厚漆

厚漆是由着色颜料、大量的体质颜料与精制干性油经研磨而制成的稠厚浆状混合物。此种涂料中体质颜料较多，油分一般只占总量的10%～20%。不能直接使用，需加清油和油基清漆等，经调配后才能涂饰。厚漆是一种质量很差的不透明涂料，所以不能用于高质量要求的木制品的涂饰，只能用作建筑工程涂饰，或调制腻子时配色用。

3）调合漆

油性调合漆是由精制干性油、着色颜料、体质颜料加上溶剂、催干剂及其他辅助材料配制而成的。品种虽很多，但生产原理却是一样的。用此种漆，涂饰比较简便，漆膜附着力好，质量较厚漆好得多，但耐候性、光泽、硬度都较差，干燥也很慢，涂饰一道需要24h以上才干燥。它也属质量较差的不透明涂料，只适于室内外一般钢铁、木材、抹灰等建筑饰面的涂饰。

除以上几种油脂漆外，还有防锈漆、油性电泳漆等。它们主要用作金属表面防锈漆或面漆的涂饰。

总的来说，油脂漆的主要优点是涂饰方便，渗透性好，价格低廉，有一定的装饰和保护作用。其缺点是涂层干燥缓慢、质软、不耐打磨及抛光，耐水性、耐候性、耐化学性差。在这些方面是远远赶不上合成树脂漆的。因此，它只能用作质量要求不高的木制品的涂饰。另外，油脂漆中要大量耗用植物油，尤其是食用油，所以不用或少用植物油来制造涂料，缩小油脂漆的使用比重是今后的发展方向。

2.树脂类

树脂是涂料工业中的主要原料，是由多种有机高分子化合物互相溶合而成的混合物。树脂可以是半固态、固态或假固态的无定形状态。纯粹体呈透明或半透明状，不导电，无固定熔点，只有软化点，受热变软并逐渐熔化，熔化时发粘；大多数不溶于水，易溶于有机溶剂，溶剂挥发后，能形成一层连续的薄膜。树脂所以能作成膜物质就是利用它的这种性质。

以树脂作为涂料的成膜物质，能提高涂料的装饰性能和耐水、耐磨、耐化学酸碱性能。

(1) 树脂的分类

涂料用的树脂通常可分为天然树脂、人造树脂和合成树脂三类，当然合成树脂也是人造的，为此将人造树脂和合成树脂并为一个大类。

1）天然树脂

天然树脂漆是以干性植物油与天然树脂经过炼制而成的漆料，也是一种比较古老的油漆品种。它可分为清漆、磁漆、底漆、腻子等。天然树脂漆中的干性油可增加漆膜的柔韧性，树脂则可使漆膜提高硬度、光泽、快干性和附着力。漆膜性能较油脂漆有所提高。

天然树脂漆中的树脂有琥珀、达麦树脂、松香、沥青、虫胶、生漆等。所用油脂有桐油、梓油、亚麻仁油、豆油及脱水蓖麻油等。纯粹的天然树脂如琥珀等由于来源缺乏，炼制工艺复杂，已很少采用。虫胶也几乎被合成树脂所替代。目前使用最广泛的天然树脂是松香及其衍生物。

2）合成树脂

涂料中所用合成树脂品种很多，可分为缩合型树脂、聚合型树脂和元素有机树脂三类。常用的缩合型树脂有酚醛树脂、环氧树脂等，聚合型树脂有过氯乙烯树脂、聚氯乙烯树脂、聚醋酸乙烯树脂等，元素有机树脂有有机硅树脂等。

缩合型树脂作主要成膜物质的涂料有两种：一种是热固型，需经升温才能固化，所以也叫烘干型；另一种是需要加入固化剂才能在室温下固化，因固化剂是在使用前才能加入，所以这类产品的包装要分开。

（2）几种常用树脂

1）松香

松香是由赤松、黑松等松树所分泌的松脂经过蒸馏制得，其中的主要成分是松香酸。用天然松香制作的涂料，漆膜脆、易发粘、光泽差、容易分解、遇水发白，所以一般不直接用天然松香造漆，而是首先使松香改性。改性后的松香仍以松香为主要成份，称松香衍生物。

2）石灰松香（钙脂）

将松香加热，按一定比例掺入熟石灰粉末，反应所得产品即为石灰松香。使用石灰松香制成的钙脂漆，其漆膜光泽好、硬度也比松香有所改进，干燥较快，但耐候性差，附着力、耐久性欠佳，适用于室内普通家具的罩光或与其他树脂相配合使用。

3）松香甘油脂（酯胶）

将松香加热熔化后与甘油发生作用而制得，俗称凡立水。漆膜韧，能够耐水，但干燥性不好，光泽也不持久。

4）虫胶

虫胶又叫漆片，是一种从紫胶虫的分泌物经加工所得的天然树脂。虫胶的产地是印度与马来西亚，我国南方及台湾也有出产。虫胶硬而脆，不透明，颜色由浅黄到暗红。虫胶易溶于酒精而制成虫胶清漆，俗称泡立水。虫胶清漆的成膜过程也是溶剂的挥发过程，其漆膜坚硬光亮透明，但遇水后会变白，干后用酒精棉花团揩擦即可恢复原样。

5）大漆

大漆也称中国漆，是我国的著名特产。大漆是从漆树流出的一种白色粘稠状液体，经过滤除去杂质后成为生漆，再将生漆进行精加工，成为熟漆。

6）沥青

沥青的使用历史很久。沥青有天然沥青，石油沥青和煤油沥青，属黑色硬质热塑性物质。用沥青作为主要成膜物质的沥青漆，具有耐酸、耐碱、耐腐、耐水等特点。沥青资源丰富，成本低，在建筑上使用广泛。沥青可单独使用，但更多的是与其他油料或树脂混合使用，制成各种改性沥青漆。建筑工程采用的冷底子油、乳化沥青等属纯沥青涂料，由沥青加溶剂而成。

7）橡胶

涂料中使用的橡胶是天然橡胶衍生物（天然橡胶经过处理）及合成橡胶，常用的品种有氯化橡胶、环化橡胶及丁苯橡胶等。用橡胶作为主要成膜物质的橡胶漆，具有良好的柔韧性、耐水性、耐化学腐蚀性，因此用途广泛。

8）醇酸树脂

醇酸树脂由多元醇、多元酸、一元酸和脂肪酸缩合而成，属油改性脂类，具有耐老化、耐候性好、保光性好、附着力强等优点，并具有一定弹性。这类合成树脂在涂料中应用量最多。醇酸树脂根据其油脂（或脂肪酸）含量的多寡，可有长度油、中度油、短度油之分。

9）硝基漆

硝基漆又称喷漆、蜡克。它是以硝化棉为主，加入合成树脂、增韧剂、溶剂与稀释剂制成基料，然后再添加颜料，经机械研磨、搅拌、过滤而制成的液体。其中不含颜料的透明基料即为硝基清漆，含有颜料的不透明液体则为硝基磁漆（也称色漆）。

硝基漆是涂料中比较重要的品种，它具有干燥迅速、光泽优异、坚硬耐磨、可以抛光等特点，而且漆膜是可逆的，便于修复，是一种普遍使用的装饰性能较好的涂料，适宜刷、喷、淋等施工方法。但是硝基漆的组分中固体份含量很低，施工时一般只有20%左右，挥发份占80%左右，成膜很薄。为了提高漆膜的装饰性，还要砂磨打蜡。如果是刷涂或喷涂就需要反复操作5~8次。如是揩涂，则要揩涂几十次。可见施工比较繁琐，而且所得漆膜的耐水性、耐久性、耐化学药品性以及耐溶剂性都不够好。况且硝基漆的主要原料是棉花，它所消耗的大量溶剂也都是用粮食制作的，很不经济。此种溶剂含有毒性，对生产和使用者的身体健康有危害。

硝基漆属于挥发型涂料，它的成膜主要是溶剂挥发的物理过程。它所生成的漆膜，装饰性能较好，经砂磨抛光后，还可获得较高的光泽。而且硬度高，耐磨性、耐水性、耐化学药品等性能都比较好。涂层干燥快和漆膜容易修复是它最突出的优点。在常温条件下，如果揩涂一次，仅几分钟就可复揩；如刷涂或喷涂一道，半小时左右就能表干，比油基漆的干燥快几倍甚至几十倍。干燥的漆膜如局部损伤，可修复到与原漆膜完全一致的程度。在这方面，硝基漆优于其他许多新型的合成树脂漆，如聚氨酯树脂漆和丙烯酸树脂漆等。

硝基漆也有它的不足之处，如固体份含量低，施工繁琐，工人的体力劳动强度大，生产周期长，而且因溶剂有毒性，大量挥发到车间周围的空气中去，还会严重地污染环境和危害操作人员的健康。硝基漆膜的某些性能还不能满足更高的要求，如耐寒性不十分好，当气温激烈变化时，常常引起开裂与剥离。

10）酚醛树脂

酚醛树脂是由苯酚和甲醛缩合而成，是最早发明的合成树脂。用于涂料的酚醛树脂有三种：一是用于金属表面的醇溶性树脂；二是耐水、耐热、耐腐蚀的油溶性树脂；三是松香改性酚醛树脂。其特点是耐水、耐化学腐蚀及耐久性好。

11）环氧树脂

环氧树脂是由环氧丙烷和二酚丙烷在碱作用下聚合而成的高分子聚合物。它具有粘结力强、耐化学性能优良、韧性及耐久性等优点，因此应用广泛，但成本较高。

12）氨基树脂

氨基树脂是由含氨基的化合物（如尿素、三聚氰胺）与甲醛进行缩聚反应而制得的产物。用这类树脂加热固化后形成的涂层，具有坚硬、耐水、耐碱等特点，但涂膜硬而脆，故附着力差。因此很少单独使用，常与其他树脂特别是醇酸树脂合用。

13）丙烯酸树脂

这类树脂大都是丙烯酸与丙烯酸酯或甲基丙烯酸脂的聚合物或共聚物。用这类树脂形成的涂膜，具有色浅、不变色、耐湿性及耐候性好等特点。在阳光下曝晒不损坏，能耐一般的酸、碱、油、酒精等，因此应用广泛，是主要的涂料之一。

14）过氯乙烯树脂

将过氯乙烯（含氯量56%）溶于氯化苯中，通入氯气使其进一步氯化（含氯量增加至61%～65%）而成。用过氯乙烯树脂制成的油漆，其漆膜具有良好的耐化学腐蚀性，耐水性及耐寒性。

15）聚酯树脂

聚酯树脂由多元酸和多元醇缩聚而成。由于使用不同的多元酸和多元醇，可得到不同的聚酯树脂，其种类有：不饱和聚酯树脂、饱和聚酯树脂、油改性聚酯树脂、对苯二甲酸聚酯树脂、多羟基聚酯树脂。

16）聚氨酯树脂

聚氨酯树脂与其他树脂的不同之处，是除了羟基以外，在聚酯树脂中只含有酯键，在聚醚树脂中只含有醚键。在聚氨酯树脂中，除了氨酯键外，尚可含有许多酯键、醚键、脲键、脲基甲酸酯键、异氰脲酸酯键或油脂的不饱和双键等，然而在习惯上则统称为聚氨酯漆。

聚氨酯树脂不像聚丙烯酸酯那样由丙烯酸酯单体聚合而成，而是由多异氰酸酯（主要是二异氰酸酯）和多元醇（羟基）结合而成的。

聚氨酯涂料，具有较为全面的综合性能。不仅对金属有极好的附着力，而且对非金属如木材等也有良好的附着性，这是其他涂料所不及的。它的漆膜坚硬耐磨、富有弹性、外观平整丰满、经砂磨抛光后有较高的光泽。此外，漆膜还具有耐水、耐热、耐候和耐酸碱等化学药品的性能。漆膜的耐温变性尤为优异，它能在－40～＋120℃的条件下使用。其固体份的含量达50%左右，比硝基漆高一倍以上。聚氨酯漆的施工粘度低，适用于刷涂、淋涂、喷涂等施工方法。减轻工人的劳动强度，提高生产效率。

聚氨酯漆虽然具有很多优点，但也存在一些缺点：①用芳香族多异氰酸酯制造的聚氨酯漆保色性差，漆膜易泛黄，因此不易制造浅色涂料。②对人体有刺激作用；③漆膜如损坏，修复困难；④聚氨酯漆中的异氰酸酯对水分和潮气较为敏感，遇水要胶凝。因此，在制造和施工中，所用的溶剂不能含水，包装的容器也必须干燥。

目前，聚氨酯漆共有五种类型，即聚氨酯改性油涂料、湿固化型聚氨酯涂料、封闭型聚氨酯涂料、羟基固化型聚氨酯涂料和催化固化型聚氨酯涂料。除封闭型需要高温烤烘不宜用于木材表面的涂饰以外，其他四种类型都可涂饰木制品，其中双组分的羟基固化型聚氨酯涂料，应用较为广泛，基本上代替了硝基漆的表面罩光。

3．水性涂料类

水性涂料不同于一般溶剂型涂料，它是以水作为溶剂和调稀，特点是能大大节约有机溶剂，改善施工条件，保障施工安全，所以近年来发展很快，水性涂料分为二种：

(1) 水分散性涂料

水分散性涂料漆简称“乳胶漆”。其特点是可用水作稀释剂，可避免因使用易燃性溶剂而引起的火灾和中毒的危险，而且能一次涂刷较厚的涂膜，即使在一定潮湿程度的水泥表面上施工，涂膜也不易起泡，大大提高工效。同时该涂膜的耐水性及耐磨性良好，表面可用皂液洗擦，所以很适于混凝土和抹灰墙等建筑面涂装。缺点是对金属基层的防锈性及附着力差，而且使用原料较多，制造较麻烦。

常用水性涂料的品种：

1) 大白浆

大白浆是由大白粉加胶粘剂组成。大白粉又名白垩土、白土粉、老粉，是由滑石、青石等精研成粉状，其主要成分为碳酸钙粉末。碳酸钙本身没有强度和粘结性，在配制浆料时必须掺入胶粘剂。适用于室内顶棚和墙面的刷浆。

2) 石灰浆

石灰浆是由生石灰块或淋制的石灰膏加水调制而成。石灰的原料是石灰石，它的主要成分是碳酸钙。将石灰石放在立窑中，在900℃左右温度下进行煅烧使碳酸钙分解成氧化钙，这就是生石灰。石灰浆的适用范围基本同大白浆。

3) 可赛银

可赛银又称酪素胶，是工厂生产的一种带色的粉料，是以细大白粉为填料，以酪素为胶粘剂，掺入颜料混合而成为粉末状材料。使用时先用温水将粉料浸泡，使酪素溶解，加水调制到适合施工稠度即可。与大白浆相比，其附着力、耐磨性、颜色的均匀性都优于大白浆，适用于室内墙面刷浆。

4) 聚乙烯醇水玻璃内墙涂料

聚乙烯醇水玻璃内墙涂料又称为106内墙涂料。它以聚乙烯醇水玻璃为成膜物质，掺入轻质碳酸钙、滑石粉等填充料、体质颜料（钛白粉、锌钡白）、着色颜料（色浆）以及分散剂、稳定剂、消泡剂等助剂，经高速搅拌、过筛、研磨而成的一种水溶性低档涂料。涂膜具有一定的粘结强度和防潮性能，无毒、无味、不燃，施工方便，涂层干燥快，表面光洁平滑，且能配成多种色彩，因而被广泛地应用于一般住宅建筑及公用建筑室内墙面、墙裙及顶棚等装饰，是目前我国使用量最大的内墙涂料。缺点是不适宜于5℃以下施工，耐湿擦性较差。

5) 聚乙烯醇氨基化树脂涂料

聚乙烯醇氨基化树脂涂料又称803内墙涂料。是在聚乙烯醇缩醛胶聚合过程中，掺入适量尿素，形成氨基化胶（即801建筑胶水），再加入颜料、填料、石灰膏及其他助剂，经研磨混合、搅拌而成。这种涂料的粘结强度、耐湿擦性、耐水性均优于106内墙涂料，且无味，不燃，干燥快，可喷可刷。适用于装饰要求略高的中级工业与民用建筑内墙面、顶棚、墙裙等饰面。

6) 乳胶漆

乳胶漆是由树脂、乳化剂、消泡剂、填充料、着色色浆等经混炼研磨而制成的。乳胶漆可用水稀释，是一种以水为分散介质的水性涂料，其涂膜具有一定的透气性和耐碱性，因此可在新浇筑的混凝土和新抹灰的墙面上涂刷。乳胶漆涂膜为开孔式，涂膜不致发生起泡、变色、发粘等缺陷。

乳胶漆没有一般涂料中因含有机溶剂而给大气带来的污染。它的特点是对人体无毒，无火灾之患，贮存安全，施工方便。适用于墙面、顶棚等装饰。按涂膜外观分为有光、半光、无光等品种；按其使用范围又分为以下两种：

（A）室内用乙烯树脂类乳胶漆

室内用乙烯树脂类乳胶漆又称内用乳胶漆、水粉漆。其中以聚醋酸乙烯类乳胶漆应用最为广泛，但其耐水、光等性能还不能满足使用要求。所以近年来已向丙烯酸酯为主的乳胶漆发展，其品种有醋酸乙烯-丙烯酸酯（简称乙丙涂料）、苯乙烯-丙烯酸酯等共聚物乳胶涂料（简称苯丙涂料）。其保光性、保色性、耐候性能均优于聚醋酸乙烯类乳胶漆，是目前室内装饰的理想材料。

（B）室外用乙烯（含丙烯酸）树脂类乳胶漆

室外用乙烯（含丙烯酸）树脂类乳胶漆有醋酸乙烯-顺丁烯二酸丁酯共聚物外用乳胶漆、醋酸乙烯-丙烯酸酯类外用涂料、苯乙烯-丙烯酸酯类外用涂料等品种。苯-丙涂料目前主要用于外墙复合涂料的罩面涂料。

（2）水溶性涂料

水溶性涂料与乳胶漆不同之处是，光泽比一般乳胶漆好，能接近一般溶剂型涂料，稳定性比一般乳胶漆好，可用泵输送。缺点是常温干燥慢，一般需 140 ~ 150℃至 170 ~ 180℃的高温烘烤方能干透。如：水溶性环氧电泳漆是以水做溶剂，可节省大量有机溶剂，减少了毒性，采用电泳施工（即电沉积涂），适宜大规模连续生产，施工质量好。不足之处是设备投资大、烘烤温度高（140 ~ 180℃），故应用较少，目前仅用于电冰箱、自行车、仪器、仪表等轻工产品的底漆。

4. 胶料

最早人们通常以骨胶、皮胶、淀粉等天然产物作胶料，随着石油化工尤其是合成高分子材料的兴起，根据使用的要求而合成了一系列新型的、性能优良的合成胶料。胶料在涂料装饰中主要作为调制腻子、色浆、贴金、贴纸、贴布等用途。常用胶料的品种有：

（1）鸡脚菜

鸡脚菜又名菜胶或鹿角菜（北方地区采用龙须菜，南方地区有时也用石花菜代替），是一种海生植物，它是刷大白浆的主要胶质材料，也可作为腻子的胶粘剂。

（2）血料

常用的血料是熟猪血。将生猪血加块石灰经调制后便成熟猪血。生猪血用于传统油漆打底，熟猪血用于调配腻子或打底。血料是一种传统的胶粘剂，由于猪血贮存时间短，且腥臭难闻，如今在一般装饰工程上，它已被 108 胶或其他化学胶取代。

（3）羧甲基纤维素

羧甲基纤维素又称化学浆糊。系植物纤维经化学合成的胶粘剂，它与水调配后成浆糊状，故称化学浆糊。市场出售的羧甲基纤维素有粉状和棉絮状两种，粉状浸泡时间短，棉絮状的所需时间长而且质量没有粉状细腻。羧甲基纤维素无毒无味，防腐耐久，储存使用比较方便，是传统胶粘材料鸡脚菜的理想代用品，它可以用来调拌腻子，配制水浆涂料，以及同其他胶料配制成裱糊粘结剂等。羧甲基纤维素吸水性强，为此在储存时必须放置在干燥处。

(4) 聚乙烯醇氨基化胶

聚乙烯醇氨基化胶又称801建筑胶水。是在缩甲醛反应过程中，加入适量尿酸与游离甲醛制成的。

(5) 聚醋酸乙烯乳液

聚醋酸乙烯乳液又称白胶、白乳胶。是由聚醋酸乙烯单体、引发剂、乳化剂、增塑剂等通过乳液聚合方法而制得的。固体含量约为50%，其粘结强度和耐水性能较好。

(二) 常用颜料

涂料中的各种颜料，是不溶于各种成膜物质（粘合剂）的有机物和无机物。颜料品种很多，按其来源可分为天然颜料和人造颜料两类；按其化学成分可分为有机颜料和无机颜料两大类；按其在涂料中的作用可分为着色颜料，防锈颜料和体质颜料。

1. 着色颜料

着色颜料主要起着色和遮盖物面的作用，同时可以提高涂层的耐日晒、耐久和耐候性，有的还可以提高耐磨性，是涂料中使用最多的一类品种。着色颜料按其所显示的色彩有红、黄、蓝、绿、白、黑和金属光泽类等。

(1) 白色颜料

白色颜料在各色涂料中使用最广。白色颜料都是无机颜料，一般具有良好的外观白度及分散性，有较高的遮盖力及一定的耐候性。使用较普遍的白色颜料有钛白粉、锌白、锌钡白等。

1) 钛白粉

钛白粉化学名称为二氧化钛，呈白色粉末状。钛白粉的化学性质相当稳定，遮盖力及着色力均较强，并具有较好的耐光、耐热、耐稀酸、耐碱等性能，是制作白漆的优质白色颜料。金红石型二氧化钛，耐光性强，可作外粉刷颜料；锐钛型二氧化钛，耐光性较差，可作内粉刷颜料。

2) 锌白

化学名称为氧化锌，呈白色粉末状，具有良好的着色力和遮盖力，不易粉化，常与锌钡白混合使用，能起阻止漆膜龟裂的作用。

3) 锌钡白

又名立德粉，呈白色粉末状，它是由硫化锌和硫酸钡混合而成的，可用在酸值高的漆料中，其遮盖力比锌白强，但次于钛白。立德粉为中性颜料，耐候性差，不适合作外粉刷。

(2) 黑色颜料

1) 氧化铁黑

也称铁黑，呈黑色粉末状，是由氧化亚铁与三氧化二铁配制成的黑色粉末颜料，有极强的遮盖力和着色力，耐光性、耐候性及耐碱性较好，溶于酸，并具有较强的磁性，是一种较好的黑色颜料。

2) 炭黑

又名乌烟，呈黑色细腻粉末状，它是由有机物质经不完全燃烧或经热分解而制成的不纯产品，是一种粒子细腻无定形，比重轻而遮盖力、着色力很强并且具有较好的耐热、耐碱性的黑色优质粉末，一般可分槽黑（硬质炭黑）和炉黑（软质炭黑）两种。炭黑的化学性能稳定，不和酸碱发生作用，是一种通用的黑色颜料。

(3) 黄色颜料

1) 氧化铁黄

又称铁黄，呈黄色粉末状。氧化铁黄具有很高的着色力和遮盖力，同时具有良好的耐光性和耐候性，可用来配制各种涂料。

2) 铅铬黄

又称铬黄，呈黄色粉末状。有毒。铬黄一般有淡铬黄，中铬黄，深铬黄等种类，油漆中可用来配成酒色作拼色用。

3) 锶黄

呈艳丽的柠檬色，具有较好的耐光性，但着色力和遮盖力较弱，且价格昂贵。在木制品涂饰中，锶黄只用作拼色颜料。

(4) 红色颜料

1) 氧化铁红

又称铁红。氧化铁红的遮盖力和着色力都很强，具有良好的耐光性、耐高温性、耐碱性，并有物理防锈作用。氧化铁红在涂料工业中用量很大，主要用于各种底漆。其缺点是不耐强酸，颜色不鲜艳。

2) 镉红

它是由硫化镉、硒化镉和硫化钡组成的红色粉末状颜料，色泽鲜红，有良好的着色力和遮盖力，其耐光、耐热、耐候、耐碱等性能均好。由于镉红的价格昂贵，仅使用在特殊的涂料中。

3) 大红粉

是一种色泽鲜艳的有机颜料。它的遮光力强，且耐光、耐热、耐酸碱，是一种常用的颜料。

4) 甲苯胺红

又称颜料猩红，是一种鲜艳猩红色粉末状的有机颜料。甲苯胺红具有良好的遮盖力和耐酸碱性，并有很强的耐水、耐光、耐油性，是一种优良的红色颜料，被广泛应用在涂料中。

5) 氧化铁棕

又称哈巴粉。它是由氧化铁红、氧化铁黑、氧化铁黄经机械加工混合而成，其性能与氧化铁颜料基本相同。在木面油漆中，哈巴粉主要用于调配填孔料。

(5) 蓝色颜料

1) 铁蓝

又名华蓝或普鲁士蓝。铁蓝分为青光铁蓝、红光铁蓝、青红光铁蓝等品种。铁蓝具有很高的着色力，耐光性能好，但遮盖力不强，涂料中常使用不发光的铁蓝，以免影响色彩鲜艳。

2) 群青

又称洋蓝，是一种色彩鲜艳的无机颜料，是半透明状。群青具有良好的耐光、耐候、耐热、耐碱等性能，但着色力和遮盖力均较低。群青被广泛用来去除白色油漆中的黄色，使白漆显得更加洁白。

(6) 绿色颜料

1) 铬绿

铬绿是由铅铬黄和铁蓝混合配制的一种绿色颜料，其中铅铬黄和铁蓝用量比例决定绿色的深浅。铬绿具有良好的遮盖力，同时具有良好的耐热、耐光和耐候性，但不耐酸和碱。

2) 锌绿

锌绿色彩鲜艳，耐光性强，但着色力差。锌绿比铬绿耐久。

(7) 金属粉颜料

1) 铜粉

俗称“金粉”，是铜锌合金制成的鳞片粉末状。纯铜容易变黄，故采用铜锌合金，按铜锌两种金属不同比例配成的铜锌合金，可制得不同颜色的“金粉”。金粉一般供装饰用，在木家具涂刷施工中常用金粉作为高级家具的镶色。金粉的缺点是与油酸相结合时，会使涂料出现蓝色或泛黑色。

2) 铝粉

俗称“银粉”，是由铝熔化后喷成细雾，再经研磨而成，是具有银色光泽的金属颜料。铝粉具有很强的遮盖力，反射光和热性能良好，常用来涂在暖气片及管道上。铝粉质轻，易在空气中飞扬，遇火易爆炸。为了安全，常在铝粉中加入200号汽油溶剂，调成浆糊状使用。铝粉容易被氧化而失去光泽。铝粉漆会结底，应随调随用。

2. 防锈颜料

防锈颜料可使涂层具有良好的防锈能力，它能抑制金属的腐蚀，延长金属的使用寿命。防锈颜料有化学防锈颜料和物理防锈颜料两种。

化学防锈颜料不仅能增强涂膜的封闭作用，防止腐蚀介质渗入，还能与钨发生化学反应形成新的防锈层保护被涂的金属。常用的化学防锈颜料有红丹粉、锌粉、锌铬黄等。

物理防锈颜料是一种化学性质较为稳定的颜料，它借助于颜料颗粒本身的特性，填充涂膜结构的空隙，提高涂膜的致密度，阻止水分的渗入。常用的物理防锈颜料有氧化铁红和铝粉。

其中有些颜料，从色彩和着色力等方面考虑，可划在着色颜料中，但从防锈作用来考虑，也可划在防锈颜料中，所以分类不是绝对的。防锈颜料在钢家具、钢木结构家具中用得很多。由于它在使用性能上不同于一般的着色颜料，有防止钢家具表面受锈蚀的作用，所以凡是金属的器具表面上，都用防锈颜料。

(1) 红丹 (Pb_3O_4)

红丹，又称铅丹，呈桔红色粉末状，主要成分是四氧化铅。它的防锈化学原理是红丹中的过氧化铅可以起氧化剂作用，使铁的表面生成氧化高铁而起到保护作用。红丹又是一种铅酸盐，它是阻锈剂，它与铁接触后，在氧化铁表面生成一层铅酸铁膜，覆盖在铜铁表面上，使其钝化，不再发生锈蚀。但铅的毒性较大，要注意防止中毒。

(2) 锌铬黄 ($ZnCrO_4$)

锌铬黄，又称锌黄，是黄色晶体。锌黄能溶于稀酸、稀碱、微溶于水。分子式为 $K_2O \cdot 4ZnO_4CrO_3 \cdot 3H_2O$，遇水后放出少量铬酸根离子，能使钢铁表面或铝镁、铝合金表面钝化防止生锈。

(3) 铝粉 (Al)

铝粉，又称银粉，呈银色平滑的鳞片状粉末，它是制作银粉漆的主要原料。特点是遮盖力强，在漆中悬浮性好，对紫外光线具有反射能力，对太阳光照射的热能具有散热作用，耐候性良好，是目前使用最广泛的一种金属防锈颜料。

3. 体质颜料

体质颜料属于填充颜料，大都是天然矿物或工业副产品，它是一种没有遮盖力和着色力的粉状物质。其特点是耐化学性、耐候性及耐磨性均较好。体质颜料能增加漆膜的厚度和光泽，加强漆膜的体质，使其坚硬、耐磨。用体质颜料调制成的腻子，物面经腻子批刮后，不但平整光滑，而且能增加光泽度，并能降低涂料的成本。有些体质颜料组织细腻，可以改善漆膜的平润性，有些体质颜料本身比重轻，悬浮性好，可以防止比重大的颜料沉底。

(1) 碱土金属盐类

1) 硫酸钡 ($BaSO_4$)

硫酸钡，天然产品称为重晶石粉，呈白色粉末状，为中性体质颜料。有较好的耐酸碱性，能和漆料、颜料混合调配，是配制底漆、腻子的主要体质颜料，其作用是使漆膜坚硬、不透紫外线，吸油量低，密度大。硫酸钡与少量氧化锌合用，能提高耐磨性，但比重大，易沉淀，因而，也有沉淀硫酸钡之称。

2) 硫酸钙 ($CaSO_4 \cdot H_2O$)

硫酸钙，也称石膏粉，呈白色粉末状。具有良好的可塑性，是天然漆腻子，油漆腻子配制中的主要原料，耐水性差，不适宜作室外涂饰。

3) 碳酸钙 ($CaCO_3$)

碳酸钙，天然产品称为白垩、大白粉，俗称老粉，呈本白色粉状，是一种由方解石及其他含碳酸钙较高的石灰岩石经粉碎加工而制成的天然石灰岩石的粉末。碳酸钙易吸潮，呈微碱性，用于配制底漆、腻子等。

(2) 硅酸盐类

1) 硅酸镁 ($3MgO_4 \cdot 4SiO_2 \cdot H_2O$)

硅酸镁，又称为滑石粉，是由天然的滑石和透闪石矿的天然混合物经过细磨水漂后而得，呈白色，质软细腻而轻滑，常以片状、纤维状两种形态混合存在。在漆膜中能起到吸收伸缩应力的作用，防漆膜开裂，并能防止其他颜料沉底结块，同时还能防止油漆流坠，增加漆膜的耐水性和耐磨性，用于底漆、腻子的配制。滑石粉是虫胶清漆揩擦工艺中的良好填孔材料。

2) 瓷土 ($Al_2O_3 \cdot 2SiO_2 \cdot 2H_2O$)

瓷土，又称高岭土，呈白色，质地细软，为无定形片状粉末。是由天然高岭土，正长石等风化构成的白色黏土层，经采掘、水漂、干燥而制得。瓷土耐稀酸、耐稀碱，能增强漆膜的硬度而不易开裂，主要用于底漆的配制。

3) 石棉粉 ($2SiO_2 \cdot 3MgO \cdot 2H_2O$)

石棉粉是由石棉粉碎而制得，其组成为硅酸钙镁的混合盐。特点是质轻而松软，吸油量大，本身耐酸、耐碱、耐热，稳定性均很高，常作为耐酸漆、耐热漆、防火漆中的颜料使用，也用于隔热涂层中。

（三）常用染料的化学性能

凡借助化学和物理作用，能使纤维或者其他物料，经着染后能相当牢固地呈现各种透明而鲜艳颜色的有机物质称为染料。染料是一种有机化合物，常呈粉末状，色彩艳丽。染料的来源可分为天然染料和合成染料（人造染料）两大类。天然染料主要是植物性染料。合成染料是由煤焦油分馏，经化学加工后而制成。染料主要用于各种纤维织物、塑料、皮制品、纸张的染色，也是木材面透明涂饰工艺中着色的主要原料。

染料和颜料在性质上有根本的区别，它能溶解于水、油和溶剂等介质中，能使被染物体全部染色；而颜料一般不溶介于上述介质中，仅能使物体表面着色。它们虽然均属着色材料，因染料对于物质的纤维具有亲和力（结合力），一般都能溶于水或借助化学药品直接渗入物体内部，染色后使物体表面颜色鲜艳透明，并且有一定的坚牢度。由于颜料的不溶解性，对纤维的亲和力很弱，所以，并不渗入物体内部。

染色的作用即染料由溶液转移并固着于纤维上的作用。染料的种类很多，其溶解的性质随种类的不同而有区别，在使用时应注意，有的染料需要强溶剂才能溶解，有的则用水就可溶解，但用水必须清洁，并且应为软水（将硬水煮沸就可成为软水）。所有染料溶液也应按类别单独制备，不要混合，否则可能形成沉淀。

染料的种类很多，木材染色和木家具油漆中常用的染料主要有碱性染料、酸性染料、中性染料、油溶性染料、分散性染料、醇溶性染料等。

1. 碱性染料

含有氨基或取代氨基而生成盐的染料称为碱性染料，常溶于水和乙醇中，常用的碱性染料有碱性橙、碱性品红、碱性品绿等。碱性染料的分散性强，染料溶液能渗进木材之中，如遇有单宁的木材，经染色后的色泽更鲜艳。

(1) 碱性橙

碱性橙，又称盐基金黄、块子金黄或盐基杏黄。为红褐色结晶粉末或带绿光的黑色块状晶体。能溶于乙醇，微溶于丙酮，不溶于苯。涂饰施工过程中，常把它溶于乙醇中，一般用在虫胶清漆内进行涂层着色或拼色。

(2) 碱性品红

碱性品红，简称品红，俗称马兰红。呈绿褐色的结晶块状，溶于水后呈紫红色。溶于水，微溶于乙醇，用于木家具涂饰中的红木颜色的着色。

(3) 碱性绿

碱性绿，简称品绿，又称孔雀绿。带有绿色金属光泽的大块晶体和片状，溶于水和乙醇。用于木材的染色，在木制品透明涂饰工艺中，常调配在虫胶清漆中作拼色用。如涂层色泽红于样板，经品绿溶液刷涂后可减去红光。

2. 酸性染料

在酸性（或中性）介质中进行染色的染料称为酸性染料，酸性染料能溶解于水中，它的颜色鲜艳，透明度高，可用于木材表面着色，也可用作木材的深度染色。常用的酸性染料品种有酸性橙、酸性大红、酸性嫩黄、黑纳粉、黄纳粉，其中黑纳粉及黄纳粉是由若干种酸性染料和其他物质按比例调制成的混合物，能溶于水，微溶于酒精，是清漆施工中应用最广的染料之一。一般的用法是将它泡制成水溶液，在木制品表面直接染色，或作为着色剂用在涂层上。

（1）酸性橙

酸性橙，又称酸性金黄，俗称洋苏木红。呈鲜艳金黄色粉末状，溶于水后呈桔黄色，微溶于酒精，是透明涂饰工艺中的主要着色染料。

（2）酸性大红

酸性大红，又称酸性朱红，是带黄光红色粉末，溶于水后呈大红色，溶于乙醇后呈浅橙红，可用于深红色木制品的打底着色。

（3）酸性嫩黄

酸性嫩黄，又称槐黄，呈浅黄色粉末状，极易溶于热水和乙醇后呈槐黄色溶液。也溶于丙酮，微溶于苯。是透明涂饰工艺中作浅色着色用的主要染料。

酸性、碱性染料的性质基本相似，均可溶解于水和酒精，但在实际操作中酸性染料善于同水亲融，碱性染料善于同乙醇亲融。以酸性染料溶于水具有色彩艳丽、透明度高、着色力强、渗透性好、附着力牢固等优点。以碱性染料溶于酒精具有透明度高、着色力好等优点。

3. 中性染料

所谓中性染料，就是既能与酸性染料混用，也能与碱性染料混用。常用的中性染料有黄纳粉和黑纳粉等。

（1）黄纳粉

黄纳粉呈黄棕色粉末。是将酸性黄、酸性黑、拷胶、硼砂等按比例拼混，经过筛加工而成。黄纳粉是家具、乐器、仪表木壳等木制品打底着色的一种常用染料。易溶于热水和乙醇，但不溶于200号溶剂汽油。经黄纳粉溶液打底着色后的木器，涂饰透明漆后不仅色泽鲜艳，而且透出的饰面木纹美观感强。

（2）黑纳粉

黑纳粉呈红棕色粉末状。其性能用途同黄纳粉。黑纳粉配制的溶液颜色偏红，常与黄纳粉拼用染各种木制品。

4. 油溶性染料

油溶性染料能溶于油脂和蜡或溶于其他有机溶剂而不溶于水的染料称为油溶性染料。它具有颜色鲜艳、透明度较好的特点。用于制造涂料、油墨、蜡烛、塑料等。木制品表面涂饰施工中，可以把油溶红、油溶黄、油溶黑等，调入腻子或调入虫胶清漆中作涂层着色、拼色等用。常用油溶性染料一般有油溶红、油溶黄、油溶黑、油溶紫、油溶品蓝等。

5. 分散性染料

分散性染料是一种能均匀地分散在水中，但不溶于水而只溶于有机溶剂的着色染料。分散性染料的染色力好，性能稳定，色泽鲜艳、透明度高，不易褪色，并有较好的耐光性和耐热性，是木制品染色的最好染料。主要用于调入树脂色浆和树脂面色内作为木制品饰面着色。常用品种有分散红3B、分散黄RGFL、分散蓝2BLN、分散黑（红、黄、蓝均等配制而成）等。

6. 醇溶性染料

醇溶性染料是一种溶于乙醇或其他类似的有机溶剂而不溶于水的着色染料。醇溶性染料具有耐热、耐光和耐酸碱性等优点，是一种较好的着色染料。常用的醇溶性染料有醇溶耐晒红、醇溶耐晒黄、醇溶苯胺黑等。

(四) 常用溶剂的作用、性能及种类

凡能溶解脂肪、树脂、蜡、沥青、植物油、硝化纤维等成膜物质的，易挥发的有机溶液称为溶剂。溶剂首先应该具有一定的活性，即具有能溶解多种物质的能力。溶剂的溶解能力越高（即被溶于其中的物质浓度越大），溶剂的活性也就越高。溶剂的蒸发速度和沸点是溶剂最重要的性质。在涂料施工操作中，必须了解溶剂的性能，才能发挥溶剂的应有效用。

溶剂是一些能挥发的液体，能溶解和稀释各种涂料。在涂料中使用溶剂是为了降低油料或树脂等成膜物质的黏稠度，以便于施工。溶剂在涂料配方中占很大比重，但在涂料干结成膜后，它并不留在漆膜中，而是全部挥发掉。溶剂的溶解力与其分子结构有关，每种物质都只能溶解在和它分子结构相类似的液体中，例如：松节油对油料松香来讲是溶剂，而对硝酸纤维来说，因为它没有溶解硝酸纤维的能力，所以就不是溶剂。

1. 溶剂的作用

溶剂在涂料中的作用分为真溶剂、助溶剂和稀释剂三大类。

(1) 真溶剂

真溶剂具有溶解涂料中的有机化合物能力，也就是能够单独溶解树脂的溶剂。

(2) 助溶剂

助溶剂没有单独溶解能力，但在一定的程度上与真溶剂混合使用，具有一定的溶解能力，并可影响涂料的其他性能，这种溶剂称为助溶剂。

(3) 稀释剂

稀释剂这种溶剂不能溶解所用的有机化合物，也无助溶作用，但一定程度上可以和真溶剂及助溶剂混合使用，主要起稀释作用，这种溶剂称之为稀释剂。

溶剂的分类只是相对某种成膜物质而言，一种溶剂在一种类型的涂料中起真溶剂作用，而在另一种类型涂料中，也许只起助溶剂作用。如乙醇在虫胶漆中起真溶剂作用，而在硝基漆中只起助溶剂作用。在涂料施工中必须做到不同类型的涂料应当选择不同类型的溶剂。

2. 溶剂的性能

溶剂的主要性能包括溶解力、挥发性、闪点、自燃点、毒性等。

(1) 溶解力

溶解力是指溶解油料和树脂的能力。溶剂的溶解力决定于其内部的分子结构，每种物质只能溶解在与其分子结构相类似的溶剂中。溶剂的溶解力对漆膜质量有很大影响，溶解力差会使漆膜粗糙，影响漆膜光泽。

(2) 挥发性

溶剂的挥发速度对漆膜影响很大，挥发太快，容易产生刷纹，漆膜皱皮、发白、鼓泡等缺陷；挥发太慢不但影响干燥时间，而且会发生流挂。

(3) 闪点和自燃点

绝大部分的有机溶剂为易燃物质，当溶剂挥发时，随着温度的升高，浓度增大，当遇到明火，就会有火光闪出，但随即熄灭，这时的温度称为溶剂的闪点。溶剂的闪点越低，越不安全。当溶剂的挥发成分与空气混合，未与明火接触即自行着火时的温度，叫溶剂的自燃点。闪点在25℃以下的溶剂是易燃品；闪点在25～66℃之间的属可燃品。在闪点温度以上时，禁止明火与涂料接触。在涂料的贮存和使用进程中要格外注意防火。

（4）毒性

着火点是溶剂蒸气遇火能燃烧5s以上的温度，它比闪点略高。自燃点是不用外来火焰而自行着火的温度，它比着火点更高。溶剂的着火点和自燃点高，使用时就比较安全。溶剂的蒸气有毒，对人体具有危害性。中毒的症状有急性和慢性两种，症状为头昏眼花、唇色泛紫、皮肤干燥等。溶剂通过呼吸道或皮肤进入人体，人体有排出外来物质的机能，也可能吸收。此外，溶剂的毒性与其浓度、作用、停留时间的长短以及和每个人的适应性有关，在同一情况下，有的人反应敏感，有的人却毫无影响。所以在使用溶剂过程中，如皮肤沾上溶剂应马上揩干净，用肥皂、用水洗涤；使用溶剂时，如呼吸道干结或感觉不舒服，可多喝温开水或冷开水，以冲淡体内溶剂浓度并促使从尿中排出，施工时必须有良好的通风设备，避免吸进溶剂和接触溶剂，做好安全防护工作。

3. 溶剂的种类

（1）萜烯溶剂

萜烯溶剂是植物性溶剂，绝大部分来自松树分泌物，最常用的为松节油。它是一种无色或微黄色透明的、比水轻的油状液体。

（2）脂肪烃

脂肪烃从石油分馏而得。它们的组成主要是链状碳氢化合物，含有烷族烃、烯族烃和环烷族烃，有时也含有部分芳香族烃（苯、甲苯、二甲苯）。沸点小于80℃的称为石油醚，挥发极快，只可用来提取香精；80～150℃的一段产品称为汽油，闪点、自燃点都低，挥发速度太快，有时只在浸渍用漆、快干漆中使用；150～204℃的这一段馏出物叫松香水（矿质松节油、白酒精），是涂料中普遍采用的溶剂。它的沸点和挥发速度都与松节油相似，溶解力以其中所含芳香族烃的多少而不同，一般芳香烃含量越多，则溶解力越好。它的最大特点是毒性较小，这是其他溶剂所不能相比的。一般用在油性漆和磁性漆中，代替松节油作为溶剂使用。

（3）芳香烃

1）苯（C_6H_6）

苯在芳香烃溶剂中沸点最低，天冷时会结冰，应避免贮存在严寒的地方。苯的闪点低，极易着火，必须密封，小心贮藏。苯的毒性大，尽可能用二甲苯或其他溶剂代替。

2）甲苯（$C_6H_5CH_3$）

挥发率仅次于苯。工业品甲苯中含有苯、二甲苯及少量甲基噻吩。溶解力与苯相似。主要用作醇酸漆料的溶剂，并在硝基漆、乙基纤维漆、乙烯类树脂漆、酚醛漆、环氧树脂漆、丙烯酸树脂漆及其他漆料中用作稀释剂。

3）二甲苯［$C_6H_4(CH_3)_2$］

二甲苯挥发性和溶解力次于甲苯，毒性比苯小，可代替松香水作为强力溶剂。

（4）酯类

酯类是低碳的有机酸和醇的结合物。它们和酮、醇、醚等相同，常带有极性。溶解力很强，能溶解硝酸纤维和各种人造树脂，是纤维漆中的主要溶剂。

1）醋酸丁酯（$CH_3COOC_4H_9$）

醋酸丁酯它是无色透明而有香蕉味的液体，毒性小。它的特点是用在硝基漆中可防止树脂和硝酸纤维析出，挥发不太快，使漆膜不易泛白、便于施工。

2）醋酸乙酯（$CH_3COOC_2H_5$）

溶解力比丁酯好，所得溶液黏度较小，常与醋酸丁酯混合，在汽车、木器等硝酸纤维漆中使用。

3）醋酸戊酯（$CH_3COOC_5H_{11}$）

用在纤维漆中能改进流平性和泛白性。挥发较慢，在热喷用纤维漆中亦常使用。

(5) 酮类

主要用来溶解硝酸纤维，常用的有丙酮、环乙酮。

1）丙酮（$CH_3CO\cdot CH_3$）

丙酮是无色透明的液体，能和水以任何比例混合；溶解力极强，能溶解硝酸纤维、乙烯类树脂、甲基丙烯酸树脂及其他许多聚合树脂；能掺入大量甲苯而不浑浊；属于低沸点溶剂；挥发速度很大，又因能溶于水，容易使漆膜吸水而泛白和形成桔皮。因此，必须同其他挥发性慢的溶剂混合使用。大多用在硝基漆、脱漆剂、快干漆中。丙酮极易燃烧，使用时必须注意防火。

2）环已酮（$C_5H_{10}CO$）

是高沸点溶剂。可溶解纤维衍生物、过氯乙烯、聚氯乙烯等树脂。性能稳定，不易挥发，可防止漆膜泛白，改善漆膜的流平性，便于施工。可以和其他溶剂或稀释剂混合使用。大多用在乙烯类树脂漆中。

(6) 醇类

醇类是一种强极性的有机溶剂。能和水混合，常用的有乙醇、丁醇等。

1）乙醇（C_2H_5OH）

乙醇俗称酒精。可用淀粉发酵制得，也可从乙烯气制取。一般工业产品为96%的酒精。

醇类不能单独溶解硝酸纤维，但同酯类、酮类混合后，就可以与溶剂一样溶解同等数量的硝酸纤维。所以又称为硝酸纤维的潜溶剂，即指其具有潜在的溶解力的意思。不能溶解一般树脂，能溶解乙基纤维、虫胶等醇溶性树脂。常用制备酒精清漆（醇清漆）、木材染色剂、磷化底漆及醇溶性酚醛烘漆等。

异丙醇挥发率比乙醇稍慢，用途与丁醇大致相同。

2）丁醇（C_4H_9OH）

也是由淀粉制得的，性质与乙醇相似，但溶解力较乙醇略低，挥发较慢。常与乙醇、异丙醇合用，可防止漆膜泛白、消除针孔、桔皮、起泡等毛病。丁醇的另一特殊效能是能够溶解肝化发胀的颜料浆，防止油漆的胶化，降低短油醇酸的黏度。丁醇又可作为氨基树脂的溶剂。

(7) 醚醇类

醚醇类是一种新兴的溶剂，有乙二醇乙醚（$C_2H_5OC_2H_4OH$）、乙二醇甲醚（$CH_3OC_2H_4OH$）、乙二醇丁醚（$C_4H_9OC_2H_4OH$）、乙二醇二乙醚（$C_2H_4OC_2H_4OC_2H_4OH$）等，都是挥发性差、沸点高的溶剂。常用在硝基漆、酚醛树脂漆及某些环氧树脂漆中。乙二醇丁醚为最好的抗白剂，能提高硝基漆的光泽度和流平性，还可在静电喷漆和电泳漆中使用。

（五）常用辅助材料

涂料工业中应用的助剂（辅助材料）很多，涂料助剂的用量一般都很小（稀释剂除外），在涂料总配方中不过百分之几，甚至只有千分之几，但它在涂料组分中却占有重要的地位，对改善产品质量，延长贮存期限，扩大应用范围和便于施工等均起到很大的作用。

辅助材料的主要品种有稀释剂、催干剂、固化剂、脱漆剂、增韧剂、防潮剂、抛光剂等。在众多的辅助材料中，除稀释剂外，使用最多的数催干剂和增韧剂，前者普遍用于油性漆，后者则多用于树脂漆。

1. 催干剂

催干剂又名干料、燥剂（燥液或燥油），是一种能加速漆膜氧化、聚合和干燥的物质，对干性油的吸氧、聚合能起到一种类似催化剂的作用。因此，几乎所有含有干性油并在常温下干燥的油漆涂料都要使用催干剂。特别是在冬季，由于漆膜干燥缓慢，影响工作进度和工作效率，还容易使漆面污染，这时使用催干剂显得尤为必要。

需要注意的是，一般油漆涂料在工厂生产时已加入足够的催干剂，在使用时不必再加入催干剂，只有在冬天或气温较低情况下，以及因涂料贮存过久而干性不足时，才需补加一定数量的催干剂。在这种情况下，它的用量也有限，一般为漆重的1%～3%，最高为5%。不要以为催干剂愈多，漆膜干得愈快，恰恰相反，超量使用催干剂不但会降低催干性能，使漆膜发粘，还会出现漆膜皱皮等毛病，并造成漆膜过早老化。所以，使用催干剂要谨慎。

催干剂的品种繁多，许多金属盐可作为催干剂的原料，如钴、锰、铅、锌、铁、钙等金属的氧化物、盐类及它们的各种有机酸皂类。

催干剂只用于清油、油性漆、酚醛漆、醇酸漆等含油类较多的油基漆，不能用在硝基漆、树脂漆中。在漆中加催干剂应搅拌均匀，并放置1～2h再用，以便充分发挥催干剂的效能。

2. 增韧剂

增韧剂又称增塑剂或软化剂。因为增塑剂的分子小，能插入聚合物分子链之间，降低分子链的结晶性，从而增加塑性，使漆膜微带韧性，还可以同时提高漆膜的附着力。单独用树脂作为主要成膜物质的油漆，如硝基漆、丙烯酸树脂漆、虫胶漆等，其漆膜太硬，容易脆裂，必须加入增韧剂。

增韧剂具有良好的混溶性，能很好地与成膜物质均匀地融合，结膜后不易挥发，长期保持增塑性能，并且有较好的耐寒、耐热和耐光的性能。

3. 固化剂

有些合成树脂制成的涂料，如聚氨酯漆、不饱和聚酯漆等，在常温下或虽经加热尚不能干结成膜，需要利用酸、胶、过氧化物等物质与合成树脂发生化学反应，才能使其干结成膜，这类物质称为固化剂，又叫硬化剂。涂料中加入固化剂愈多，涂膜固化愈快，但如固化剂用量过大，容易使漆膜因硬化过快而过快老化，因此必须根据施工时的气温高低来确定固化剂的用量。一般来讲，涂料在低气温施工时才加入酌量的固化剂；当气温超过25℃时就不必使用固化剂。

固化剂的品种主要有磷酸及其衍生物、多元胺、过氧化苯甲酰、过氧化环己酮等。

4. 防潮剂

防潮剂又称防白剂，是一种沸点较高的溶剂。

在潮湿的环境中进行油漆施工，比如硝基漆等挥发性漆中的溶剂，因其挥发过快，致使漆膜表面温度迅速降低，此时空气中的水分会凝结在漆膜表面，变成白色雾状，称为“泛白”。此时如果在涂料中适量加入高沸点的防潮剂，能使溶剂的挥发速度减慢，减少水分凝结，防止泛白现象的发生。

防潮剂通常由酯、酮、醇类溶剂组成，防潮剂可以与稀释剂配合使用，一般在稀释剂中加入10%～20%的防潮剂。防潮剂用量不宜过多，否则会使漆膜干燥太慢，影响漆膜质量，而且会导致油漆成本增加，造成浪费。

5. 脱漆剂

在修缮工程中，往往需要先除去旧漆。去除旧漆，除了用手工和机械方法外，可以用化学方法来彻底清除旧漆膜，即使用脱漆剂。脱漆剂的成分是有机溶剂或酸碱溶液，它们对漆膜有溶胀作用，促使漆膜溶解或溶胀剥离。脱漆剂有液态和乳状两类，当用于平面脱漆时，可在液体脱漆剂中加入适量的石蜡，调成浆糊状后再使用。脱漆剂的品种很多，常用的有有机溶液脱漆剂、酸性脱漆剂、碱性脱漆剂及烯热碱溶液脱漆剂等。

(1) 有机溶液脱漆剂

有机溶液脱漆剂是由多种有机溶液混合而成。其优点是效率高、施工简便，但有毒性，易燃、易挥发，成本高。有机溶液脱漆剂的品种除油漆厂生产的T-1、T-2、T-3脱漆剂外，还可以自行配制。一般的油性漆、酯胶漆、酚醛漆、硝基漆、醇酸漆等都可用有机溶剂脱漆剂来脱漆。

(2) 碱溶液脱漆剂

是简单的一种配方，即用纯碱与水溶解后加入适量生石灰配成火碱水，其浓度以能使漆膜发软为准。

使用脱漆剂时，注意避免与皮肤接触。可用旧漆刷或排笔将脱漆剂涂刷在旧漆面上，待漆膜溶解起鼓时再用铲刀轻轻将其刮去，如漆膜较厚，可将上述过程反复数次，直至将旧漆膜除尽。

6. 稀释剂

稀释剂是单组分或多组分的挥发性液体，能稀释和冲淡涂料，调节粘度，利于施工。使用时应根据涂料中成膜物质的物理、化学性能，选择适宜的稀释剂。

不同品种的油料和树脂对稀释剂的要求是不同的，在使用各种涂料时必须选择相适应的稀释剂，否则涂料就会发生沉淀、析出、失光和施涂困难等问题。常用涂料稀释剂的选用见表3-5。

常用涂料稀释剂的选用　　表3-5

类别	型号	涂料名称	稀释剂
油脂漆类	Y00-1	清油	200号溶剂汽油、松节油、松香水
	Y02-1	各色厚漆	
	Y03-1	各色油性调合漆	
	Y53-1	红丹油性防锈漆	

续表

类　别	型　号	涂　料　名　称	稀　释　剂
天然树脂漆类	T01-1	酯胶清漆	200号溶剂汽油，松节油
	T01-18	虫胶清漆	乙醇
	T03-1	各色酯胶调合漆	200号溶剂汽油、松节油
	T03-2	各色酯胶无光调合漆	同上
	T04-1	各色酯胶磁漆	同上
酚醛树脂漆类	F01-1	酚醛清漆	200号溶剂汽油、松节油
	F04-1	各色酚醛磁漆	
	F06-1	各色酚醛底漆	
沥青漆类	L01-13	沥青清漆	松节油、苯类溶剂
	L50-1	沥青耐酸漆	200号溶剂汽油、二甲苯+200号溶剂汽油
醇酸树脂漆　类	C01-1	醇酸清漆	松节油+二甲苯或200号溶剂汽油+二甲苯
	C04-2	各色醇酸磁漆	松节油、200号溶剂汽油+二甲苯
	C06-1	铁红醇酸底漆	二甲苯
硝基漆类	Q01-1	硝基外用清漆	X-1
	Q22-1	硝基木器清漆	X-1
	Q04-34	各色硝基磁漆	X-1
聚氨酯树脂　漆	S01-3	聚氨酯清漆	S-1
		聚氨酯木器漆	S-1
		各色聚氨酯磁漆	二甲苯
环氧树脂漆　类	H06-2	铁红、铁黑、锌黄环氧底漆	二甲苯
	H01-1	环氧清漆	甲苯+丁醇+乙二醇乙醚=1:1:1
	H04-1	各色环氧磁漆	甲苯:丁醇:乙二醇乙醚=7:2:1
乙烯树脂漆类	X08-1	各色醋酸乙烯无光乳胶漆	水
过氯乙烯树脂漆类	G01-5	过氯乙烯清漆	X-3
	G04-2	各色过氯乙烯磁漆	X-3
丙烯酸漆类	B01-3	丙烯酸清漆	X-5
	B22-1	丙烯酸木器漆	X-5
	B04-9	各色丙烯酸磁漆	X-5、X-3

二、工、机具的使用与维护方法

在涂料施工中所用的工具和机械不尽相同，且装饰施工对象各异，因此必须根据涂料品种、施工场地及对象，合理地选用工具和机械。

涂料手工工具比较简单，使用灵活，一般不受施工场地的限制，但生产效率低，费工，费力，并且被涂物面的漆膜外观也易出现刷痕。而利用机械工具可以获得薄而均匀的漆膜，生产效率高，减轻了劳动强度，不足之处是浪费性较大并且受施工场地的限制。在本节中主要介绍常用的涂刷工具、嵌批工具、辊具、喷涂工具、裱糊工具、玻璃工具和其他工具的使用方法以及维护和保养。

(一) 涂刷工具的选用、使用方法及维护

涂刷工具，它是使涂料在物面上形成薄而均匀涂层的工具，常用的有油漆刷、排笔、底纹笔、油画笔，毛笔等。

1. 油漆刷

油漆刷又称猪鬃刷、油刷、漆帚、长毛鬃刷等。它是用猪鬃制成的刷具。常用的规格有25、38、50、63、76mm等多种。

(1) 油漆刷的选用

选用油漆刷是根据被涂物面的形状、大小、新旧而定，选用规格见表3-6，油漆刷规格与适用范围对照表。

油漆刷规格与适用范围对照表 表3-6

规格 (mm)	适用范围	规格 (mm)	适用范围
25	施涂小的物件，或不易刷到的部位	63	施涂木门、钢门外，还广泛地用于各种物面的施涂
38	施涂钢窗		
50	施涂木制门窗和一般家具的框架	76	施涂抹灰面、地面等大面积的部位

施涂的质量很大程度上取决于油漆刷的选择。挑选时以鬃厚、口齐、根硬、头软为好。如图3-4。

(2) 油漆刷的使用方法

使用的方法是：右手握紧刷柄，不允许油漆刷在手中有松动现象。大拇指在一面，另一面用食指和中指夹住油漆刷上部的木柄，见图3-5。

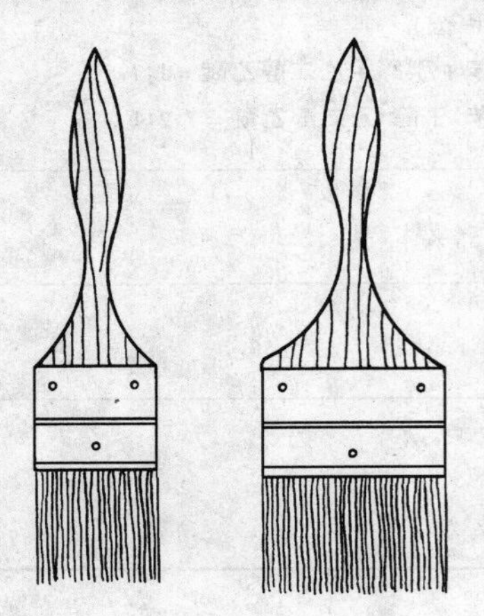
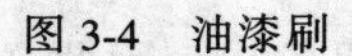

图3-4 油漆刷

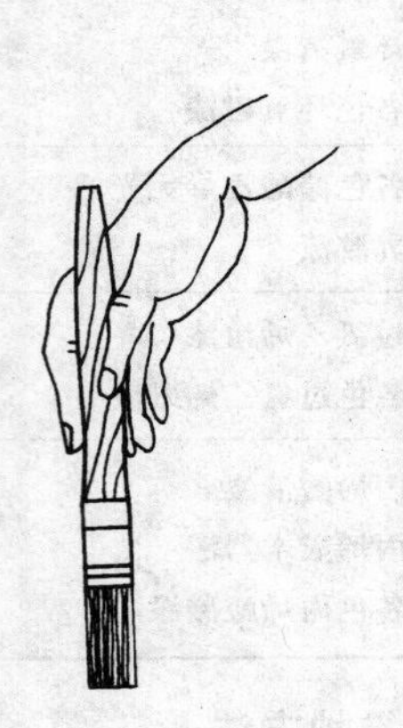
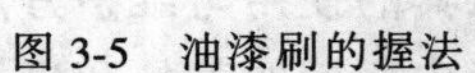

图3-5 油漆刷的握法

操作时，主要靠手腕的转动，有时还需移动手臂和身躯来配合，油漆刷蘸漆后，要轻轻地在容器的内壁来回印一下，其目的是使蘸起的漆液集中在刷毛头部，以免施涂时漆液滴在地上或沾污到其他的物面上。

(3) 油漆刷的维护

油漆刷用毕后，应挤掉余漆，先用溶剂洗净（所选用的溶剂品种应与使用的涂料品种相配套)，随后用煤油洗净、晾干，再用浸透菜油的油纸包好，保存在干燥处，以备下次再用。若是近日还要用，不必用溶剂洗净，将余漆挤尽把油漆刷直接悬浸在清水中，使刷毛全部浸入（油漆刷外面包一张牛皮纸，目的不使油漆刷毛松散开)，不使刷毛着底，否则会使刷毛受压变形。待使用时，拿出油漆刷，将水甩净即可使用。此法一般适用于施涂油脂类漆，如施涂树脂类漆仍需浸在相应的溶剂中。若在中午休息或其他较短的停息，只要将油漆刷放置在漆液中，不要干放在其他地方，以防刷毛干结。若已造成油漆刷毛干结，可浸在四氯化碳和苯的混合溶剂中，使刷毛松软，再用铲刀刮去刷毛上的漆才能使用。通常刷聚氨酯涂料时，由于疏忽大意，油漆刷干结了一般不再用溶剂清洗，清洗出的漆刷效果不佳，而且成本较高，为此尽量不要使油漆刷毛干结，造成浪费现象。

油漆刷使用久了，刷毛会变短而使弹性减弱，可用利刃把两面的刷毛削去一些，使刷毛变薄，弹性增加，便于使用。

2. 排笔

排笔是由多支单管羊毛笔用竹销钉拼合而成的，有多种规格，一般 4～12 管主要用于涂刷虫胶清漆、硝基清漆、聚氨酯清漆、丙烯酸清漆和水色等粘度较小的涂料；16 管排笔主要用于涂刷乳胶漆和粉浆涂料。

(1) 排笔的选用

选用排笔的支数大小是根据涂刷面的大小决定的，常用的有 4～20 支多种规格。在涂刷较大面积时，应选用支数大的排笔，以提高工效，同时也可减少涂料搭接重叠而留下刷痕；若涂刷小部位木制品，也可以将支数多的排笔在竹削钉处切断成支数少的排笔，以便于施工操作。

排笔的刷毛，一般用细软又富弹性的羊毛或狼毫制作。刷柄是由细竹管用竹销钉并联而成。排笔以毛锋尖、毛口齐、毛柔软并富有弹性而不脱毛者为佳。见图 3-6。

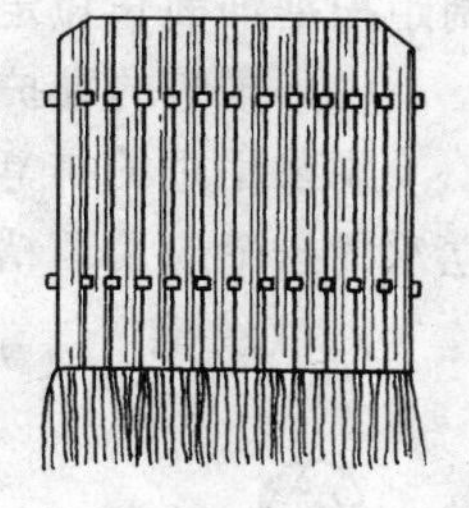
图 3-6　排笔

(2) 排笔的使用方法

新的排笔常有脱毛现象，在使用前应该用一只手握住笔管，将排笔在另一只手上轻轻地拍击数下，使未粘牢的毛掉落。刷浆时必须将排笔二侧直角用打火机或剪刀烧剪成圆角，其目的是蘸浆料时由于浆料较稠厚，浆料都集积在排笔的两直角处，很容易使浆料延伸到袖管里或滴洒在地上。刷虫胶清漆或硝基清漆用的排笔两侧仍保持直角，不可以烧剪成圆形，因为涂刷的材料较稀薄不会产生像刷浆材料那种现象，若没有直角无法涂刷阴角和装饰线。新排笔若施涂虫胶清漆，在使用前先拍去松脱的笔毛，然后再浸入虫胶清漆中约 1h，用食指与中指将笔毛夹紧，从根部捋向笔尖，挤出余漆。理直后平搁在物体上（悬空毛端处，防止笔毛与物体粘连）让其自然干燥。待使用时，再用酒精泡开。涂刷后的排笔，必须用溶剂洗干净，以备下次再用。

用排笔刷浆时，右手握紧笔管的右角，如图 3-7 所示，涂刷时要用手腕转动来适应排笔的移动，尤其是刷涂浆料时，就必须用手腕转动来完成。往桶内开始蘸漆或蘸浆料时，应将排笔笔毛 2/3 处浸透漆料或浆料，将浸过料的排笔在刷浆桶细蜡线上滗干，如图 3-8 所示，然后再依次蘸漆或浆料，蘸完浆料提起时要在刷浆桶内壁沿口处有节奏地轻轻敲拍二下，其目的使蘸起的浆料集中在排笔的端部，便于涂刷并且不容易滴洒在地上和身上

(施涂虫胶清漆等稀薄漆料时，就不需要敲拍桶口，而是在容器的内壁来回轻轻地印一下即可)，再按原来的姿势拿住排笔就可进行涂刷。

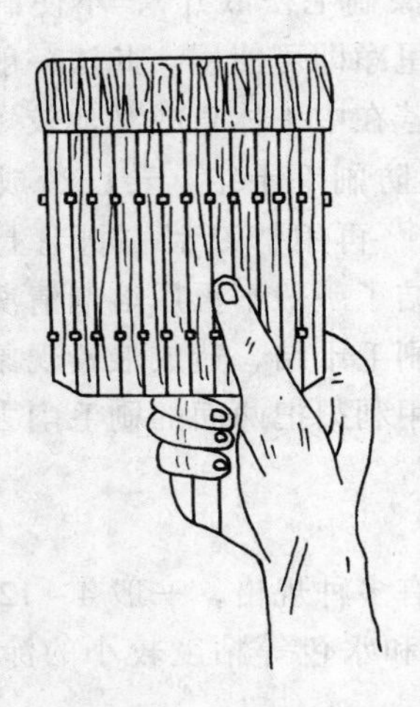
图 3-7　刷浆排笔的握法

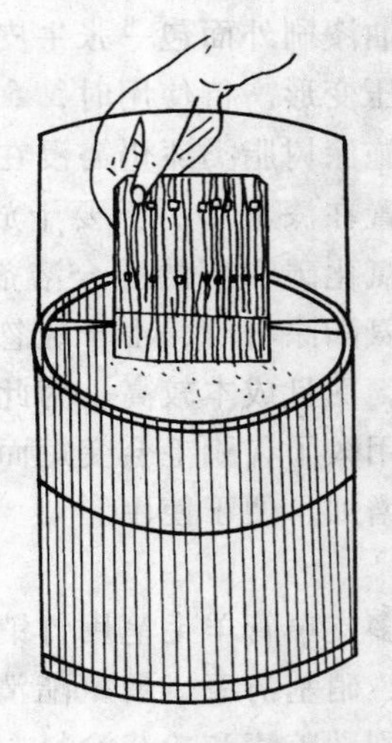
图 3-8　蘸浆排笔的握法

刷浆时，排笔应少醮勤蘸浆料，排笔带浆上饰面后应从中往两边分（顶棚从中往左再往右或往前再往后分，墙面从中往上再往下分），排笔的刷距一般在 400 ~ 450mm 之间，刷顶棚一般是顺着跳板方向依次涂刷，大平面应该有多人一气呵成，避免接头印痕。刷虫胶清漆等涂料应该顺着木纹方向涂刷，完成一个平面再刷另一个平面，不要重复来回刷，刷距根据饰面长短定，以能均匀地刷到清漆为准。

(3) 排笔的维护

刷浆用过的排笔必须及时用温水清洗干净，并拍尽水迹，晾干后保存以备再用。刷泡立水的排笔应用酒精洗净并用食指和中指夹尽酒精，妥善搁置以备下次再用。

3. 底纹笔

底纹笔也称板刷，它的形状像油漆刷，但比油漆刷薄。底纹笔不仅应用在涂刷建筑涂料方面，在美术工作方面也是一种常用的工具。

(1) 底纹笔的选用

底纹笔可分为两种：一种是由白猪鬃制成的，适用于描制模拟木纹图案；另一种是用羊毛制成的，可以刷涂虫胶清漆、硝基清漆、聚氨酯清漆和丙烯酸清漆，或者在木面、纸面上涂刷大面积的粉质涂料，也可以用来书写艺术字体等。见图 3-9。

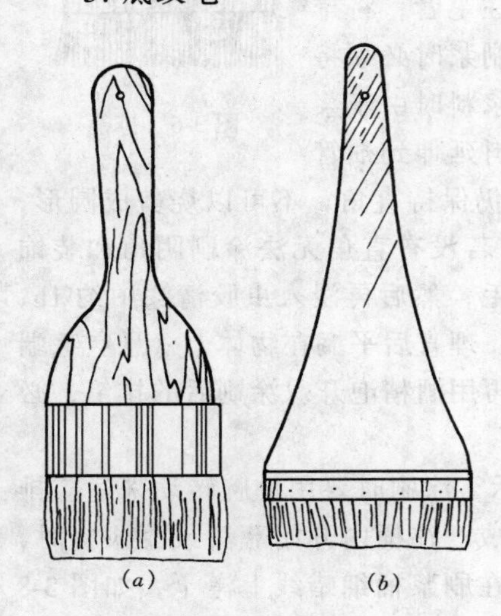

图 3-9　底纹笔
(a) 白猪鬃底纹笔；(b) 羊毛底纹笔

(2) 底纹笔的使用方法

手持底纹笔时应握紧刷柄，大拇指在一面，并用食指和中指夹住木柄，其他两指自然排列在中指后边。蘸涂料时，底纹笔头浸入涂料中约 1/3，然后在容器的沿口处反复刮擦，使笔端带涂料适中。刷涂时，用手腕转动底纹笔，有时也可用手和移动身躯来配合刷涂。

(3) 底纹笔的维护

刷涂过虫胶清漆和硝基清漆的底纹笔，使用完后，应用手指夹挤笔毛，除去多余涂料，用溶剂洗净，并将笔毛捋直整平，妥善搁置，以防弯曲，然后平放于固定的地方。使用时再分别以酒精和香蕉水稀释浸泡，溶开后再用。

刷涂丙烯酸漆和聚氨酯清漆的底纹笔，使用完后，先除去多余涂料，再分别用二甲苯和醋酸丁酯洗涤，并除去多余的溶剂，然后将底纹笔分别浸泡在上述两种溶液中。底纹笔要平置放入容器中，主要是让溶液浸没笔头，用时挤去溶液即可。

刷涂水性涂料的底纹笔，使用完后，应用温水洗净、拍干水迹，同时将毛峰理平吹干，妥善存放，以备下次再用。

4. 油画笔

油画笔常为美术工作者所用，在建筑涂料装饰施工中也经常需要它。油画笔有多种规格可供选择。

(1) 油画笔的选用

油画笔的制作技术要比其他刷具来的严格。他的笔杆较长，笔尖大部分是用白猪鬃制作，也有的是用狼毫制作。油画笔的毛锋纹理组织较细腻，有扁、圆两种，在建筑涂饰上使用的大部分是扁形油画笔。见图 3-10 (*a*)、(*b*)。

(2) 油画笔的使用方法

油画笔以描绘字和画为主，可用于书写较大的油漆字，也可代替小型漆刷。油画笔在建筑装饰中，主要是蘸涂料画界线，所以又有“界笔”之称。当遇到较狭窄和难以涂刷的部位时，也可将金属笔弯曲，作为小型歪脖刷使用，一般较多用于钢门窗下冒头涂刷。

(3) 油画笔的维护

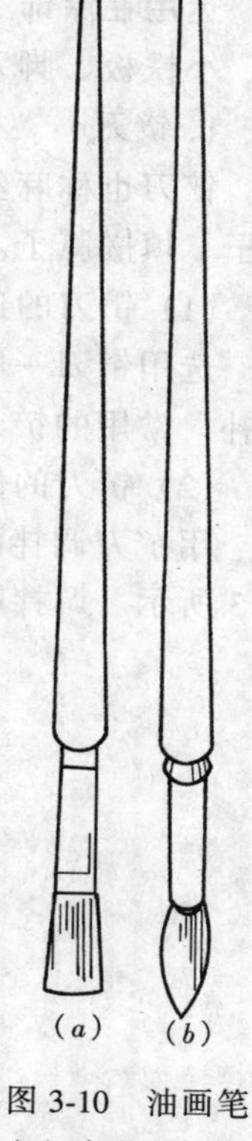

图 3-10 油画笔
(*a*) 扁形油画笔；
(*b*) 圆形油画笔

油画笔用完后，若长期不使用，应随即用同类型的溶剂清洗干净，然后再醮肥皂液将笔在手心中揉搓，直到笔的根部没有颜色溢出，说明笔已经洗干净，妥善存放备用。如发现笔头参差不齐，可用剪刀将其修整平齐后继续再用。油画笔如果在短时间中断使用，可将油画笔的刷毛部分用牛皮纸包好并用细绳扎牢垂直悬挂在溶剂或清水中浸泡，不要让刷毛露出液面，或触及到容器的底部，以免刷毛弯曲。

5. 毛笔

主要用于补色和绘写小型油漆字画。毛笔有大、中、小楷之分。毛笔是用羊毛或狼毫、竹管加工制成。见图 3-11 (*a*)、(*b*)。

(1) 毛笔的选用

小楷笔一般用于修补色用；中楷笔一般用于线条的拼色；大楷笔常用于扫青或扫绿用。

(2) 毛笔的使用方法

毛笔在修补颜色时，握笔方法与写毛笔字的握笔方法不同，而是和写字（铅笔或钢笔）的姿势相同。是用右手大拇指、食指和中指拿住笔杆的上部或下部，用手腕或前臂来适应毛笔在涂饰面上的运行，按照饰面需要进行描绘处理。

(3) 毛笔的维护

新毛笔切勿开锋过大，一般开锋 2/3 即可。开锋时切不可用热水，以温水入浸为宜。毛笔浸开后，应挤去笔毛中的水分，醮取颜色。毛笔修色后，用溶剂洗干净，然后用手捋去溶剂，理直笔锋，挂在墙上或倒插在笔筒中以备下次再用。

(二) 嵌批工具的选用、使用方法及维护

嵌批工具的正确选用，对腻子涂层的平整、保证涂饰质量、提高劳动效率有很大的关系。运用在涂饰工艺中的嵌批工具种类很多，常用的有铲刀、钢皮批刀、橡皮批刀、牛角翘、小铁板、脚刀等。

1. 铲刀

铲刀也称麻丝刀、嵌刀等，是一种应用普遍的嵌批工具。经常用它来调制腻子、挖取腻子、填嵌腻子。铲刀也可用来清除灰尘和旧漆。铲刀是由木柄和弹性钢片相连接而成。

(1) 铲刀的选用

选用铲刀一般是根据嵌补面积决定，嵌补大洞用尺寸大的铲刀，小的洞眼选小的铲刀嵌补，常用的铲刀规格有 30mm、50mm、63mm、76mm 等。见图 3-12。

(2) 铲刀的使用方法

用铲刀调拌腻子时，食指居中紧压刀片，大拇指在左，其余三指在右紧握刀柄，如图 3-13 所示。调拌腻子时要正反两面交替翻拌。

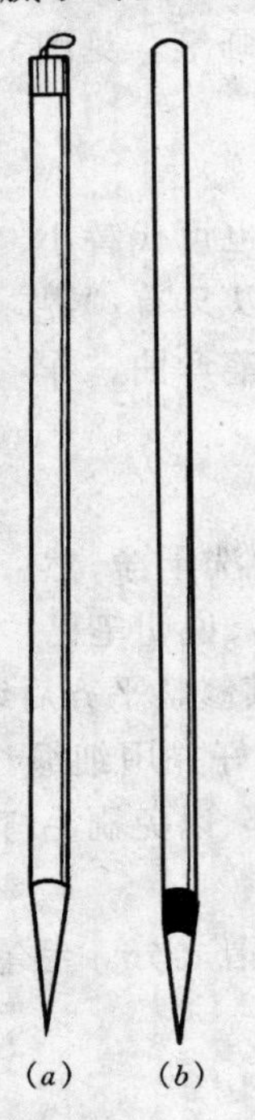

图 3-11 毛笔

(a) 狼毫笔；(b) 羊毛笔

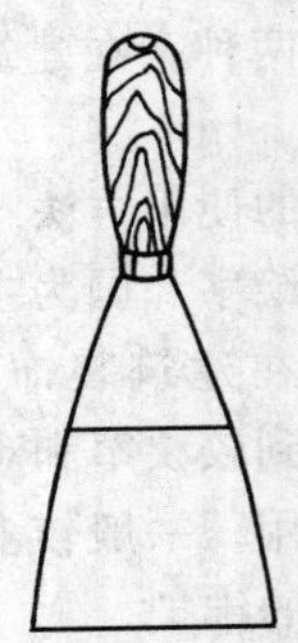

图 3-12 铲刀

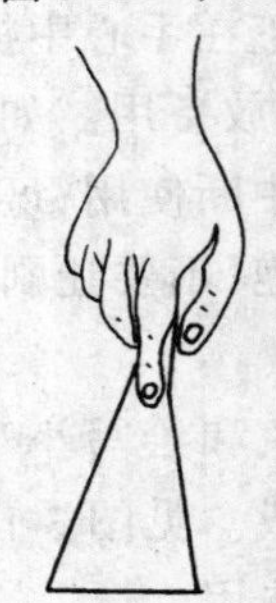

图 3-13 调拌腻子时铲刀的拿法

用铲刀清除垃圾、灰土时，选用较硬质的铲刀并将刀口磨锋利，两角磨整齐平直，这样就能把木材面灰土清除干净而不损伤木质。清理时，手握住铲刀的刀片，大拇指在一面，四个手指压紧另一面，如图 3-14 所示，然后顺着木纹清理。

(3) 铲刀的维护

铲刀使用后要清理干净,如暂时不用可在刀刃上抹些机油,用油纸包好妥善保管,以备后用。

2. 钢皮批刀

钢皮批刀有些地方称为钢皮批板或钢皮刮刀。在建筑涂料施工中，主要用它来批刮大的平面物件和抹灰面。钢皮批刀是将具有弹性的薄钢板镶嵌在材质比较坚硬的木柄上而制成的刮具。常用的钢皮批刀规格有：(0.25～0.35) mm×110mm×170mm。见图 3-15。

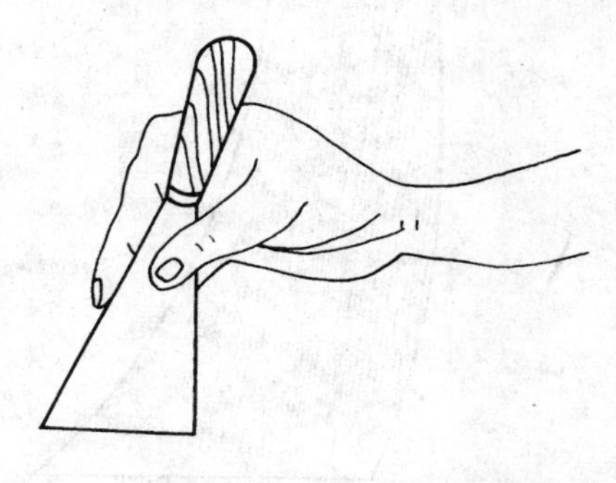

图 3-14　清理木材面时铲刀的拿法

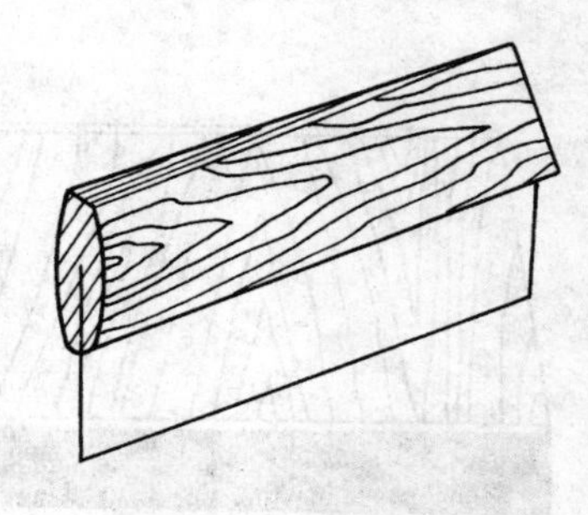

图 3-15　钢皮批刀

(1) 钢皮批刀的选用

一般打底腻子较稠厚，选用钢皮批刀要厚一些（0.35～0.40mm），而最后一道腻子较稀薄，选用钢皮批刀要薄一点（0.2～0.25mm）。

(2) 钢皮批刀的使用方法

钢皮批刀的刀口不应太锋利,以平直圆钝为宜。使用时大拇指在批刀后,其余四指在前,批刮时要用力按住批刀,使批刀与物面产生一定的倾斜,一般保持在60°～80°角之间进行批刮。

(3) 钢皮批刀的维护

钢皮批刀不用时，擦净刀口上残剩的腻子，妥善保存备用。如果在较长时间内不用，可将批刀上的残物除净后，稍抹上一些机油，以防锈蚀，用油纸或塑料膜包好存放。

3. 橡皮批刀

橡皮批刀又称橡皮刮板，根据工艺的需要可以自制。橡皮批刀可用 4～12mm 厚的耐油、耐油溶剂性能好的橡胶板制作，用两块质地较硬、表面平整的木板，将橡皮的大部分夹住，留出约 40mm 作为批刮刀口。其特点是柔软而有弹性，适用于批刮圆弧形制品以及金属表面的腻子。见图 3-16。

(1) 橡皮批刀的选用

橡皮批刀根据需要自定形状和尺寸，用砂轮机磨出刃口，要求磨齐、磨薄，再在磨刀石上细磨，磨平后就可使用。

(2) 橡皮批刀的使用方法

橡皮批刀的使用方法与钢皮批刀使用方法基本相同。在使用时要注意刃口起毛或残缺，必须打磨光滑平整后再继续使用。

(3) 橡皮批刀的维护

橡皮批刀使用后，不能浸泡在有机溶剂中，以免变形，影响使用。要用抹布蘸少许溶剂，将表面上沾污的腻子揩擦干净，妥善保管以备下次再用。

4. 牛角翘

牛角翘又称牛角刮刀，是用水牛角制成的一种刮涂工具。他的用途极广，适用于油性腻子和大漆腻子的刮涂。见图 3-17。

图 3-16　橡皮批刀

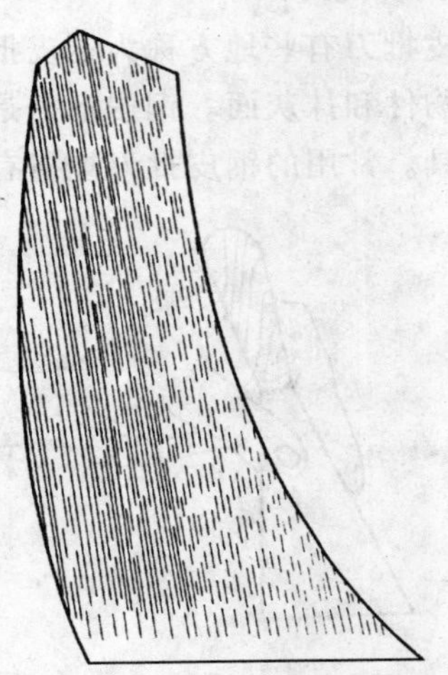

图 3-17　牛角翘

(1) 牛角翘的选用

牛角翘分大、中、小三种，大型牛角翘刀口宽在 100mm 以上，可嵌批大平面的物件；中型的牛角翘口宽在 50～100mm，适用嵌批木门窗；小型的牛角翘刀口宽在 50mm 以下，宜嵌批小平面的物件。选购时应挑选角质纤维清晰，平直透明，富有弹性的产品。新的牛角翘必须经过整理后方可使用，先用玻璃将牛角翘两边刮薄，然后在磨刀石上将牛角翘刀口磨平、磨薄，磨齐。

(2) 牛角翘的使用方法

用牛角翘嵌腻子时大拇指在一边，中指和食指在一边，握紧、握稳，无名指和小指贴紧掌心，如图 3-18 所示。

操作时靠手腕的动作达到批刮自如，一般只准刮 1～2 个来回，且不能顺一个方向刮，只有来回刮才能把洞眼全部嵌满填实。

用牛角翘批刮腻子时，用大拇指和其他四个手指满把捏住牛角翘，如图 3-19 所示。批刮木门窗、家具时可把腻子满涂在物面上，再用牛角翘收刮干净。

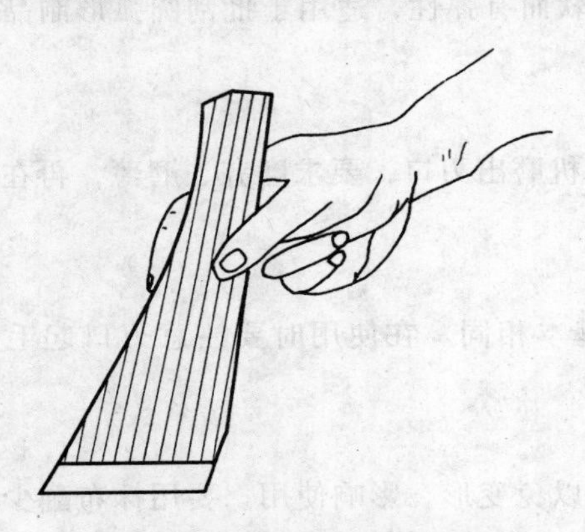

图 3-18　嵌腻子时牛角翘的拿法

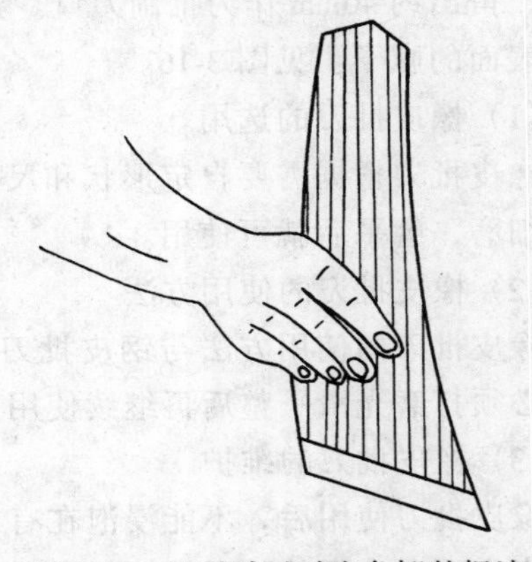

图 3-19　批刮腻子时牛角翘的捏法

（3）牛角翘的维护

牛角翘使用完毕后，应揩擦干净待用。为了防止弯曲变形，保管时应将牛角翘插入专门锯开的木块缝里，这样牛角翘就不会翘曲变形。如图 3-20 所示。

当牛角翘受冷热而发生变形时，可用开水浸泡软后取出，放在底面平整的物面上用重物压平，待恢复原状后就可使用。

5. 脚刀

脚刀又称剔脚刀，主要用于将虫胶漆腻子填嵌到木器表面的洞眼、钉眼、虫眼、榫头接缝处，或用于剔除木器线脚处的腻子残余物等。见图 3-21 所示。

（1）脚刀的选用

脚刀是用普通铁板淬火制成，其两端有刃口，一端为斜口，另一端为平口，刃口尖锐、锋利、平直，刃口上不得有缺口，如有缺口应及时修整，要始终保持脚刀刃口的平整锋利。

（2）脚刀的使用方法

使用脚刀时要用大拇指、食指和中指握住脚刀中部，食指起揿压作用，中指和无名指起到托扶的作用。操作时可在调腻子的板上刮取少许腻子，选择一定的角度用食指向下揿，对准空眼将腻子密实地填嵌进去，见图 3-22。脚刀长度在 140 ~ 160mm 之间为宜。

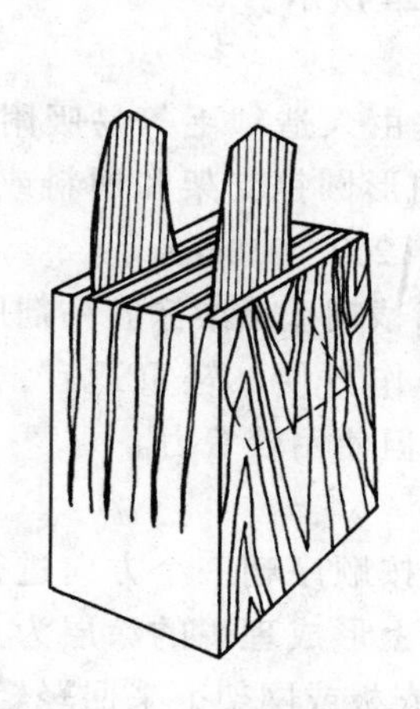

图 3-20　插牛角翘的夹具

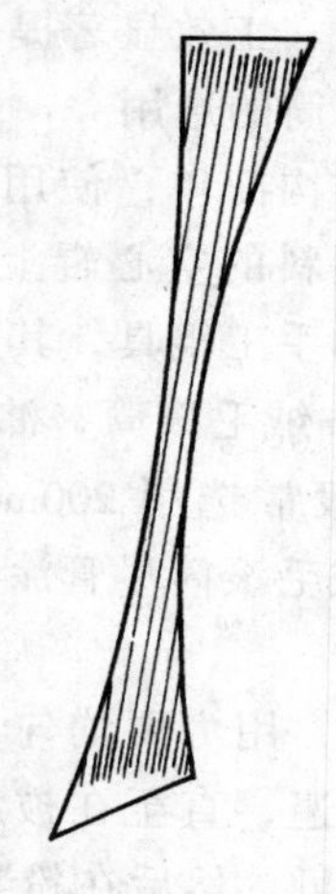

图 3-21　脚刀

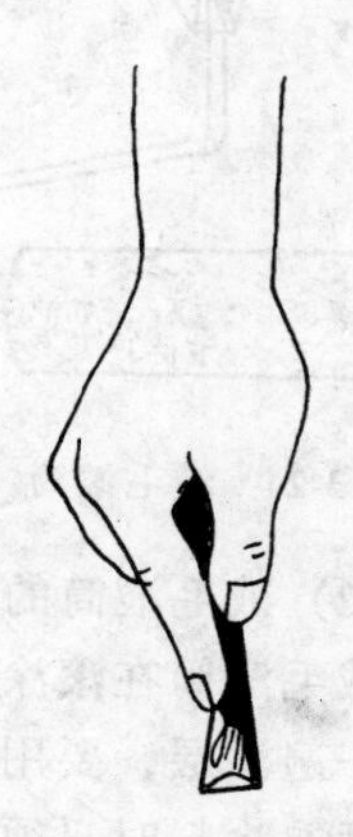

图 3-22　脚刀握法

（3）脚刀的维护

脚刀使用后必须用溶剂擦洗干净，如不用时，可在刀面上抹些机油并用油纸包好，妥善保管，以备后用。

6. 小铁板

小铁板是目前油漆工批刮腻子最常用的工具，其形状同泥工用的铁板形状相似，但尺寸厚薄要小于泥工铁板，如图 3-23 所示。

（1）小铁板的选用

小铁板主要用作批刮大平面物体的腻子，工数、平整度较钢皮刮板高。油漆工用的小铁板其规格为 0.4mm × 75mm × 88mm × 215mm。

图 3-23　小铁板

(2) 小铁板的使用方法

右手持小铁板，左手持腻子板或铲刀。平顶满批：小铁板刮带腻子等贴顶棚，慢慢往前或往后批刮，也可以往两侧批刮；墙面满批：小铁板刮带腻子紧贴墙面往上或往下批刮，也可以往左或往右批刮，批刮腻子的厚薄主要靠调节小铁板的角度来决定、角度小则厚、角度大则薄（小铁板面与基层面夹角）。

(3) 小铁板的维护

小铁板平面要平整，不可翘曲，不可用作铲刮工具用，以免影响批刮的平整度。批刮完毕，应将小铁板上的残余腻子揩擦干净，不留水迹，也可以在小铁板上抹些机油，用油纸包好妥善保管，以备后用。

（三）辊具的选用、使用方法及维护

辊具主要是将涂料滚涂到抹灰面等装饰物表面上，以达到各种装饰效果的一种手工工具，其次还可以将墙纸拼缝处压平服。辊具分为普通滚筒和艺术滚花筒二种。常用辊具有绒毛滚筒和橡胶滚花筒。

1. 绒毛滚筒

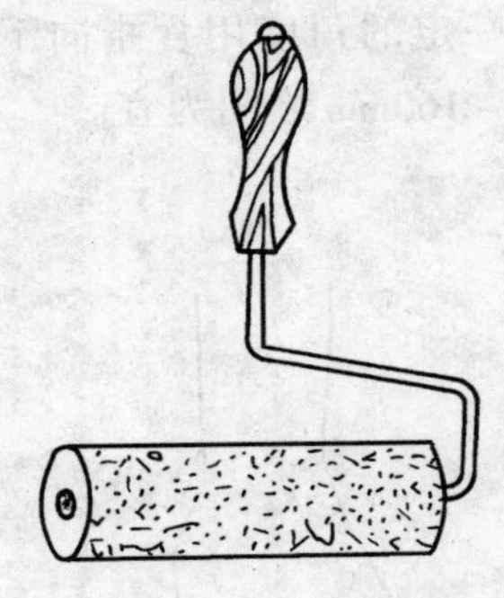
图 3-24　绒毛滚筒

绒毛滚筒一般适用于抹灰面上滚涂水性涂料，尤其适用于粗糙的抹灰面，目前油漆工使用绒毛滚筒已相当普遍，其最大的优点是省时、省力、工效显著提高。见图 3-24 所示。

(1) 绒毛滚筒的选用

绒毛滚筒结构简单，使用方便，它是由人造绒毛等易吸附材料包裹在硬质塑料的空心辊上，配上弯曲形圆钢支架和塑料或木制手柄而制成的手工辊具，其规格有 150、200、250mm 等。

通常 150mm 绒毛滚筒，油漆工用它来裱糊壁纸滚涂胶粘剂用。墙面的滚涂一般常选用 200mm 规格，操作方便，轻重适宜，而 250mm 以上的绒毛滚筒尽管涂饰表面大，但使用较费力。

(2) 绒毛滚筒的使用方法

绒毛滚筒在滚涂时，必须紧握手柄，用力要均匀，滚涂时应按顺序朝一个方向进行。最后一遍涂层，要用滚筒或者排笔理一遍，直至在被涂饰的物面上形成理想的涂层为止。滚筒蘸取涂料时只须浸入筒径的 1/3 即可，然后在粉浆槽内的洗衣板或网架上来回轻轻滚动，目的是使筒套所浸吸的涂料均匀，如果涂料吸附不够可再蘸一下，这样滚涂到建筑物表面上的涂层才会均匀，具有良好的装饰效果。

绒毛滚筒在施涂时，遇到转角或交接处不易滚涂到，此时必须用油漆刷或羊毛刷蘸涂料补齐、镶直。

(3) 绒毛滚筒的维护

绒毛滚筒使用完毕后，应将滚筒浸入清水或配套的溶剂中清洗，清洗干净后，将绒毛滚筒往干净的水泥墙上用力滚动，迅速将滚筒离开水泥墙面，滚筒在惯性的驱动下，自然转动，达到滚筒水分划干效果，且绒毛舒松、挺，便于下次再用。

2. 橡胶滚花筒

橡胶滚花筒是一种艺术滚花筒，利用刻在筒上的各式花纹，在饰面上滚印出不同色彩的花纹图案，可以达到类似印花墙纸，甚至胜于墙纸的艺术效果。橡胶滚花筒分为双滚筒式和三滚筒式两种，主要由盛涂料的料斗、带柄壳体和滚筒组成，料斗和壳体用电化铝材制成。双滚筒式的其中一只辊是用硬质塑料制成，专供上彩料用，另一辊是橡胶图案滚筒，专供印花用。三滚筒式则是增加一只引料滚筒。见图 3-25（*a*）、（*b*）所示。

（1）橡胶滚花筒的选用

橡胶辊具的外形尺寸，一般选用长 200mm、宽 170mm、高 130mm，滚筒直径为 150mm。用于滚饰墙面边角的小型滚花辊具为双滚筒式，是由小橡胶图案滚筒、海棉上料卷筒、镀锌架和手柄组成，是与大滚花辊具配套使用的辊具。

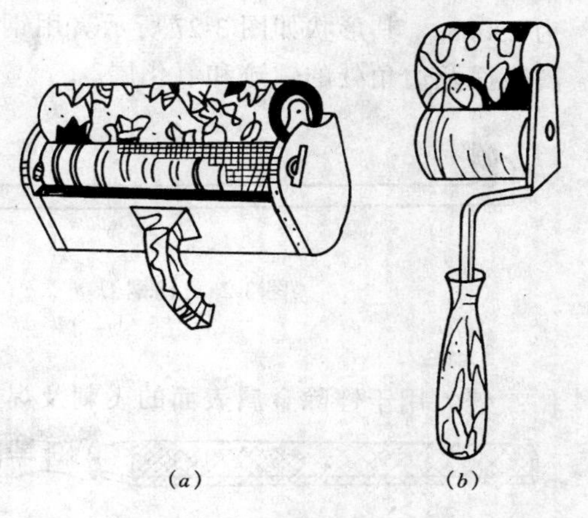

图 3-25　橡胶滚花筒

（*a*）三滚筒式；（*b*）二滚筒式

（2）橡胶滚花筒的使用方法

将涂料装入料斗内，沿着内墙抹灰面滚动辊具，在墙面上就能滚出所选定的图案花饰。操作时应从左到右，从上到下，要始终保持图案花纹的统一与连贯。滚动时手要平稳、拉直，一滚到底。必要时可放上垂直线或水平线进行操作。如遇到墙角边缘处，由于受橡胶辊筒本身体积的限制，难以操作，也可采用配套的边角小辊具。有时滚花筒滚至墙的阴角时，因边角限制而不能滚涂整个纹样，这时可用废报纸遮住已滚涂干燥后的饰面，将滚筒找正花纹的连贯性，在剩余边角和报纸面上一同滚动，而后揭去报纸，图案可自然连续。

（3）橡胶滚花筒的维护

橡胶滚花筒每次用完后，应用刷子清洗干净，擦干后置于固定地方存放。特别是刻有花纹的橡胶辊具，其凹槽部分更要彻底清洗，以免涂料越结越厚，使图案纹理模糊，影响装饰效果。清理后一定要严格保管好，不得使辊具受压、受热，避免辊具变形而报废。

（四）除锈工具

为了保证涂料涂覆到金属表面上的涂饰质量，首先必须将物件表面的锈垢处理干净。金属物件的表面与空气接触会产生氧化层，时间越久，氧化层越厚，涂饰前必须除去；另外金属在焊接时，焊接处往往留下较厚的焊渣，涂饰前也必须除去；有时还会看到被涂饰金属件的表面和边角处有些残留的硬刺，涂刷前也必须将其锉平磨光。目前操作比较广泛的清除工艺是手工清除和机械清除。手工清除工具多种多样，常用的主要工具有钨钢刀、钢丝刷、敲铲榔头等。机械清除常用机械的种类也很多，主要有手提式角向磨光机，电动刷、风动刷等。

1. 钨钢刀

钨钢刀又称除锈刮铲，是专门用来进行金属表面清除的一种简单工具。使用钨钢刀除锈，主要是在用其他方法除锈不方便或者不能采用的情况下使用，它的优点是除锈灵活方便，缺点是劳动环境不卫生，劳动强度大，除锈的质量也比较差。用于除锈的钨钢刀，大部分是自行焊制经打磨而成的。选择一块长 300mm、宽 25mm、厚 5～6mm 的普通铁板，再选两块厚 4～5mm，长度为 25mm、宽度为 15mm 的钨钢做成刀刃、将其焊在已备好的铁板两端，然后用砂轮机（必须金刚砂轮）将焊就的钨钢块磨出较锋利的刃口。钨钢刀主要用来清除金属表面上较厚重的锈层和漆膜。如图 3-26。

2. 钢丝刷

钢丝刷也是金属结构表面常用的手工除锈工具之一，与钨钢刀在工序上配合使用，也可以单独使用。钢丝刷是用硬木和钢丝制成，钢丝刷刷峰采用坚韧的钢丝，钢丝锋长度约为290mm，其形状如图3-27所示。用钢丝刷除锈既简单又比较干净，用于清除一般性金属表面及边角处的锈迹和氧化层。

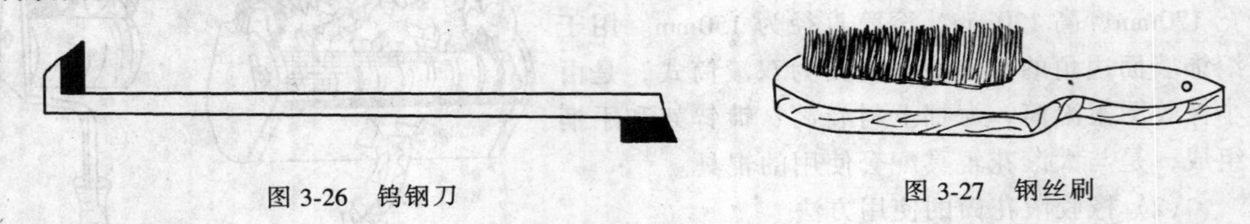

图3-26 钨钢刀　　图3-27 钢丝刷

3. 锉刀

锉刀用于锉除金属表面的飞刺及焊接飞溅物。见图3-28。

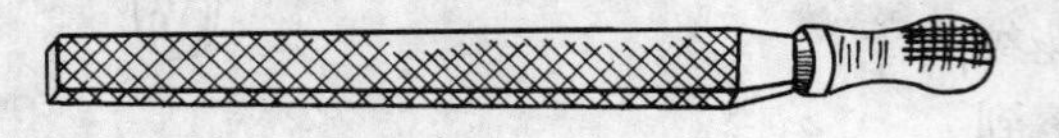

图3-28 锉刀

4. 敲铲榔头

敲铲榔头主要用于敲铲焊渣、金属制品上的麻眼中的旧漆膜等。见图3-29。

5. 手提式角向磨光机

手提式角向磨光机是用电机来带动机械前部分的砂轮高速转动，磨擦金属表面进行除锈。也可将砂轮换成钢丝刷盘，同样能达到除锈目的。手提式角向磨光机是建筑施工中常用的手持式除锈工具，整个机体质量轻，移动方便。见图3-30。

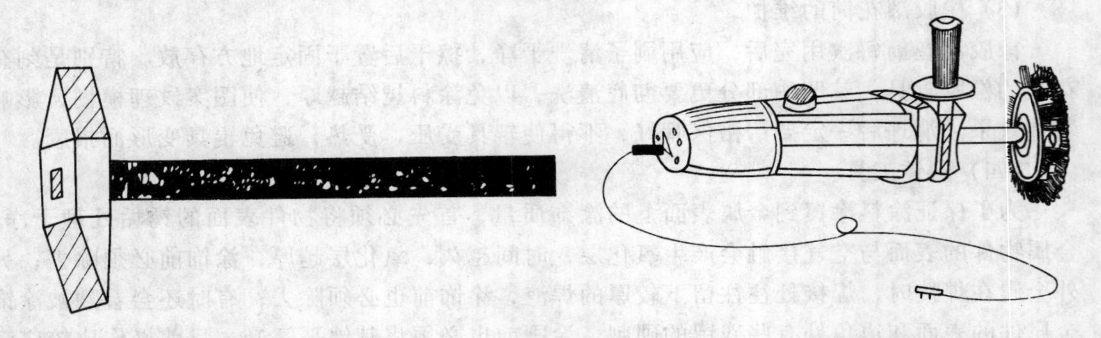

图3-29 敲铲榔头　　图3-30 手提式角向磨光机

(五) 铲刮工具

铲刮工具主要有墙面烧出白刀、拉钯、斜面刮刀、铲刀等。

1. 墙面烧出白刀

墙面烧出白刀是专门用来铲除墙面旧漆膜与喷灯配合使用的专用工具，其规格是长170mm，宽70mm，厚2mm。使用方法是一手握住出白刀，另一手提喷灯，当喷灯将旧漆膜喷软后，随即用出白刀铲除旧漆膜。烧出白刀较长，目的是离喷灯有一定的距离，避免烫伤。见图3-31。

2. 拉钯

拉钯主要用来铲刮木门窗平面旧漆膜，一般与喷灯配合使用。使用方法是将旧漆膜烧软，待自然冷却后用拉钯将酥松的旧漆膜铲除干净。拉钯一般自制，用扁铁或旧锉刀将两端开口

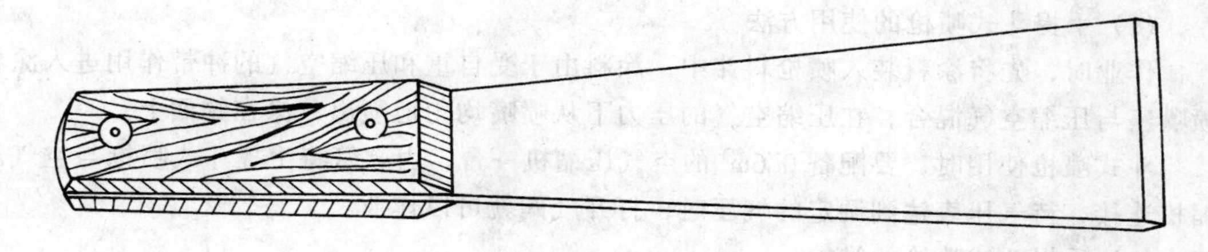

图 3-31 墙面烧出白刀

出刃，一端弯成 90°状，一端为平口，规格长约 250～300mm，宽约 25～30mm。见图 3-32。

3. 斜面刮刀

斜面刮刀主要用于烧出白，化学药水出白，刮除木制品装饰线脚、凹凸线条等基层面上的旧漆膜，也可以用来清理砂浆表面裂缝。斜面刮刀有三种形状，每种形状周围是斜面刀刃，根据饰面线条形状选用适当刀片。见图 3-33。

4. 铲刀

铲刀在油漆施工中为最常用的工具，它可以用来铲除旧水性涂料、旧漆膜，松散沉积物、清除旧壁纸等用途，也可以作为批嵌工具以及调拌工具等。见图 3-34。

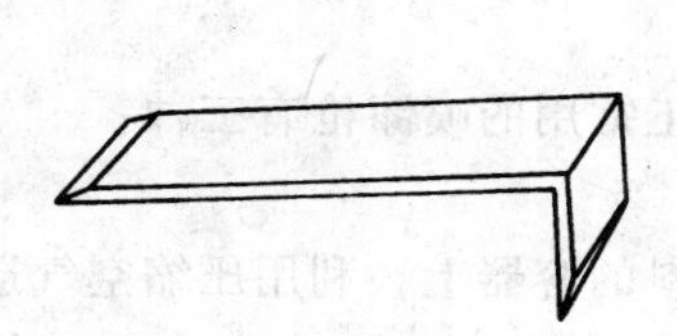

图 3-32 拉钯

图 3-33 斜面刮刀

图 3-34 铲刀

铲刮用的铲刀，一般选用较硬质铲刀，待其用到二分之一时（新铲刀），可改为铲刮用刀，此时铲刀距离缩短，用于铲刮既用得出力，又硬实，是理想的铲刮用具。刀面应打磨呈斜口，并磨锋利、便于使用。

（六）喷涂工具

喷涂工具主要有斗式喷枪、喷漆枪、喷涂枪等。这些工具都与空气压缩机配套使用。喷涂常用于建筑工程的内外墙、顶棚和构筑物大面积的涂装。喷涂设备的应用目前已日趋普遍，这主要因为喷涂作业饰面效果好，省涂料，劳动强度低。大面积涂饰施工应尽量采用喷涂设备作业，以提高劳动生产率。

1. 手提斗式喷枪

手提斗式喷枪适用于喷涂带有颜色的砂状涂料、粘稠状厚质涂料和胶类涂料。

手提斗式喷枪由料斗、调气阀、涂料喷嘴座、喷嘴、定位螺栓等组成。

手提斗式喷枪结构简单、使用方便。喷枪口径为 5～18mm，工作压力 0.4～0.6MPa，斗容量 1.5L，适用于喷涂乙—丙和苯—丙彩砂涂料、砂胶外墙涂料和复合涂料等。涂层的厚度一般为 2～3mm，外观是砂壁状或浮雕状。斗式喷枪如图 3-35 所示。

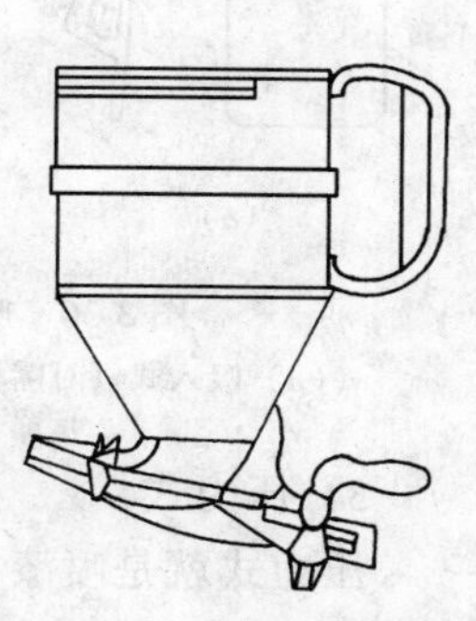

图 3-35 手提斗式喷枪

(1) 手提斗式喷枪的使用方法

作业时，先将涂料装入喷枪料斗中，涂料由于受自重和压缩空气的冲带作用进入涂料喷嘴座与压缩空气混合，在压缩空气的压力下从喷嘴均匀地喷出，涂在物面上。

斗式喷枪使用时，要配备 $0.6m^3$ 的空气压缩机一台，由软管将手提斗式喷枪与空气压缩机连接，待气压表达到调定的气压时，打开气阀就可以作业。

(2) 手提斗式喷枪的维护

斗式喷枪应在当天喷涂结束后清洗干净。用溶剂将喷道内残余的涂料喷出洗净，喷斗部分要用干布揩擦后备用。

2. 喷漆枪

喷漆枪是喷涂低粘度涂料的一种工具。如硝基涂料、过氧乙烯涂料、丙烯酸涂料等。其料斗容积小，操作灵活，也便于随意更换。其特点是：涂膜外观质量好，工效高，劳动强度低，适用于大面积施工。

(1) 喷漆枪的基本工作原理

压缩空气通过管路进入喷漆枪之后，打开扳机，压缩空气即可从喷枪嘴的环形孔喷出，这时压缩空气对喷嘴口处形成了一个负压区，使孔内的涂料产生了抽吸作用，涂料被吸出来；又与压缩空气相会合，接着被吹散成雾状，涂料微粒均匀地附着在物面上。

(2) 喷漆枪的种类

喷漆枪的种类较多，但工作原理基本相同。建筑施工常用的喷漆枪有三种：

1) 吸入式

吸入式有对嘴式和扁嘴式两种。它是直接连接在涂料的容器上，利用压缩空气造成的真空，将涂料从容器内抽吸出来。如图 3-36 (*a*)、(*b*) 所示。

2) 压下式

压下式也称自动式或者自流式。盛装涂料的容器在喷漆枪的上方，涂料在容器内靠自重自动压流，同时借助压缩空气的流速将涂料从容器中抽吸出来。如图 3-37 所示。

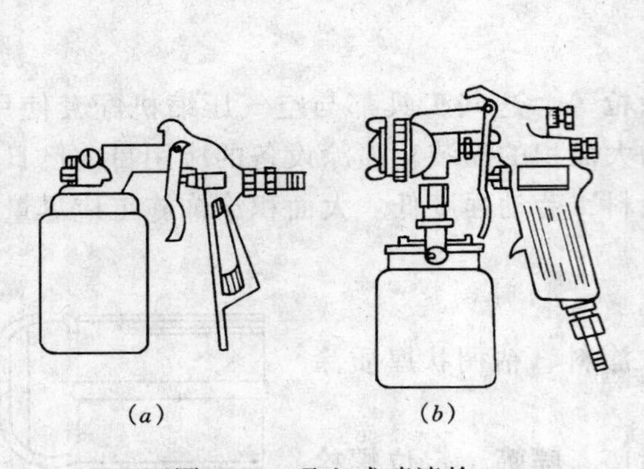

(*a*)　　(*b*)

图 3-36　吸上式喷漆枪

(*a*) 吸入式（对嘴）；(*b*) 吸入式（扁嘴）

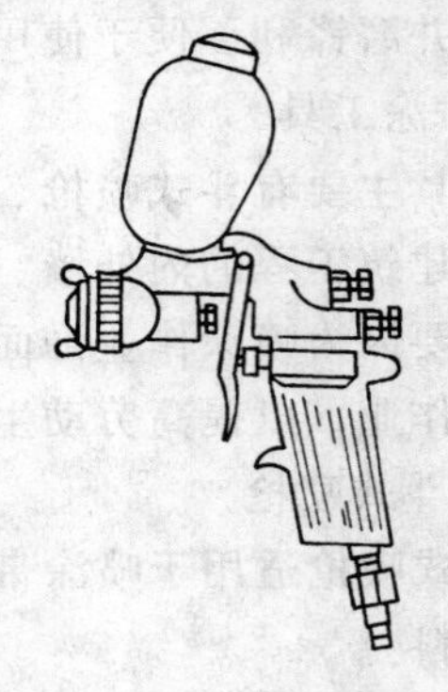

图 3-37　压下式（自流）喷漆枪

3) 压力式

压力式就是喷漆枪的进漆孔与带压力的供漆装置（压力供漆桶）连接，压缩空气将涂料压至喷漆枪再喷出来。如图 3-38 所示。

（3）喷漆枪的使用方法

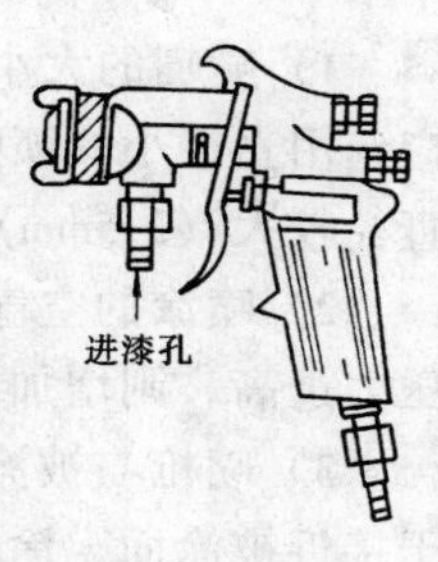

图 3-38 压力式喷漆枪

PQ-2 型喷漆枪，是吸入式的一种，使用面极广，见图 3-39 所示。

PQ-2 型吸入式喷枪使用时先将涂料装入容器 9 内（容器容量为 1kg 左右），然后旋紧轧兰螺丝 10，使之盖紧容器 9。再将枪柄上的压缩空气管接头 8 接上输气软管。扳动开关 4，空气阀杆 5 即随之往后移动，气路接通，压缩空气就从喷枪内的通道进入喷头，由环形喷嘴 11 喷出。与此同时，针阀 3 也向后移动，涂料喷嘴 11 即被打开，涂料从容器中被吸出，流往喷嘴的涂料随之被压缩空气喷射到被涂物体的表面。针阀调节螺栓 7 是用来调节涂料流量的。

空气喷嘴的旋钮 1 顶端两侧，各有一个小孔，并与喷枪内的压缩空气槽相通。向左（反时针方向）旋转控制阀 6 时，气路就被接通，一部分压缩空气即从喷嘴 11 上的小孔喷出两股气流，将涂料射流压成椭圆形断面。旋转喷嘴旋钮 1，可根据工作需要将涂料射流控制成为垂直的椭圆形断面（见图 3-40（*a*）或水平的随圆形断面（见图 3-40（*c*），当喷嘴旋钮 1 调节到一定位置以后，随即旋紧螺帽 2，以固定涂料射流的形状。调节出气孔通路开启的程度，可得到不同扁平程度的涂料射流。当控制阀完全打开时，从两侧出气孔喷出的气流最大，喷出的涂料射流最扁而且最宽。如果涂饰时不需要涂料射流呈椭圆形断面，则将控制阀 6 向右旋紧，与喷嘴 11 相连的气路即被堵住，这时，喷出的涂料射流端面呈圆形，见图 3-40（*b*）。

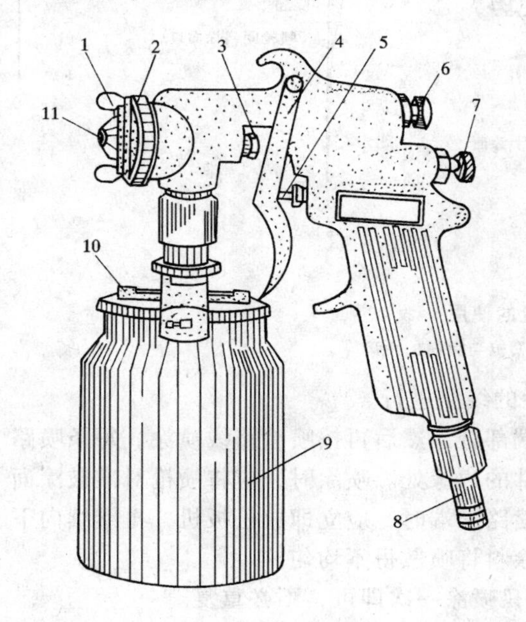

图 3-39 PQ-2 型喷枪

1—空气喷嘴的旋钮；2—螺帽；3—针阀；4—开关；5—空气阀杆；6—控制阀；7—针阀调节螺栓；8—压缩空气管的接头；9—容器；10—轧兰螺丝；11—喷嘴

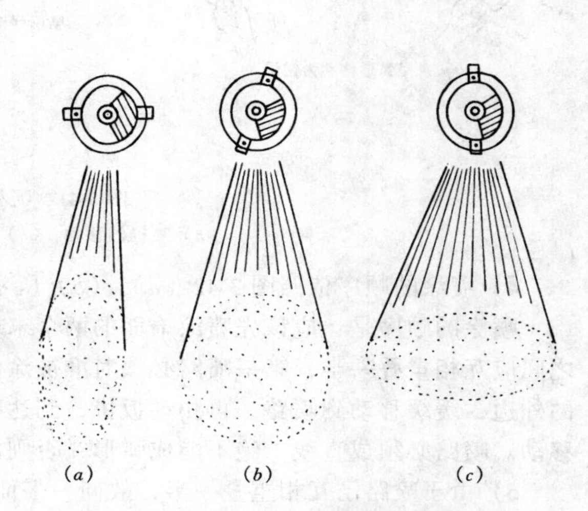

图 3-40 涂料射流的断面形状

（*a*）垂直的椭圆形断面；（*b*）圆形断面；（*c*）水平的椭圆形断面

使用喷枪施工，不仅要懂得喷枪的结构与喷涂原理，还要掌握喷枪的操作方法。使用喷枪时应遵循下列几点：

1）喷嘴的大小和空气压力的高低，必须与涂料的粘度相适应，喷涂低粘度的涂料，应选用直径小的喷嘴和较低的空气压力（作用于喷枪的），喷涂粘度较高的涂料，则需要直径较大（2.5mm）的喷嘴和较高的空气压力（表压为 3.5~4.0kg/cm^2）。

2）喷涂的空气压力范围，一般为 2~4kg/cm^2。如果压力过低，涂料微粒就会变粗，压力过高，则增加涂料的损失。

3）喷枪与被涂的物面应保持 15~20cm 的距离，大型喷枪可保持在 20~25cm。喷枪过于接近被涂面，涂料喷出过浓，就会造成涂层厚度不均匀并出现流挂，若喷枪距离被涂面过远，则涂料微粒将四处飞散而不附着在被涂面上，造成涂料的浪费。喷涂时应移动手臂而不是手腕，但手腕要灵活。喷枪应沿一直线移动，在移动时应与被涂面保持直角，这样获得的涂层厚度均匀。反之，如果喷枪移动成弧形，手腕僵硬，则涂层厚度不均匀，如果喷嘴倾斜，涂层厚度也不会均匀。见图 3-41 所示。

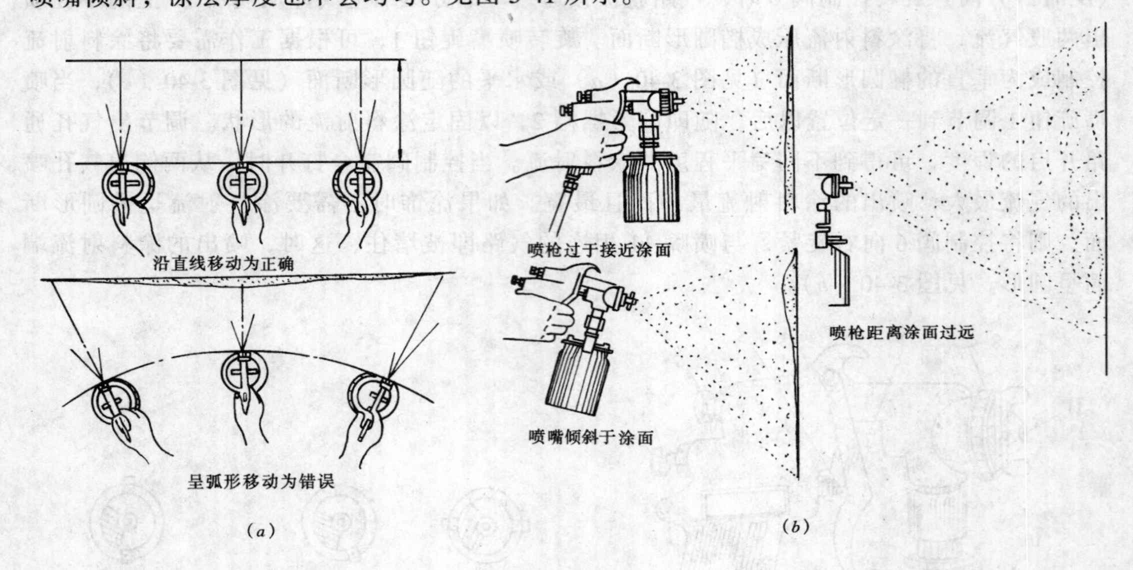

图 3-41　喷枪的使用

(*a*) 喷枪的移动；(*b*) 喷枪与涂面的距离

4）喷涂的顺序依照图 3-42（*a*）、（*b*）所示的线路进行。

喷涂的顺序是：应该先喷涂饰面的两个末端部分，然后再按喷涂路线喷涂。每条喷路之间应互相重叠一半，第一喷路必须对准被涂件的边缘处。喷涂时，应将喷枪对准被涂面的外边，缓缓移动到喷路，再扣动扳机，到达喷路末端时，应立即放松扳机，再继续向下移动。喷路必须成直线，绝不能成弧形，否则涂料将喷散得不均匀。

5）由于喷路已互相重叠一半，故同一平面只喷涂一次即可，不必重复。

6）喷涂曲线物面时，喷枪与曲面仍应保持正常距离。

（4）喷漆枪的维护

喷漆枪应在当天喷漆结束后，用香蕉水将喷漆枪容器、喷嘴及喷道清洗干净，最后将喷嘴、喷道部分用干净香蕉水放在容器内再喷一下，使喷嘴、喷道保持清洁，以备下次再用。

3. 空压泵

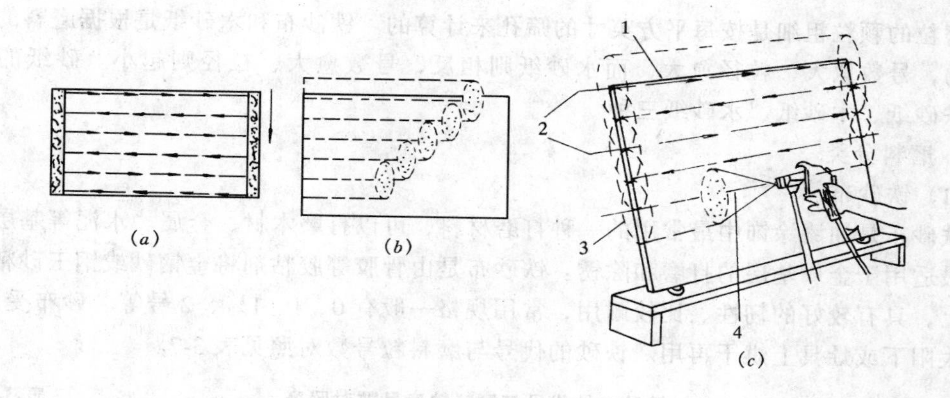

图 3-42　喷涂的顺序

(a) 先喷两端部分，再水平喷涂其余部分；(b) 喷路互相重叠一半；(c) 喷涂示意图
1—第一喷路；2—喷路开始处；3—扣动开关处；4—喷枪口对准上面喷路的底部

空压泵一般是指小型的空气压缩机，机身装有行走轮子，可以移动，在喷涂工艺中，空压泵属于不可缺少的配套设备。供喷涂料用的空压泵的规格有许多种，可选用输出气压在 0.6MPa 左右的小型机种即可。

空压泵是产生压缩空气的机械，利用它产生的压缩空气气流，迫使涂料从喷枪的喷嘴中以雾状喷出，形成薄而均匀的涂层。空压泵由电动机、压缩机、安全阀、储气筒等装置组成。电动机是带动空压泵曲轴运转的动力装置，空压泵的曲轴运转带动活塞吸气和压气，然后再进入储气筒，供喷枪使用。如图 3-43 所示。

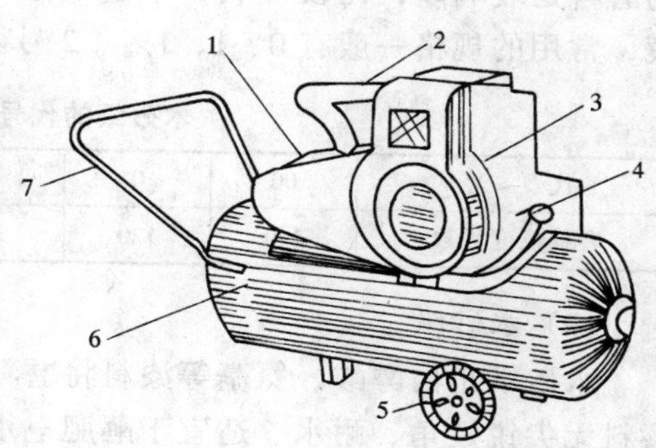

图 3-43　电动小型空气压缩机

1—电动机；2—输气管；3—曲轴与活塞；4—压力板；5—行走车轮；6—贮气筒；7—推动手把

(1) 空压泵的使用

开动空压泵前，须检查出气管是否安全畅通，润滑油是否充足，再开启电动机做试运转。确认正常后方可正式运行。对于所使用的空压泵必须认真做好维护保养工作，这样才能保证长时间安全地使用设备。

(2) 空压泵的维护保养

空压泵的维护保养技术一般有如下要点：

1) 安全阀的灵活性及可靠程度，每周检查一次。

2) 储气筒应每隔六个月检查和清洗一次。

3) 为防止筒身积存过多油水，应在每台班工作后，旋开筒身底部放污阀，将油污存水放出。

4) 空压泵如长期停用，应将气缸盖内气阀全部卸下另行油封保存，在每个活塞上注入润滑油。各开口通风处用纸涂牛油封住，以防锈蚀零件。

(七) 磨料类

被涂饰的物面必须经过打磨以后才能进行下道工序的涂饰。砂纸、布是一种常用的油漆打磨工具，也是一种消耗性的材料。磨料的性质和它的形状、硬度和韧性有着很大的关系，磨粒的颗粒粗细是按每平方英寸的筛孔来计算的。铁沙布和木砂纸是根据磨料的粒径划分的，号数愈大，粒径愈大，而水砂纸则相反，号数愈大、粒径则越小。砂纸的品种有：铁砂纸、木砂纸、水砂纸三种。

1. 磨料分类

(1) 铁砂布

铁砂布是油漆涂饰中最常用的一种打磨材料，可以打磨木材、金属、水泥等基层，铁砂布最适用于金属基层的打磨和除锈。铁砂布是由骨胶等胶粘剂将金钢砂或钢玉砂粘结于布面上，具有较好的韧性、比较耐用，常用规格一般有0、1、1½、2号等。砂布受潮后，可在太阳下或灶具上烘干再用。铁砂的代号与磨料粒号数对照见表3-7。

铁砂布的代号与磨料粒度号数对照表 表3-7

代号	0000	000	00	0	1	1½	2	2½	3	3½	4
磨料粒度号数	200	180	150	120	100	80	60	46	36	30	24

(2) 木砂纸

木砂纸是用骨胶等胶粘剂将磨料粘结于纸基上而制成的不耐水的打磨材料。木砂纸用的磨料是玻璃砂，比较锋利，木砂纸适用于木制品、抹灰面等饰面的打磨，价格比较低廉，常用的规格一般有0、1、1½、2号。木砂纸的代号与磨粒号数对照表，见表3-8。

木砂纸的代号与磨料粒度号数对照表 表3-8

代　号	00	0	1	1½	2	2½	3	4
磨料粒度号数	150	120	80	60	46	36	30	20

(3) 水砂纸

水砂纸是由醇酸、氨基等漆料将磨料粘结于浸过熟桐油的纸基上而制成的，水砂纸的磨料无尖锐棱角、耐水、适宜于蘸肥皂水打磨饰面，由于水砂纸的磨料颗粒较细，经水砂纸打磨过的饰面光洁、细腻，是漆膜抛光前打磨的理想工具材料，常用规格一般有280、320、400、500号等。水砂纸的代号与磨料粒度号数对照。见表3-9。

水砂纸的代号与磨料粒度号数对照表 表3-9

代　号	180	220	240	280	320	400	500	600
磨料粒度号数	100	120	150	180	220	240	280	320

2. 砂纸、布的使用方法

各类砂布、砂纸对涂饰面进行打磨处理时，将砂纸、布一裁四，再用四分之一砂纸布对折，用右手拇指在一面，其余四指在另一面，夹住砂纸、砂布进行打磨。为了保证打磨质量，减轻劳动强度，可将选好的木方料、橡胶方料，把砂布或砂纸裹在方料的外围，必须裹紧、裹密实，夹住方料裹住的砂纸进行打磨，较省力，手不容易磨破。长期以来人们称这种打磨为加垫方打磨法，见图3-44。

用这种操作方法打磨前，应将砂布、砂纸整个地包在垫方上，并用手抓住垫方。打磨时，手心紧按压已包好磨料的垫方，手腕和手臂同时用力，手要拿稳，用力要均匀，顺着被打磨物的纹理或需要的方向往复打磨。

用这种方法操作的垫方必须平整。切勿凹凸不平，更不可有硬物或尖锐物质夹存在其中，以免损伤物面。垫方使用后，应整理干净，保存起来以备再用。

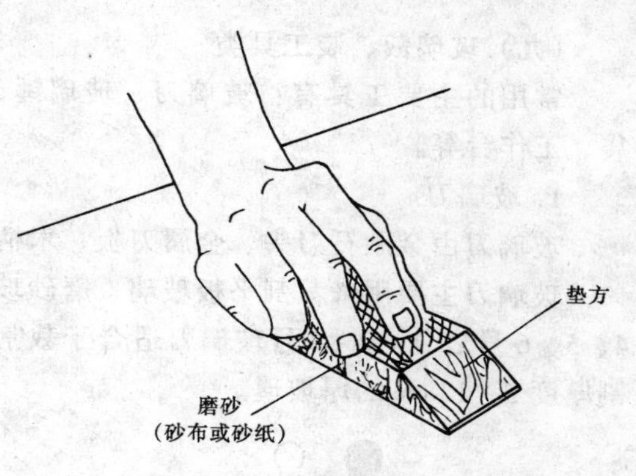

图 3-44 磨料包垫方打磨法

3. 砂纸、布的保管

砂纸、布必须放置在干燥处，当木砂纸或铁砂布遇潮湿时，可以将受潮的砂纸、布放在太阳光下晒干，也可以烘干，但要注意安全。

(八) 桶类

在油漆涂饰中，必须利用各种盛装器具来盛放各种涂料和溶剂，常用的容器有小油桶、刷浆桶、腻子桶等。

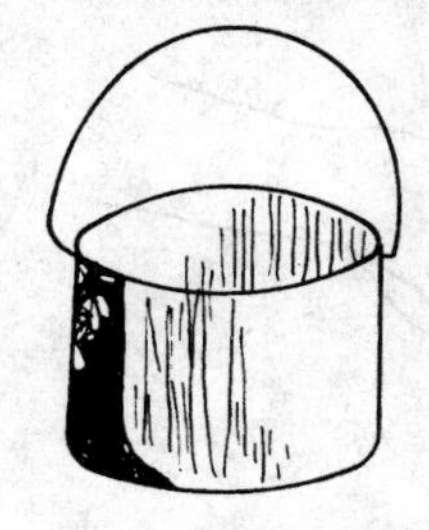
图 3-45 小油桶

1. 小油桶

小油桶是油漆涂饰时常用的手提工具，它是用普通铁皮或镀锌铁皮制成，也有采用塑料小桶，小油桶主要用于盛放油漆涂料。常用小油桶规格是：直径约 150 ~ 180mm，高度约 130 ~ 160mm，小油桶使用完毕后，必须擦洗干净。如图 3-45 所示。

2. 刷浆桶

刷浆桶有木制的，铁皮或塑料制成的，主要用来盛放刷浆涂料，是手工刷浆的必备工具，桶口直径约 230 ~ 250mm，高度约 210 ~ 230mm，刷浆桶使用完后必须清洗干净，木制桶长期不用应经常浸水。如图 3-46 所示。

3. 腻子桶

腻子桶是比较大的提桶，形状与普通提水桶没有什么区别，也可用普通提水桶代替。调配腻子桶用镀锌铁皮、橡胶或者塑料制成。用直径 10mm 的钢筋作桶提，再配上底箍。如图 3-47 (*a*)、(*b*) 所示。

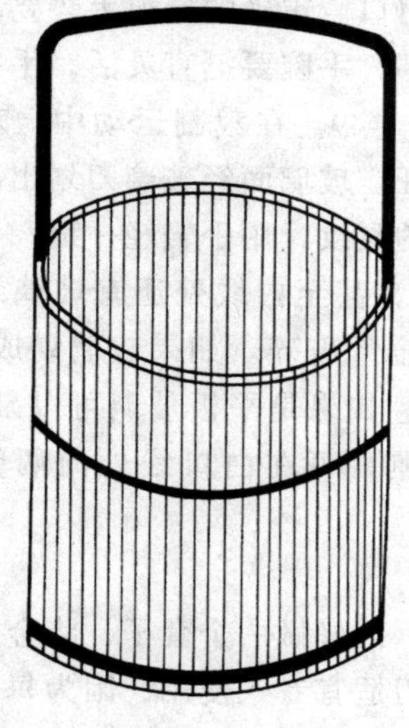
图 3-46 刷浆桶

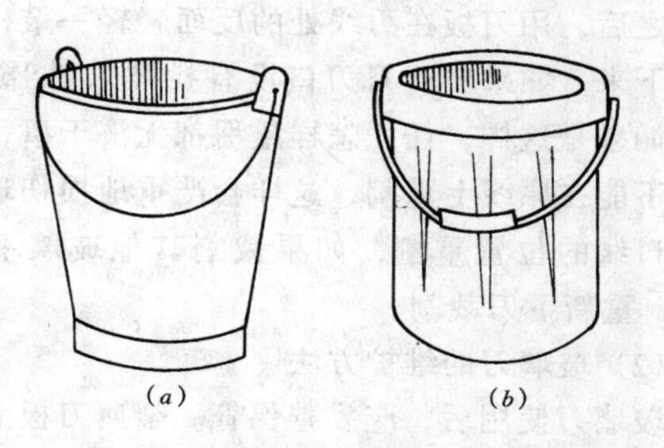

图 3-47 调配腻子桶形状

(*a*) 镀锌铁皮桶；(*b*) 塑料桶

（九）玻璃裁、装工具类

常用的主要工具有：玻璃刀、玻璃锤、油灰刀、直尺、折尺、卷尺、直角尺、工具袋、工作台等。

1. 玻璃刀

玻璃刀由金刚石刀头、金属刀板、木柄等组合而成，见图 3-48 所示。

玻璃刀主要用来裁割平板玻璃、磨砂玻璃、夹丝玻璃等。玻璃刀的规格一般有 2、3、4、5、6 号之分。2～3 号玻璃刀适合于裁割厚度 4mm 以内的玻璃、4～6 号玻璃刀一般裁割厚度 5～12mm 的厚玻璃。

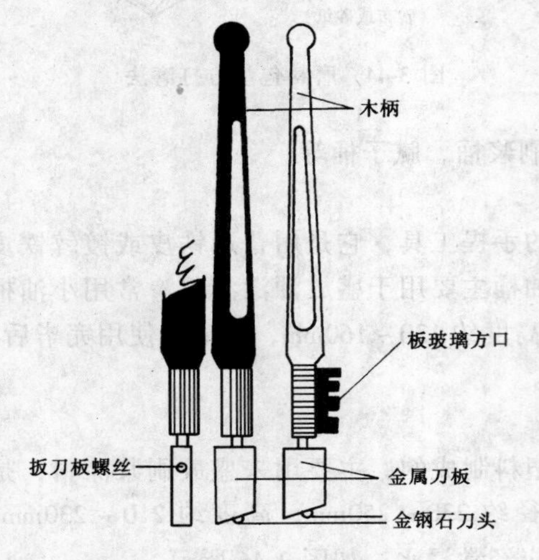

图 3-48　玻璃刀形状及构造

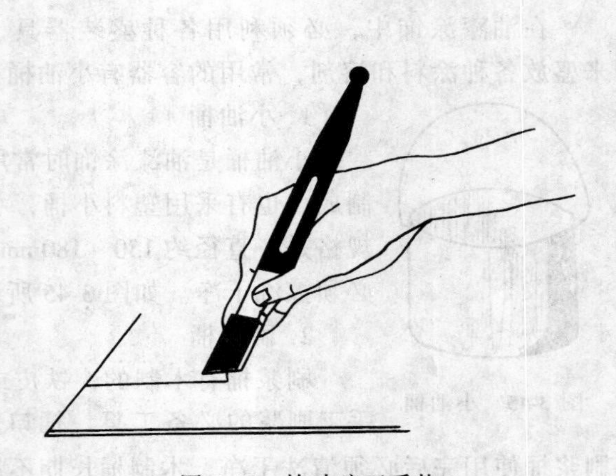

图 3-49　持玻璃刀手势

（1）玻璃刀的使用方法

在正式裁割玻璃之前，先试刀口，找准裁割玻璃的最佳位置。握刀手势要正确，使玻璃刀与玻璃平面总是保持不变的角度。一般听到轻微、连续均匀的“嘶嘶”声，划出来的是一道很亮很细、并且不间断的直线，这说明已选到最佳刃口。正确的握刀手势要求：右手虎口夹紧刀柄的上端，大拇指、食指和中指掐住刀杆中部，手腕要挺直灵活，手指捻转刀杆自如，可使刀头的金属板不偏不倚地紧靠尺杆。见图 3-49。在裁割运动中，对正刀口，保持角度，用力适宜，走刀平稳，这是裁好玻璃的保证。玻璃面经玻璃刀划出准确的刀线之后，用刀板在刃线处的反面轻轻一敲，即会出现小的裂纹，用手轻轻一掰，会自如地掰下来。如果玻璃刀刃口没有找准，划出来的刃线粗白，甚至白线处还有玻璃细碴蹦起，如果是这样，任凭怎样敲掰都无济于事，甚至玻璃会全部破碎。如果玻璃划成白口，千万不能在原线上重割，这样会严重地损伤玻璃刀的刃口。如果是平板玻璃可以翻过来，在白口线的位置重割，如果裁割其他玻璃不能翻过来重割，可在白口线处向两旁移动 3mm，重新下刀裁割。

（2）玻璃刀的维护方法

玻璃刀使用后，应妥善保管。金属刀板上涂一些机油，最好做一个套子，将金属刀板套好，可以避免金钢石与硬质材料摩擦使刀头损坏。玻璃刀适宜专人使用，因为每个人手势不可能完全一样，玻璃刀若经常转手使用，首先不能保证裁割的成功率，其次是刀头损耗率很大。

2. 木工刨刀

木工刨刀有些地区也称油灰刀。用于玻璃工程的木工刨刀，一般采用 30mm 规格。油灰刀在玻璃工程中主要用于安装木制门、窗玻璃时敲钉子以及抹光油灰用。油灰刀刃口不要锋利，以钝滑不缺口即可。见图 3-50 所示。

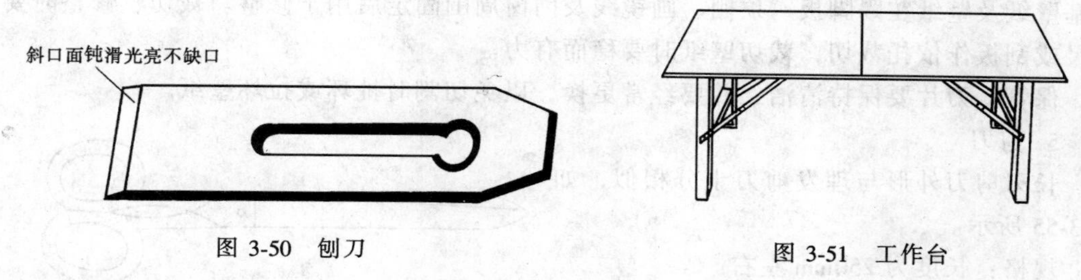

图 3-50 刨刀　　图 3-51 工作台

（十）裱糊工具类

裱糊壁纸常用的工具有：工作台、钢直尺、线锤、活动裁纸刀、剪刀、塑料刮板、压缝压辊、150mm 绒毛滚筒、水桶、油漆刷、毛巾、钢皮批板或小铁板、嵌刀、合梯、脚手板等。

1. 工作台

工作台可选用可折叠的坚固木制台面，便于存放和保管，如图 3-51 所示。

规格：1800mm × 660mm。

用途：壁纸裁切、涂胶、测量壁纸尺寸用。

保管：保持台面、边缘洁净没有浆糊。

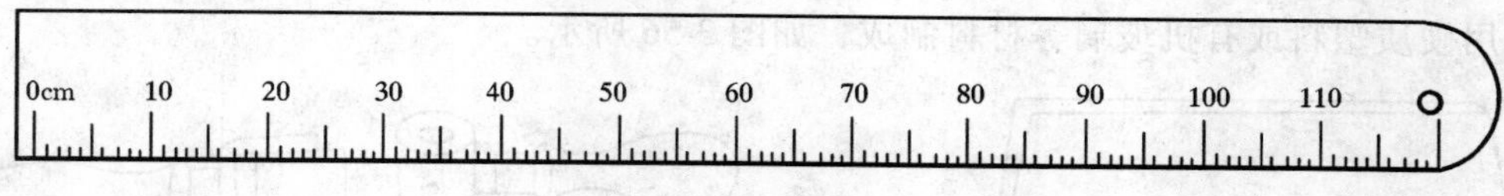

图 3-52 钢直尺

2. 钢直尺

金属制的直尺。

规格：有多种尺寸，裱糊壁纸以 1m 长为宜，如图 3-52 所示。

用途：与修整、裁剪工具配合，修整、裁切壁纸时作靠山用。

保管：保持钢直尺清洁、裁割壁纸时，难免会碰到胶合剂，应及时揩擦干净。

3. 线锤

金属制的线锤如图 3-53 所示。

规格：有多种规格，裱糊壁纸所采用的线锤以小号为宜。

用途：线锤主要用于吊垂直线用。

保管：线锤使用完毕后将线绳绕好，放置在干燥处，以防锈蚀。

4. 活动裁纸刀

活动裁纸刀是壁纸裱糊施工中使用最多的工具，刀柄内装有可伸缩活动的刀片。刀片由优质钢制成，十分锋利，刀片前段呈斜角形，刀片表面有数

图 3-53 线锤

条打印痕迹，刀角用钝后可沿此线折断。如图 3-54 所示。

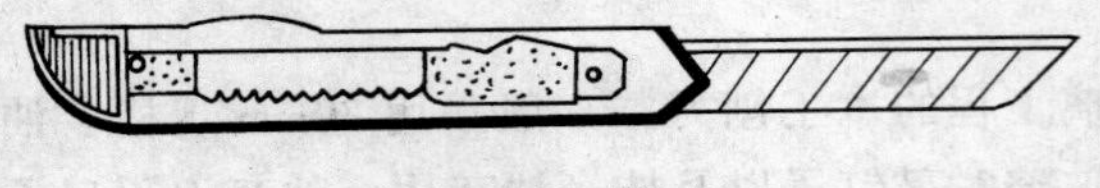

图 3-54　活动裁纸刀

规格：依刀片的长度、宽度及厚度分大、中、小号。应根据裁切材料的强度选用。

用途：裁切中等或重型壁纸及无衬的乙烯基壁纸及壁纸在踢脚板、顶棚、画镜线及门窗周围固定后用于修整。裁切、修整时要用钢尺或刮板作依托裁切，裁切壁纸时要稳而有力。

保管：刀片要保持清洁，并要经常更换，以免切割时扯坏或拉坏壁纸。

5. 剪刀

长刃剪刀外形与理发剪刀十分相似，如图 3-55 所示。

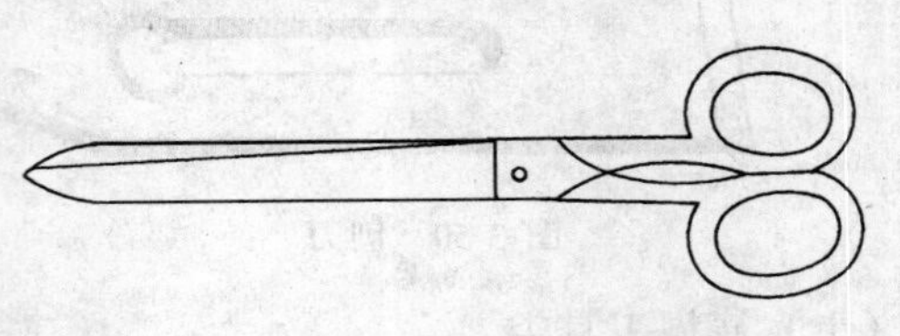

图 3-55　剪刀

规格：长度为 250mm 左右。

用途：适宜剪裁浸湿了的壁纸或重型的纤维衬、布衬的乙烯基壁纸及开关孔的掏孔等。

使用：裁剪时先用直尺划出印痕或用剪刀背沿踢脚板，顶棚的边缘划出印痕，将壁纸沿印痕折叠起来裁剪。

注意事项：不宜用剪刀修整壁纸两旁的白边。

保管：刀保持干净、锋利，不能用砂纸清理，以免磨损刃口。放置干燥、清洁处保存。

6. 塑料刮板

用硬质塑料或有机玻璃等材料制成，如图 3-56 所示。

图 3-56　塑料刮板

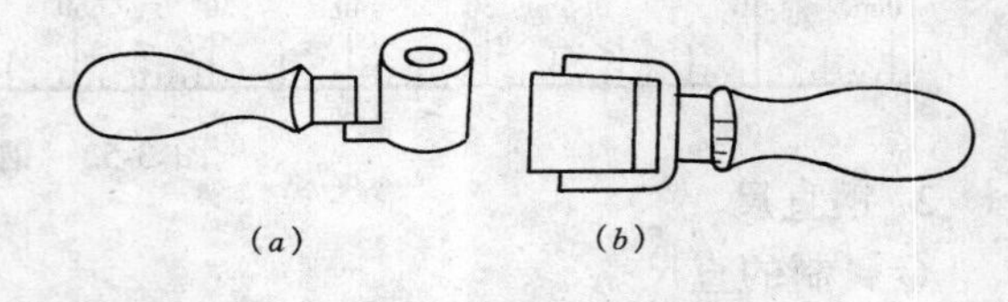

图 3-57　压缝压辊

（*a*）单支框压辊；（*b*）双支框压辊

规格：（4～5）mm × 100mm × 150mm 左右。

用途：壁纸定位后，擀除气泡，压实壁纸。

适用：与毛刷相似，由条幅中心向四周擀刮。

注意：脆弱性壁纸和发泡壁纸不适宜用。

7. 压缝和阴角压辊

由陶瓷或硬塑料及支架和木柄制成，有单支框及双支框两种，如图 3-57 所示。

规格：宽度为 30mm 或 40mm。

用途：滚压壁纸拼缝及阴角部位，避免壁纸翘起。

使用：

(1) 滚压要在胶粘剂开始干燥时进行，沿拼缝从上向下或从下向上短距离快速滚压。

(2) 滚压时如果胶粘剂没干透从缝中挤出，应停止滚压并擦去挤出的胶粘剂，待壁纸干燥到挤不出胶粘剂时再滚压。根据房间的环境状况一般要等壁纸粘贴 10～30min 后才滚压。

(十一) 其他工具类

在涂饰操作过程中，除了以上工具，常用的工具还有喷灯、铜箩筛漏斗、铜箩筛、小漏斗、粉线袋、搅拌器、腻子板、合梯等。

1. 喷灯

喷灯在油漆工程中主要用来烧出白用，喷灯加油不可加满，最多加 70%，点火加热后再打气，冷灯或突然熄火时不要打气，在喷灯操作场所必须置备消防器材。点火纱头和铲下的漆皮应妥善处理，以免火灾。如图 3-58 所示。

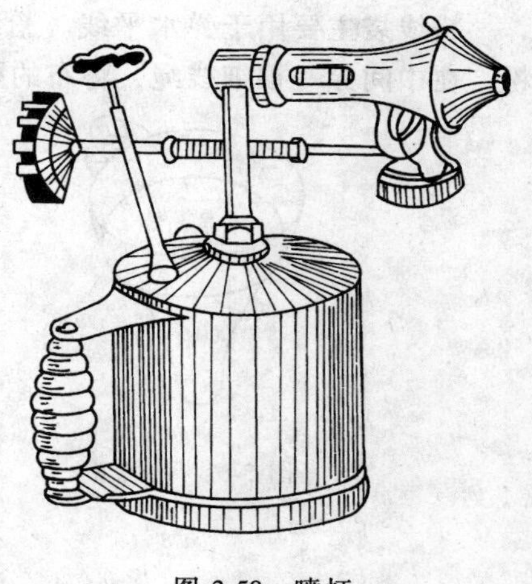

图 3-58 喷灯

2. 铜箩筛漏斗

铜箩筛漏斗是用铁皮制成，主要与铜箩筛配套使用，用来搁置铜箩筛配制浆料等用，铜锣筛漏斗直径根据铜锣筛口径大小而制作，浆料配制完毕后必须将漏斗擦干净。如图 3-59 所示。

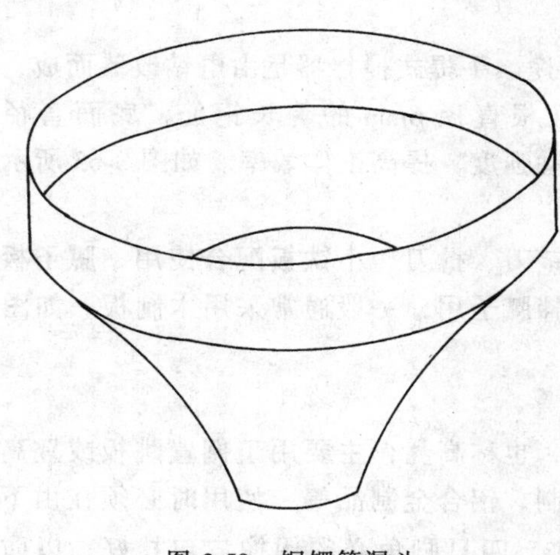

图 3-59 铜锣筛漏斗

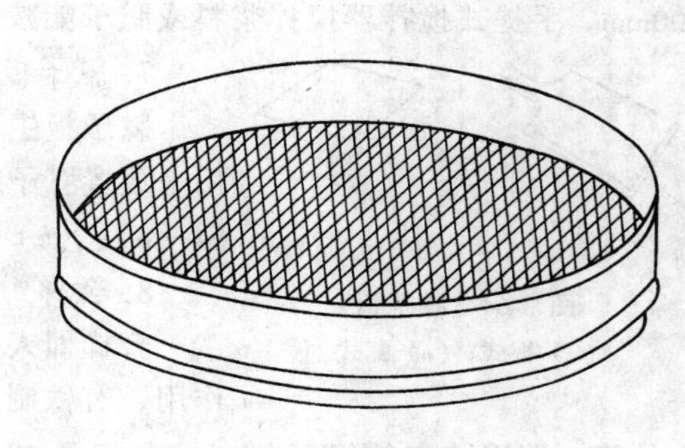

图 3-60 铜箩筛

3. 铜箩筛

铜箩筛主要是过滤浆料或筛滤体质颜料，由铜丝或钢丝编织而成，常用规格一般有 40 目、60 目、80 目、100 目、120 目等。过滤浆料后必须用溶剂清洗干净并拍净。如图 3-60 所示。

4. 小漏斗

小漏斗是用来灌装漆液、溶剂于小口径容器中必备的工具，可以避免漆液、溶剂在倒置过程中散洒于容器外，小漏斗有铁制、塑制、铅制等品种。如图 3-61 所示。

5. 粉线袋

粉线袋主要用于弹水平线。粉线袋一般是操作者自己制作，用一方块布，裹上颜色粉，在中间穿一根细线绳，将布的两头用线绳扎牢即可。如图 3-62 所示。

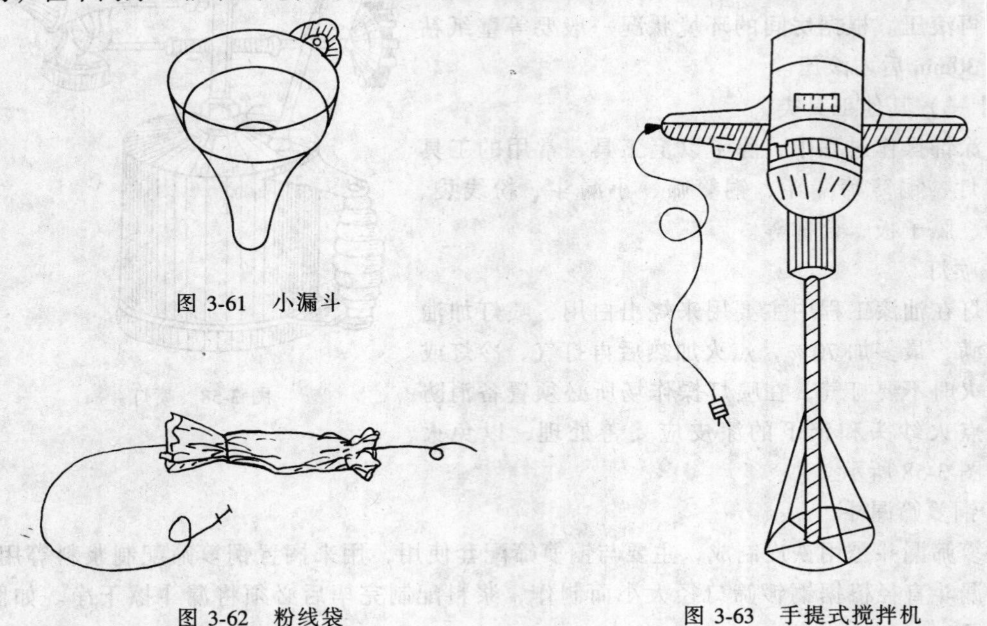

图 3-61 小漏斗

图 3-62 粉线袋

图 3-63 手提式搅拌机

6. 手提式搅拌器

手提式搅拌器主要用来搅拌浆料、腻子等用途。手提式搅拌器是由电钻改装而成，将电钻轴接长 700 ~ 800mm，在接长的轴上焊上几根直径 6mm 的等长钢筋，底面直径约 100mm。手提式搅拌器搅拌浆料或腻子能减轻劳动强度，提高工作效率。如图 3-63 所示。

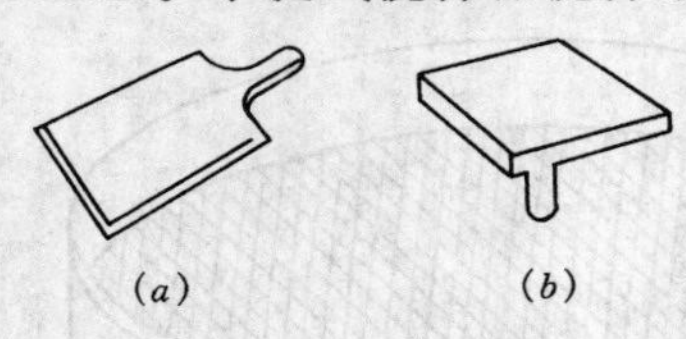

图 3-64 腻子板

（a）握式；（b）托式

7. 腻子板

腻子板主要同铲刀、批刀、小铁板配合使用，腻子板是用来放置腻子或调拌腻子用，一般通常采用木制板。如图 3-64（a）、（b）所示。

8. 合梯

合梯即人字梯，也称高凳，主要用于搁置跳板或登高操作用，有铁制、木制、铝合金制品等。使用时必须在由下向上的第二档用结实的绳子扎牢，夹角呈 30° ~ 35°，四只脚角必须用橡皮包扎好，以防打滑。如图 3-65 所示。

三、涂料施工材料准备程序

在涂料施工中，对材料的准备工作尤为重要。首先是对涂料的粘度进行科学合理的调整，其次是对涂料及色彩的熟练调制。

在实际涂料施工中，要求每个操作工人，必须熟练掌握对涂料的调制技术，涂料的调制是否科学合理、是否符合工艺要求，将直接关系到成膜后的涂膜厚薄，色彩的美观、牢度等质量问题，同时关系到涂饰成本的高低。

（一）调整涂料的粘度

涂料的品种虽然很多，但仍然满足不了涂料施工的多方面要求。这是因为对于一个熟练的油漆工人来讲，整桶整罐的油性和水性涂料，仅仅是个“半成品”，通常情况下不能拿过来直接用到工程上。对原装涂料，在涂饰之前必须进行适当的调配，才能最大限度发挥它的保护和装饰作用。即使是单纯的保护性涂装施工，也不宜将涂料开桶后拿过来就直接向物面上涂饰，因为涂料的出厂稠度总是高于涂料的施工粘度。如应用广泛的硝基漆，其出厂的稠度大大高于施工稠度，不稀释就不能使用。涂料在施工之前，必须用适当的稀释剂进行调整，以便操作。另一方面，由于涂装遍数、方式和施工对象的不同，对涂料的稀释度要求也有差异。有时还因涂料存放的时间较长，变得稠厚，涂刷比较吃力，需要进行合理的稀释。总之，施工前根据实际情况将原桶涂料进行调制，达到需要的稀稠度是非常必要的。

图 3-65 铁制合梯

1. 涂料粘度调整的要点

准备用来施工的原桶涂料调成符合使用要求的施工粘度，必须遵循如下要点：

(1) 按施工工艺要求选择合理的涂料品种，再根据涂料品种选择合乎技术要求的稀释剂和其他辅助材料。如果是新型涂料，要严格掌握使用上配套这一原则。

(2) 根据施工面积，估算出所需涂料的数量，然后开桶、过滤，一边搅拌一边添加稀释剂或其他助剂（如催干剂、防潮剂等），随时取样，直到调成符合要求的使用粘度为止。

(3) 涂料调制时，必须根据被涂饰面的质量特点和技术要求，既要合理地选择底漆、面漆及其相应的稀释剂，又要根据施工季节不同以及施工条件的差异来调整粘度，以提高漆膜与物面的结合力。

(4) 对于大型设备或其他比较严格的装饰面的涂料施工，为保证整体色调、光泽和质量的一致性，必须进行统一调料，一次将所需用的涂料调好，不要在涂饰施工中途随意添加稀释剂。

(5) 对于连续自动化作业线,涂料粘度调节必须根据技术要求,利用粘度计进行测定。

(6) 其他特殊的漆种，其施工粘度要根据各自涂饰的方式、特点和要求进行调整。

2. 稀释剂的使用

稀释剂是用来溶解和稀释涂料的一种液体，它是由溶剂、助溶剂和冲淡剂三个部分组成。但某一种涂料有时仅需要加其中的 1 ~ 2 个组份即可达到稀释的目的，而且同一种物质对于不同涂料所起的作用也不一定相同，如二甲苯在醇酸漆中是溶剂，而在硝基纤维漆中却仅仅是稀释剂。但稀释剂中三个组份都含有共同的目的，这就是用来溶解和稀释涂料，以达到适宜的使用粘度。涂料与稀释剂必须配套使用，例如：油基涂料类稀释剂一般采用松香水或松节油都可以，若涂料中树脂含量高，油料含量低，就需要将两者以一定比例混合使用或加适量二甲苯，而其他稀释剂就不可以使用，若油基涂料类加入香蕉水，该涂料就无法使用，造成浪费。

(二) 颜色的调配

红、黄、蓝三色称为原色。以红、黄、蓝、白、黑为基本颜色，可以配制成各种颜色，现将常见的颜色组合如下：

奶黄色 = 白 + 黄 + 红；奶油色 = 白 + 黄；灰色 = 白 + 黑；蓝灰色 = 白 + 黑 + 蓝；绿色 = 蓝 + 黄；湖绿色 = 白、黄、蓝；墨绿色 = 蓝 + 黄 + 黑；天蓝色 = 白 + 蓝；肉红色 = 白 + 红 + 黄；粉红色 = 白 + 红；紫红色 = 红 + 黑；棕色 = 黄红 + 黑；浅柚木色 = 黄 + 黑；深柚木色 = 黄 + 黑 + 红。

(三) 涂料的调配

1. 自配清油

自配清油也称抄清油，主要用于木材面或油墙面的打底，起到封闭基层面、增加腻子与基层面的附着力。

自配清油调制时，应根据所需要的稠度和颜色，将熟桐油与松香水按 1:2.5 的比例(加入适量的颜色) 调拌均匀，用 80 目铜丝筛过滤，冬季施工需加入适量的催干剂，夏季施工可以加入适量的聚合清油，以防稀释蒸发和表面结皮。

2. 自配铅油

有的地区称自配头抄打底漆。自配铅油有两种方法。一种是用铅粉配制；另一种是用厚漆配制。

(1) 用铅粉配制铅油

取铅粉 62、聚合清油 23、清漆 (油基或酚醛) 5、松香水 10、催干剂适量。调配时先将铅粉与松香水调成糊状并加入适量清油，浸 24h 后，再搅拌均匀，并将剩余的清油、清漆以及松香水和催干剂加进去一起拌匀，用 60 目铜箩筛过滤即可 (此比例仅供参考)。

(2) 用厚漆配制铅油

取自厚漆 (根据工程需要，若饰面有颜色，可以用带色的厚漆) 65、聚合清油 20、清漆 5、松香水 10、催干剂适量、混合搅拌均匀。具体程序如下：

1) 根据调配比例，将聚合清油与 2/3 用量的松香水调配成混合油；

2) 把厚漆挖到铁桶内，倒入少量混合油充分搅拌，直至厚漆全部溶解。应当注意，溶解厚漆开始时，混合油的加入量不能太多，以免不易搅拌溶解。待混合油与厚漆充分拌匀后，再将余下的混合油全部倒入搅匀。若配带色铅油，应将色油与混合油先调均匀，然后再与厚漆拌匀；

3) 加入适量催干剂、并用 60 目铜箩筛过滤；

4) 将余下的 1/3 松香水洗干净工具和漆桶，并过滤到配制的厚漆中。

3. 自配虫胶漆

自配虫胶漆时，将漆片放入 95% 以上浓度的酒精中溶解。干漆片与酒精的配合比一般掌握在 1:4 左右，在施工中可以根据每道涂层的要求适量增加酒精量。溶解干漆片时应注意：

(1) 将酒精盛在瓷器或玻璃器皿中 (不准使用金属器具)，再放入漆片，浸泡 12~15h，一定不要将酒精倒入漆片中，这样会造成漆片的表面被酒精溶解而相互粘结成块，影响溶解速度。在溶解过程中应不断搅拌或摇晃，以免漆片沉入底部而影响溶解速度。

(2) 溶解过程应在常温下进行，不可用人工加热的方法溶解。

(3) 已溶解好的漆片，应密闭贮存，以减少酒精挥发，同时也可防止灰尘、污物落入。一般贮存期不应超过半年。

(4) 虫胶漆干燥较快，感到涂刷不便时，可适量加些杏仁油改善性能。

(5) 漆片溶解后，还可加少量硝基清漆，配成虫胶硝基混合清漆。比例为虫胶清漆:硝基清漆:酒精=2:1:3（体积比）。这种漆光泽度和流动性都很好，并易于填孔，方便打磨和揩擦。

(6) 已经结块的漆片，浸泡前应将其辗碎再用，以提高溶解速度。

4.自配水色、酒色、油色

在木质面要求透明涂饰效果的着色工艺中，常用的材料有水色、酒色、油色三种，它们在涂层色彩的处理上是关键性的工序。特别是水色，具有色泽鲜艳、极其透明的特点，中、高级的涂饰工艺大都采用它。三种材料组配及特点见表 3-10。

水色、酒色、油色材料组配及特点 **表 3-10**

种类	材料组配	特点
水色	常用黄纳粉、黑纳粉等一系列的酸性染料，溶解于热水中，开水要占 80%	透明无遮盖力，明显露出天生纹理，但耐晒性稍差，易褪色
酒色	用醇溶性染料或碱性颜料溶解在酒精或虫胶漆中	能显现木质的天然纹理，耐晒性比碱性染料和水色强
油色	用氧化铁系列颜料，哈巴粉、锌钡白、等调入松香水，再加入清油或清漆等调成稀浆状	因用无机颜料作着色剂，所以，耐晒性好，不易褪色，着色力强、显露木质纹理稍差

(1) 水色的调配

水色就是染料的水溶液，调水色用的染料一般为酸性染料，如酸性大红、酸性橙、酸性嫩黄、黄纳粉、黑纳粉等，此外分散性染料及活性染料也有使用。

调制水色时，将选用的一种或数种酸性染料按比例用开水溶解，经搅拌后静置一定时间后过滤即可使用。调配水色要根据样板色泽适当掌握，水色太浓可用冷水稀释。一般情况下 1kg 水的颜料重为 15g，最高为 35g，超过饱和状态染料就无法溶解。各色酸性染料可以互相掺合使用。黄纳粉和黑纳粉就是由数种酸性染料配起来的。

水色的颜色鲜艳，它既能用于表面着色，又能渗入木材纤维使纹理明鲜并改变木材颜色，因此多用于透明涂饰。为了使色泽丰富多采，可以在水色中加入少量墨汁或石性颜料，如哈巴粉、氧化铁红、氧化铁黄等，配成油木色、栗色、红木色。另外，在水色中如加入皮胶或血料可以增加附着力。为了增加粘性，可在水色中加上些经过细筛过滤的嫩豆腐，其效果也很好。

水色的含水量大，容易使木材膨胀产生浮毛，所以高档木器油漆时宜用酒色。

(2) 酒色的调配

将染料或着色颜料溶解在酒精或虫胶清漆中所调制成的有色溶液称为酒色。

酒色使用的染料一般为碱性染料，因为碱性染料容易溶解在酒精中。酒色的种类很多，有红酒、黄酒、品红酒、品绿酒等，也有用几种染料混合调配而成。酒色有时也可用硝基漆或聚氨酯漆等经稀释后加入所需要的染料或颜料调成。

调配酒色要根据样板色谨慎确定深浅程度，其中无严格的用量标准，特别在涂饰少量木制品时，无法用秤量的办法确定配合比，只能用肉眼按小样来调配，在这里油漆工的实践经验显得尤为重要。

酒色的色彩鲜艳，渗透性好，一般用于涂层着色及调整色彩用，由于酒色中无水，不会造成木材膨胀和产生浮毛。酒色的缺点是容易褪色，色调浓淡不易均匀，而且由于溶剂的挥发性大，干燥快，操作起来比水色困难。

木材染色多喜欢采用橙色染料，因为在橙色中加一些黑色，形成深浅不一褐色系列，其耐光性和着色要比红色强得多。

(3) 油色的调配

油色是介于清油和铅油之间的一种涂料名称。采用油色既能反映施涂面的木纹，又能使底面色彩一致。油色的具体调配方法基本与自配铅油的调配方法相同，必须注意的是，厚漆或铅粉的用量要控制好，否则容易配成混色漆，使木纹无法显现。

在配制透明色浆时，必须根据饰面材质、部位、用途等选配适合的色浆。如：饰面棕眼较深，可以在水色或油色中放入碳酸钙，配成水老粉或油老粉来达到填平棕眼的目的。

5. 自配金、银粉涂料

金粉（铜金粉）、银粉（铝粉）、通常是金粉或银粉已拌成膏状物与同时配套买来的清漆及松香水按比例配制，用多少配多少，一般银粉用汽油作为稀释剂会效果更好。

铜金粉可以用油性清漆或硝基清漆或其他清漆配制，不管用什么清漆配制，涂饰后干燥透，再用清漆罩面，可以延长光泽度。

(四) 在涂料的配制中必须注意的事项

1. 只有同类型涂料才能用来互相调制，否则会引起沉淀、析出。如硝基涂料不能同醇酸涂料混合，醇酸涂料不能与环氧树脂涂料混合。

2. 调色应在阳光充足的情况下进行，避免在晚间或光线太暗的环境中工作，以免观色不准。

3. 用于调色的涂料，开桶后应去掉漆皮，充分搅匀后再使用。

4. 在调配浅色涂料时，应在加完催干剂以后再进行调色，因催干剂本身带有颜色。

5. 调色前应确定好标准的色板、色卡或标准色漆。应先以小样对照调试，试好后再进行大剂量调配。

6. 调色顺序应按深色漆加入浅色漆，次色、副色漆加到主色漆中的顺序进行，不可倒序进行。

7. 涂料调配时，应边调边搅，由浅至深，搅拌均匀。

8. 漆色湿时颜色较浅，随着漆膜的干燥会变深，应注意掌握湿样板与标准色板的差异。

9. 水性涂料加水稀释要适量，加水过量会影响涂膜质量。成品水性涂料在使用前，必须看清包装产品说明书，再根据自已的经验适量加水稀释。

10. 油性涂料干后颜色变深，水性涂料干后颜色变浅。

第二节 腻子的调配

在油漆施工中，不论是抹灰面、金属制品面、木面以及水泥面等，首先要使用腻子批嵌的方法来平整底层、弥补缺陷。如：抹灰面上的裂缝、洞眼、凹凸不平处；金属制品面上的瘪膛、钢门窗型钢的拼缝、麻眼；木器制品面上的纹理隙孔、节疤、榫头、接缝、钉眼、虫眼等。如果不经过腻子嵌批，物面上的油漆涂层就会粗糙不平、光泽不一，影响涂饰效果。为此这些物面上的缺陷，就需要用各种腻子加以填补和批刮。

一、常用腻子的品种与性能

腻子的品种很多，有成品腻子和自制腻子之分，市场上常用的成品腻子有各色酚醛、硝基、醇酸、环氧、水性等腻子，但价格较高。通常，企业在施工中，一般由施工人员自行调配，既方便又能降低施工成本。

常用的自制腻子有猪血老粉腻子、胶老粉腻子、胶油老粉腻子、油性石膏腻子、虫胶老粉腻子、聚氨酯石膏腻子、水粉腻子等。

（一）常用成品腻子的品种与性能

1.F07-1 各色酚醛腻子

酚醛腻子是由中油度酚醛漆基、体质颜料、催干剂、松香水配制而成。酚醛腻子的涂刮性好、容易磨、适用于金属制品面及木制品面的填嵌和批刮。

2.Q07-5 各色硝基腻子

硝基腻子是由硝化棉、醇酸树脂、顺酐树脂、颜料、大量体质颜料和稀释剂调制而成。硝基腻子干燥快、容易磨，通常用于硝基漆类饰面的嵌补和批刮。

3.C07-5 各色醇酸腻子

由干性油、颜料及大量体质颜料、适量的催干剂及溶剂等配制而成。醇酸腻子的涂层坚硬、耐候性较好，附着力较强而不易脱落、龟裂。适用于车辆、机器等。用于已涂覆底漆的金属或木材表面。涂刮时每层厚度不应超过 0.5mm，否则会造成面干底不干等弊病。一般在 25℃隔 24h 再刮下一道腻子。

醇酸腻子可自干，也可烘干。但烘干时严禁直接在高温下烘烤，以免造成腻子起泡等。一般是先在室温下放置 30min 后，进入 50～60℃、烘 30min，再升至 100～110℃烘 1h。使用时可用 200 号溶剂油漆、松节油和二甲苯稀释。

4.H07-5、H07-34 环氧腻子

环氧腻子是由环氧脂与颜料、体质颜料、催干剂和二甲苯制成。H07-5 为自干型，H07-34 为烘干型。涂层牢固坚硬，对金属附着力强。使用时可加二甲苯与丁醇稀释。

5.G07-3、G07-5 过氯乙烯腻子

过氯乙烯腻子是由过氯乙烯树脂、醇酸树脂等加体质颜料、溶剂等组成。干燥快，腻子层之间可不涂底漆，可连续批刮，结合力好，但收缩性大。

（二）常用自制腻子的品种与性能

1.猪血老粉腻子

猪血老粉腻子由熟猪血（料血）、老粉（大白粉）调配而成，具有良好的平整性，是一种传统的优良腻子。它适用于各种室内抹灰面、木材面等不透明涂饰工艺中作嵌补及批刮用，特别在古式建筑的油漆中更是必不可少的基层嵌批料。经过猪血老粉腻子批刮的物面平整、光滑，附着力强，干燥快，且易批刮打磨。猪血老粉腻子的缺点是耐水性差、不宜存放。猪血虽然来源广、成本低，但由于采血及调制料血麻烦，夏天容易变质，所以逐渐被各种化学胶所代替，但在古建筑修缮中熟猪血仍被采用。

2.胶老粉腻子

胶老粉腻子由胶及老粉组成，并可酌量加入石膏粉。胶粘剂一般用化学浆糊和 108 胶

水，也可采用其他植物胶或动物胶。胶老粉腻子通常用于室内抹灰面的不透明涂饰工艺中，也可用在木器家具上。经胶老粉腻子批刮后的物面平整光滑、附着力好、干燥快、易打磨。胶老粉腻子宜存放，价廉物美，是猪血老粉腻子的理想代用品。其缺点是耐水性差。

3. 胶油老粉腻子

胶油老粉腻子是由熟桐油、松香水、老粉、化学浆糊、108 胶水再加适量的色漆和石膏粉调配而成。胶油老粉腻子可用于不透明漆或半透明漆的涂饰中，常用来作室内抹灰面油漆及木制品油漆打底用，尤其适合在抹灰面上作底层嵌补批刮之用。经胶老粉腻子批刮后的物面平整光滑，附着力强，且不易卷皮和龟裂。

4. 油性石膏腻子

油性石膏腻子亦称纯油石膏腻子，它是由石膏粉、熟桐油、松香水、水和色漆调配而成，不加老粉，用于不透明涂饰工艺中作为嵌补及批刮料。油性石膏腻子质地坚韧牢固、光洁细腻，有一定光泽度，耐磨性及耐水性好，宜存放，因此广泛用于室内外抹灰面、金属面及木制品面。调制油性石膏腻子应特别注意其配合比，如果配比不当，熟桐油过量时会产生外干内不干的现象，甚至若干年后被封存的腻子仍有未干现象。

5. 虫胶老粉腻子

虫胶老粉腻子由浅色虫胶液、老粉及着色颜料调配而成。虫胶老粉腻子附着力强、质地坚硬、干燥快、易于着色，在透明涂饰工艺中应用广泛，常用来填补高级木器的钉眼、缝隙。填补时要高于木面，防止因打砂皮而成瘪陷。虫胶老粉腻子不宜用于大面积批刮。

6. 聚氨酯石膏腻子

聚氨酯石膏腻子是由聚氨酯漆甲乙组份中的乙组（固化剂）、石膏粉、颜色和水调配而成。聚氨酯石膏腻子质地坚韧、光洁细腻、有一定光泽度、具有耐热、耐磨、耐水、耐酸碱等性能。适用于不透明涂饰工艺中小面积嵌补洞缝用。

7. 水粉腻子

水粉腻子也称水老粉，是水和老粉并掺加适量颜色粉和化学浆糊调配而成。水粉腻子用于透明漆涂刷工艺中嵌补棕眼，能起到全面着色作用。此道工序称为润粉。

二、常用腻子的调配方法

在施工现场，为了降低施工成本，通常腻子是由施工人员自己配制，对用于填补深洞、缝道的腻子，要求拌得稠硬点；大面积批刮用的腻子可稀软些；用作浆光面的腻子则要比头遍、二遍批刮料更稀薄一些。

(一) 猪血老粉腻子的调配方法

1. 料血的制备

料血是由新鲜猪血加入适量石灰水配制而成的黑紫色稠厚胶体。先将无盐质的新鲜生猪血倒入桶中，手拿稻草将血中的血块和血丝搓成血水，然后用 80～100 目铜箩筛过滤，除去渣质，将浓度为 5% 的石灰水逐渐掺入过滤后的血水，边加石灰水边用木棒按同一方向（顺时针）匀速搅拌。猪血在与石灰水的反应下会逐渐变成粘稠胶体，其颜色由红变为黑紫色，此时料血已制备完成，可用来调配腻子。如果长时间搅拌后无上述反应，说明石灰水用量不够，可适当增加石灰水数量，但要注意石灰水不能过量，否则会降低料血的粘结力。冬季制备料血时，应将生猪血加温至 20～30℃，加温时要不停地搅动血液，使加温均匀，防止猪血局部凝结成块。

料血具有良好的干燥性和很强的粘结力。经料血浆涂饰的物面清洁润滑，附着力强。如果在料血中再掺入适量的水泥，就能使涂层更加坚固干燥，还能消除原物面上的油垢等污渍。

料血的用途广泛，除了用来调制腻子外，还可以同任何干性漆调合，作底层封闭漆用，适用于室内外墙面、商店招牌、广告牌、额匾、黑板等的底层涂饰。稠度适当的料血还可用来褙云皮纸、夏布及麻丝等。

2. 调配

调配工具有铲刀、调拌板及调拌桶，调拌板可以采用表面光洁的三夹板、五夹板或纤维板，它的尺寸通常为 800mm×800mm。

先将老粉放在调拌板上，堆成四周高中间凹下的凹槽，然后将料血倒入［料血:老粉=1.5:（2.5~3）］，用 76mm 铲刀将四周的老粉铲向中间，边铲边不停地翻拌，使老粉和血胶料充分拌和，达到稠稀适中、均匀、细腻。用作嵌补时应稠些，批刮料时则可稀薄些。

（二）胶老粉腻子的调配方法

调配胶老粉腻子需要木桶（或塑料桶）及木棒。桶的直径及高度通常为 300mm，木棒直径 30~40mm、长 700~800mm。

调制胶老粉腻子，先将胶液倒置于桶内，逐渐加入老粉调和（化学浆糊:108 胶水:老粉:石膏粉=1:0.5:2.5:0.5）；以调拌均匀、稠稀适度为准，胶老粉腻子拌好后，应用铲刀将粘附在木棒和桶壁上的腻子轻轻刮下，摊平桶内腻子，用浸湿的牛皮纸盖在表面，以防干结和灰尘。对于现配现用的胶老粉腻子可在配制时直接加入石膏粉，需要加石膏粉的腻子应该用多少拌多少。

当腻子的用量很大，手工调配跟不上需要时，可采用手提式搅拌器。当腻子用量不大时，可采用调拌板手工调配，其调制方法与猪血老粉腻子方法相同。

（三）透明涂饰工艺用胶老粉腻子的调配方法

化学浆糊与老粉拌和，加入适量颜料拌成的腻子可用在透明涂饰中。其方法是先将选定的颜料粉用清水浸湿待用。按化学浆糊:老粉=1:（1.5~2）比例再加入适量的颜色浆配制，在拌板上放上老粉，堆成凹形，按比例倒入化学浆糊以及颜料浆，用铲刀不停地翻拌，直到均匀、软硬恰到好处即可。所加色浆是依据饰面所要求的色彩而定，而且腻子的颜色要淡一些，因为后道工序的透明涂料本身也带有一定的色素。如设计要求饰面是金黄色，在调腻子时可用氧化铁黄颜料粉，调制时注意颜色深度比样板颜色要浅。

透明饰面胶老粉腻子用胶量少，很容易打磨，用这种腻子代替透明木制品涂饰工艺中的润粉材料（水粉腻子），其效果更好。

（四）胶油老粉腻子的调配方法

胶油老粉腻子中各种材料的配合比为化学浆糊:108 胶水:熟桐油:松香水:老粉:石膏粉=1:0.5:0.5:0.2:3.5:1，再加上适量色漆。调配时先将胶液、熟桐油和色漆倒入搅拌桶内调和，然后逐渐加入老粉用木棒拌匀，先不放石膏。当需要加石膏粉时，可先将桶内拌好的腻子挑到调拌板上，再放入石膏粉翻拌均匀，随用随拌，以免因石膏吸水不匀产生僵块现象而造成浪费。腻子中所用色漆的颜色和数量要根据被饰物面对颜色的要求而定，应注意所配腻子的颜料比面层漆的颜色要浅一些。

胶油老粉腻子作嵌补料时，石膏粉的用量要稍多一些，用作批刮料时应少放些石膏粉；用作浆光料（最后一遍批刮料）时则不再加入石膏粉，而应多放些熟桐油。胶油老粉腻子不易变质，未加石膏的胶油老粉腻子便于存放，不用时应用牛皮纸遮盖，以免结皮和灰尘的污染。

（五）油性石膏腻子的调配方法

调制油性石膏腻子按石膏粉∶熟桐油∶松香水∶水＝10∶3∶1∶25 的比例配制，其中掺加适量色漆。调制时先在调拌桶内倒入熟桐油、色漆、松香水充分调匀（天气寒冷时应加入适量催干剂），然后逐步加入石膏粉调和，最后加水并不停地用木棒按顺时针方向匀速搅拌，使水被石膏粉充分吸收，当石膏吸水胀到一定程度，呈稳定软膏状时即成。一般当气温低于 10℃时需加入适量催干剂。

油漆施工中有时只需少量石膏腻子，这时可先将熟桐油、色漆、松香水及催干剂倒入桶内调合待用，然后将规定用量 80％的石膏粉放置在调拌板上（其余 20％留待以后拌合），堆成凹槽状，将调合好的油料注入槽内，用铲刀翻拌均匀，再将其堆成凹槽状，把其余 20％的石膏粉以及一半水量倒入凹槽内，用铲刀翻拌均匀后再逐渐加进留下的一半水。这时应用铲刀不停地翻拌，将水挤压进去，使石膏粉充分吸收水分。当发现腻子不断地发胀时，应及时加入熟桐油，并进一步调匀，使腻子达到饱和状态，呈稳定的软膏状物，此时腻子便调制完毕。

配制油性石膏腻子一般不可以采用先加水后加油的方法，经验不足者更忌。因为石膏粉遇水后会很快发胀变硬，若再加油容易结成细小的硬颗粒，影响腻子的质量。

（六）虫胶老粉腻子的调配方法

虫胶老粉腻子按虫胶液∶老粉＝1∶2 的比例调制，其中掺入适量颜料粉。首先按要求将颜料粉与老粉一次拌匀，用 60 目铜箩筛过筛待用（拌合粉的颜色略浅于饰面颜色）。然后将虫胶液倒入小容器中，加入拌好的老粉，用脚刀拌合均匀即成。配制虫胶老粉腻子用的虫胶液浓度要比一般的来得稀，一般采用虫胶∶酒精＝1∶5 的比例。由于虫胶腻子中的酒精挥发快，所以要边配边用，一次调配不宜超过 25 克。调配虫胶老粉腻子用的容器可用直径 50mm 左右的竹筒或塑料瓶盖。搅拌和嵌补的工具是小脚刀。

（七）水粉腻子的调配方法

水粉腻子也称水老粉，是水与老粉按 1∶（0.8～1.0）的比例，并掺加适量颜色粉及化学浆糊调配而成。水粉腻子用于透明涂饰工艺中的嵌补木棕眼，能起到全面着色作用。此道工序也称为润粉。

第三节　基层面处理

涂料工程能否符合质量要求，除和涂料本身的质量有关外，施工质量是关键。在施工中，基层表面处理的质量，将直接影响涂膜的附着力、使用寿命和装饰效果。

基层处理是指在嵌批腻子和刷底油前，对物面自身质量弊病和外因造成的质量缺陷以及污染，采用各种方法进行清除、修补的过程。它是装饰施工中的一个重要环节。

根据建筑装饰要求需要进行处理的基层面大致有木材面、抹灰面、金属面、旧涂膜、玻璃面和塑料面。

一、木材面的处理

木材是一种天然材料。经加工后的木制品件，其表面往往存在纹理色泽不一、节疤、含松脂等缺陷。为使木装饰做得色泽均匀、涂膜光亮、美观大方，除要求施涂技术熟练外，在施涂前，做好木制品件的基层表面处理（特别是施涂浅色和本色涂料的木材面基层处理）是关键。

木材除木质素外，还含有松脂、单宁、色素和酚类等物质，这些物质的存在，会影响涂膜外观。此外木材外观的节疤、木刺、裂纹等，加工成木制品后的白坯表面的虫眼、洞眼、缺口、色斑和胶合板脱胶，以及在施工过程中表面被墨迹、笔线、油迹、胶迹、灰浆等污染都会影响装饰效果，因此必须进行处理。

（一）木质材料缺陷处理

1. 单宁的处理

单宁是含在木材的细胞腔和细胞间隙内的一种有机鞣酸。如柞木、栗木、落叶松等尤其多。单宁极易溶解于水，遇铬、锰、铁、铅等金属盐类能发生化学变化而生成带色的有机盐类。用颜料着色时，木材内的单宁就会与颜料起反应，造成木材面颜色深浅不一，影响着色装饰效果。处理方法是：利用金属盐类，如用氯化铜、硫酸铁、高锰酸钾等，把含有单宁的木材面先染成棕色或黑色，在这基色上再着色。这种方法叫媒介染色法，适用于深色和混色涂料装饰。如果木材内单宁的含量不匀，木制品又需要做浅色、本色时，单宁就应该除去。方法是：将木材放入水中蒸或煮，单宁就会溶解于水中；或在木材表面涂刷一遍白虫胶漆或骨胶液作隔离封闭涂层，阻止颜料和木材中的单宁接触起化学作用。

2. 树脂（松脂）的处理

树脂是某些针叶材（如油松、马尾松等）孔中特有的物质。尤其是节疤和受过伤的地方树脂的含量特别多。树脂内含有松节油和松香，它虽然是制造涂料的重要原料，然而它又是造成木材表面漆膜固化不良和漆膜软化回粘等不良根源所在。若在含有树脂的木材表面直接涂饰油性涂料，漆膜就容易被松节油溶解，影响漆膜与木材的附着力，破坏漆膜的完整。涂刷浅色漆时，会产生咬色，涂膜变成无光泽的黄色斑迹，影响漆膜的美观，同时也无法用水色着色，因它含有油与水胶粘不牢。所以松脂对涂料施工的质量危害较大，必须清除。常用的有以下几种脱脂方法：

（1）烧铲法：对于渗露于木材表面的树脂，可用烧红的铁铲或烙铁熨烫，待树脂受热渗出时铲除；也可用烧烫的凿子凿去有树脂的部位，但须反复几次，直至不渗出树脂为止。如木材深凹处有树脂渗溢，应用刀具或凿子挖净。若处理后形成较大的洞，可用同树种的小木块嵌实填平。为了防止残余树脂继续渗出，宜在铲出脂囊以后的部位用虫胶清漆刷1~2遍作封闭处理。

（2）碱洗法：用碱液处理木材表面时，树脂能与碱生成可溶性的皂，再用清水洗涤，树脂就很容易除掉。常用的是碳酸钠（食用碱）和水溶解后的碱溶液。一般可取5%~6%碳酸钠或4%~5%烧碱和水溶解清洗，不溶解时，可加温至60~70℃左右再清洗。清洗的方法是用毛头较短的刷子在有树脂的部位反复擦洗，使其皂化，再用热水擦洗干净，干燥后，再用酒精揩擦一次。这种方法去脂安全，效果较好。但用碱液去脂时，容易使木材颜色变深，所以只适用于混色涂料装饰。

(3) 溶剂法：使用溶剂去脂效果比较好，适用于透明涂饰工艺。常用的有松节油、汽油、甲苯、丙酮等，以使用丙酮的效果为最好。用25%的丙酮溶液涂擦，可将树脂很快溶解掉。丙酮和苯是易燃有毒溶剂，在使用时应注意防火和防毒。

3. 木材色泽的漂白处理

在浅色或本色的中、高级透明涂饰工艺中，对木材存在的色斑和不均匀的色素应采用漂白的方法给予去除。漂白处理一般是在局部色泽深的木材表面上进行，也可在木制品整个表面上进行。

用于漂白的材料很多，一般常用的方法是：采用双氧水（过氧化氢）与氨水的混合溶液配制成的脱色剂（漂白剂）。这种脱色剂对于水曲柳、柳桉等木材效果较好。其配合比是按30%浓度的双氧水:25%的浓度的氨水 = 80:20 的比例配制而成。脱色剂中的双氧水能放出作用很强的氧，分解木材中的色素，使颜色退掉，为了加速氧的排放，在双氧水中加入适量的氨水，使氧的排放加速。操作时，戴好手套用油漆刷蘸脱色剂涂布在局部或整个表面的色斑处，经过20~30min，木材就能变白，最后用清水将脱色剂揩洗干净，干燥后再进行下一道工序的操作。

4. 木毛刺处理

(1) 火燎法：木材表面若有木毛绒，用砂纸打磨效果并不好，可在木材的表面刷一道酒精，并立即用火点燃，但不能将木材面烧焦。火燎后的木毛绒竖起，变硬、变脆，便于砂纸打磨干净。但用这种方法必须注意安全，若面积过大要分块进行，施工作业区域，不能有易燃物品。

(2) 虫胶漆法：按虫胶:酒精 = 1:7 的比例配制成的虫胶清漆溶液，用排笔均匀地涂刷在木材表面。干后会使木毛绒竖起变硬，便于打磨。

5. 污迹处理

木制品在机械加工和现场施工过程中，表面难免留下各种污迹。如墨线、笔线、胶水迹、油迹、砂浆等。这些污迹会影响木材面颜色的均匀度、涂膜的干燥度及附着力，所以在涂饰前一定要将这些污迹清理干净。

白胶、墨迹、铅笔线一般采用小脚刀或玻璃细心铲刮后再磨光。砂浆灰采用铲刀刮除，再用砂纸打磨，除去痕迹。油迹一般采用香蕉水、二甲苯擦除。水罗松污迹要用虫胶清漆封闭，不封闭会产生咬色现象。

6. 木材的干缩湿胀与漆膜质量的关系处理

树木本身含有大量的水分，而这些水分是直接影响木材的性能和漆膜的质量。在大气中的温度低，湿度大的情况下，木材体积随着吸湿量的增加而增大，反之则相反。因此木材的收缩是因为水分的蒸发，膨胀是因为吸收水分而造成的，木材的收缩和膨胀是有规律的，纵向收缩膨胀最小，而弦向最大，径向次之。所以不论制作任何一件木家具或木装修，都必须预先经过干燥处理。木材的含水率一般控制在12%左右。漆膜层阻止木材吸收水分的作用，木制品经涂饰后，可以减少木制品表面的缩胀程度。

二、抹灰面的基层处理

抹灰面常常存在蜂窝麻面、开裂、浮浆、洞穴等缺陷。在潮湿的季节长期吸潮的基层，容易产生发霉和起霜现象。这些问题的存在大多是由于墙体等结构不密实，墙体内部的水分含量较高或受外界影响，其抹灰面没有达到一定的干燥期，由于混凝土和水泥砂浆的结构呈细孔状，在潮湿状态下，水及盐碱物仍在析出，一旦涂饰后，涂层会出现种种弊病。一般表现为：涂膜起鼓、脱落、开裂、变色、粉化、发霉、斑块等。以上这些问题如在长期使用后出现，表明可能与涂料本身的耐久性能有关，如在短期内出现，则表明除涂料本身的质量外，往往是由于基层含水率高或者是土建施工质量差，造成渗水所致。

基于上述原因，粉刷层完成后不应急于涂饰，要经过几个月的干燥时间，夏天可缩短，冬天要延长，各地不一，使墙面内部水分充分挥发，盐碱物质大部析出，pH 值在 9 以下。粉刷面彻底固化后才能涂饰施工。

施工及验收规范规定："涂料工程基体或基层的含水率：混凝土和抹灰表面施涂溶剂型涂料时，含水率不得大于 8%，施涂水性和乳液涂料时，含水率不得大于 10%。"

（一）墙面干燥程度的鉴别

1. 经验判断法

就是通过看颜色，看析出物的状态和用手触摸，凭借个人经验来判断抹灰面的潮湿程度。所谓看颜色，就是观察抹灰面颜色由深变浅的程度，抹灰面层从湿到干，颜色也逐渐由深变浅。抹灰面变干后，水泥的水化反应便大为减弱，表面水分的蒸发量大大减少，碱分和盐分的析出也变得微乎其微，此时，墙面上的析出物便明显地呈现出结晶状态，清除干净后，便不会再有明显的析出物出现。如用铲刀在抹灰面上轻划出现白印痕，即表明抹灰面已充分干燥。用手触摸，就是凭手的触感来感知抹灰面的潮湿程度。实践证明，抹灰面要达到充分干燥程度，必须经过数月至半年以上时间，如能经过一个夏季那就更好。

2. 测定法

就是在抹灰面上随机取样，铲下少量灰层的实物，称出重量，然后将其烘干，再称出烘干后的重量，计算出其含水率。

计算公式如下：

$$含水率 = \frac{烘干前重量 - 烘干后重量}{烘干后总量} \times 100\%$$

但这种方法较费时间，同时要具备一定的仪器设备。现在有一些单位已相继研制出饰面含水率快速测定仪。

（二）防潮湿处理

工期要求较短的施工工程，对尚未干燥的水泥砂浆抹灰层表面，可采用 15% ~ 20% 浓度的硫酸锌或氯化锌溶液涂刷多次，干燥后将盐碱等析出物（粉质和浮粒）除去。另外，也可用 15% 的醋酸或 5% 浓度的盐酸溶液进行中和处理，再用清水冲洗干净，待干燥后再涂饰。

（三）油污处理

对旧水泥表面，如有油污等污垢，先用 1% ~ 2% 的氢氧化钠溶液刷洗，再用清水将碱液和污垢等冲洗干净。如表面有浮砂、凸疤、起壳和粗糙等现象，应该用铲刀铲除干净。

（四）旧抹灰面的处理

对于旧抹灰面的处理，要视具体情况区别对待。如有的墙面刷涂过水性涂料，水性涂料已起壳、翘皮，这种情况应该在水性涂料上刷上清水待旧涂料胀起，用铲刀铲干净，清除垃圾和灰尘即可。对做过油性涂饰的抹灰面，如涂膜完好，就不必铲除，只要用淡碱水清洗，然后用清水冲洗干净，干燥后即可施工。

三、钢材面的基层处理

在装饰工程中钢材饰面的基层处理包括角铁架、钢门窗等饰面的除油、除锈、除焊渣和除旧漆膜等内容。这些工序的实施，对整个涂料层的附着力和使用寿命关系重大，直接影响着装饰的质量。

（一）除油

钢材加工成品后往往粘附着各种油类，饰面油污的存在，隔离了漆膜与饰面的接触，甚至会混合到涂料层中，直接影响了漆膜的附着力和干燥性能，同时也影响了漆膜的防锈能力和使用寿命，所以必须清除油污，可采用碱液清除和有机溶剂除油等方法。

1. 碱液除油

碱液除油主要是借助于碱与碱性盐等化学物质的作用，除去饰面上的油污，达到饰面洁净的要求。油污的清除可用油漆刷蘸碱液涂擦，然后用清水冲洗干净并用布揩干。

2. 有机溶剂除油

有机溶剂除油方法主要是用溶解力较强的溶剂，把饰面上的油污等有机污染物清除掉，有机溶剂的品种较多，一般常用的溶剂是：200 号溶剂汽油、松节油、二甲苯等。用抹布蘸溶剂对油污处进行揩擦。

（二）除锈

钢材受介质作用的过程，称为金属的锈蚀。锈蚀物的清除，是漆膜获得牢固附着力的保证，同时也是延长构件使用寿命的保证。

1. 手工除锈

手工除锈就是用钨钢铲、铲刀、敲铲榔头、钢丝刷、铁砂布等工具，用手工铲、刮、刷、敲、磨来除去锈蚀。一般浮锈是用钢丝刷刷去锈迹，再用铁砂布打磨光亮；如有电焊渣要用敲铲榔头将焊渣敲掉；如有飞刺要用锉刀锉掉飞刺。

2. 机械除锈

机械除锈是利用机械产生的冲击、摩擦作用，替代手工的防锈方法。常用的机械工具有电动砂轮、风力砂轮、电动钢丝刷、喷砂枪等，这些工具应用广泛，能减轻劳动强度，提高工作效率。

（三）除旧漆膜

钢铁制品使用到一定时间后，漆膜会产生斑驳、锈蚀、老化等现象，必须及时将旧漆膜清除干净，具体方法有手工清除法和机械清除方法。手工铲除旧漆膜方法是：用钨钢刀铲刮旧漆膜，右手紧握钨钢刀下端，左手扶住钨钢刀上端。配合左手一齐铲刮漆膜，在铲刮时应注意戴好手套和防护眼镜，防止手碰伤和眼睛被尘灰侵蚀。遇有麻面用敲铲榔头敲击将旧漆膜敲掉，钨钢刀的使用一般是弯曲面拉刮大面，直面是铲小面或凹曲面。

四、旧涂膜的处理

涂膜经过一个时期的使用后，由于受到日光、风沙、雨雪、温度、湿度、摩擦、撞击、酸、碱的侵蚀，涂膜会老化，如开裂、剥落、起泡、无光泽、起粉、变色，从而失去装饰和保护作用，所以经常要重新涂饰涂料。

在重新施涂涂料前对旧涂膜必须进行处理。如何处理要视旧涂膜的损坏程度和新涂层的质量要求而确定。当旧涂膜的附着力还好，如重新做一般混色漆，经砂纸打磨后，用油漆刷蘸淡碱水涂擦旧漆面，然后用清水冲洗干净即可。如要重新做清色漆和质量要求较高的涂料时，旧涂膜就必须清除干净，清除的方法有以下几种：

（一）火喷法

用喷灯将旧漆膜烘软、烘透。采用火喷法必须注意安全，施工现场必须备置消防器材，铲刮下来的漆皮必须及时清除干净以免隐患。火喷法一般适用于木材面和抹灰面。

1. 木材面的火喷法

必须是涂过色漆并且漆膜较厚，出白后继续做色漆的木材表面较适合火喷涂。一般是外露木门窗、厨房、卫生间门以及碗框等混色漆饰面。铲除方法是：用喷灯将旧色漆烘软、烘透，但不能烧焦，冷却后旧漆膜已酥松，然后用拉钯将酥松的漆膜刮干净，注意不能刮伤木质。

2. 抹灰面的火喷法

必须是涂过色漆的顶棚和墙面，方法是：左手持灯，右手紧握“烧出白刀”，用喷灯将漆膜烘软，边烘边用烧出白刀刮除旧漆膜，铲与烘要配合默契，漆膜一烘软马上用烧出白刀将烘软的漆膜铲除，烧出自刀始终要保持干净、锋利，这样铲出的抹灰面干净、光洁，若刀不锋利并粘有漆膜，应该在刀砖上磨锋利。抹灰面不可烧焦，烧酥松，尽可能不铲伤抹灰面。画镜线、窗台板、踢脚板接口处，用不易燃的物体进行遮挡避免烧焦，电器开关、插头应该将盖板卸下，将电线头分别用绝缘布包好再盖上不易燃的盖板即可。

（二）刀铲法

一般适用于疏松、附着力已很差的旧漆膜。先用铲刀、拉钯刮掉旧涂膜，然后用砂纸打磨干净。此法工效较低，但经济安全、适用面较广，在金属、木材、抹灰表面等均可采用。

（三）碱洗法

一般适用于木材面。用火碱加水配成火碱液，其浓度以能咬起旧涂膜为准，为了达到碱液滞流作用，可往碱液中加入适量生石灰，将其涂刷在旧涂膜上，反复几次，直至涂膜松软，用清水冲洗干净为止。如要加快脱漆速度可将火碱液加温。脱漆后要注意必须将碱液用清水冲洗干净，否则将影响重新涂饰的质量。由于碱液是一种成本较低、效果较好的脱漆剂，故应用广泛。但它又是一种腐蚀性很强的溶液，操作时应戴好胶皮手套，穿好工作衣，戴好防护镜，以防碱液溅入眼内。

（四）脱漆剂法

脱漆剂一般由厂家生产，它由强溶剂和石蜡组成。强溶剂对旧涂膜进行渗透，使其膨胀软化；石蜡对溶剂进行封闭，防止溶剂挥发过快，从而使溶剂更好地渗透旧涂膜中。

使用脱漆剂时，开桶后要充分搅拌，若脱漆后做混色漆，用油漆刷将脱漆剂刷在旧涂膜上。多刷几遍，待 10min 后，旧涂膜膨胀软化，再用铲刀将其刮去，然后，用 200 号溶剂油擦洗，将残存的脱漆剂（主要是石蜡成分）洗干净，否则会影响新涂膜的干燥、光泽以及附着力；若脱漆后该木制品做透明涂饰，就必须用细软的钢丝绒将木棕眼里的旧漆膜揩擦干净，然后用 200 号溶剂油将脱漆剂中的蜡成分洗干净。另外，脱漆剂是强溶剂，挥发快，毒性大，操作中要做好防毒和防火工作。

第四节 刷 涂 训 练

在本节主要介绍油漆工的基本功，着重讲述嵌、批、砂磨、上色的内容。

一、嵌、批

一般物体上往往存在各种缺陷，如裂缝、洞眼、拼缝、接头等。对于这些自然缺损、弊病，根据饰面涂饰材料，采用配套的腻子进行填嵌、满批来达到被装饰面平整光滑的要求。

（一）嵌

将各种腻子，用适当工具填补到被涂物面的局部缺陷处叫嵌补腻子。嵌补腻子的操作方法是：用于嵌补腻子的铲刀其大小应视缺陷的大小而定，但一般不宜用过大的铲刀。操作时，手拿铲刀的姿势要正确，手腕要灵活。手持铲刀时，应用拇指、中指夹稳嵌刀，食指压在嵌刀面上，一般以三个手指为主互相配合。嵌补时，食指要用力将嵌刀上的腻子压进钉眼等缺陷以内，要填满、填密实。缺陷四周与腻子的接触面积应尽量小些，否则会留下很大的腻子嵌补痕迹，增加砂磨的工作量，并影响着色质量。同时嵌补的腻子应比物面略高一些，以防腻子干燥收缩造成凹陷。

（二）批

批刮腻子与嵌补腻子不同，嵌补是用铲刀将腻子填补在局部的缺陷处，而批刮则是将腻子全面地满批在物体表面。目的是使物面平整光洁，这种将涂料或腻子涂刮在物体表面的方法也称作刮涂。批刮腻子的工具主要有：钢皮批刀、橡皮批刀、牛角翘等。

批刮腻子的操作方法是：从左到右，从上到下。批刮时用力轻重适度，批刮自如，腻子涂层批的厚时，批刀与饰面的夹角要小，批薄收枯时，批刀与饰面的夹角要大些。批刮前先检查一下饰面的平整情况，在低陷处用硬腻子抄平，最后再满批通刮。

满批时常采用往返刮涂法（指较稀薄的腻子）。如一平放的饰面，先将腻子浇洒在饰面的上方边缘成一条直线，然后将批板握成与饰面约成30°～60°之间的角，同时批板还要握得斜转些与边缘约为80°左右的角度，按照这样的手势将已敷上的腻子向前满批。满批时，要注意批板的前端要少碰腻子，力用在后端，沿直线从右往左一批到头，然后利用手腕的转动将批板原来的末端改为前端重叠四分之一面积再从左到右，这样来回往复直至最后板下面的边缘，此时应用腻子托板接住刮出的多余腻子，如图3-66所示。

二、砂磨

通常嵌、批中间层涂饰后的物体必须进行打磨，在涂饰施工中，砂磨是一项十分重要的工序，往往被初学者忽视。可以讲砂磨对整个被涂物面的漆膜能否达到平整光滑、楞角和顺、线条及木纹清晰等要求起着至关重要的作用。

砂磨一般分为干砂磨和湿砂磨两种，砂磨时，要根据不同工序对砂磨质量的要求，采用不同性能和型号的砂纸、布，对物体进行砂磨。正确掌握砂磨方法，按砂磨的不同要求和作用，砂磨一般分为三个阶段：即白坯家具表面的砂磨；深层间的漆膜表面砂磨；漆膜修整时的砂磨或罩面漆之后的砂磨。前两个阶段通常采用干砂靡，而最后一个阶段为湿砂磨。

（一）干砂磨

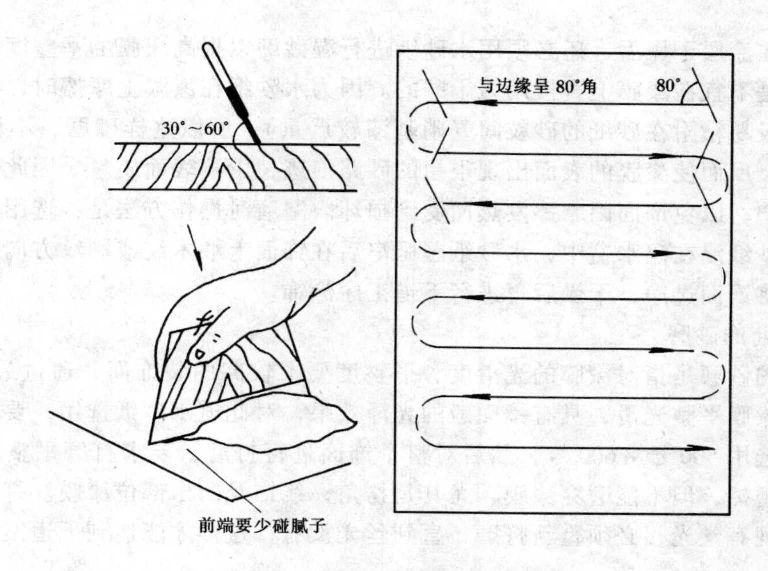

图 3-66　批刮腻子的角度和路线

所谓干砂磨是指采用木砂纸、铁砂布在物面上进行打磨。

1. 白坯家具表面的砂磨

白坯家具表面的砂磨一般多用1号～1½号木砂纸。如果砂纸过粗，往往在砂磨后的表面留下砂纸的粗路痕迹，着色后显现深细的丝痕，影响漆膜的美观。砂磨时要根据不同等级家具的质量要求，决定底层砂磨的程度。如果装饰质量要求高，砂磨时更要认真细致。砂磨时要掌握“以平滑为准”，用手将木质垫具包住砂纸在表面上顺木纹来回砂磨，不能横砂和斜砂。注意线条、楞角等部位不能砂损、变形，以免影响楞角的线型。操作时用力要均匀，手拿砂纸要正确稳妥，一般是用大拇指、小拇指与其他三个手指夹住砂纸或用垫具压住砂纸，不能用一只手指压着砂纸砂磨，否则会影响家具表面的平整，或腻子处被磨得凹陷下去。

2. 涂层间的漆膜表面的砂磨

这个阶段的砂磨是指物面每道涂层之间的漆膜表面的轻度砂磨操作。根据工艺要求，少则2～3次，多则4～6次。砂磨时多采用0号木砂纸或1号～1½号旧木砂纸。砂磨的作用是将干结在漆膜上的粒子、杂质、刷毛等砂掉。经过砂磨后，漆膜表面既平滑，又能增加涂层间一定的附着力。应注意，在这个阶段中，不能用粗砂纸或太锋利的砂纸进行砂磨，否则容易砂损漆膜。砂磨的方法一般是顺木纹方向直磨或根据饰面涂刷方向（墙面上下，顶棚左右）打磨。

（二）湿砂磨

所谓温砂磨是指用水砂纸蘸上肥皂水，对物体表面进行打磨，一般是对漆膜修整时的砂磨或罩面漆涂饰后的抛光前的饰面打磨。

1. 漆膜修整时的砂磨

漆膜修整时的砂磨也称为磨水砂，虽然在家具的白坯表面，已经砂磨得十分平整、光滑，但经过着色及涂饰漆料后，漆膜表面往往由于木材和涂层的干燥收缩，涂料的流平性不够，涂刷不匀，涂层中落入灰尘等等因素而产生高低不平的缺陷，影响了漆膜的装饰效果。因此，在涂层干燥后，还必须用水砂纸进行湿砂磨以提高漆膜的平整度。

水砂纸是不宜在漆膜上直接用力干磨的。因为水砂纸在漆膜上摩擦时，漆膜容易发热变软，漆尘极易粘附在砂纸的砂粒间（硝基漆较严重），所以这样砂磨，不但得不到平整光滑的漆膜，反而使漆膜的表面出现很粗的砂路痕迹，影响表面质量。因此，砂磨时蘸水能使漆膜冷却，以免饰面因摩擦发热而受到损坏。湿磨时操作方法是：选用合适型号的水砂纸，将水砂纸浸在温水盆中，水砂纸蘸肥皂后在饰面上顺木纹或刷纹方向打磨，打磨后用布蘸清水将饰面过净，干燥后再进行下道工序涂饰。

2. 抛光前的砂磨

抛光前的砂磨是指对涂膜的光滑度、平整度要求较高的装饰面，通过最后一道水磨，使被涂饰面漆膜平整光滑，具有镜面般的光泽效果，对此道水砂纸选用，要求号数高、粒径细，一般选用500号~600号，然后对整个饰面进行打磨，要求打磨平整，并将原有饰面的光全部磨掉，但不能磨穿漆膜，尤其是楞角，线饰及凸出部位漆膜。打磨结束用清水洗净，如发现有丝光，必须重新打磨，直到丝光没有，这样才能达到下道工序（抛光）的理想要求。

三、刷涂上色

在建筑装饰涂料施工中，刷涂是最常用的一种手工涂饰方法。使用不同的刷具将各种涂料涂饰在物体的表面，使其获得一层均匀的涂层叫做刷涂。刷涂应按照涂料的特性及用途，合理地选用工具并采用不同的操作方法，如刷涂水色、虫胶清漆、酚醛清漆、硝基清漆和聚氨酯树脂漆等。操作时，根据刷涂的顺序和特点，可归纳成这样的规律即："从上到下、从左到右，先横后竖、先里后外、先难后易"。

（一）刷涂水色

刷涂水色是透明涂饰工艺的一道工序。根据样板色泽的特征和涂饰工艺的设计要求，往往要通过刷涂水色来达到规定的着色效果。施工前，先要根据被涂工件的形状，适当选择各种尺寸的排笔。刷涂时，用排笔先多蘸一些水色，在工件的表面上展开，用横竖的方法来回刷涂几次，让水色充分渗入管孔内，然后再用清洁的排笔或油漆刷在工件表面上先横后竖地顺着木纹方向轻刷几次，用力要轻而均匀，直至水色均匀地分布在被涂表面上为止。刷涂要力求达到无刷痕、流挂、过楞等现象，待干时谨防水或其他液体飞溅上去，以免水色浮起，造成返工。不涂饰的部位，要保持洁净。

（二）刷涂虫胶清漆

刷涂虫胶清漆，尤其是刷涂含有着色物质的虫胶漆，是涂饰施工中多次进行的一个关键工序。因为工件表面漆膜颜色的好坏，就决定在这一步的操作上，所以要求精心操作，刷涂时手腕要灵活，思想要集中。虫胶漆属挥发性涂料，干燥快，因此刷排笔的顺序要求正确，一般是按从左到右、从上到下、先里后外等顺序，顺着木纹方向进行刷涂。落笔时，要从一边的中间起，并上下或左右来回返刷一至二次，动作要快，要注意表面色泽是否均匀，力求做到无笔路痕迹。蘸漆时要求每笔的含漆量一致，不能一笔多、一笔少。用力要均匀，不能一笔重、一笔轻。否则容易产生刷痕及表面色泽深浅不一的毛病。特别是刷涂含有着色物质的虫胶漆时，要调好虫胶漆的粘度，按上述操作方法进行刷涂，但不能来回刷的次数过多，否则，极易引起色花、漏刷、刷痕、混浊等缺陷，影响表面纹理的清晰。

（三）刷涂酚醛油漆

涂饰用的酚醛漆有清漆和磁漆（即色漆）两种，一般都是作罩面用，因此表面漆膜的质量，除与涂料本身的质量有关外，还常取决于刷涂的技巧。

该漆的特点是粘度高、干燥慢，刷涂工具应选用猪鬃油漆刷。按照这种涂料的特点，其刷涂方法与刷涂虫胶漆有所不同。首先用油漆刷多蘸些漆液涂布于物面上，待满足物面的漆量时即停止蘸漆。这时可先横涂或斜涂，促使漆液均匀地展开，然后按木纹方向直涂几次，横涂时用力重些，直涂时用力逐渐减轻，最后利用刷的毛端轻轻地收理平直。刷涂完毕应检查涂层有否流挂、漏刷、过楞、刷毛等现象，如刷涂磁漆，还要注意涂层不应该有露底的现象。

（四）刷涂硝基清漆

硝基清漆也属一种罩面的涂料，它的粘度虽然高，但刷涂的方法与虫胶漆基本相同。刷具常选用不脱毛的、富有弹性的旧排笔或底纹笔。一般是把刷过虫胶漆的排笔，先用酒精溶解，洗净虫胶漆，再放入香蕉水中洗一次才能使用。

刷涂时，用力要均匀，要求每笔的刷涂面积长短一致（约 30～50cm 左右），蘸漆量不能一笔多、一笔少。刷时应顺着木纹方向刷涂，但不能来回多刷，否则涂层容易出现皱纹。同时要注意涂层的均匀度，不能漏刷、积漆、过楞，如发现涂层中粘有笔毛时，即用排笔角或针将笔毛及时挑掉。刷涂第二道、第三道，则依照上述方法同样操作。

（五）刷涂聚氨酯和丙烯酸漆

这两种漆的特点是固体份含量高，粘度低，流平性好，适于刷涂。刷具和操作方法基本与刷涂硝基漆相同。但不同的是刷具可以适当来回多刷，并可应用横涂的操作方法。另外，在刷涂这两种清漆时，要注意掌握各道涂层的干燥时间。施涂时不能在风大的地方施工，否则漆膜表面容易引起气泡、针孔、皱皮等缺陷。如发现漆膜上有这些缺陷，应待漆膜干透后，用 1 号木砂纸将这些缺陷砂平，再刷涂两道相同的涂料，以消除针孔、气泡等缺点。

第五节　水性涂料施工工艺

水性涂料是一种以水为溶剂，其主要成膜物质能溶于水的一种涂料。水性涂料所采用的原料是无毒、不助燃、不污染空气，取用较方便，是一种极好的绿色环保涂料，也是今后广泛发展的涂料产品。

水性涂料具有干燥速度快，有一定的透气性，成膜后不还原。具有不同程度的耐水、耐候、耐擦洗等性能，操作简便、适用于室内外的墙面、顶棚等的涂饰。

室内水乳性涂料的施工是指在建筑物内墙、顶棚的抹灰层表面，经嵌批腻子和基层处理后，喷、刷、滚涂各种浆料或涂料。

室内一般常用的涂刷材料品种有石灰浆、大白浆、可赛银浆和 106 内墙涂料、803 内墙涂料、聚醋酸乙烯乳胶漆、多彩内墙涂料、彩砂涂料等。

一、室内 803 内墙涂料的施工工艺

（一）材料：老粉、石膏粉、化学浆糊、白胶、801 胶水、803 涂料、砂纸等。

（二）工具：排笔、橡皮刮板、钢皮刮板、铲刀、腻子板、腻子桶、合梯、脚手板、掸灰刷、铜箩筛、刷浆桶等。

（三）工艺流程

基层处理→刷清胶→嵌补洞缝→打磨→满批腻子2遍→复补腻子→打磨→涂刷803涂料2遍（或滚涂2遍）

（四）工艺要点

1. 基层处理

新墙面，清除掉表层附着的浮灰和污道。旧涂料墙面铲刮掸酥松的旧涂膜。

用铲刀、铁砂布铲除或磨掉表层残留的灰砂、浮灰、污迹等。由于基层处理的好坏直接关系到涂料的附着力、平整度和施工质量，因此，一定要认真做好此项工作。

2. 刷清胶

用801胶加水通刷一遍基层面（按801胶水:清水=1:3的比例配制清胶），用排笔或绒毛滚筒通刷基层面一遍，洞缝刷足，做到不遗漏不流坠。刷清胶的目的是增加基层的附着力，并能刷掉和封闭浮灰的作用，提高嵌批的粘结力。

3. 嵌补洞缝

清胶干燥后，调拌硬一些的胶老粉腻子，并适量加些石膏粉，用铲刀嵌补抹灰面上较大的缺陷，如大气孔、麻面、裂缝、凹洞，要求填平嵌实。

4. 打磨

嵌补腻子干燥后，墙表面往往有局部凸起和残存的腻子，可采用1½号或1号砂纸打磨平整，然后将粉尘清除干净。

5. 满批腻子

嵌批腻子一般用钢皮刮板和橡皮刮板，头遍腻子可用橡皮刮板，第二遍可用钢皮刮板批刮。批刮时，刮板与墙面的角度约成40°左右。并往返来回批刮，遇基层低凹处时刮板要仰起，高处时要边刮边收净。批刮时要用力均匀，不能出现高低的刮板印痕。腻子一次不能批刮太厚，否则不宜干燥且容易开裂，一次批刮厚度一般以不超过1mm为宜。墙面满批腻子一般是满批二遍，必须在头遍干燥后再批第二遍，若墙面平整度差可以多批几遍，但必须注意腻子批得过厚对饰面的牢度有一定的影响，一般情况下宜薄不宜厚。

墙面满批的腻子一般采用胶粉腻子，批刮时，应注意来回往返批刮的次数不能过多，否则会将腻子翻起，表面形成卷曲现象，造成不平整。同时要防止腻子中混入砂子，刮板的刀口不能有缺口，否则会出现划痕。

6. 复补腻子

墙面经过满刮腻子后，如局部还存在细小缺陷，应再复补腻子。

复补用的腻子要求调拌得细腻、软硬适中，复补后墙面应平整和光洁。

7. 打磨

待腻子干后可用1号砂纸打磨平整，打磨后应将表面粉尘清除干净。

8. 涂刷803涂料

涂料一般涂刷二遍，涂刷工具可用羊毛排笔或滚筒。用排笔涂刷墙面时，要求两人或多人同时上下配合，一人在上刷，另一人在下接刷，涂刷要均匀，搭接处无明显的接槎和刷纹。

（1）排笔涂刷法

墙面涂刷涂料应从右上角开始，因为刷浆桶在左手，醮浆时容易沾到已刷过的墙面，所以必须从右到左涂刷。排笔以用16管为宜。蘸涂料后排笔要在桶边轻敲两下，这样一方面可以使多余涂料滴落在桶内，另一方面可把涂料集中在排笔的头部，以免涂料顺排笔滴落在操作者身上和地上造成污染。涂刷时先在上部墙面顶端横刷一排笔的宽度，然后自右向左从墙阴角开始向左直刷，一排刷完，再接刷一排，依次涂刷。当刷完一个片段，移动合梯，再刷第二片断 。这时涂刷下部墙的操作者可随后接着涂刷第二片段的下排，如此交叉踏步形地进行，直至完成。涂刷时排笔蘸涂料要均匀，刷时要紧松一致、长度一致、宽度一致。一般情况下，涂刷每排笔的长度是400mm左右，上下排笔相互之间的搭接是40~80mm左右，并要求接头上下通顺，无明显的接槎和刷纹。用排笔涂刷时应利用手腕的力量上下右左较协调地进行涂刷，不能整个手臂跟随手腕上下摆动，甚至整个身体也随之摆动。刷完第一遍涂料待干燥后，检查墙面是否有毛面、沙眼、流坠、接槎，并用旧砂纸轻磨后再涂刷第二遍涂料，完成后按质量标准进行检查。要求涂层涂刷均匀，色泽一致，不得有返碱、咬色、流坠、砂眼，同时要做好落手清。

顶棚涂刷涂料：其操作方法和要求与墙面涂刷涂料方法基本相同。但是，由于刷涂顶棚时，操作者要仰着头手握排笔涂刷，其劳动强度和操作难度都大于墙面。为了减少涂刷中涂料的滴落，要求把排笔两端用火烤或用剪刀修整为小圆角。同时涂刷中还要注意排笔要少蘸、勤蘸涂料，不要蘸到笔杆上，蘸后要在桶边轻轻拍二下。

（2）滚筒滚涂法

适用于表面毛糙的墙面。操作时，将滚筒在盛装涂料的桶内蘸上涂料后，先在搓衣板上（或在桶边挂一块钢丝网）来回轻轻滚动，使涂料均匀饱满地吸在滚筒毛绒层内、然后进行滚涂。墙面的滚涂顺序是从上到下，从左到右，滚涂时要先松后紧，将涂料慢慢挤出滚筒，以减少涂料的流滴，使涂料均匀地滚涂到墙面上。

用滚筒滚涂的优点是工效高、涂层均匀、流坠少等，且能适用高粘度涂料。其缺点是滚涂适用于较大面积的工作面，不适用边角面。边角、门窗等工作面，还得靠排笔来刷涂。另外滚涂的质感较毛糙，对于施工要求光洁程度较高的物面必须边滚涂边用排笔来理顺。

二、室内乳胶漆的施工

(一) 材料

乳胶漆、老粉、石膏粉、化学浆糊、白胶、801胶水、砂纸等。

(二) 工具

排笔、橡皮刮板、钢皮刮板或小铁板、铲刀、腻子板、腻子桶、合梯、脚手板、掸灰刷、铜箩筛、刷浆桶等。

(三) 工艺流程

基层处理→涂刷清胶→嵌补腻子→满批腻子→打磨→涂刷或滚涂乳胶漆2遍。

(四) 工艺要点

1. 基层处理：用铲刀、砂纸铲除或打磨掉表面的灰砂、浮灰、污迹等。

2. 涂刷清胶：如遇旧墙面或墙面基层较疏松，可用801胶加水刷一遍，其配合比为801胶:水=1:3，以增强附着力，提高嵌批腻子的施工效率。

3. 嵌补腻子：先调拌硬一些的胶腻子（可适量加些石膏粉），将墙面较大的洞或裂缝补平，干燥后用1号或$1\frac{1}{2}$号砂纸打磨平整，并把粉尘清理干净。

4. 满批腻子：用胶粉腻子满批2~3遍，直至平整。其批刮操作方法是先上后下，先左后右，在一般情况下可先用橡皮刮板批刮第一遍，然后用钢皮刮板批刮第二遍。批刮腻子方法同前述大白浆批刮腻子的方法。

5. 刷涂（或滚涂）乳胶漆二遍：乳胶漆一般刷涂二遍，但如需要也可涂刷三遍。第一遍涂毕干燥后，即可涂刷第二遍。由于乳胶漆干燥迅速，大面积施工应上下多人合作，流水操作，从墙角一侧开始，逐渐刷向另一侧，互相衔接，以免出现排笔接印。操作动作要领与涂刷大白浆等涂料同，此外，也可用滚筒进行滚涂操作。

在涂刷中，如乳胶漆稠度过厚，则不宜刷匀，并容易出现流坠现象。这时可在乳胶漆中加入适量的清水，加水量要根据乳胶漆的质量来定，但最大加入量不能超过20%。否则，乳胶漆稠度过薄，影响遮盖力和粘结度，并容易透底、起粉。

三、多彩内墙涂料喷涂

（一）材料

水包油型多彩面涂料、中涂料、底涂料、石膏粉、老粉、801胶水、白胶、熟桐油、防锈漆、白漆、白布或胶带纸、松香水、香蕉水、涂料产品配套专用稀释剂、铁砂布、抹布。

（二）工具

钢皮批刀或小铁板、铲刀、日本产WIDER-871-1型专用喷塑枪、小型空压机、排笔或滚筒、腻子板、腻子桶等。

（三）工艺流程

施工准备→基层处理→刷清胶→嵌批腻子及打磨和复补腻子及打磨→施涂底涂料→施涂中涂料→遮盖→喷涂面涂料→清理、修正。

（四）工艺要点

1. 施工准备

喷涂施工应在水电设施、门窗及基层抹灰完毕后，经检查无开裂、起壳和明显接槎，平整度误差<2mm，阴阳角通顺无缺棱掉角，基层含水率控制在8%，pH值在9以下。

施工前应按设计选定的花纹色彩，试喷样板，经设计、建设单位认可。此外，要检查材料的生产日期，距使用期不大于6个月，方可用于施工。

底涂层可掺0~10%专用稀释剂；中涂层可掺10%~15%稀释剂；面涂层不宜掺稀释剂。冬天彩漆粘度太大，可在50°~60°的热水中隔水加温，以保证多彩涂料的流平性。涂料中多彩颗粒如有沉淀，应先摇动容器，然后用木棒轻缓搅动均匀，边搅边注意彩漆颗粒成形的变化，禁用搅拌器剧烈振动，以免破坏多彩涂料颗粒花型。

2. 基层处理

多彩喷涂工艺对墙面基层的平整要求很高，因而宜用沥浆灰粉刷罩面，基层有凸凹的部位，须用基层原材料补平；墙面有空鼓、起壳现象，基层须返工处理；对基层表面的浮灰、灰砂、油污等一定要清理干净后才能施工。

在夹板和各类块材上喷涂，其基层处理应包括打砂纸（宜用1½号），在钉帽上点补红丹防锈漆干燥后点刷白漆，再用桐油石膏腻子嵌补洞、缝，用宽50mm的白布或胶带纸等粘贴缝，然后用油腻子或胶腻子嵌批，一般满批 1~3 遍，直至嵌批平整。

在金属表面上喷涂，其基层处理应先除锈，然后涂刷红丹防锈漆和白漆，如有缝隙也要用桐油石膏腻子嵌缝，用 50mm 胶带纸等粘贴缝，再用油腻子嵌批，直至平整。

3. 刷清胶

为增加基层的附着力，提高嵌批腻子的速度，除去墙面上的浮灰，用 801 胶加水通刷一遍基层面，其配合比例为 801 胶∶水 = 1∶3。

4. 嵌批腻子及打磨和复补腻子及打磨

待清胶干透后再进行嵌批腻子这道工序。用于墙面满批的腻子，一般是选用胶老粉腻子，待腻子干透后用 $1\frac{1}{2}$ 号木砂纸打磨。如基层表面还存在局部不平整及其他细小缺陷时，还应进行复补或满批腻子，嵌批后的基层表面要求平整、牢固。

5. 施涂底涂料

底涂料可用排笔涂刷或用滚筒滚涂。底涂料在多彩内墙涂料工艺中主要起封住底层酸碱作用。涂刷时要均匀，防止漏刷。

6. 施涂中涂料

中涂料在多彩内墙涂料工艺中为有色涂料，主要起着色、遮盖作用，一般施涂 1~2 遍。涂刷方法可刷涂或滚涂。中涂涂料在使用前要用木棒搅拌均匀，涂刷要均匀，色泽一致，没有刷痕、露底、漏刷现象，否则将影响面层的施涂效果。排笔每次蘸涂料后的刷距一般掌握在 400mm 左右，涂刷面积较大时，应采用多人相互交叉的涂刷方法。另外，采用滚筒滚涂时，中涂料不可太厚，如涂料太厚时可加适量的水进行稀释，滚涂后可用排笔理均匀，用排笔理过的饰面较细洁光滑。

7. 遮盖

中涂料涂刷或滚涂干燥后，要做好喷面涂料的准备工作，把一些不需喷涂的地方用旧报纸遮盖好，并对喷涂所需的工具和机具进行检查，放置适当。

8. 喷涂面涂料

面涂料系水包油型单组分涂料，具有彩色花纹和光泽，用专用喷枪喷面涂。施工前，先要试喷小面积做样板，经设计和用户认可，再进行大面积的喷涂。在喷涂转角处时，先将接近转角处的另一面墙用遮盖物遮挡 100~200mm，待喷完后，将其遮盖，转至另外墙面喷涂。

9. 清理、修正

喷涂完后，对操作区要进行清理，再检查质量情况，发现缺陷要及时修正、补喷。

四、内墙彩砂喷涂工艺

（一）材料

彩砂涂料、底涂料、中涂料、801 胶水、白水泥、老粉、石膏粉、防锈漆、白漆、铁砂布、抹布等。

（二）工具

手提式喷涂枪、空压机、钢皮批刀或小铁板、铲刀、排笔、滚筒、腻子板、腻子桶等。

（三）工艺流程

施工准备→基层处理→刷清胶→嵌批腻子及打磨→复补腻子及打磨→施涂底涂料→施涂中涂料→喷涂面层彩砂涂料。

（四）工艺要点

1. 施工准备

喷彩砂涂料施工前首先应检查水电设施、门窗及基层抹灰是否完毕，其次是检查抹灰面的含水率是否控制在8%以内，pH值在9以下。施工前应试制小样，送设计和建设单位认可后才能施工。最后将彩砂涂料搅拌均匀。

2. 基层处理

多彩喷涂工艺对墙面基层的平整要求很高，因而宜用沥浆灰粉刷罩面，基层有凸凹的部位，须用基层原材料补平；墙面有空鼓、起壳现象，基层须返工处理；对基层表面的浮灰、灰砂、油污等一定要清理干净后才能施工。

在夹板和各类块材上喷涂，其基层处理应包括打砂纸（宜用1½号），在钉帽上点补红丹防锈漆干燥后点刷白漆，再用桐油石膏腻子嵌补洞、缝，用宽50mm的白布或胶带纸等粘贴缝，然手用油腻子或胶腻子嵌批，一般满批1～3遍，直至嵌批平整。

在金属表面上喷涂，其基层处理应先除锈，然后涂刷红丹防锈漆和白漆，如有缝隙也要用桐油石膏腻子嵌缝，用50mm胶带纸等粘贴缝，再用油腻子或胶腻子嵌批，直至平整。

3. 刷清胶

为增加基层的附着力，提高嵌批腻子的速度，除去墙面上的浮灰，用801胶加水通刷一遍基层面，其配合比例为801胶:水＝1:3。

4. 嵌批腻子及打磨

待底胶干透后再进行嵌批腻子这道工序。用于墙嵌批的腻子，可以采用白水泥加801胶配制的腻子，该腻子较坚固。嵌补料拌得厚一些，而满批料可以薄一些。采用白水泥腻子对施工人员的技术有一定的要求，必须有熟练的嵌批功底，因为白水泥腻子干燥后很坚硬，磨砂纸很费力，尽量少磨或不磨，要求嵌批平整，白水泥腻子干透后，可以用胶老粉腻子进行浆光，目的是因为白水泥腻子几乎是没有磨过砂纸，难免有粗糙感，所以用胶老粉腻子薄薄地满刮一遍，达到光洁细腻之效果。

5. 施涂底涂料、施涂中涂料、遮盖这几道工序皆与内墙涂料喷涂工艺相同。

6. 喷涂面层彩砂涂料

彩砂涂料的品种有单组分和双组分，喷涂前必须搅拌均匀，并试小样经设计和用户认可再进行大面积的喷涂，彩砂涂料由硬质颗粒和胶质组成。用手提式喷枪均匀地喷涂在饰面上。喷出的饰面是具有质感强，吸音良好等效果。

7. 清理、修整

喷涂完后，必须对操作区进行清理，再进行质量自我检查，发现缺陷应及时修整、补喷。

第六节　油性涂料的施工

各种材料表面通过油漆涂料的涂饰形成了一层涂料保护层，起到了装饰美化和保护作用。油漆涂料的品种很多，一般是根据涂饰的对象，场所和功能要求来确定涂料的品种。涂料的施涂工艺一般分为二大类，即：不透明涂饰（混色漆）工艺和透明涂饰（清色漆）工艺。

所谓的不透明涂饰工艺就是经过涂料涂饰不能显示出原有材质的本来面貌，而是通过色漆、色浆、贴纸和仿制天然材质纹理等工艺来达到装饰目的。这种工艺就称为不透明涂饰工艺。通常抹灰面、金属面、针叶树木材面等都采用不透明涂饰工艺。

透明涂饰工艺是通过清色漆涂饰后，仍然展现出原有天然纹理，并且更加清晰、丰润，透明涂饰对木材的材质和花纹要求较高，一般采用水曲柳、柞木、柚木等木纹较秀丽的阔叶树材。清色漆有：酚醛清漆、聚氨酯清漆、硝基木器清漆、氯偏乳液等。

木材、金属、抹灰面等物面经过涂料涂饰，形成了一层涂料保护膜，达到了保护和装饰物面、满足使用要求的目的。涂料的主要作用是：使各种材料的物面与空气中的水分、有害气体及其他侵蚀物质隔离，起到一种"屏蔽"保护的作用；增加了物面的强度，以抵抗外界的冲击、摩擦，使之经久耐用；使物面光亮美观，便于清洗，保持整洁。

人们通常根据不同的涂饰对象、使用场所和功能要求，分别选用合适的涂料品种。一般涂料施涂工艺可分为清色漆（透明漆）施涂和混色漆（不透明漆）施涂两大类。

清色漆：多为清漆类，如酯胶清漆、酚醛清漆、醇酸清漆等。当施涂施工完毕后，仍能使木材基层透过覆盖的涂膜层显示出原有的天然纹理，而且更加清晰、丰润。在居室家具及饭店、宾馆的高级木装饰施工中采用较多。

混色漆：多应用在需要具有一定保护性能（耐酸、碱、日光及其他易腐蚀）的部位。如食堂的碗柜、教室的课桌、建筑物的门窗等，这种漆色不能显露木材原有天然的木纹。

清色漆和混色漆的施涂材料、工艺和装饰效果虽不同，但应用却很广泛。按传统的观点，凡属花纹美观的硬阔叶材（如水曲柳、黄婆罗、榆木、樟木、柚木等），多采用清色漆装饰；一般针叶材花纹平淡或有缺陷的木材，以及刨花板、纤维板等多采用掩盖木纹的混色漆装饰。

一、透明涂饰工艺

透明涂饰工艺是指木制品表面通过清漆的装饰，不仅保留木材的原有特征（棕眼、纹理、节疤等），而且还应用某些特定的工序使木材的纹理更加清晰，色泽更加鲜艳悦目。清漆涂饰工艺较色漆涂饰工艺有根本的区别，工序多而复杂，一般多在阔叶材或名贵木材贴面的家具上应用。

按木制品清漆涂饰工艺的过程，可划分为五个阶段，即表面处理、基础着色、涂层着色、清漆罩光、漆膜修整。在每个阶段中又有若干工序。按其选用材料和加工工艺的不同，又可分为普级、中级、高级三个类别。

（一）普级

在透明涂饰工艺范围内，一般用油脂漆、酚醛清漆、醇酸清漆、天然树脂清漆等性能较好的涂料，涂饰于家具表面，能保持木材的天然纹理，漆膜表面外观为原光（即不抛光）的涂饰过程称为普级家具涂饰工艺。

普级家具涂饰工艺一般适用于机关、学校、工厂等单位的办公用具和家庭用的普通家具。普级家具表面漆膜具有颜色基本均匀、附着力好、耐酸、耐碱等优点，但缺点是涂层干燥较慢、光滑度差。

（二）中级

随着科学技术的发展和人民生活水平的不断提高，人们对家具的质量要求越来越高，不仅要求家具能实用，而且还要求具有一定的艺术欣赏价值。为此，家具的造型设计要美观大方、结构要合理，表面漆膜的外观要给人一种舒适、雅致、明快的感觉。

涂饰中级家具，常用硝基清漆、聚氨酯树脂清漆、丙烯酸树脂清漆、聚酯树脂清漆、天然树脂清漆等性能较好的涂料，涂饰后能使木材的自然纹理和特征清楚地显示出来。产品正视面的漆膜表面为抛光或显孔亚光，侧面与普级家具相同（表面漆膜为原光）。

采用这种涂饰工艺的家具，表面的漆膜具有纹理清晰、颜色均匀、色泽鲜明、平整光滑、光亮似镜等优点；而且漆膜还具有耐温、耐水、耐酸碱、耐磨、附着力好等理化性能。因此多用于家庭，旅馆的卧室和餐室套装家具表面的装饰。

我国家具行业中，中级家具表面的涂饰，在工艺设计、质量和操作方法等方面，都比普通家具的涂饰工艺要求高而且复杂。

（三）高级

高级家具无论是造型设计、材质选择、结构形式、木加工，还是表面装饰等方面，都远远超过普、中级家具。其表面往往有各种雕刻花纹与镶嵌（如花、鸟、龙、凤、竹、叶等）的优美图案，充分体现我国劳动人民高超的工艺水平和独特的民族风格。高级家具在人们的生活中类似一件工艺美术品。

从高级家具的涂饰工艺角度来看，其使用的原材料虽然和中级家具相同，但它的工艺要求却比中级家具严格，漆膜的装饰质量也高。例如在传统的硝基清漆涂饰工艺中，对家具白坯的表面就要求刷涂和揩涂虫胶清漆，在涂层着色中又要进行剥色等。总之，不论采用哪种涂饰工艺，最终要求家具外观的漆膜能清晰地显露木材的天然纹理，色泽更为鲜艳悦目，而且要求外表涂饰部位的漆膜都进行抛光，或者填孔亚光（即封闭型亚光）。因此，高级家具的表面漆膜要求颜色均匀一致、木材纹理清晰、色泽鲜艳、立体感强、分色整齐分明、漆膜平整光滑、光亮似镜。漆膜的理化性能如耐温、耐水、耐酸碱、耐冷热循环等与中级家具相同，但耐磨度、附着力、光泽却要高于中级家具的标准。高级家具涂饰工艺多用于宾馆、会客厅、陈列室、卧室和餐厅等套装家具表面的装饰。

硝基清漆理平见光工艺

硝基清漆理平见光工艺是一种透明涂饰工艺，用它来涂饰木面不仅能保留木材原有的特征，而且能使它的纹理更加清晰、色泽鲜艳夺目。硝基清漆涂饰与色漆涂饰相比，工艺多而复杂，一般用于由阔叶树及名贵木材制作的家具及较高级的木装修上。

1.材料

老粉、化学浆糊、颜料（氧化铁黄、氧化铁红、哈巴粉、黄钠粉、黑纳粉）、硝基清漆、香蕉水、虫胶液、酒精、砂蜡、煤油、上光蜡、0号、1号、1½号木砂纸、280～400号水砂纸及肥皂。

2.工具

牛角刮翘、嵌刀、脚刀、腻子板、12～16管羊毛排笔、绒布、棉花团、竹花或棉纱头、小楷羊毛笔、50mm油漆刷、小塑料桶、抹布。

3.工艺流程

基层处理→虫胶清漆打底→嵌虫胶清漆腻子及打磨→润粉及打磨→施涂虫胶清漆→复

补腻子及打磨→拼色、修色→施涂虫胶清漆及打磨→施涂硝基清漆二至四遍及打磨→揩涂硝基清漆及打磨→揩涂硝基清漆并理平见光→磨水砂纸→擦砂蜡、光蜡。

4. 操作工艺要点

(1) 基层处理：木制品本身的含水率不得超过12%。木材面上常粘附着各种污染物，如胶迹、油迹、未刨净的墨线、铅笔线以及灰砂、灰尘、沥青等，应清除干净。这些物质若不清理干净，势必要影响颜色的均匀性、涂料的干燥度、涂膜的附着力和涂层的装饰性。然后进行打磨。打磨是非常重要的，打磨得光滑与不光滑、平整与不平整，直接影响到整个工件的施涂质量。木材面白坯如打磨得平整光滑，能使以后的每道工序顺利进行，既省工又省料；反之则会给后道工序带来麻烦，因为施涂后再要打磨平整光滑是困难的，往往造成涂层粗糙，颜色深暗，光泽暗淡等，以致浪费工料。

(2) 虫胶清漆打底：用虫胶清漆施涂一遍，应施涂均匀，不漏刷。

(3) 嵌虫胶清漆腻子及打磨：木材表面的虫眼、钉眼、细小裂纹以及木节等缺陷，用虫胶液、老粉、颜料调拌成的虫胶腻子嵌补，使得填嵌处与周围颜色一致，形成平整表面。腻子中的颜料，一般为氧化铁系列和混合型颜料，如氧化铁红、氧化铁黄、氧化铁黑和哈吧粉等。正确选用好这些颜料，是一项技术性较高的工作。加色要根据样板的颜色而定，一般与木材原色相似，略浅于原色为好，若木材色素深浅相差较大或多色时，必须调配深浅有别的多种腻子，使上色后腻子能与木材的色泽均匀一致。另外，腻子调配的好坏，取决于虫胶清漆的稠度，粘度大腻子干后坚硬，不易打磨，吸色力弱；粘度小腻子干后，松软不牢，吸色力强，两者都会给后道工序带来不利的影响。因此，调配腻子的虫胶清漆稀稠度要适中。

嵌补腻子干燥后，要用1号或1½号木砂纸打磨平整，并掸清灰尘。

(4) 润粉及打磨：润粉俗称润老粉，主要是在木材面上起填孔和着色的作用。润粉可分油粉和水粉两种。水粉操作方便，油粉对操作者的技术有一定的要求，若揩擦不均匀，颜色易发花。油粉着色力强，能一次性到位。润粉是将配制成的粉浆，用竹花或棉纱头浸透，然后再涂擦于物面上。涂擦时要均匀，首先是圈擦，将粉质用力揩擦于纹孔中；其次是顺着木纹方向直擦；再则用干净竹花或棉纱头将浮在木制品表面上的粉质擦干净；最后将木线脚、花饰等部位的积粉用小脚刀剔除干净。

(5) 施涂虫胶清漆：施涂虫胶清漆的动作要快，排笔蘸漆不能过多，并要顺木纹一来一去刷匀，做到不漏刷、无流挂。

(6) 复补腻子及打磨：待第一遍虫胶清漆施涂干后，检查若有砂眼或洞缝，用虫胶腻子复补。复补腻子时应注意，嵌补面积不宜过大，干后用0号砂纸打磨，掸清灰尘。

(7) 拼色、修色：由于木材本身的色泽有深浅或者由于上色不均匀而造成底色发花现象，这就需要及时修色与拼色，应该调配含有着色颜料和染料的酒色，用毛笔和小排笔对色差和局部斑点进行修色并与大面色接近。然后再将面与面之间，条与条之间不同的颜色拼成一色，一般是将浅色拼成深色，这样比较容易，当然也可以深色往浅色拼，但在白木时就将深色漂染成浅色，否则由深往浅色拼会造成饰面混浊不清。

(8) 施涂虫胶清漆及打磨：拼色和修色后，待其干燥，施涂一遍虫胶清漆，施涂时应刷匀，无漏刷，无流挂等。干燥后用0号或1号旧砂纸打磨光滑并掸扫干净。

(9) 施涂硝基清漆2~4遍及打磨：先将厚稠的硝基清漆∶香蕉水=1∶1.5混合搅拌均

匀后，用 8～12 管不脱毛的羊毛排笔施涂二至四遍。施涂时要注意，硝基清漆和香蕉水的渗透力很强，在一个地方多次重复回刷，容易把底层涂膜泡软而揭起，所以施涂时要待下层硝基清漆干透后进行。用排笔蘸漆后依次施涂，刷过算数，不得多次重复回刷。同时还要掌握漆的稠度，因为稠度大，则刷劲力大，容易揭起，因此硝基清漆与香蕉水的重量配合比以 1:（1.5～2）为宜。由于稀释剂挥发快，施涂时操作要迅速，并做到施涂均匀、无漏刷、流挂、裹楞、起泡等缺陷，也不能刷出高低不平的波浪形。总之施涂时要胆大心细，均匀平整，不遗漏。

每遍硝基清漆施涂的干燥时间，常温时 30～60min 能全部干燥。每遍施涂干燥后都要用 0 号旧木砂纸打磨，磨去涂膜表面的细小尘粒和排笔毛等。

（10）揩涂硝基清漆及打磨：硝基清漆经过数遍施涂，从表面上看虽已有些平整光亮，但实际上却尚未干透，涂层中的稀料仍在继续挥发，经过实干后，表面会产生显眼，这种现象称为渗眼。这是因为硝基清漆的固体含量较低，只占 20%左右，而 80%左右的稀料则随空气挥发掉，在挥发的同时，漆液在木纹孔内随着干燥而收缩，形成渗眼。为了获得平整涂膜，消除渗眼现象，必须将硝基清漆用揩涂方法进行一次又一次的揩擦涂厚，直到棕眼内漆液饱满，干结后不渗眼为止。

揩涂硝基清漆是传统的手工操作，工具是纱布包棉花，俗称棉花球，用棉花球浸透漆液（漆液调配为厚稠的硝基清漆:香蕉水＝1:1～1.5）往物面揩涂。揩涂的方法是多样的，有横圈、直圈、线圈、长圈和 8 字圈等。首先顺木纹揩涂，再横向圈，然后纵向圈揩涂，或者采用其他方法揩涂。总之，不论用什么方法，其目的是使漆液尽快地进入木纹管孔，达到饱满状态，使表面涂层平整。揩涂也要按一定规则依次进行，不能胡乱揩涂一通。揩涂时棉花团拖到哪里，眼睛就要看到哪里，防止棉花团压紧受力而使周围硝基清漆鼓起。当整个物面全部揩到，棕眼揩没，涂层饱满平整，理直化平，基本上好后，放置 2～3d 使其干燥，充分渗眼。然后用 280 号水砂纸垫软木加肥皂水打磨，将面上的粘附杂质和涂膜高处磨去，使涂膜初步平整，除去水迹，干燥后再进行揩涂。

（11）揩涂硝基清漆并理平见光：揩涂第二操硝基清漆的稠度要比第一操时稀一些（硝基清漆:香蕉水为 1:1.5～2），此时不能采用横圈或 8 字圈的揩涂方法，而必须采用直圈拖法。首先可以分段直拖，拖至基本平整，再顺木纹通长直拖，并一拖到底。最后用棉花团蘸香蕉水压紧，顺木纹方向理顺至理平见光。

（12）磨水砂纸

先用清水将物面揩湿，涂上肥皂，用 400 号水砂纸包橡胶垫块顺木纹方向打磨，消除漆膜表面的高低不平，磨平棕眼，然后用清水洗净揩干，经过水砂纸打磨后的漆膜表面应是平整光滑，无亮光。

（13）擦砂蜡、光蜡

1）擦砂蜡

在砂蜡内加入少量煤油，调制成浆糊状，用干净棉纱或绒布蘸取砂蜡后顺木纹方向用力来回擦。物面上的蜡要尽量擦净，最好擦到漆面有些发热，面上的微小颗粒和纹路都擦平整。擦涂的面积由小到大，当表面出现光泽后，用干净棉纱将表面残余的砂蜡擦揩干净。但要注意不可长时间在局部擦涂，以免涂膜因过热软化而损坏。

2）擦光蜡

用干净纱头将光蜡敷于物面上，要求全敷到，并且蜡要上薄、上均匀。然后用绒布揩擦，直到面上光亮如镜为止。此时整个物面木纹清晰，色泽鲜艳，精光锃亮。

二、色漆涂饰工艺

物体表面经色漆（如调合漆、酚醛色漆、硝基色漆等）涂饰后，能完全遮盖物体本身的色泽、纹理及病虫害等缺陷，其表面色泽即色漆漆膜的颜色。我们把这种遮盖物体表面的涂饰过程，称作色漆涂饰工艺。

色漆漆膜颜色均匀谐调，漆膜中的颜料能防止紫外线的渗透，其颜色常常模仿自然界中某些物体的色泽，如苹果绿色、湖绿色、天蓝色、奶白色、粉红色、银灰色等等。显然，色漆可以根据人们的使用要求来选择所需的色彩。如根据现代建筑条件和人们的兴趣，可将卧室家具涂饰成奶黄色或紫罗蓝色等。

色漆较多地用于涂饰木材面、金属面和抹灰面。色漆的涂饰工艺与清漆涂饰工艺相比并不复杂，但是我们不能以为简单地涂饰一层色漆，就可以达到预期的要求了。因为一层色漆不可能完全遮盖住物体表面。所以色漆的涂饰也要经过打底、砂磨、涂面漆、抛光等多道工序的操作。

木门窗铅油、调合漆的施涂（混色漆）

木门窗油漆是一项很重要的装饰工程，尤其是外露的门窗，经受着日晒雨露以及有害物质的侵蚀，更需要通过施涂油漆涂料来隔绝外界。木门窗的油漆通常是采用手工涂刷，一般操作顺序是先上后下、先左后右、先外后里（外开式）、先里后外（内开式）。下面着重介绍木门窗铅油、调合漆的施涂工艺。

1. 材料

调合漆、铅油、熟桐油、虫胶漆、松香水、石膏粉、水等。

2. 工具

油漆刷、铲刀、钢皮批板、牛角翘、砂纸、铜箩筛、大小油桶、腻子板、合梯等。

3. 工艺流程

基层处理→施涂清油→打磨、嵌批腻子→打磨、复补腻子→打磨、施涂铅油→打磨、施涂面漆（浅色二遍，深色一遍）

4. 工艺要点

（1）基层处理

对于新的木门窗，首先要用油灰刀将粘在上面的水泥、砂浆、胶液等脏物清除掉，然后用1½号砂纸打磨门窗的表面；留在门窗上的外露铁钉应拔去或将钉帽钉入基层物面不少于1mm。基层处理后应用掸灰刷将门窗掸干净。

（2）施涂清油

按熟桐油:松香水 = 1:3 的比例配制成清油，用油漆刷将木门窗刷一遍，要求刷足，做到不遗漏，不流坠。

清油作为第一遍施涂的材料有四方面的作用：既能清刷掉门窗上的浮灰，又能使纤维发硬而便于打磨；能防止木材受潮湿而引起变形，起到良好的抗腐蚀作用；能增加面漆的附着能力及节约涂料；加快嵌批腻子的干燥速度。

木门窗施涂一般采用50mm和63mm两种规格的油漆刷，新油漆刷在施涂前应将刷毛轻轻拍打几下，并将未粘牢的刷毛捻去。接着将油漆刷的毛端在1号砂纸上来回磨刷几下，使端毛柔软以减少涂刷时的刷纹。涂刷时手势应正确，视线始终不离开油漆刷。蘸油时蘸油量的多少要看涂饰面的大小、涂料的厚薄（稀稠）以及油漆刷毛头的长短三种情况而定。蘸油时，刷毛浸入漆中的部分应为刷毛长的1/2～1/3之间。蘸油后漆刷应在容器的内壁轻轻地来回滗两下，使蘸起的漆液均匀地渗透在刷毛内，然后开始按自上而下、自左而右、由外到里、先难后易的顺序，先刷左边的腰窗，将玻璃框及上下冒头和侧面先施涂好，然后再刷腰窗的平面处及窗的边框。在门窗框和狭长的物件上施涂时，要用油漆刷的侧面上油，上满油后再用油漆刷的平面（大面）刷匀并理直。在涂刷外部时如果没有脚手架或其他安全可靠供站立的平台，而只能站在窗台上时，要注意安全。由于三开窗左边的窗扇是反手，操作时左手要抓住窗挡，将漆桶用一吊钩悬挂在窗的横档上或放在内窗台上，先漆左面的一扇再漆右边的一扇，最后再漆中间一扇。做完外面再退入室内，这样的顺序较为合理，而且周转的空间也大，并且可以避免油漆沾在自己的身上。

(3) 打磨及嵌批腻子

腻子的嵌批要等清油完全干燥后，用1½号木砂纸打磨并掸净灰尘，然后进行嵌批腻子。外露木门窗嵌批所采用的腻子是纯油石膏腻子，其配合比详见“腻子的调配”。用于门窗嵌批的腻子要求调得硬一些，因为门窗大都是用软材（松木、杉木）等制成，材质较松软，易于吸水，与气候关系较密切，而且干裂时缝隙也较大，所以嵌补腻子时对上下冒头、拼缝处一定要嵌牢嵌密实。对于硬材类的门窗，要先将大的缺陷用硬的腻子嵌补，再进行满批腻子，这是因为此类板材的表面棕眼往往较深，一定要满批腻子，否则影响表面的平整与光洁。腻子嵌批时要比物面略高一些以免干后收缩，满批腻子可用牛角翘或薄钢皮批板进行操作，满批时常采用往返刮涂方法。满批及收刮腻子的钢皮批板宜固定一面使用，不宜两面均用；满批腻子时要养成批直线顺木纹的习惯，不可批成圆弧状；收刮腻子要干净，不可有多余腻子残留在物面上。

(4) 打磨及复补腻子

腻子干透后必须用1号木砂纸或使用过的1½号旧砂纸打磨木门窗的各个表面，以磨掉残余的腻子及磨平木面上的毛糙处。打磨平面时，砂纸要紧压在磨面上，可在砂纸内衬一块合适的方木或泡沫块，这样打磨容易使劲，可以磨出理想的平整面。为了避免砂纸将手磨破，可将砂纸折叠一下。

打磨这道工序看似简单，但其操作好坏将直接影响涂膜的外观质量。所以操作应仔细，打磨的方向要顺着木材的纹理，不得横向、斜向等乱纹打磨；对于楞角、装饰线等处要轻轻地打磨，否则很容易将该处的腻子全部磨掉而露白。打磨完毕后用掸灰刷掸清灰尘和垃圾。同时应该检查是否有遗留下的孔眼和因腻子干燥后凹陷的部分，并用较厚质的腻子进行复嵌。

(5) 打磨及施涂铅油

待复补腻子干燥后，用1号砂纸打磨复补处，并用掸灰刷掸净灰尘。铅油施涂方法与施涂清油相同，可使用同一把油漆刷，由于铅油中的油分只占总重量的15%～25%，掺入的溶剂又较多，挥发较快，所以铅油的流平性能差。在大面积的门板施涂中应采用“蘸油→开油→横油→理油”的施涂操作方法。

1) 蘸油

油漆刷蘸油后，应在容器的内壁上两面各滗一下，立即提起并依靠手腕的转动配合身躯的运动移到被涂饰物的表面上，这样可保证蘸油既多又不易使漆液滴落在其他物面上。

2）开油

用油漆刷垂直方向涂刷，开油的刷距长短和总宽度，是根据基层面的吸油量大小而灵活掌握的，对吸油量大的木材面，开油的刷距要小，甚至没有间距（满刷），对于吸油量不大，开油的间距可适量放宽些，一般控制在 30 ~ 50mm 之间，长短通常控制在 350 ~ 400mm 之间，开油的总宽度一般开 4 ~ 5 漆刷。开油的方法如图 3-67。

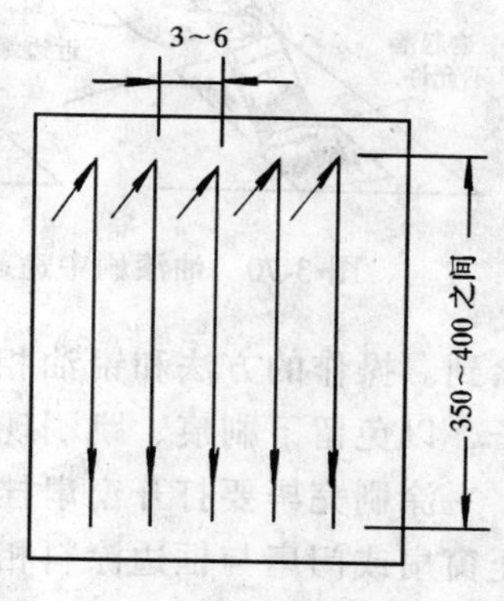

图 3-67 开油方法

开油的方向应该根据木纹方向而定，必须顺木纹开油。蘸油和开油是一连贯的动作，要求速度快、刷纹直，并根据漆液的稠度控制用力的轻重程度。一般落点处用力较轻（因为此时油漆刷内饱蘸着漆液），并逐渐增加手腕的压力，沿直线将残留在油漆刷内的漆液挤压到被饰物面的表面，当刷到近物面端部时应注意将刷子轻轻地提起，以免产生流挂。

3）横油

开油后不再进行蘸油，而是用油漆刷朝水平方向将开油部分摊开。将开油处未曾刷到的刷距部分联接平摊，并且摊均匀。若横油还不能使涂料充分均匀摊开，可以再进行斜油处理一次。直至被涂饰面漆膜均匀一致，没有刷痕、露地的现象。四角边缘处不得有流挂现象，一经发现有流挂现象应马上把油漆刷滗干，理掉流挂处。横油斜油的方法如图 3-68。

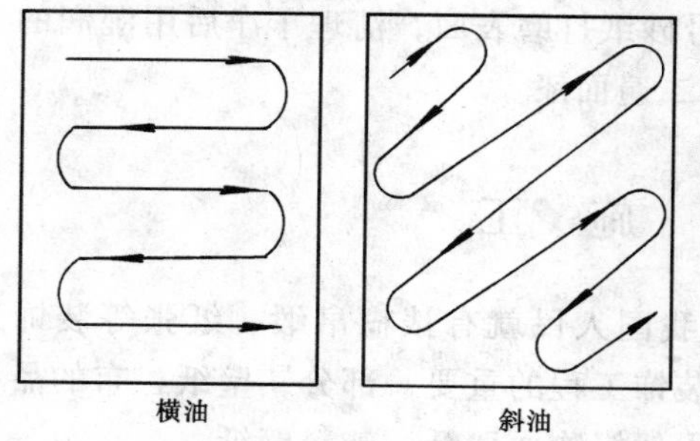

图 3-68 横油、斜油方法

4）理油

理油前应将油漆刷在容器的边缘两面刮几下，刮去残留在油漆刷上的漆液，然后用油漆刷从左到右上下理顺理直，并且处理好接头处，上下接头处油漆刷轻轻地漂上去 20 ~ 30mm，左右拼接处油漆刷应重叠 15 ~ 20mm。上下理直从叠前一刷路的 1/4 算完成一个回路，这样来回理直整个饰面，最后将楞角流挂处要轻轻地理去，整个理油过程就此结束。理油方法如图 3-69。

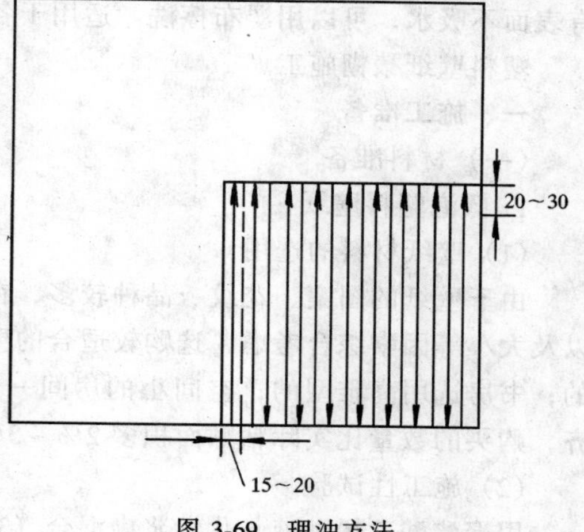

图 3-69 理油方法

（6）打磨及施涂面漆

涂刷铅油后涂膜的表面并不平整，还会产生气泡、厚度不均匀等现象，用 1 号砂纸打磨平整并清理干净。打磨的要求同前所述。

在施涂面漆前还应对木门窗进行检查，看是否还有脏物存在，主要是水柏油或松香油脂渗出，若有这种现象可用 1∶3 虫胶清漆进行封底，否则，施涂面漆后，油脂还会渗露出来。

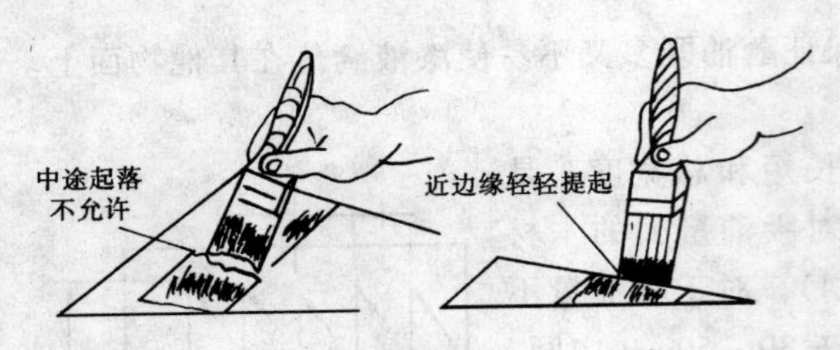

图 3-70　油漆刷中途起落留下刷痕

施涂面漆应采用施涂过清油、铅油的油漆刷，不要选用新油漆刷。事先应将油漆刷清洗一下，油漆刷的毛端不宜过长或过短，因刷毛过长会造成流坠及干燥后出现皱纹现象，而刷毛过短，由于毛端较硬，易产生刷痕或露底。所以应掌握施涂时的蘸油量，门窗的各个面都要仔细地施涂到。操作的方法和铅油相同，但要求要比施涂铅油高，尤其在施涂时不得中途起落刷子，以免留下刷痕、跳刷现象。如图 3-70 所示。

涂刷完毕要打开窗扇挂好风钩，门扇也要敞开支牢，这样即有利于涂膜干燥，又可防止窗扇或门扇与框边涂料相粘。

待涂刷全部结束后，要避免饰面受烈日照射和直接吹风，否则会因涂层表面成膜过快引起皱皮、起泡或粘上灰尘，影响质量。

面漆作为最后一道操作工序，其操作工艺要求比前遍施涂底漆严格，这就要求操作者必须动作快，手腕灵活，刷纹直，用力均匀，蘸油量少，次数多，整个过程应一气呵成。

深颜色的面漆一般只施涂一遍，浅颜色施涂二遍，只是在两遍面漆之间增加一遍打磨及过水工艺。具体作法是：采用 1 号旧砂纸或 0 号砂纸打磨表面，清理干净后用湿润的毛巾将表面擦揩干净（即过水），待其干燥后施涂第二遍面漆。

第七节　裱　糊　施　工

裱糊工艺在我国有着悠久的历史，很早以前我国人民就有裱糊帛缎、纸张等装饰工艺。随着装饰工程的发展，裱糊壁纸、布已成为装饰工程的重要一部分，壁纸、布的品种较多，一般分为三大类型，即：纸基纸面壁纸、天然织物面壁纸、塑料壁纸。

塑料壁纸是目前应用较多的一个品种，它的基层是纸质，面层原料为聚氯乙烯树脂，它有发泡和不发泡两种。发泡型的有高泡、中泡、低泡之分。塑料壁纸具有一定伸缩性和耐裂强度、具有丰富多彩的凹凸花纹，具有立体感和艺术感，具有施工简单易于粘贴，具有表面不吸水，可以用湿布擦洗。适用于各种建筑物的内墙和顶棚等贴面的装饰。

塑料壁纸裱糊施工

一、施工准备

（一）材料准备

1. 低泡塑料壁纸

（1）壁纸材料的选用

由于壁纸的图案、花纹、品种较多，在选用壁纸时，应根据所装饰的房间功能，朝向以及大小等因素综合考虑，选购较适合的壁纸。如空间大的房间，壁纸的图案采用大花型的；书房选用高雅型的；空间小的房间一般采用细密碎花型的壁纸。购买壁纸应一次购齐，购买的数量比实际粘贴面积多 2%～3%。

（2）施工性试验

用聚醋酸乙烯乳液与化学浆糊混合（3:7）的粘结剂，在特制的硬木板上作粘贴性试验，如图 3-71 所示。

经过 24h 后，观察是否有剥落现象，若有剥落现象，需增加聚醋酸乙烯乳液的用量。

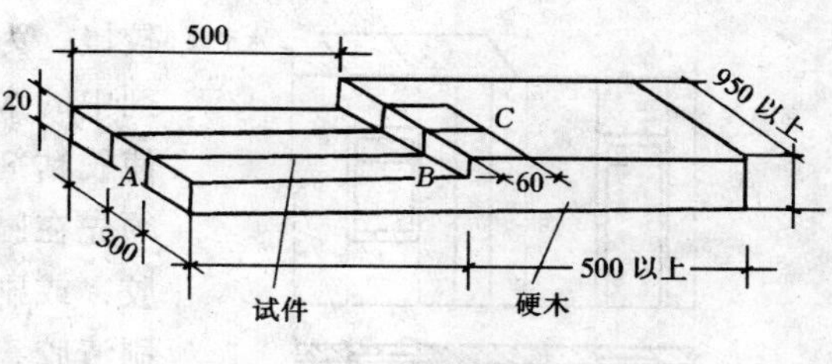

图 3-71 施工性试验图

2. 腻子：

粘贴壁纸的墙面基层，一般采用胶老粉腻子，按化学浆糊∶801 胶水∶老粉∶石膏粉 = 1∶0.5∶2.5∶0.5 的比例配制而成。

3. 胶粘剂：

粘贴壁纸用的胶粘剂，一般采用自配胶粘剂，按聚醋酸乙烯乳液∶化学浆糊 = 3∶7的比例配制而成。

4. 底料（清胶、白色铅油）：

底料一般有二种，一种是采用清胶溶液，按 801 胶水∶清水 = 1∶2 的比例配制而成。另一种是选用白色铅油，不容易使壁纸透底。

（二）工具准备

工作台、钢直尺、钢圈尺、粉线袋、裁纸刀、剪刀、线锤、塑料刮板、单支框压缝压辊、毛巾、150mm 绒毛滚筒、浆糊刷、水桶等。

二、施工工序与操作方法

（一）施工工序

基层处理→嵌批腻子→刷清胶或铅油→墙面弹线→裁纸与浸湿→墙面涂刷粘结剂→壁纸的粘贴

（二）操作方法

1. 基层处理

裱糊壁纸的抹灰面要具有一定的强度和平整度，对阴阳角的要求较高，用 2.5m 的直尺检查阴阳角偏差不得超过 2mm。抹灰面含水率不超过 8%，板材基层含水率不大于 12%。抹灰面如有起壳、空鼓、洞缝等缺陷必须修整，板材基层同样也要进行基层处理，具体各种基层处理方法请详见本教材第三章中的基层面处理一节。对于板材的螺丝和钉子必须低于基层面 1～2mm，并点刷红丹防锈漆和白漆，以防铁锈污染壁纸，造成透底等现象。板材面拼缝处用纯油石膏腻子嵌实嵌平，干燥后打磨平整，在拼缝处用白胶粘贴一层 50mm 左右的棉斜纹布条或穿孔胶带纸以防开裂。

2. 嵌批腻子

(1) 嵌腻子

对基层面上比较大的洞、缝等缺陷处要先嵌补腻子，嵌补的材料一般选用胶老粉腻子，嵌补用的腻子可调得稠硬些，嵌补时要求基本嵌平，若阴阳角不直可以用腻子修直。

(2) 满批腻子

待嵌补腻子干透后，打磨平整并掸清灰尘，满批胶老粉腻子 1～2 遍，满批时遇低处应填补、高处应刮净。要求平整光洁、干燥后用砂纸打磨光滑。

3. 刷清胶或铅油

基层面通过嵌批腻子，腻子层有厚有薄容易造成厚的地方吸水份较快，薄的地方吸水

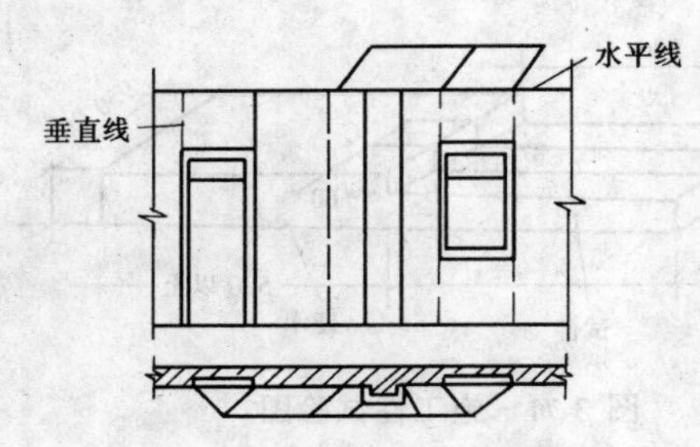

图 3-72　弹水平线和垂直线处

较慢。为了防止因为基层吸水太快，造成裱糊时胶粘剂中的水分被迅速吸掉而失去粘结力或因为气候干燥使胶粘剂干得过快而来不及裱糊，为此，在裱贴前必须先在腻子面层上刷一遍由 801 胶水和清水配制的清胶，或刷一遍白色铅油，一般胶老粉腻子的基层采用刷清胶，而胶油老粉腻子则采用白色铅油作为打底料，可以避免壁纸粘贴后出现透底现象。不论涂刷清胶或铅油都必须全部均匀涂到，不得有漏刷、流坠等缺陷存在。

4．墙面弹线

裱糊壁纸要求是横平竖直，为了裱糊操作的需要，必须弹出基层面上的水平线和垂直线。

（1）弹水平线及垂直线

弹水平线和垂直线的目的是为了使壁纸粘贴后，花纹图案和线条纵横连贯。为此，在基层底料干燥后，用平水管平出水平面，然后用粉线袋弹出水平线，沿门或窗樘侧边用粉线袋弹出垂直线，也可以先弹出垂直线，然后在垂直线的基础上用 90°角尺量出水平点，再弹出水平线。天花板必须弹出水平线和垂直线。如图 3-72。

（2）挂锤线

用一根地板条或木线条（15mm × 40mm × 300mm 左右），斜靠在上墙上，并在木条上端钉上铁钉，将锤线系在铁钉上，铅锤下吊到踢脚板的上口处，如图 3-73 所示。铅锤静止不动后，沿着锤线用铅笔淡淡地在画镜线下口处点上一点，然后在踢脚板上口也点上一点，再用 2500mm 左右的木直尺将二点用铅笔轻轻地连接起来，成为第一幅壁纸的基准线，一般第一根锤线由门后墙角处开始。锤线定在距墙角 500mm 处。在壁炉或窗的位置定第一根锤线应定在壁炉或窗的中央往两边分开贴。在阴角处收尾。

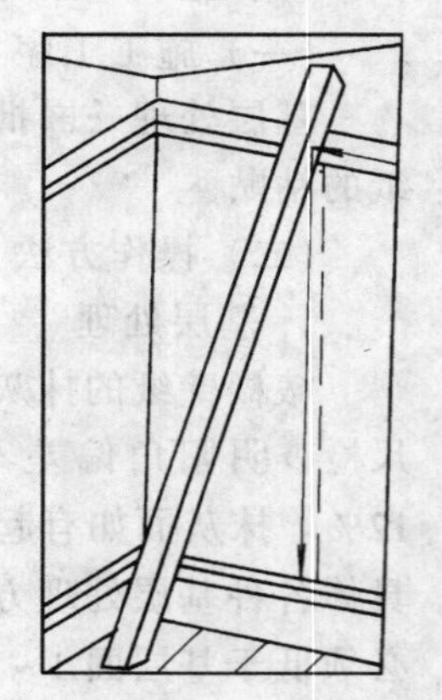
图 3-73　挂锤线

5．裁纸与浸湿

（1）裁纸

根据贴面计算出需要几幅壁纸，然后分别在壁纸背面用铅笔编号，每幅壁纸需放长 50mm，以备上下收口裁割。如图 3-74 所示。

有规则的花纹图案壁纸比无规则的自然花纹壁纸损耗量大，壁纸上有花纹图案的，应预先考虑完工后的花纹图案，在贴面上的效果以及拼花无误。不要急于裁割。以免造成浪费。

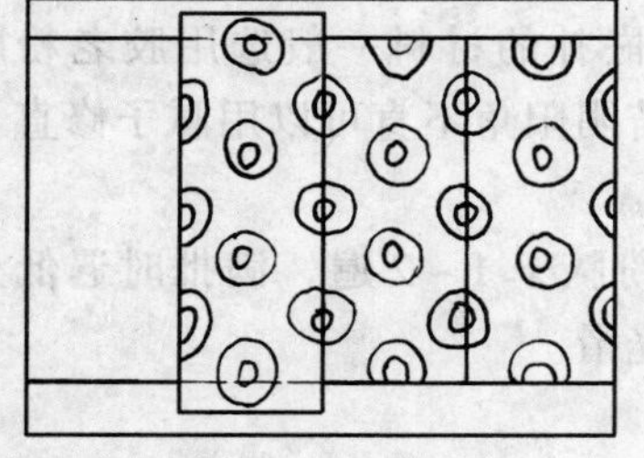
图 3-74　上下口裁割

（2）浸湿

塑料壁纸遇水后会自由膨胀，一般 4 ~ 5min 后胀足，干燥后则自行收缩，若直接在干壁纸上刷胶立即裱糊于贴面。由于壁纸遇湿后迅速膨胀，贴面上的壁纸会出现大量的气泡和皱折，影响裱糊效果，因此，在裱糊壁纸前，必须将壁纸提前用水浸湿，浸湿的方法，可将裁好的壁纸，正面朝内卷成一卷，放入水斗或浴缸中浸泡 4～5min 后，拿出壁纸并抖掉水分，也可以用排笔蘸水涂刷在壁纸的反面，湿水后的壁纸应静置 15min 左右，此时壁纸已充分胀开。

6. 墙面涂刷粘结剂

用 50mm 的油漆刷蘸粘结剂镶画镜线下口、阴角和踢脚板上口，再用 150mm 的绒毛滚筒蘸粘结剂自上而下均匀地滚涂在贴面上，滚胶的宽度比壁纸门幅的宽度多滚涂 2～3mm 左右。不论是刷涂或滚涂粘结剂，施涂粘结剂要求厚薄均匀，不可漏涂。

7. 壁纸的粘贴

(1) 拼接法粘贴

1) 墙面粘贴

墙面粘贴壁纸时，一般人站在锤线的右边，将湿过水静置后的壁纸卷握在左手，冒出挂镜线约 20～25mm 左右，沿锤线慢慢展开壁纸，右手拿绞干后的干净湿毛巾，协助左手工作，左手放纸，右手用毛巾将壁纸揩擦平服，壁纸放完后，再用塑料刮板从当中往上、下两头赶刮，若二个人合作粘贴，则一人往上赶刮，另一人往下赶刮，将多余的胶液刮出，裁去上下冒出的壁纸，并用干净湿毛巾揩去胶液。接着刷第二幅贴面的粘结剂，再贴第二幅壁纸，拼接法粘贴要求拼缝严密，花纹图案纵齐横平，若接缝处翘边，可用压边压辊压服贴。若裱糊有背胶的壁纸时，应将背胶面用排笔刷一遍水给予润湿，再在贴面上刷粘结剂，粘贴方法是双手捏住壁纸的左右上角，从上面往下粘贴，然后再按上述方法粘贴。

2) 墙角裱贴

粘贴阴角壁纸时，快要接近墙角处，剪下一幅比墙角到最后一幅壁纸间略宽的壁纸，转过阴角约 2～3mm 左右，如图 3-75 所示。因为阴角较难达到完全垂直，然后从转角处量出 500mm 距离，吊一根锤线，沿锤线朝阴角处粘贴，裁去剩余的不成垂直线的壁纸即可，裱糊阳角时，应在裱糊前算准距离，尽量将阳角全包，若阳角面过宽，壁纸幅不能全包，但壁纸包角距离不得小于 150mm，否则，壁纸粘贴牢度和垂直度均不能保证。

图 3-75　阴角粘贴法

3) 开关、插座及障阻物等处的裱贴

在裱糊时遇到开关或插座等物体时，能卸下的罩壳尽可能拆下，在拆卸的时候必须切断电源，用火柴棒或木条插入螺丝孔眼中。若遇到挂镜框或字画等用处的木楔，可以用小铁钉钉在木楔上，否则，裱糊完毕后很难找到木楔的位置。不能拆下的物体，只好在壁纸上剪个口再裱贴，不拆的开关板和插座板，在裱糊时，将壁纸先裱糊在盖板上，然后在盖板的中心位置，用剪刀在壁纸上剪成叉形，用塑料刮板将盖板四周刮服贴，再用裁纸刀贴住塑料刮板裁去多余部分，如图 3-76 所示。

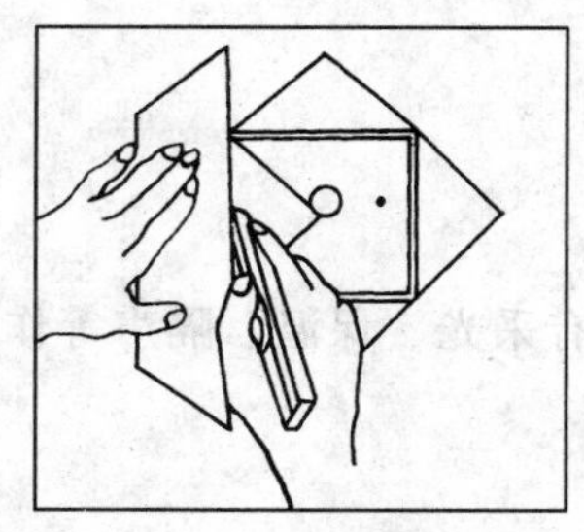
图 3-76　开关位置裁割方法

4) 天花板裱贴

在裱糊天花板时，一般在天花板的中间作一垂直平分线，然后壁纸沿中心线朝两边粘贴，裱糊天花板之前，先要量准天花板的长度和宽度，合理地算出壁纸的走向，一般是趋向于长方向，但也不排除宽方向，主要以少拼接为原则。粘贴天花板必须搭好脚手架，一般采用二付合梯穿一块脚手板，大面积天花板裱糊应该搭满堂脚手架。天花板粘贴方法基本和墙面粘贴方法相同。

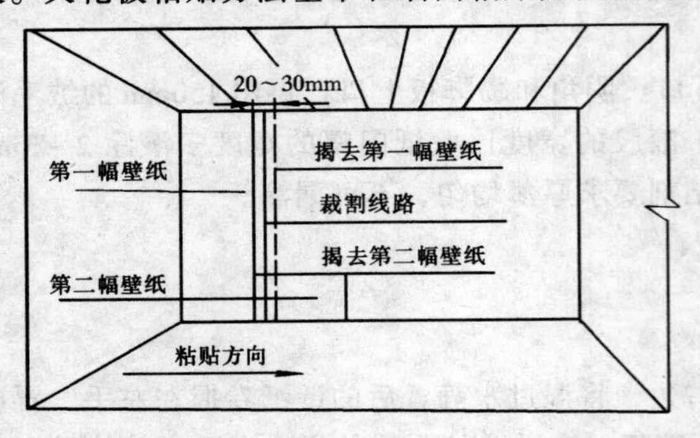

图 3-77 搭接法裱贴裁割方法

(2) 搭接法粘贴

搭接法粘贴就是将第二幅壁纸左边重叠在第一幅壁纸的右边约20～30mm之间，然后左手握直尺或塑料刮板作为裁纸刀的靠山，右手紧握裁纸刀，垂直用力在壁纸重叠处的中间，逐渐自上而下裁割。尺或塑料刮板移动，而裁纸刀不可离开饰面，要准确不偏地将双层壁纸切割开，再将裁割后的面层和底层多余的小条揭去，如图 3-77 所示，并用塑料刮板赶刮平服，用绞干后的干净湿毛巾擦去多余的胶液。用搭接法粘贴省去了拼缝这道烦人的工序，节省了时间，同时拼缝处完全密实吻合。解决了拼缝不严的弊病，但采用此种方法壁纸的耗用量大。

三、施工注意事项

(1) 天气特别潮湿的情况下，粘贴完毕，应打开门窗通风，夜晚时应关闭门窗不使潮气侵袭。

(2) 粘贴壁纸尽可能选在室内相对湿度低于80%的气候条件下施工，温度不宜相差过大。

(3) 裁割多余壁纸时，刀要快，用力要均匀，应该一次裁割完毕，不可重复多次在一切口裁割，造成壁纸切口不光洁等弊病。

(4) 壁纸阴角处应留2～3mm，阳角处不允许留拼接缝。

(5) 壁纸粘贴后，若发现有气泡、空鼓处，可用针或裁纸刀割破放气，并用注射针挤进粘结剂，用干净毛巾揩平即可。

(6) 裱糊用的粘结剂应该放在非金属容器内。

(7) 壁纸粘贴施工应放在其他工程结束以后再进行。避免损坏和污染。

(8) 粘贴操作时所站的梯凳应牢固，浆糊桶不用时应放置在适当的位置以免碰翻。

(9) 使用活动裁纸刀时必须注意安全，使用完毕后应将刀片退回刀架中，以防伤人。

(10) 裱糊完毕后，必须将裁割下的碎剩壁纸清扫干净。

(11) 挂镜线、踢脚板、窗台板、门头线、地板、开关板等处沾污上的胶液必须揩擦干净。

第八节 普通玻璃裁、装施工

玻璃在建筑工程中是一种不可缺少的室内外装饰材料，它具有采光、保温、隔声等作用。

一、施工准备

(一) 材料

（1）玻璃：根据设计要求确定玻璃的品种，按门或窗的实际尺寸（减去收缩与刀口尺寸）和数量集中下料。

（2）油灰：软硬要适中。

（3）其他材料：玻璃钉、钢丝夹头、煤油、木压条、橡胶压条、密封胶等，根据需要配备。

（二）工具

根据需要一般常用工具有：工作台、玻璃刀、钳子、钢卷尺、木折尺、直尺、角尺、油灰刀、玻璃锤、毛笔、抹布、工具袋、安全带等。

二、作业条件

（1）门、窗的五金应安装完毕；框、扇、玻璃隔断的涂料应基本涂覆完毕（末道涂料除外）。

（2）安装玻璃的框和扇，质量必须经验评合格，有如缺陷，必须先行修整，再进行玻璃安装。

三、玻璃裁割

（一）裁割玻璃的操作方法

（1）裁割厚度在 2~3mm 的薄平板玻璃，如果裁割的数量较多，可用 12mm×12mm 光滑规整的细木条做直尺，用折尺或用卷尺量出玻璃门、窗框尺寸，再在木直尺上定出裁割的尺寸。这时须考虑留出 3mm 空档和 2mm 的刀口（如果是北方寒冷地区钢框、扇，一定要考虑到门窗的收缩，应根据实际情况，留出适当的空档）。例如：玻璃框的实际宽为 500mm，应在细木条直尺的 495 处钉牢一小钉，再加上刀口 2mm，则所裁割的玻璃实际尺寸为 497mm，这样尺寸的玻璃安装到 500mm 的框内效果就比较好。操作时将直尺上的小钉紧靠玻璃边口，玻璃刀金属板紧紧顶住细木直尺的另一端，一手把握小钉紧挨玻璃边口不松动，另一手把握玻璃刀，对正刃口平稳均匀地向后拖刀，不能有轻重弯曲（见图 3-78）。如果所需玻璃的裁割量不大，可用木折尺直接顶刀裁割，尺寸量法与细木条直尺相同，只需玻璃刀金属板顶尺端的力度要适中，不然拖刀时，会将木折尺折曲。

（2）裁割厚度在 4~6mm 玻璃时，除了掌握薄玻璃裁割的方法外，也可采用厚 5mm、宽 40mm 的长直尺，玻璃刀紧靠直尺的长边拖刀裁割。裁割时，应事先用毛笔在划口处涂上煤油，然后下刀，这样容易掰离。

（3）裁割夹丝玻璃时，可采用靠长直尺走刀的裁割方法。因玻璃表面不平，一般持刀法刀口容易滑动，因此，需将刀口对正后，掐住玻璃刀的金属刀板，用力程度比裁割一般玻璃要大一些，走刀速度也要快些，这样不致于出现划口弯曲、不匀和不直。扳开玻璃如夹丝未断，可在玻璃缝内夹一细小条，继续向下扳，即可扳断，然后用钳子将铁丝夹齐。

（4）裁割压花玻璃的方法与裁割夹丝玻璃的方法相同。裁割时玻璃的光面向上，压花面

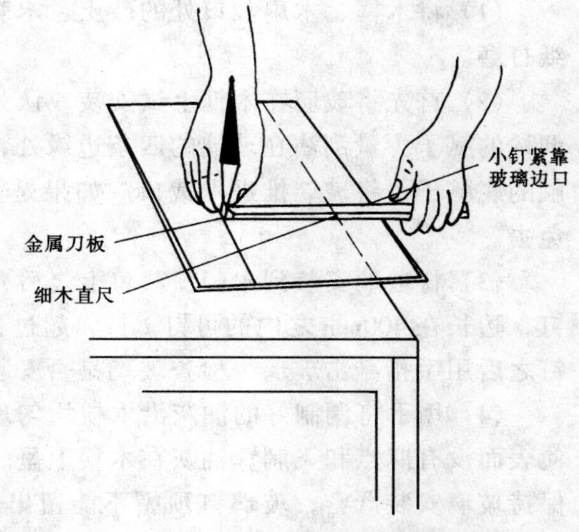

图 3-78　细木直尺顶刀裁割玻璃

朝下。

(5) 裁割磨砂玻璃的方法与裁割平板玻璃相同，只是磨砂面朝下。

(6) 裁割各种矩形玻璃时，要注意对角线的长度保持一致，拖刀要直，划口不能弯曲。

(7) 裁割各种异形玻璃，事先用纸画出实际异形状图、压在玻璃下面，顺纸样裁割，也可以用夹板制作成异形状（比实际尺寸每边小 2mm 刀距），顺着夹板，形状裁割。

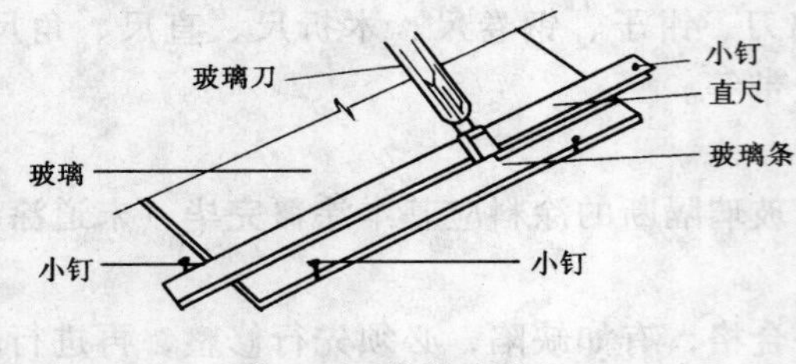

图 3-79 裁割玻璃条

(8) 裁割长而细窄玻璃条时，可用厚 5mm 宽 40mm 的长直尺，先把直尺的上端用钉子固定在工作台上，但不能钉的太死，要求直尺钉住后能转动，能上下，能保持尺的底面与工作台面有一定的插玻璃空隙。再在台面上距尺右边（视玻璃条宽窄规格的要求，再加上 2mm 的玻璃刀口为间距），钉上两个小钉以挡住玻璃，然后在贴近直尺下端的左边台面上钉一小钉做为顶靠直尺用。裁割时玻璃刀紧靠直尺拖刀，就能裁出所需规格的玻璃条。见图 3-79 所示。

（二）裁割玻璃的要点

(1) 玻璃应集中裁割，按各种所需规格尺寸先大尺寸、后小尺寸、合理套裁，做到物尽其用。

(2) 选择不同尺寸的框和扇，量好尺寸后，进行试裁试安装，认为该尺寸及留量合适之后可成批裁割。

(3) 玻璃裁割的留量，一般应按框、扇实际的长和宽尺寸各缩小 2~3mm 为准。

(4) 裁割玻璃不可在已划过刃口处重划，这样做会使玻璃刀金刚石刃口报废。必须按此规格裁割时，只好将玻璃翻过来再割。如果属不允许翻过来裁割的品种，只好将靠尺在原裁割线往内或往外 3mm 下刀裁割。

四、玻璃安装

（一）安装木制框、木制扇玻璃

(1) 将木框、木扇裁口处的砂土、木刺、灰尘等异物清理干净，必要时须用砂布或砂纸打磨。

(2) 首先将玻璃在木框上试安装，认为合适后，用双手夹持玻璃，在长条腻子板上将调稀的腻子少量刮沾在玻璃的四条边缘处，一般粘上 2~3mm 即可，做为玻璃与木裁口接触的底腻子，将玻璃推进木裁口。如果是 250mm 以内的小面积玻璃，打底腻子工序也可免去。

(3) 将玻璃安装到木门窗裁口上之后，用手压住玻璃，用油灰刀在玻璃四边钉上玻璃钉，边长在 400mm 之内的可钉 1 钉，超过长度应钉 2 钉，钉距不得超过 300mm。钉上玻璃钉之后用手指敲击玻璃，检查玻璃是否安装坚实。

(4) 用手将调制好的油灰沿木棂均匀地捻附在木裁口上，用油灰刀将油灰捋平压光，使表面没有麻点和飞刺，油灰在木棂上呈一斜形，其坡面与玻璃平面成 135°角。操作时要保持玻璃安装严密，玻璃钉顶帽不能留出过高，油灰不可压的太高或者太低。如图 3-80 所示。

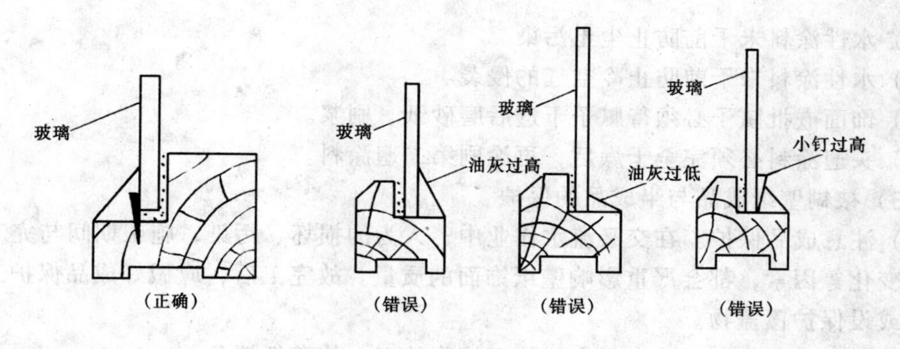

图 3-80　木框扇玻璃钉与油灰安装

（二）安装普通钢框、普通钢扇玻璃

（1）将钢框、钢扇裁口内的污垢灰尘等杂物清除干净。

（2）钢框钢扇如有弯曲变形，需修整合格后再安装玻璃。

（3）将钢框或钢扇裁口内，用手揿上底灰，底灰要均匀，厚度一般在 2～3mm。

（4）安上玻璃并将玻璃推严与框棂紧贴，使四边略有底腻灰挤出。安装时先放下口，再推入上口。

（5）用钢丝夹头插入边框小眼内固定。钢丝夹头卡住玻璃，但不得露在油灰外，每边不少于 2 个，间距不超过 300mm。

（6）用手将外油灰揿满，用油灰刀压成大三角斜面，四角呈八字形。油灰表面要光滑，不得中断、起泡、麻点、凹坑等缺陷。用干净漆刷掸一遍。

（7）用手将内油灰揿满，用油灰刀压成小三角斜面，口角呈八字形，用干净油漆刷，将四边掸和顺，内外油灰齐平。

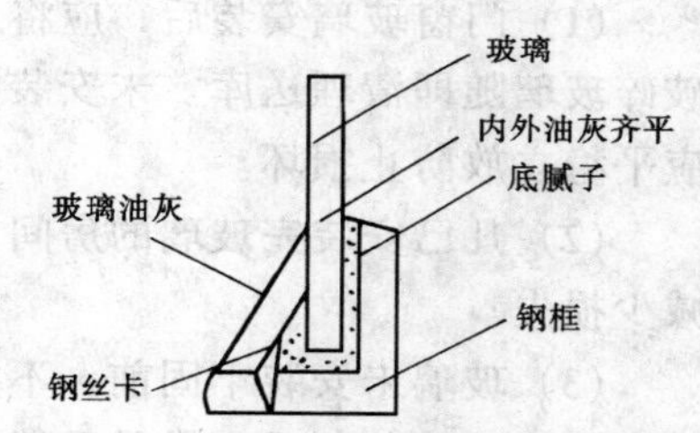

图 3-81　钢框、扇玻璃安装

（8）内外油灰高低相等，不论从内还是外看，以看不见油灰为准。如图 3-81 所示。

第九节　成品半成品的保护及质量测评

一、成品、半成品的保护

（一）油性涂料成品与半成品的保护

（1）刷油漆时要把门窗关闭，断绝空气流通，使涂刷油漆时，油漆干燥放慢，容易操作，刷完油漆后开启门窗通风。每道油漆须经过 24h 后，才能进行下次刷漆。

（2）油漆涂刷后，应防止水淋，尘土沾污和热空气侵袭。

（3）油漆窗子时，人不能站在窗栏上，防止踩坏腻子和油漆。

（4）各类门窗在完成每一道油漆后都要把窗开启，挂好风钩。

（5）门窗上的小五金零件不需油漆，沾着油漆时要揩擦干净。

（二）水性涂料成品与半成品的保护

（1）水性涂料涂刷后应防止水淋。

（2）水性涂料未干前防止尘土污染。

（3）水性涂料未干前防止冷空气的侵袭。

（4）饰面嵌批腻子必须待腻子干透后磨砂纸、刷浆。

（5）头遍涂料必须完全干燥后，再涂刷第二遍涂料。

（三）裱糊壁纸成品与半成品的保护

（1）注意成品保护。在交叉流水作业中，人为的损坏、污染，施工期间与完工后的空气湿度变化等因素，都会严重影响壁纸饰面的质量。故完工后，应做好成品保护工作，封闭通行或设保护覆盖物。

（2）避免在日光曝晒或在有害气体环境中施工，使壁纸褪色。

（3）严防硬物经常在墙面上发生摩擦，以免墙纸损坏。

（4）贮存、运输时产品应该横向放置，搬运或贮存时应特别注意平放，不应垂直放置，切勿损伤两侧纸边。

（5）粘贴好的壁纸要让其自然干燥，在干燥季节施工不要敞开门、窗以及开空调器，防止因干燥过快引起壁纸收缩不匀，以及搭缝处出现细裂缝。

（四）普通玻璃裁割、安装成品与半成品的保护

（1）门窗玻璃安装后，应将风钩挂好或插上插销，防止刮风损坏玻璃，并将多余的和破碎玻璃随即清理送库。未安装完的半成品玻璃应妥善保管，保持干燥，防止受潮发霉，应平稳立放防止损坏。

（2）凡已安装完玻璃的房间，应指派责任心强的人看管维护，负责每日关闭门窗，以减少损失。

（3）玻璃未安装牢固前，不得中途停工或休息。

（4）玻璃裁割后应靠承重墙立放。

二、质量测评和评分标准

（一）质量测评

质量测评是根据中华人民共和国国家标准《建筑装饰装修工程质量验收规范》（GB50210—2001）作为依据的，施工操作人员必须严格掌握。

1. 涂饰工程

（1）一般规定

1）本规范适用于水性涂料涂饰、溶剂型涂料涂饰、美术涂饰等分项工程的质量验收。

2）涂饰工程验收时应检查下列文件和记录：

（A）涂饰工程的施工图、设计说明及其他设计文件。

（B）材料的产品合格证书、性能检测报告和进场验收记录。

（C）施工记录。

3）各分项工程的检验批应按下列规定划分：

（A）室外涂饰工程每一栋楼的同类涂料涂饰的墙面每 500～1000m^2 应划分为一个检验批，不足 500m^2 也应划分为一个检验批。

（B）室内涂饰工程同类涂料涂饰的墙面每 50 间（大面积房间和走廊按涂饰面积 30m^2 为一间）应划分为一个检验批，不足 50 间也应划分为一个检验批。

4）检查数量应符合下列规定：

（A）室外涂饰工程每 100m^2 应至少检查一处，每处不得小于 10m^2。

（B）室内涂饰工程每个检验批应至少抽查 10%，并不得少于 3 间；不足 3 间时应全数检查。

5）涂饰工程的基层处理应符合下列要求：

（A）新建筑物的混凝土或抹灰基层在涂饰涂料前应涂刷抗碱封闭底漆。

（B）旧墙面在涂饰涂料前应清除疏松的旧装修层，并涂刷界面剂。

（C）混凝土或抹灰基层涂刷溶剂型涂料时，含水率不得大于 8%；涂刷乳液型涂料时，含水率不得大于 10%。木材基层的含水率不得大于 12%。

（D）基层腻子应平整、坚实、牢固，无粉化、起皮和裂缝；内墙腻子的粘结强度应符合《建筑室内用腻子》（JG/T3049）的规定。

（E）厨房、卫生间墙面必须使用耐水腻子。

6）水性涂料涂饰工程施工的环境温度应在 5～35℃之间。

7）涂饰工程应在涂层养护期满后进行质量验收。

（2）水性涂料涂饰工程

本内容适用于乳液型涂料、无机涂料、水溶性涂料等水性涂料涂饰工程的质量验收。

主控项目：

1）水性涂料涂饰工程所用涂料的品种、型号和性能应符合设计要求。

检验方法：检查产品合格证书、性能检测报告和进场验收记录。

2）水性涂料涂饰工程的颜色、图案应符合设计要求。

检验方法：观察。

3）水性涂料涂饰工程应涂饰均匀、粘结牢固，不得漏涂、透底、起皮和掉粉。

检验方法：观察；手摸检查。

检验方法：观察；手摸检查；检查施工记录。

一般项目：

1）薄涂料的涂饰质量和检验方法应符合表 3-11 的规定。

薄涂料的涂饰质量和检验方法 **表 3-11**

项次	项目	普通涂饰	高级涂饰	检验方法
1	颜色	均匀一致	均匀一致	观察
2	泛碱、咬色	允许少量轻微	不允许	
3	流坠、疙瘩	允许少量轻微	不允许	
4	砂眼、刷纹	允许少量轻微砂眼，刷纹通顺	无砂眼，无刷纹	
5	装饰线、分色线直线度允许偏差（mm）	2	1	拉 5m 线，不足 5m 拉通线，用钢直尺检查

2）厚涂料的涂饰质量和检验方法应符合表3-12的规定。

3）复层涂料的涂饰质量和检验方法应符合表3-13的规定。

厚涂料的涂饰质量和检验方法　　表3-12

项次	项　目	普通涂饰	高级涂饰	检验方法
1	颜色	均匀一致	均匀一致	观　察
2	泛碱、咬色	允许少量轻微	不允许	
3	点状分布	—	疏密均匀	

复层涂料的涂饰质量和检验方法　表3-13

项次	项　目	质量要求	检验方法
1	颜色	均匀一致	观　察
2	泛碱、咬色	不允许	
3	喷点疏密程度	均匀，不允许连片	

4）涂层与其他装修材料和设备衔接处应吻合，界面应清晰。

检验方法：观察。

(3) 溶剂型涂料涂饰工程

本内容适用于丙烯酸酯涂料、聚氨酯丙烯酸涂料、有机硅丙烯酸涂料等溶剂型涂料涂饰工程的质量验收。

主控项目：

1）溶剂型涂料涂饰工程所选用涂料的品种、型号和性能应符合设计要求。

检验方法：检查产品合格证书、性能检测报告和进场验收记录。

2）溶剂型涂料涂饰工程的颜色、光泽、图案应符合设计要求。

检验方法：观察。

3）溶剂型涂料涂饰工程应涂饰均匀、粘结牢固，不得漏涂、透底、起皮和反锈。

检验方法：观察；手摸检查。

检验方法：观察；手摸检查；检查施工记录。

一般项目：

1）色漆的涂饰质量和检验方法应符合表3-14的规定。

色漆的涂饰质量和检验方法　　表3-14

项次	项　目	普通涂饰	高级涂饰	检验方法
1	颜色	均匀一致	均匀一致	观察
2	光泽、光滑	光泽基本均匀 光滑无挡手感	光泽均匀一致 光滑	观察、手摸检查
3	刷纹	刷纹通顺	无刷纹	观察
4	裹棱、流坠、皱皮	明显处不允许	不允许	观察
5	装饰线、分色线直线度允许偏差（mm）	2	1	拉5m线，不足5m拉通线，用钢直尺检查

注：无光色漆不检查光泽。

2）清漆的涂饰质量和检验方法应符合表3-15的规定。

清漆的涂饰质量和检验方法　　表 3-15

项次	项　　目	普通涂饰	高级涂饰	检验方法
1	颜色	基本一致	均匀一致	观察
2	木纹	棕眼刮平、木纹清楚	棕眼刮平、木纹清楚	观察
3	光泽、光滑	光泽基本均匀 光滑无挡手感	光泽均匀一致 光滑	观察、手摸检查
4	刷纹	无刷纹	无刷纹	观察
5	裹棱、流坠、皱皮	明显处不允许	不允许	观察

3）涂层与其他装修材料和设备衔接处应吻合，界面应清晰。

检验方法：观察。

2. 裱糊工程

一般规定：

(1) 本规范适用于聚氯乙烯塑料壁纸、复合纸质壁纸、墙布等裱糊工程的质量验收。

(2) 裱糊工程验收时应检查下列文件和记录：

1）裱糊工程的施工图、设计说明及其他设计文件。

2）饰面材料的样板及确认文件。

3）材料的产品合格证书、性能检测报告、进场验收记录和复验报告。

4）施工记录。

(3) 各分项工程的检验批应按下列规定划分：

同一品种的裱糊工程每50间（大面积房间和走廊按施工面积 $30m^2$ 为一间）应划分为一个检验批，不足50间也应划分为一个检验批。

(4) 检查数量应符合下列规定：

裱糊工程每个检验批应至少抽查10%，并不得少于3间，不足3间时应全数检查。

(5) 裱糊前，基层处理质量应达到下列要求：

1）新建筑物的混凝土或抹灰基层墙面在刮腻子前应涂刷抗碱封闭底漆。

2）旧墙面在裱糊前应清除疏松的旧装修层，并涂刷界面剂。

3）混凝土或抹灰基层含水率不得大于8%；木材基层的含水率不得大于12%。

4）基层腻子应平整、坚实、牢固，无粉化、起皮和裂缝；腻子的粘结强度应符合《建筑室内用腻子》(JG/T3049) N型的规定。

5）基层表面平整度　立面垂直度及阴阳角方正应达到本规范高级抹灰的要求，见表3-16的规定。

一般抹灰的允许偏差和检验方法　　表 3-16

项　次	项　　目	允许偏差（mm）		检　验　方　法
		普通抹灰	高级抹灰	
1	立面垂直度	4	3	用2m垂直检测尺检查
2	表面平整度	4	3	用2m靠尺和塞尺检查
3	阴阳角方正	4	3	用直角检测尺检查
4	分格条（缝）直线度	4	3	拉5m线，不足5m拉通线，用钢直尺检查
5	墙裙、勒脚上口直线度	4	3	拉5m线，不足5m拉通线，用钢直尺检查

注：1. 普通抹灰，本表第3项阴角方正可不检查；

2. 顶棚抹灰，本表第2项表面平整度可不检查，但应平顺。

6）基层表面颜色应一致。

7）裱糊前应用封闭底胶涂刷基层。

主控项目：

(1) 壁纸、墙布的种类、规格、图案、颜色和燃烧性能等级必须符合设计要求及国家现行标准的有关规定。

检验方法：观察；检查产品合格证书、进场验收记录和性能检测报告。

(2) 裱糊工程基层处理质量应符合本规范第 11.1.5 条的要求。

检验方法：观察；手摸检查；检查施工记录。

(3) 裱糊后各幅拼接应横平竖直，拼接处花纹、图案应吻合，不离缝，不搭接，不显拼缝。

检验方法：观察；拼缝检查距离墙面 1.5m 处正视。

(4) 壁纸、墙布应粘贴牢固，不得有漏贴、补贴、脱层、空鼓和翘边。

检验方法：观察；手摸检查。

一般项目：

(1) 裱糊后的壁纸、墙布表面应平整，色泽应一致，不得有波纹起伏、气泡、裂缝、皱折及斑污，斜视时应无胶痕。

检验方法：观察；手摸检查。

(2) 复合压花壁纸的压痕及发泡壁纸的发泡层应无损坏。

检验方法：观察。

(3) 壁纸、墙布与各种装饰线、设备线盒应交接严密。

检验方法：观察。

(4) 壁纸、墙布边缘应平直整齐，不得有纸毛、飞刺。

检验方法：观察。

(5) 壁纸、墙布阴角处搭接应顺光，阳角处应无接缝。

检验方法：观察。

3. 门窗玻璃安装工程

一般规定：

(1) 本规范适用于平板、吸热、反射、中空、夹层、夹丝、磨砂、钢化、压花玻璃等玻璃安装工程的质量验收。

(2) 门窗玻璃安装工程验收时应检查下列文件和记录：

1）门窗玻璃安装工程的施工图，设计说明及其他设计文件。

2）材料的产品合格证书，性能检测报告，进场验收记录和复验报告。

3）隐蔽工程验收记录。

4）施工记录。

(3) 门窗玻璃工程应对下列性能指标进行复验：

建筑外门窗玻璃的抗风压性能，空气渗透性能和雨水渗漏性能。

(4) 门窗玻璃工程应对下列隐蔽工程项目进行验收：

1）玻璃钉和钢丝卡间距是否合理。

2）隐蔽部位的防锈、油灰底灰或橡皮垫块的处理。

(5) 门窗玻璃工程的检验批应按下列规定划分：

同一品种、类型和规格的门窗玻璃每100樘应划分为一个检验批，不足100樘也应划分为一个检验批。

(6) 门窗玻璃，每个检验批应至少抽查5%，并不得少于3樘，不足3樘时应全数检查；高层建筑的外窗，每个检验批应至少抽查10%，并不得少于6樘，不足6樘时应全数检查。

主控项目：

(1) 玻璃的品种、规格、尺寸、色彩、图案和涂膜朝向应符合设计要求。单块玻璃大于1.5m^2时应使用安全玻璃。

检验方法：观察；检查产品合格证书、性能检测报告和进场验收记录。

(2) 门窗玻璃裁割尺寸应正确。安装后的玻璃应牢固，不得有裂纹、损伤和松动。

检验方法：观察；轻敲检查。

(3) 玻璃的安装方法应符合设计要求。固定玻璃的钉子或钢丝卡的数量、规格应保证玻璃安装牢固。

检验方法：观察；检查施工记录。

(4) 镶钉木压条接触玻璃处，应与裁口边缘平齐。木压条应互相紧密连接，并与裁口边缘紧贴，割角应整齐。

检验方法：观察。

(5) 密封条与玻璃、玻璃槽口的接触应紧密、平整。密封胶与玻璃、玻璃槽口的边缘应粘结牢固、接缝平齐。

检验方法：观察。

(6) 带密封条的玻璃压条，其密封条必须与玻璃全部贴紧，压条与型材之间应无明显缝隙，压条接缝应不大于0.5mm。

检验方法：观察；尺量检查。

一般项目：

(1) 玻璃表面应洁净，不得有腻子、密封胶、涂料等污渍。中空玻璃内外表面均应洁净，玻璃中空层内不得有灰尘和水蒸气。

检验方法：观察。

(2) 门窗玻璃不应直接接触型材。单面镀膜玻璃的镀膜层及磨砂玻璃的磨砂面应朝向室内。中空玻璃的单面镀膜玻璃应在最外层，镀膜层应朝向室内。

检验方法：观察。

(3) 腻子应填抹饱满、粘结牢固；腻子边缘与裁口应平齐。固定玻璃的卡子不应在腻子表面显露。

检验方法：观察。

(二) 评分标准

1. 涂饰工程评分标准

1) 内墙薄涂料评分标准见表3-17所示。

2) 溶剂型涂料评分标准

内墙薄涂料评分标准　　表 3-17

序号	考核项目	考核时间	考核要求	标准得分	实际得分	评分标准
1	基层处理		先刷水，后起底	12		起底基本干净得8分，不干净得4分
			勒缝松动处处理，石灰胀泡，煤屑粗粒、筋条清除	12		有一项处理不净的扣2分
			画镜线、窗台口、踢脚、地坪、墙面落手清	6		有一处扫不清扣3分
2	刷清胶		把1:3调配803胶水，洞缝处要刷足	5		调配基本正确得3分，洞缝未刷足扣2分
3	嵌批		拌批胶老粉适当，正确掌握软硬度	5		拌得过硬（软）扣3分，有石膏僵块扣2分
			嵌洞缝要密实平整，高低处平	5		不密实扣3分，高低处未平扣2分，漏嵌一处扣1分
			批嵌和顺，无残余腻子	5		有一处扣1分
			复嵌高低处要假平，无瘪潭凹处，平整和顺	5		有一处扣1分
			操作顺序及姿势正确	5		手势基本熟练得3分，僵硬不灵活全扣
4	磨砂皮		手势正确，不磨穿	6		手势不正确扣1分，楞角磨穿扣3分
5	头遍薄涂料		基本均匀无遗漏、无起泡起壳、无刷纹、基本手势，50cm左右	10		有起泡起壳扣6分，有刷纹扣5分，遗漏扣6分，基本熟练得6分
6	第二遍薄涂料		均匀和顺，不露底，无遗漏，无起泡，无刷纹，50cm左右	15		基本熟练得9分，起泡起壳扣6分，遗漏扣6分，刷纹扣5分，露底全扣
7	落手清			9		有一次不清扣1分
合计				100		

班级______学号_____姓名______日期______教师签名______总分______

（A）木门窗色漆评分标准见表 3-18 所示。

木门窗色漆评分标准　　表 3-18

序号	考核项目	考核时间	考核要求	标准得分	实际得分	评分标准
1	基层处理		污物、松脂清除干净，毛刺等剔除，楞角打磨圆滑，落手清	20		有一处未清除扣 1 分，不磨扣 5 分，磨得不好扣 3 分，不做落手清扣 4 分，做得不清扣 2 分
2	刷清油		做到不遗漏	5		漏刷一处扣 1 分
3	嵌批腻子		先嵌洞缝，上下冒头榫头嵌密实，满批和顺，无野腻子	15		上下冒头不密实扣 2 分，漏嵌一处扣 2 分，野腻子多扣 4 分，嵌批基本和顺得 10 分
4	磨砂纸		平整、光洁、和顺、掸清灰尘	10		基本合格得 6 分，仍有野面腻子扣 6 分
5	刷铅油		不漏、不挂、不皱、不过棱、不露底	8		有一项扣 1 分
6	复嵌打磨		复嵌无遗漏及凹处，不磨穿	8		在凹处或漏嵌扣 2 分
7	刷填光油		同 5	8		同 5
8	刷调合漆		不漏、不挂、不皱、不过棱、不起泡	26		有一项扣 3 分，平面遗漏或起皮有一处扣 5 分玻璃、地坪、小五金、窗台口不清爽，有一处扣 2 分
合　计				100		

班级______学号______姓名______日期______教师签名______总分______

（B）硬木地板清漆评分标准见表 3-19 所示。

硬木地板清漆评分标准　　表 3-19

序号	考核项目	考核时间	考核要求	标准得分	实际得分	评分标准
1	基层处理		清理木面，磨砂纸、将油迹污渍铲刮干净	20		基本合格得 12 分，有一处未做扣 2 分
2	刷清油		正确调制清油，刷油不遗漏	6		配油不当扣 2 分，遗漏一处扣 1 分
3	嵌批		填嵌密实，打磨平整光滑、无野腻子，木纹清晰、打扫干净	20		木纹清晰得满分，基本清晰得 12 分，洞缝不密实有一处扣 2 分，有野腻子一处扣 3 分
4	刷虫胶清漆		腻子痕迹修色无色差，刷虫胶清漆无接痕	24		色差明显扣 15 分，接痕明显有一处扣 3 分
5	磨砂纸		漆面无排笔毛，无颗粒，扫清灰尘	4		基本合格得 3 分
6	罩面清漆		每遍清漆无遗漏，无笔毛，无颗粒，无皱皮	10		有一处扣 1 分，皱皮一处扣 3 分，严重的全扣
7	打蜡		平滑光亮，无明显残蜡	10		基本合格得 8 分，有残蜡一处扣 2 分，明显花斑，一处扣 3 分，严重的全扣
8	落手清			6		有一次不清扣 1 分
合　计				100		

班级______学号______姓名______日期______教师签名______总分______

2. 裱糊壁纸评分标准见表 3-20

裱糊壁纸评分表　　表 3-20

序号	考核项目	考核时间	考核要求	标准得分	实际得分	评分标准
1	基层处理		新墙面污物清除，松动处处理，大缺损修补，凸出物铲除	15		有一处未处理扣 2 分
			旧水性涂料墙面刷水起底，铲除干净，扫清浮灰			基本干净得 10 分，起底面干净扣 10 分，不清除浮灰扣 3 分
			旧油漆墙面起壳处铲刮干净，洗清油污			起壳、翘皮、松动有一处不处理扣 3 分，油污不洗全扣
			画镜线、窗台口、门樘、踢脚，地坪等处落手清	5		有一处不清扣 1 分
2	嵌批		拌腻子软硬适当	3		过硬过软扣 2 分，拌有硬块扣 1 分
			嵌洞缝密实，高低处嵌平	3		嵌不密实扣 1 分；漏嵌扣 1 分
			批嵌和顺，无野腻子	3		有野腻子一处扣 2 分，严重的扣 3 分
			复嵌要平整和顺，无瘪潭	3		有一处不和顺扣 1 分
			操作手势及顺序正确	3		基本熟练得 2 分，僵硬扣 2 分
3	磨砂纸		选砂纸适当，姿势正确，全磨不能磨穿，落手清	8		有一项错误或不做落手清扣 2 分（选 $1\frac{1}{2}$ 号砂纸为正确）
4	刷清胶		先直后横再理直，刷距 500mm 左右，不漏、不挂、不皱	4		按顺序操作得 2 分，漏、挂、皱有一项扣 1 分
5	吊垂线		量准墙纸宽度，吊直垂线	8		误差 2mm 以内得 7 分，3mm 以内得 5 分，3mm 以外全扣
6	涂刷胶合剂		姿势正确、刷足、不挂、不遗漏	5		有一项错误扣 1 分，遗漏较多扣 3 分
7	粘贴		先上后下，对准垂线，掀揩平整服贴，每幅横齐竖直，揩清胶迹，防止倒花，叠、离缝、皱折、毛边、气泡、并花	30		基本正确得 20 分，有一处病态扣 2 分
8	划裁		划裁正确，裁准无抽丝，落手清画镜线、门樘、踢脚、地坪落手清	10		基本正确得 7 分，抽丝扣 2 分，有一处不清扣 1 分
合　计				100		

班级______学号______姓名______日期______教师签名______总分______

3. 普通玻璃裁割安装工程评分标准

（1）木门窗玻璃裁割安装评分标准见表3-21所示。

木门窗玻璃裁割安装评分标准　表3-21

序号	考核项目	考核时间	考核要求	标准得分	实际得分	评分标准
1	基层处理		木框、木扇裁口、砂土、木刺、灰尘等异物清理干净	10		有一处未做扣2分
2	量尺寸		正确量木框，木扇所需玻璃尺寸	18		每边留出1mm（干湿膨胀因素）并留出刀口尺寸，尺寸过大扣12分，过小全扣（注：过大放不进，过小内外空隙对穿）。每边及刀口尺寸不缩有一项扣2分
3	裁割玻璃		正确裁割玻璃，不碎	24		裁割一次，扳折不碎得6分，不少于4次。裁割好的玻璃试安装，装不进或内外空隙对穿全扣，发现在已划过刃口处重划现象全扣
4	安装		钉钉顺序正确，先钉左右，后钉上下。钉距合理，不松动	20		先钉下口钉扣10分，钉距不合理扣10分，玻璃松动扣10分，玻璃敲碎全扣
5	镶嵌油灰		镶嵌油灰角度正确，光洁和顺	18		镶嵌油灰角度不正确有一条，扣4分。有毛孔，不光洁有一处扣2分。钉子露在油灰表面全扣
6	落手清		玻璃及施工场地保持干净	10		有一处不做扣1分
合计				100		

班级______学号______姓名______日期______教师签名______总分______

（2）钢门窗玻璃裁割安装评分标准见表3-22所示。

钢门窗玻璃裁割安装评分标准　表3-22

序号	考核项目	考核时间	考核要求	标准得分	实际得分	评分标准
1	基层处理		裁口老油灰铲刮干净，新窗铁刺，焊渣锉平，刷防锈漆	10		正确得10分，基本正确得7分 防锈漆不刷全扣
2	量尺寸		正确量出钢框、钢扇所需尺寸	18		每边留出1mm（热胀冷缩因素）并留出刀口尺寸，尺寸过大扣12分，过小全扣（注：过大放不进，过小内外空隙对穿）。每边及刀口尺寸不缩有一项有2分

续表

序号	考核项目	考核时间	考核要求	标准得分	实际得分	评分标准
3	裁割玻璃		正确裁割玻璃，不碎	24		裁割一次，扳折不碎得6分，不少于4次。玻璃装不进或装进内外空隙对穿全扣。在已划裁过的刃口处按原刃口重划全扣
4	安装		正确放置底灰，厚度2~3mm，按装磨砂或压花玻璃一块	14		正确7分，基本正确得4分，超过4mm每边扣2分，底灰不足有一处扣1分 花色玻璃装反扣7分
			正确安装弹簧夹头	8		正确得8分，基本正确得5分，玻璃装碎或夹头不会放全扣
5	镶嵌油灰		镶嵌油灰角度正确，光洁和顺，内外油灰一致	16		正确得16分，镶嵌油灰角度不正确有一条扣4分，内外油灰误差1.5mm有一条扣2分油灰面有毛孔，不光洁有一处扣1分，弹簧夹头露出全扣
6	落手清		玻璃及施工场地保持干净	10		有一处不做扣1分
合计				100		

班级______学号______姓名______日期______教师签名______总分______

思考题

3-1　玻璃刀应如何维护？

3-2　裱糊壁纸的施工工序有哪些？

3-3　如何安装木窗玻璃？

3-4　油性涂料的施工工序有哪些？

3-5　水性涂料成品与半成品应如何保护？

3-6　常用涂料的性能是哪些？

3-7　涂料的主要作用有哪些？

3-8　合梯在使用中应注意哪些方面？

3-9　喷灯在点火前应注意哪些问题？

3-10　窗扇涂刷完毕后应注意哪些方面？

3-11　如何粘贴第一幅壁纸？

3-12　安装窗玻璃的作业条件必须具备哪些条件？

3-13　涂饰工程的一般规定的主要内容有哪些？

3-14　裱糊工程的一般规定的主要内容有哪些？

3-15　门窗玻璃安装工程的一般规定的主要内容有哪些？

第四章　金属加工基础实训

本章为建筑装饰工程中的钳工和钣金工的基础技能实训。建筑装饰工程中的某些金属部件，需要通过钳工和钣金工手工操作来完成。学完本章后，应能掌握钳工和钣金工的常用工、机具的使用和维护。掌握各项基本操作技能，能独立完成一些简单操作，掌握安全操作原则和文明施工要求，具有一般常见问题的处理能力。

第一节　划　　线

划线是钳工的一种基本操作。

根据图纸或实物的尺寸要求，用划线工具准确地在工件表面上划出加工界限的操作称为划线。划线的主要作用是确定工件上各加工面的加工位置和余量，使加工时有明确的尺寸界限，可以做到在板料上划线下料，正确排料，合理使用材料。

一、划线工具

1. 钢尺

钢尺是一种简单的长度量具，用不锈钢片制成，其测量精度为 0.3～0.5mm。它的规格由长度分有 150mm、300mm、500mm，1000mm 等多种（见图 4-1）。钢尺主要用来测量尺寸长度。

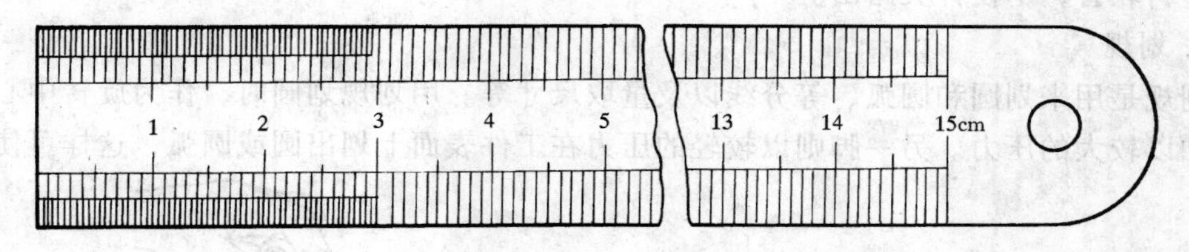

图 4-1　钢尺

2. 90°直角尺

90°角尺常用作划平行线（见图 4-2）或垂直线的导向工具。

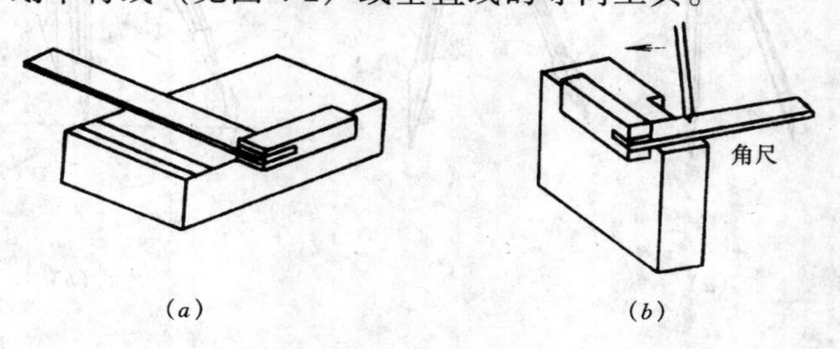

(*a*)　(*b*)

图 4-2　直角尺

（*a*）划平行线；（*b*）划垂直线

3. 划针

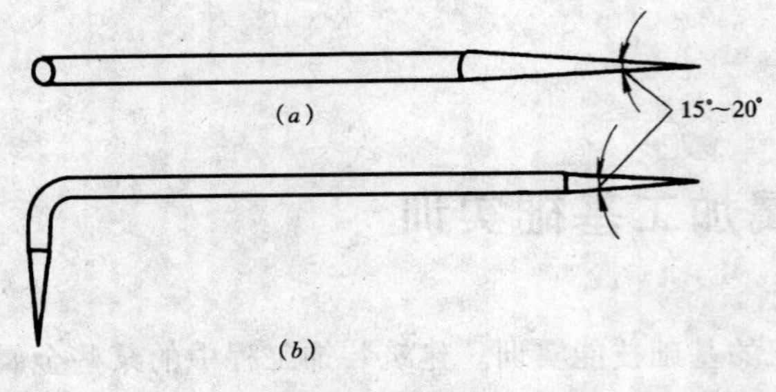

图 4-3 划针

(a) 直划针；(b) 弯头划针

划针是在工件上划线的基本工具。目前常用的划针是在 $\phi3\sim5mm$ 弹簧钢丝的端头焊上硬质合金磨尖而成，见图 4-3。

在用钢尺和划针连接两点的直线时，先用划针和钢尺定好后一点的划线位置，然后调整钢尺与前一点的划线位置对准，再开始划出两点的连接直线。划线时针尖要紧靠导向工具的边缘，上部向外倾斜 15°~20°，向划线移动方向倾斜 45°~75°。针尖要保持尖锐，划线要尽量做到一次划成，使划出的线条既清晰又准确见图 4-4。

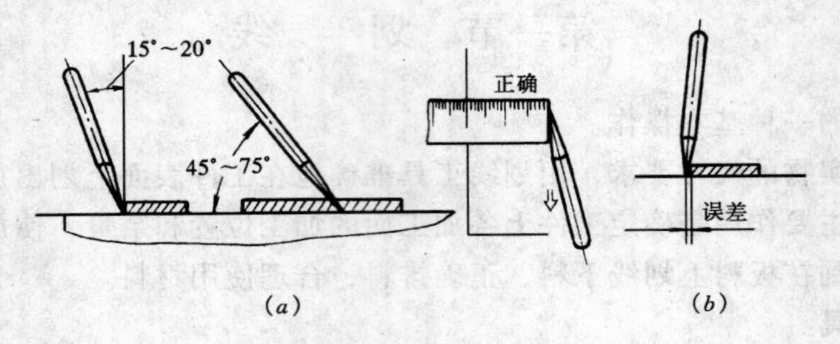

图 4-4 划针使用方法

(a) 正确；(b) 错误

划针很尖，使用时要小心。划针千万不能插在胸袋中。划针不用时最好在针尖部套上细的塑料软管，不使针尖露出。

4. 划规

划规是用来划圆和圆弧、等分线以及量取尺寸等。用划规划圆时，作为旋转中心的一脚应加以较大的压力。另一脚则以较轻的压力在工件表面上划出圆或圆弧，这样可使中心

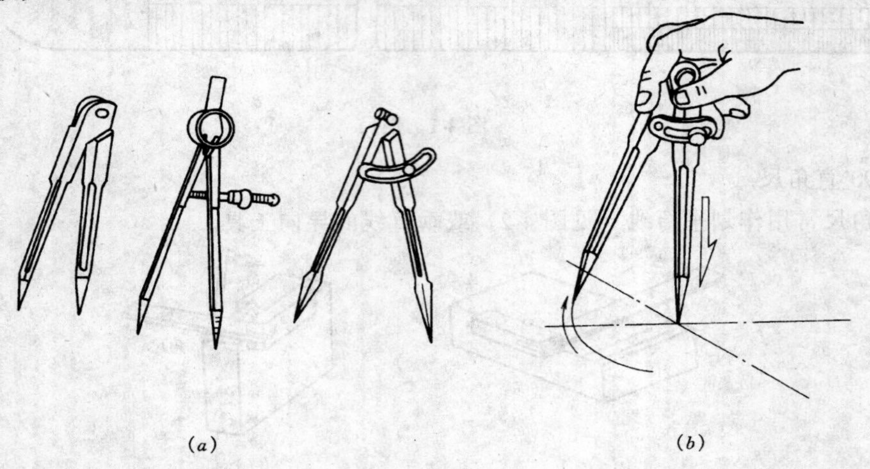

图 4-5 划规

(a) 划规；(b) 划规划圆

不致滑动。划规的脚尖应保持尖锐，以保证划出的线条清晰。见图 4-5。

5. 角度尺

角度尺常用作划角度线。见图 4-6。

6. 样冲

样冲用于在工件所划加工线条上冲点，作加强界限标志和作划圆弧或钻孔定中心。使用样冲时，先将样冲外倾使尖端对准线的正中，然后再将样冲立直冲点。见图 4-7。

冲点位置要准确，中点不可偏离线条。见图 4-8。

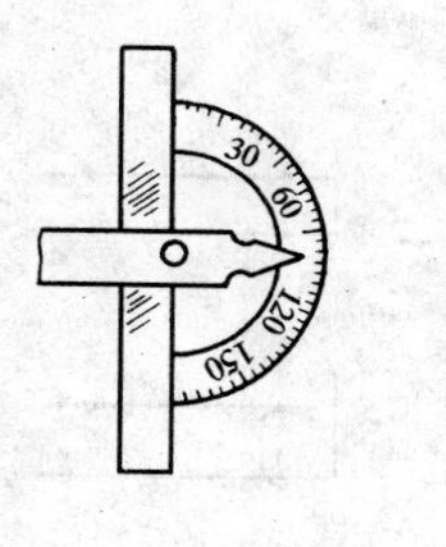

图 4-6　角度尺

在曲线上冲点距离要小些，在直线上冲点距离可大些，在线条的交叉转折处则必须冲点，冲点的深浅要掌握适当，在薄壁上或光滑表面上冲点要浅，粗糙表面上要深些。

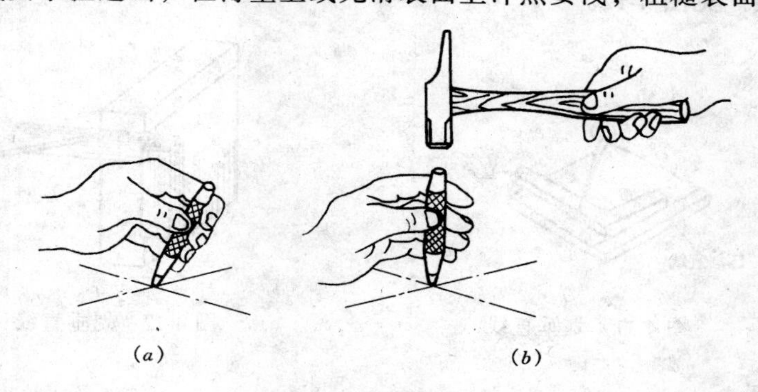

图 4-7　样冲的使用

(a) 对中；(b) 冲点

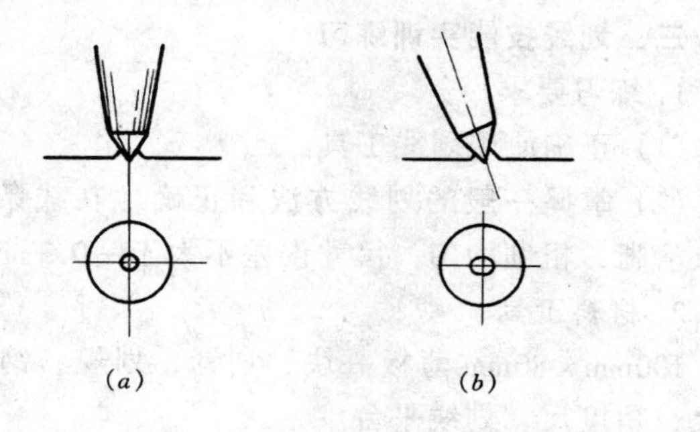

图 4-8　样冲眼

(a) 正确；(b) 不垂直；(c) 偏心

二、平面划线

1. 平行线

(1) 用钢直尺在工件两端量两个相同尺寸，划出线痕，再把两线痕连起来。见图 4-9(a)。

(2) 划规量好尺寸后，在线的两端划两圆弧，用钢直尺作两弧的切线。见图 4-9 (b)。

(3) 和直角尺配合划平行线。见图 4-10。

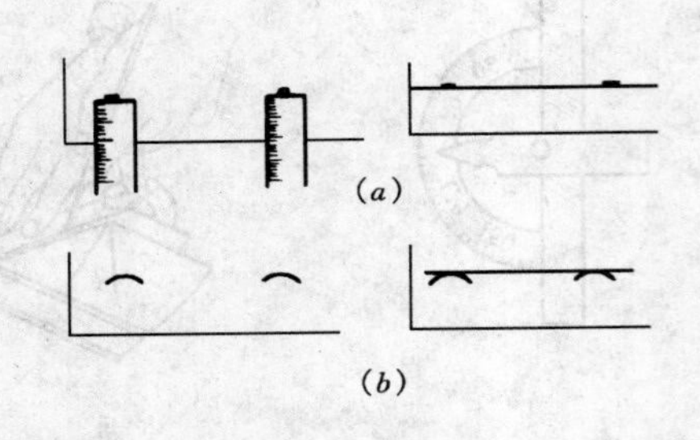

图 4-9　划平行线

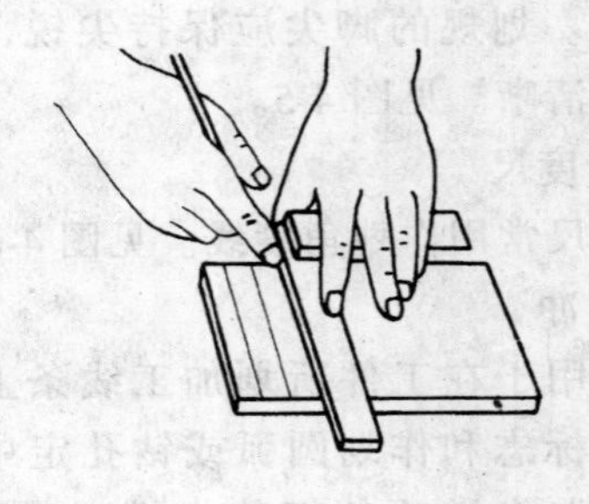

图 4-10　划平行线

2. 划垂直线

用直角尺的一边对准已划好的线，沿直角尺的另一边划垂直线。见图 4-11。若划工件一个边的垂直线，可把直角尺厚的一面靠在工件边上，沿直角尺另一边划线，就可得与工件边相垂直的线。见图 4-12。

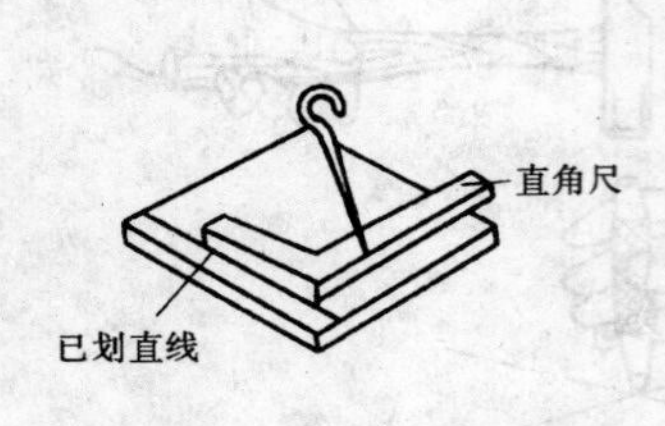

图 4-11　划垂直线

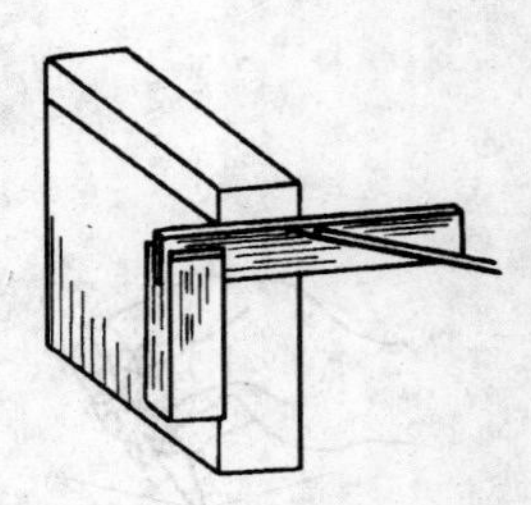

图 4-12　划垂直线

3. 划圆弧线

划圆弧前要先划出中心线，确定中心点，在中心点上打样冲眼，再用划规以所要求的半径划出圆弧。见图 4-13。

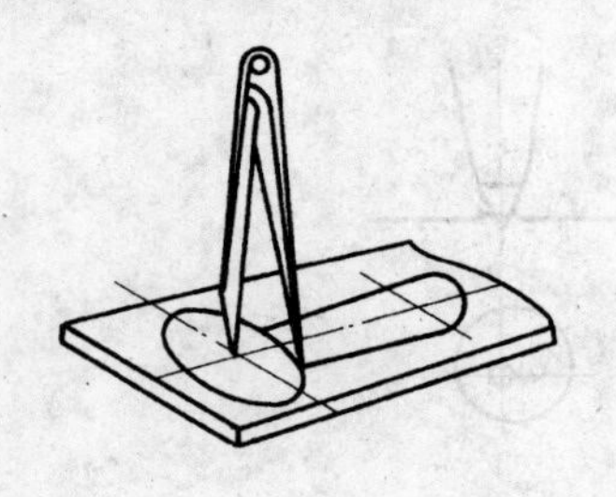

图 4-13　划圆弧线

三、划线技能实训练习

1. 练习要求

(1) 正确使用划线工具。

(2) 掌握一般的划线方法和正确地在线条上冲眼。达到线条清晰，粗细均匀，尺寸误差不大于 ±0.3mm。

2. 材料工具

100mm×80mm 薄板一块、划针、划规、钢尺、样冲、90°角尺、角度尺、划线平台。

3. 练习图，见图 4-14。

4. 练习步骤

(1) 准备好所用的画线工具。

(2) 熟悉图纸，划基准线 *A*、*B*

(3) 划位置线，以 *A* 为基准划平行线分别保证尺寸 25mm、60mm；以 *B* 为基准划平行线，分保证尺寸 15mm、30mm、80mm；再以线条Ⅰ为基准划平行线并保证尺寸 25mm，以线条Ⅱ为基准划平行线并保证尺寸 10mm；最后分别以Ⅰ、Ⅱ线条为基准划平行线并保

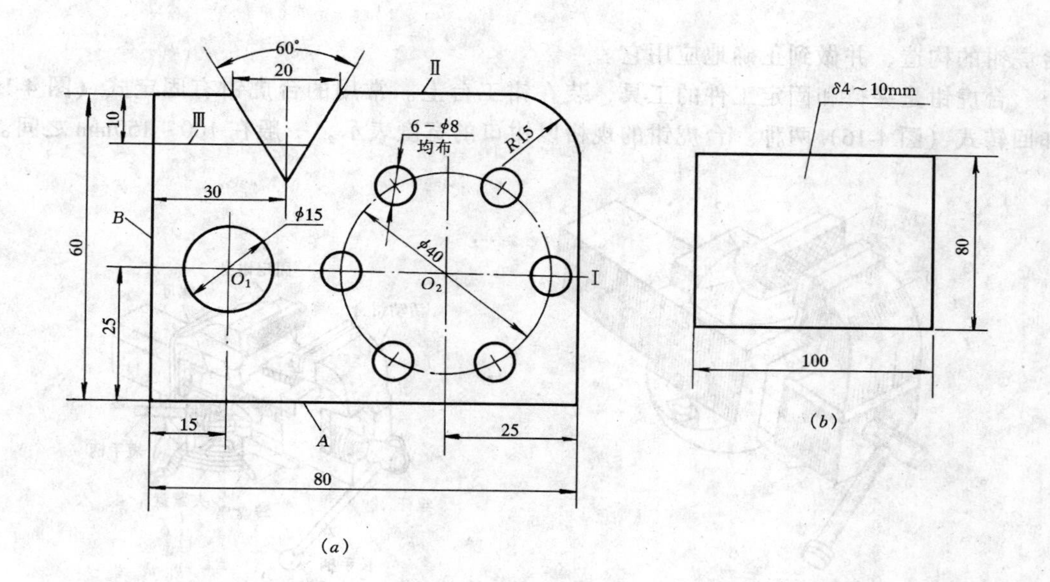

图 4-14　平面划线

（a）划线图；（b）毛坯图（材料不限）

证尺寸 25mm，确定 $R15$ 的圆心。

（4）对照图纸检查所划线条是否正确，如有误应及时纠正，确认无误后，在加工处和圆心处打样冲眼。

5. 评分标准，见表 4-1。

操作练习考查评分表　　　　表 4-1

序　号	考　察　项　目	得　　分	练习要求、检查方法	备　　注
1	图形及排列		位置正确	
2	线条		线条清晰无重线	
3	尺寸		尺寸及线条位置公差 ±0.3	
4	各圆弧连接		连接圆滑	
5	冲点		冲点位置公差 $R0.3$	
6	使用工具		使用工具正确	
7	安全与文明操作			
8				
课题	划线与冲眼			

班级________姓名________指导老师________日期________

第二节　锉　　削

锉削是用锉刀对工件上进行切削加工，使其尺寸、形状、位置和表面粗糙度等达到要求，这种加工方法叫做锉削。

中、小工件的锉削、锯割、錾削等工作，一般都在台虎钳上进行，所以我们先要了解台虎钳的构造，并做到正确地应用它。

台虎钳是夹持和固定工件的工具，装在钳工台上。常用的台虎钳有固定式（图 4-15）和回转式（图 4-16）两种。台虎钳的规格以钳口的宽度表示，一般在 100～150mm 之间。

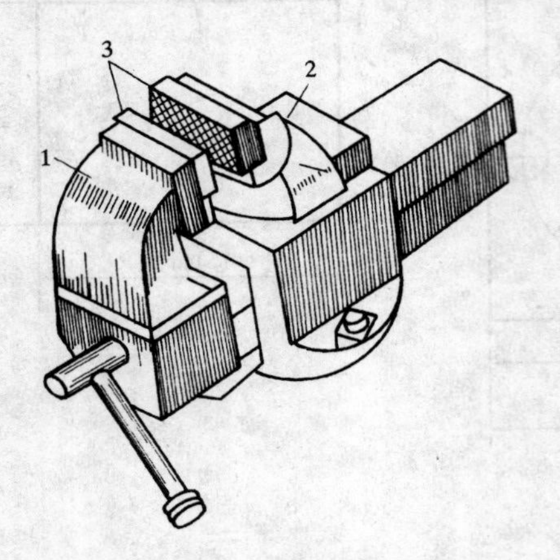

图 4-15　固定式虎钳

1—活动钳身；2—固定钳身；3—钳口

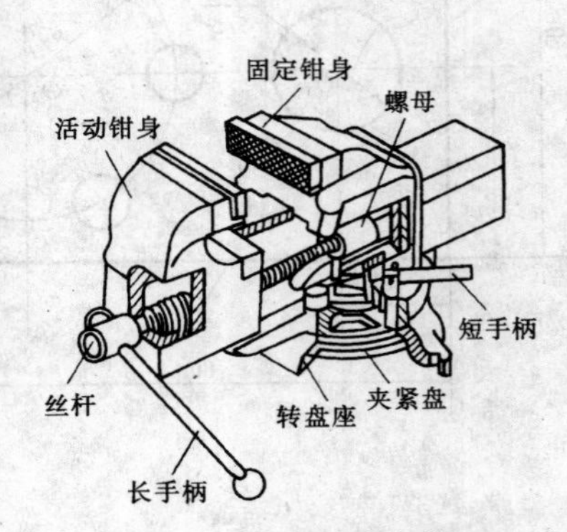

图 4-16　回转式虎钳

台虎钳在钳台上安装时，必须使固定钳身的工作面处于钳台边缘以外，以保证夹持长条形工件时，工作的下端不受钳台边缘的阻碍。

钳台（钳桌）是用来安装台虎钳、放置工具和工件等，高度约 800～900mm，装上台虎钳后，钳口高度恰好齐人的手时为宜（见图 4-17）长度和宽度随工作需要而定。为了安全，有的钳台上还装有防护网。

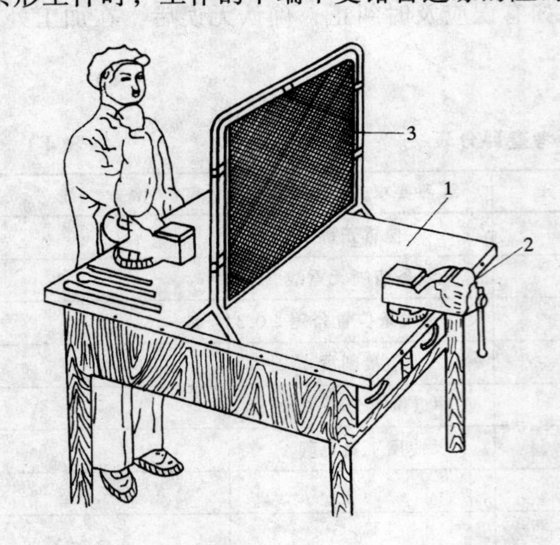

图 4-17　台虎钳的合适高度

1—钳台；2—台虎钳；3—防护网

使用台虎钳时应注意以下几点：

1. 台虎钳应牢靠地固定在钳台（钳桌）上，不可移动。

2. 双手用力扳紧手柄，不能用手锤敲击手柄，否则会损坏螺母。

3. 有砧座的台虎钳，允许在砧座上做轻微的锤击工作，其他各部不允许用手锤直接打击。

4. 螺杆、螺母及活动面要经常加油保持润滑。

5. 工件超过钳口太长，要另用支架支持，不使台虎钳受力过大。

一、锉削工具

1. 锉刀组成

锉刀用高碳工具钢制成，并经热处理淬硬。锉刀由下列几个主要部分组成。见图 4-18。

2. 锉刀的分类

锉刀分普通锉、特种锉和什锦锉三类。因特种锉是用于特殊面加工的，所以这里只简单介绍普通锉和什锦锉。

(1) 普通锉：分为平锉、方锉、圆锉、半圆锉、三角锉等几种。见图 4-19。

(2) 什锦锉用于修整小型工件上难以机械加工的部位，什锦锉的各种形状如图 4-20 所示。

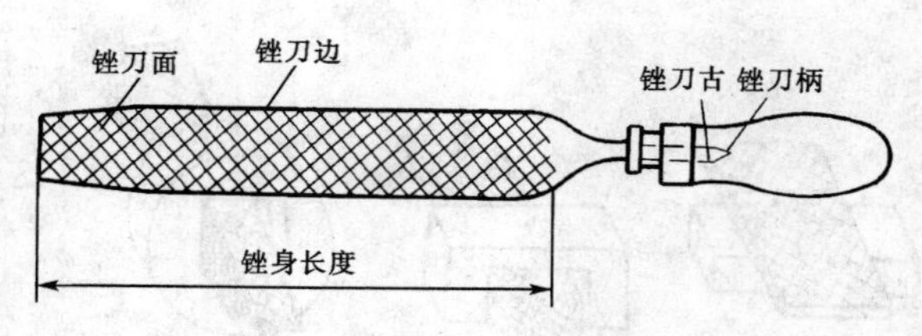

图 4-18 锉刀各部分的名称

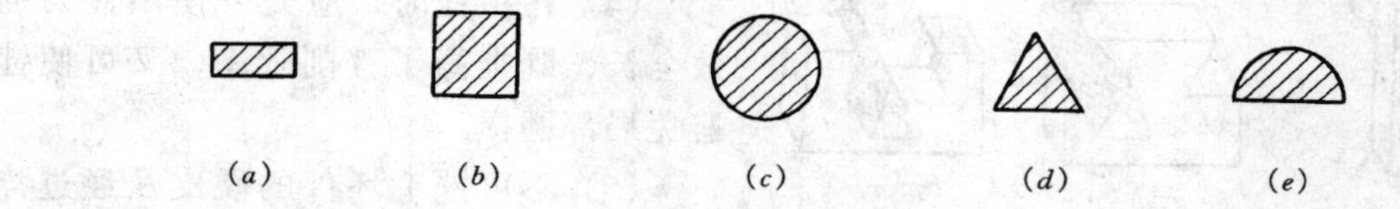

图 4-19 普通锉刀的断面

(a) 平锉；(b) 方锉；(c) 圆锉；(d) 三角锉；(e) 半圆锉

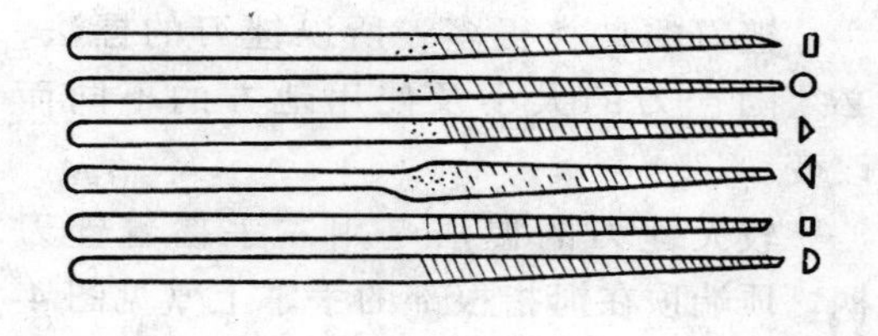

图 4-20 什锦锉

二、锉刀的选择

1. 锉刀柄的装拆

为了握锉和便于用力，锉刀必须装上木柄，锉刀的装拆方法如图 4-21 所示。

2. 锉刀的选择

每种锉刀都有一定的用途和使用寿命，根据加工工件的形状，选择锉刀的形状，如果选择不当就会使锉刀过早地丧失锉削能力。图 4-22 表示了不同形状的工件选用不同形状锉刀的实例。

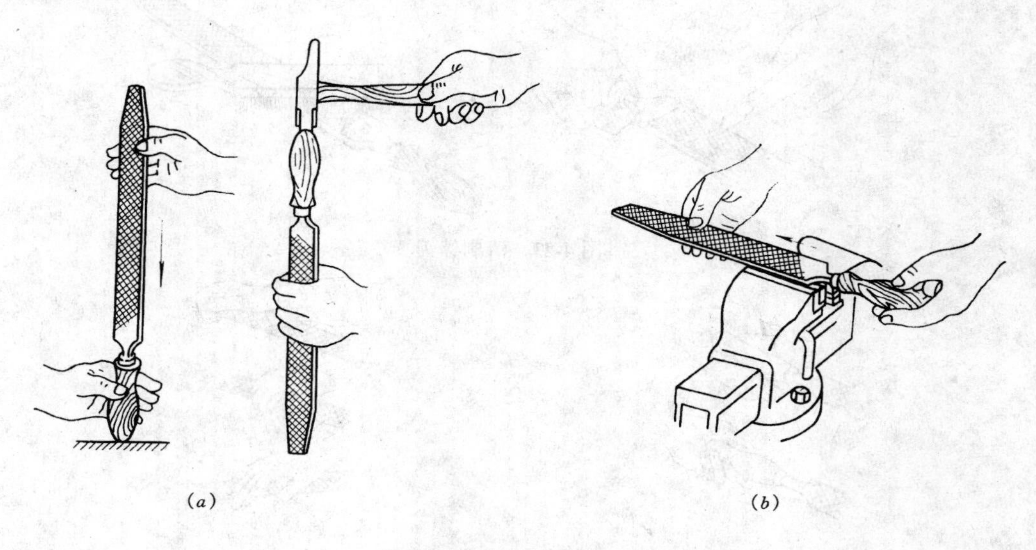

图 4-21 锉刀柄的装拆

(a) 装锉刀柄的方法；(b) 拆锉刀柄的方法

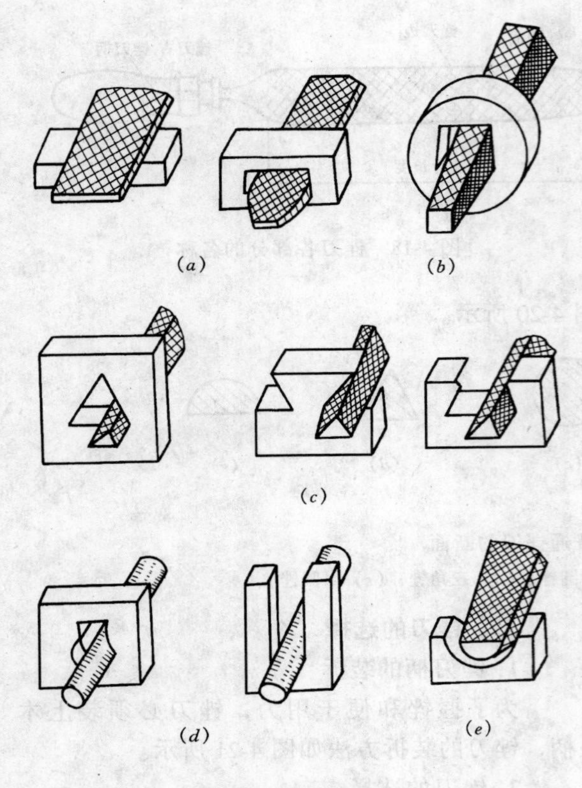

图 4-22　锉刀的用途

(a) 平锉；(b) 方锉；(c) 三角锉；
(d) 圆锉；(e) 半圆锉

3. 锉刀的保养

(1) 锉刀应先使用一个锉面加工，当这个锉面用钝了，再用另一面。

(2) 锉刀上不可沾油与沾水。

(3) 如锉屑嵌入齿缝内必须及时用钢丝刷沿着锉齿的纹路进行清除。如图 4-23 所示。使用完毕时必须清刷干净以免生锈。

(4) 在粗锉时，应充分使用锉刀的有效全长，既提高了锉削效率，又可使锉齿避免局部磨损。

(5) 不可锉毛坯件的硬皮及经过淬硬的工件。

三、锉削平面

1. 锉刀的握法

锉刀的种类很多，所以锉刀的握法，必须随锉刀的大小及使用地方的不同而改变。

较大锉刀的握法是用右手握着锉刀柄，顶端顶在拇指根部的手掌上（见图 4-24）大拇指放在锉刀柄上，其余的手指由下向上握着锉刀柄。左手的方法有三种。见图 4-25。

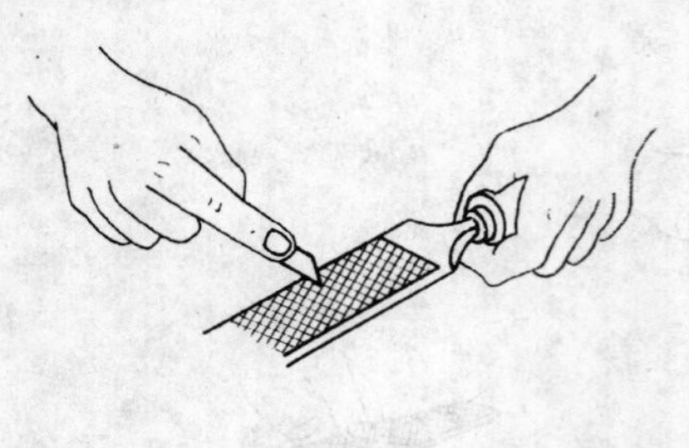

图 4-23　清刷锉刀

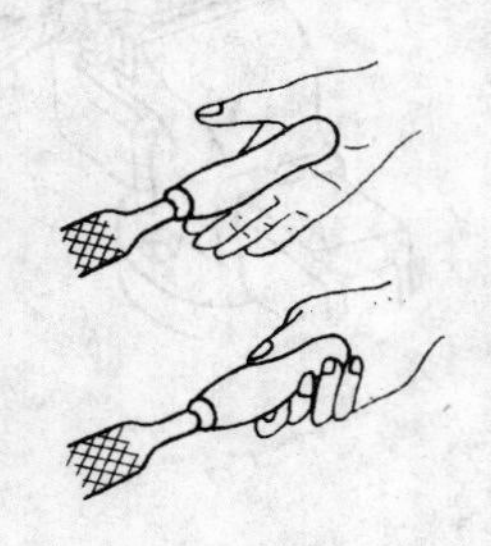

图 4-24　锉刀右手的握法

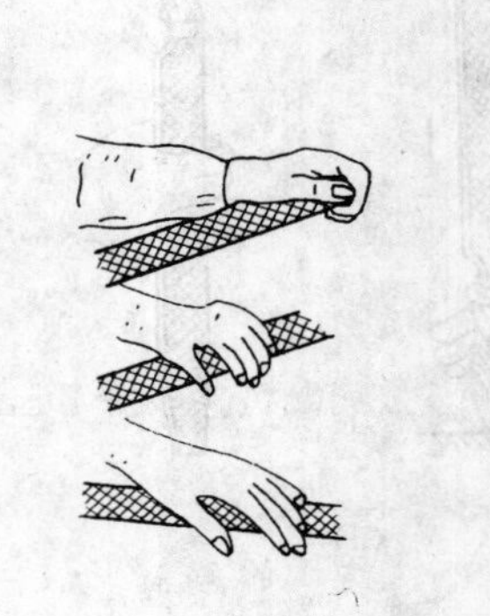

图 4-25　锉刀左手的握法

两手握锉姿势如图 4-26 所示。锉削时左手肘部要提起。

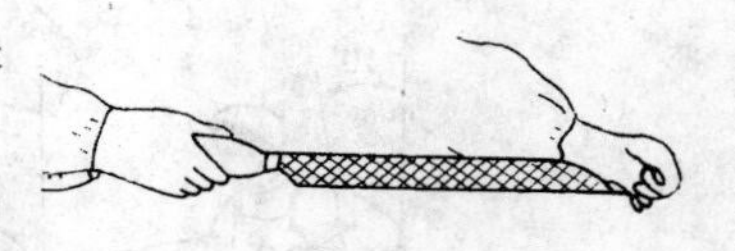

图 4-26 两手握锉姿势

中、小型锉刀的握法如图 4-27 所示。其握法和较大的锉刀相似，左手只需用大拇指和食指轻轻的扶导。小型锉刀用右手食指压放在锉刀柄的侧面、左手的几个手指压在锉刀的中部。

最小锉刀（整形锉）的握法只用右手食指放在锉刀上面，其余手指自然握住即可。

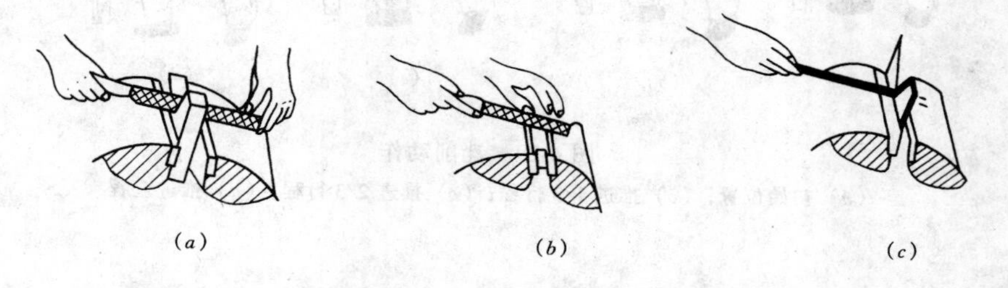

图 4-27 中、小型锉刀的握法
（a）中型锉刀的握法；（b）小型锉刀的握法；（c）整形锉刀的握法

2. 锉削的姿势

锉削姿势的正确掌握必须从握锉，站立部位和姿势动作以及操作用力这几方面进行协调一致的反复练习才能达到。

（1）姿势动作：锉削时的站立部位和姿势及锉削动作如图 4-28 和图 4-29 所示。

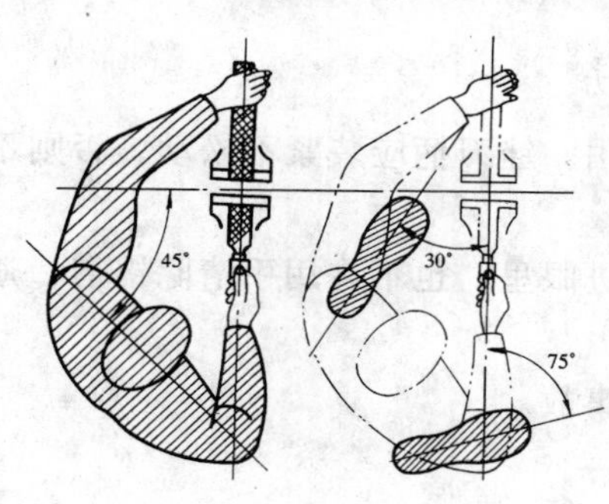

图 4-28 锉削时的站立部位和姿势

（2）锉削时两手的用力：要锉出平直的平面，必须使锉刀保持直线的锉削运动，因此，锉削时右手的压力要随锉刀推动而逐渐增加，左手的压力要随锉刀推动而逐渐减小，见图 4-30 所示。回程时不加压力，以减少锉齿的磨损。

（3）锉削速度：锉削速度一般在 40 次/min 左右，推出时稍慢，回程时稍快，动作要自然协调。

3. 平面的锉法

（1）顺向锉见图 4-31（a）：顺向锉的锉纹整齐一致，是最基本的一种锉削方法。

（2）交叉锉见图 4-31（b），交叉锉一般适用于粗锉，可便于不断地修正锉削部位。

四、锉削平面的检查

平面锉好了，常用刀口直尺以透光法检查其平整度（见图 4-32）。如果直尺与平面间透过来的光线微弱而均匀，说明该面是平直的，如果透过来的光线强弱不一，说明该面高低不平，光线最强的部位是最凹的地方，检查应在平面的纵向、横向和对角线方向多处进行。锉面的光洁度用眼睛观察，表面不应留下深擦痕或锉痕。

五、锉削的安全知识

（1）放置锉刀时不要使锉刀露出锉台外面，以免碰落地上砸伤脚或损坏锉刀。

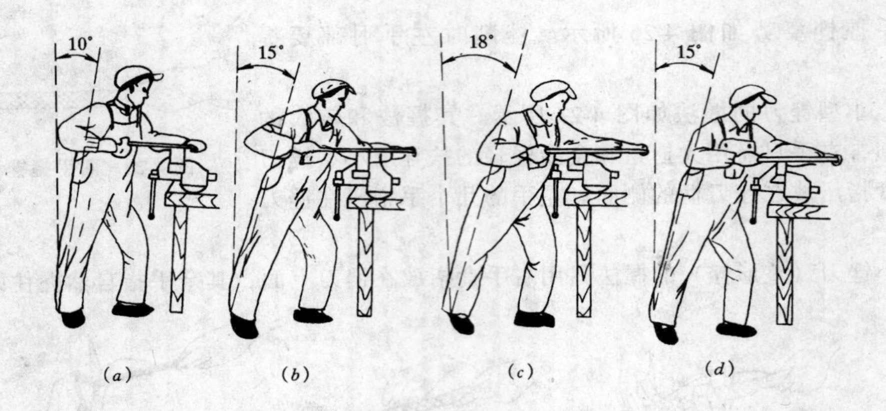

图 4-29 锉削动作

(*a*) 初始位置；(*b*) 推进 1/3 行程；(*c*) 推进 2/3 行程；(*d*) 推进全程

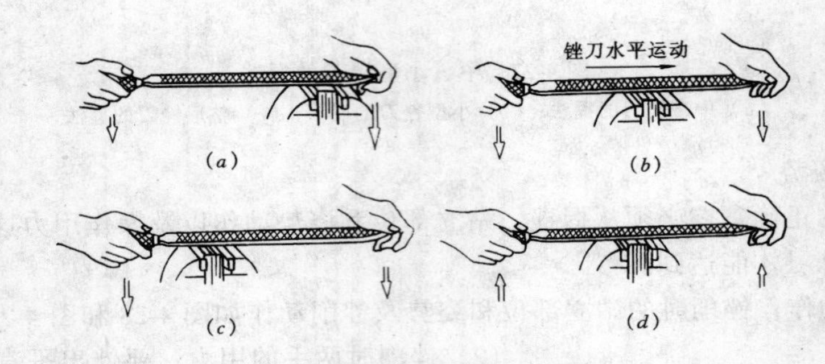

图 4-30 锉平面时的两手用力

(2) 没有装柄的锉刀，锉刀柄已裂开的锉刀不可使用。锉刀柄应装紧不松动，否则不但用不上力而且会刺伤手腕。

(3) 锉工件的时候，禁止用嘴吹锉屑，防止锉屑飞进眼里，也不许用手清除锉屑，避免手上扎入铁屑。

(4) 锉刀不能作撬棒使用，否则锉刀会断裂，造成事故。

六、锉削技能实训练习

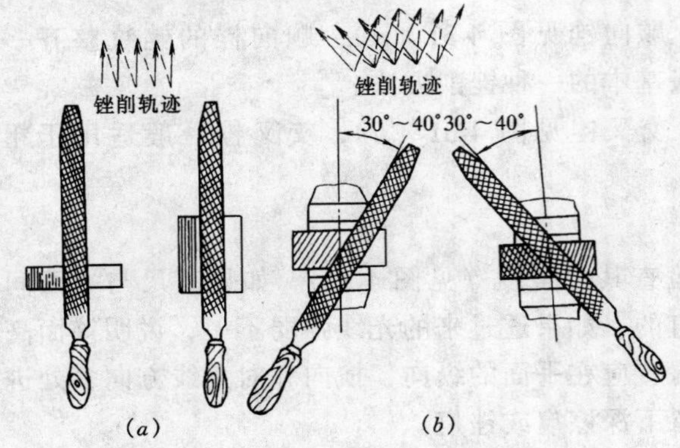

图 4-31 平面的锉法

(*a*) 顺向锉；(*b*) 交叉锉

1. 练习要求

(1) 初步掌握平面锉削时的站立姿势和动作；

(2) 掌握锉削时两手用力的方法；

(3) 掌握锉削的速度；

(4) 掌握锉削平面的测量。

2. 材料工具

长方铁一块，板锉。

3. 练习图，见图 4-33

4. 练习步骤

(1) 将工件正确装夹在台虎钳中间，

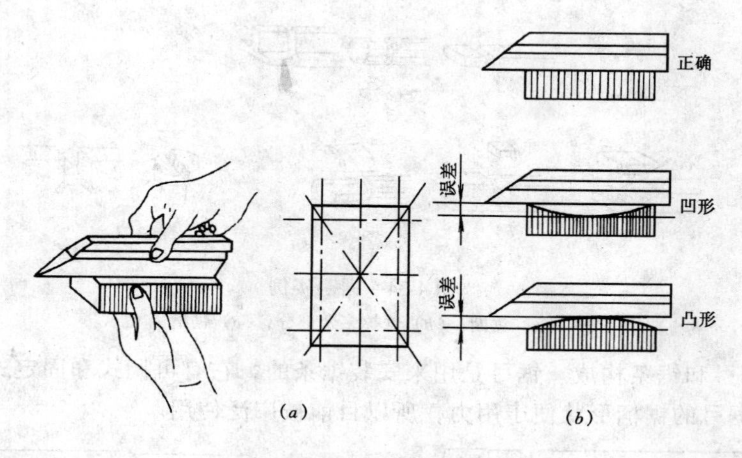

图 4-32 用刀口尺检查平整度

(a) 检查方法；(b) 检查结果

锉削面高出锉口面约 15mm。

(2) 用 300mm 粗板锉，在练习件凸起的阶台上作锉削姿势练习。开始采用慢动作练习，初步掌握后再作正常速度练习。

(3) 作顺向锉削。练习件锉后，最小厚度尺寸不小于 27mm。

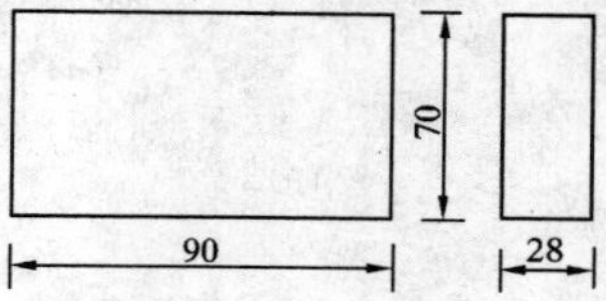

图 4-33 锉削长方块

5. 评分标准（见表 4-2）

操作练习考查评分表 表 4-2

序号	考察项目	得分	练习要求、检查方法	备注
1	握锉		姿势正确	
2	站立步位		站立步位和身体姿势正确	
3	锉削动作		动作协调、自然	
4	工具安放		位置正确、排列整齐	
5	尺寸		最小厚度尺寸不小于 27mm	
6	锉刀清理		清刷干净	
7				
8				
课题	锉削练习			

班级________姓名________指导老师________日期________

第三节 锯 割

用手锯把工件或材料切割开或在工件上锯出沟槽的操作叫锯割。见图 4-34。

一、手锯的构造与安装

1. 手锯的构造

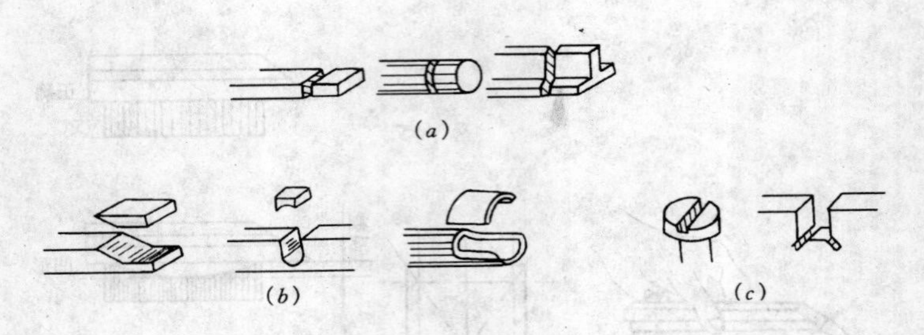

图 4-34 锯割实例

(a) 锯断；(b) 锯掉多余部分；(c) 锯槽

手锯由锯弓和锯条构成。锯弓是用来安装锯条的，它有可调式和固定式两种（如图 4-35）。可调式锯弓的锯柄形状便于用力，所以目前被广泛使用。

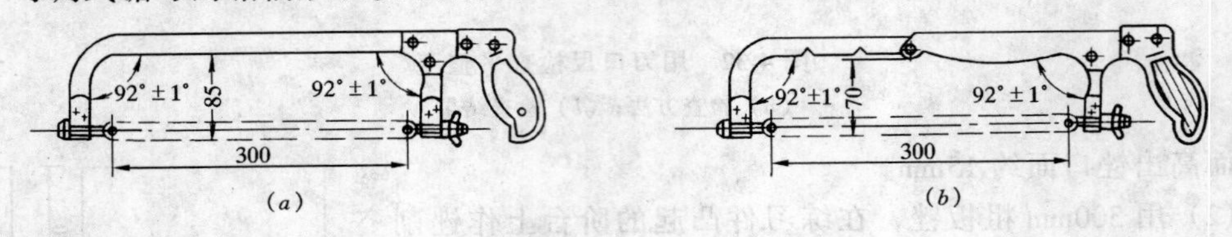

图 4-35 手锯的构造

(a) 固定式手锯；(b) 可调整式手锯

2. 锯条的选用

锯割时要切下较多的锯屑，因此锯齿间要有较大的容屑空间。齿距大的锯条容屑空间大，称为粗齿锯条；齿距小的称细齿锯条。使用时，应根据所锯材料的软硬、厚薄来选用。锯割软材料（如紫铜、青铜、铝、铸铁、低碳钢、中碳钢等）且较厚的材料应选用粗齿锯条；锯割硬材料或薄的材料（如工具钢、合金钢、各种管子、薄板料、电缆、薄的角铁等）时应选用细齿锯条。锯割软材料若用细齿锯条则锯屑易堵塞，只能锯得很慢，浪费工时。锯割硬材料时若用粗齿锯条，因工作齿数少了，锯齿易磨损。锯割薄料时若用粗齿锯条锯齿易崩裂。

3. 锯条的安装

锯条安装应使齿尖的方向朝向推锯方向（见图 4-36）。锯条的松紧由蝶形螺母调整，太松和太紧都易造成锯条折断，太松还会造成锯条不直，一般以手搬动锯条的感觉硬实即可。锯条安装后，要保证锯条平面与锯弓中心平面平行，不得倾斜和扭曲，否则，锯割时锯缝极易歪斜。

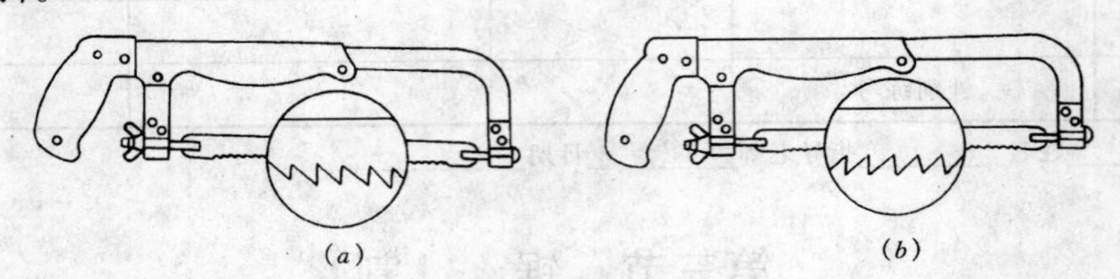

图 4-36 锯条安装

(a) 正确；(b) 不正确

二、手锯的使用

1. 握法

右手满握锯柄，左手轻扶在锯弓前端。见图4-37。

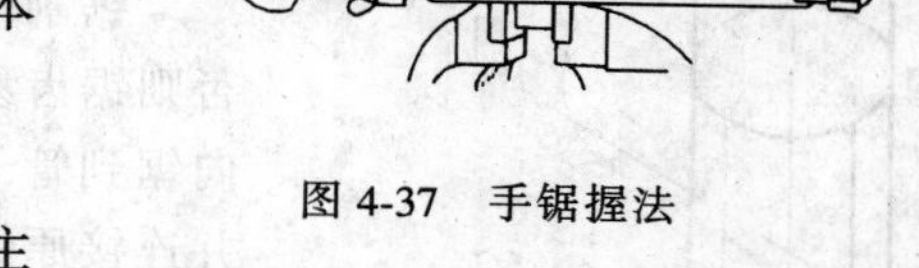

图 4-37　手锯握法

2. 姿势

锯割时的站立位置和身体摆动姿势与锉削基本相似。

3. 压力

锯割运动时，推力和压力由右手控制，左手主要配合右手扶正锯弓，压力不要过大。手锯推出时为切削行程施加压力，返回行程不切削不加压力，做自然拉回。工件将断时压力要小。

4. 运动和速度

手锯推进时，身体略向前倾，双手随着压向手锯的同时，左手上翘，右手下压；回移时右手上抬，左手自然跟回。锯割运动的速度一般为 40 次/min 左右，锯割硬材料慢些，锯割软材料快些。

5. 工件的夹持

工件一般应夹在台虎钳的左面，以便操作；工件伸出钳口不应过长，应使锯缝离开钳口侧面约 20mm 左右，防止工件在锯割时产生振动，锯缝线要与钳口侧面保持平行（使锯缝线与铅垂线方向一致），便于控制锯缝不偏离划线线条；夹紧要牢靠，同时要避免将工件夹变形和夹坏已加工面。

6. 起锯方法

起锯是锯割工作的开始，其质量的好坏，直接决定锯割的质量。起锯有远起锯和近起锯两种。见图 4-38。起锯的角度要小（$\theta \approx 15°$），起锯的角度太大，锯齿会钩住工件的棱边而造成锯齿崩裂。若平锯无起锯角，锯齿不易切入，起锯时，一般用拇指挡住锯条使之正确地锯在所需的位置。

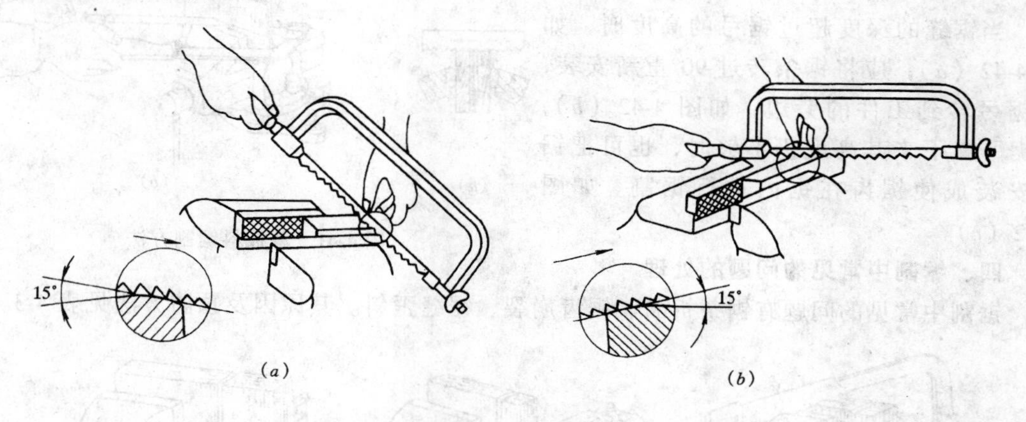

图 4-38　起锯方法

(a) 远起锯；(b) 近起锯

三、管子、薄料和深缝的锯割方法

1. 管子的锯割

锯割管子前，应划出垂直于轴线的锯割线。简单的方法可用矩形线条（划线也必须

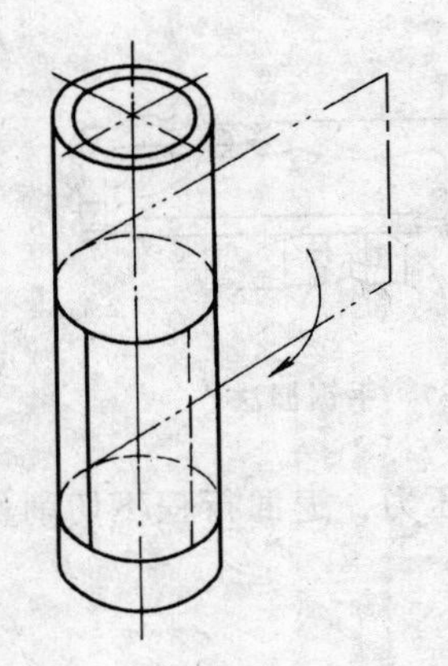
图 4-39　管子锯割线的划法

直)，按锯割尺寸绕住工件外圆，见图 4-39，然后用滑石划出。锯割时必须把管子夹正，对于薄壁管子，应夹在有 V 槽的两木衬垫之间，如图 4-40（*a*)，以防管子夹扁。

锯割薄壁管子时不可在一个方向从开始连续锯割到结束，否则锯齿易被管壁钩住而崩裂。正确的方法应是先在一个方向锯到管子内壁处，然后把管子向推锯的方向转过一定角度，并连接原锯缝再锯到管子的内壁处，如此逐渐改变方向不断转锯，直到锯断为止。如图 4-40（*b*)。

2. 薄料的锯割

锯割时尽可能从宽面上锯下去，当只能在板料的狭面上锯下去时可用两块木板夹持，连木板一起锯下，避免锯齿钩住，同时也增加了板料的刚度，使锯割时不会颤动。如图 4-41（*a*)。也可以把薄板料直接夹在台虎钳上，用手锯作横向斜推锯，使锯齿与薄板接触的齿数增加，避免锯齿崩裂。如图 4-41（*b*)。

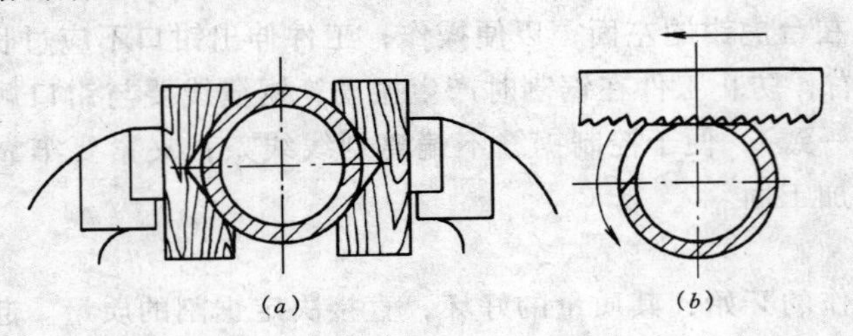
图 4-40　管子的夹持和锯割

（*a*）管材的夹持；（*b*）转位锯割

3. 深缝锯割

当锯缝的深度超过锯弓的高度时，如图 4-42（*a*)，应将锯条转过 90°重新安装，使锯弓转到工件的旁边，如图 4-42（*b*)，当锯弓横下来其高度仍不够时，也可把锯条安装成使锯齿在锯内进行锯割。如图 4-42（*c*)。

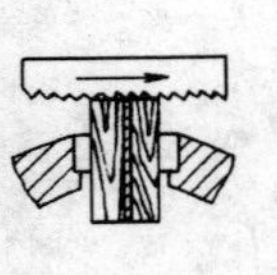
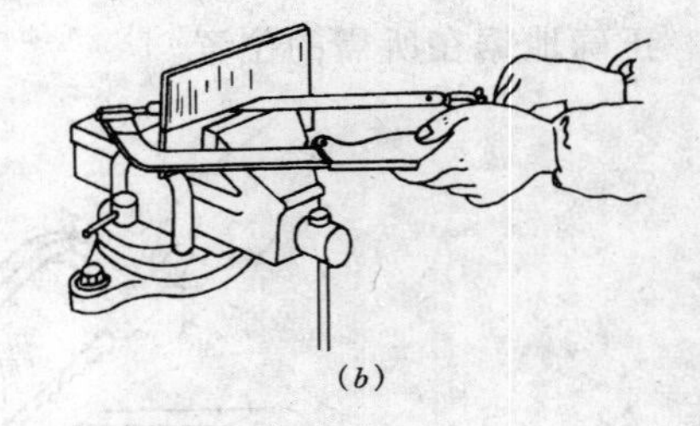
图 4-41　薄板料锯割方法

四、锯割中常见的问题的处理

锯割中常见的问题有锯条折断、锯齿崩裂、锯缝歪斜。其原因及预防方法见表 4-3。

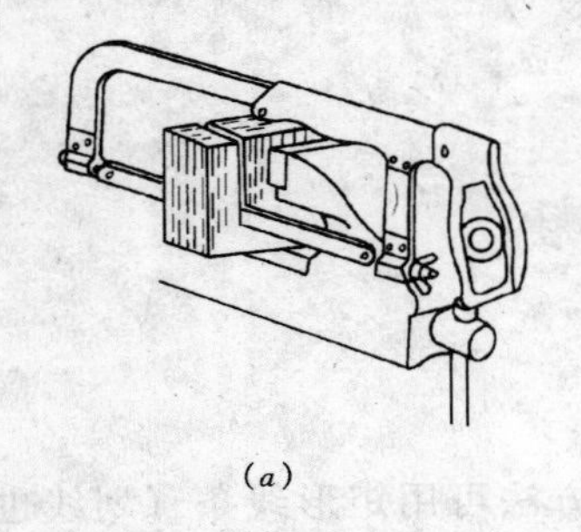
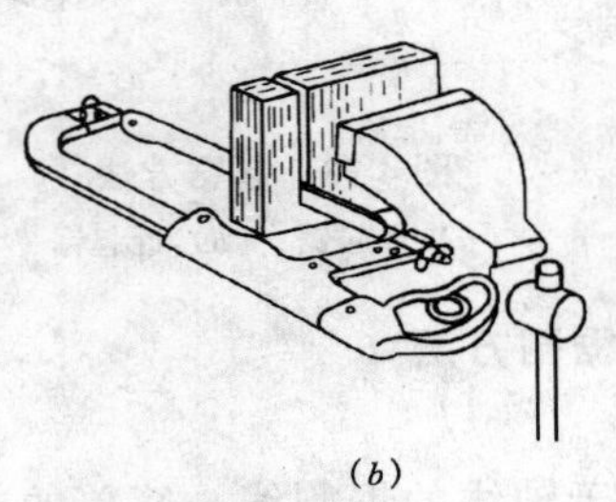
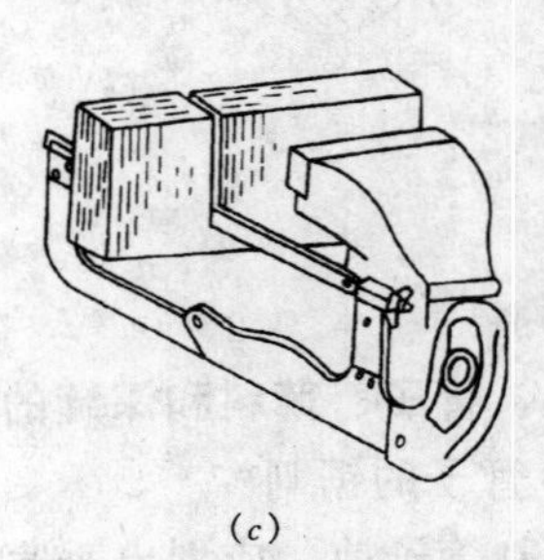
图 4-42　深缝的锯割方法

锯割中常见的问题、原因及预防方法　　表 4-3

形　式	原　因	处理方法
锯条折断	锯条装的过紧或过松 工件未夹紧 锯割压力过大 锯条扭曲	锯条松紧应装得适中 工件装夹稳固，锯缝尽量靠近钳口 压力应适当 扶稳手锯，使锯缝与划线重合
锯齿崩裂	锯条粗细选择不当 起锯角太大	正确选用粗、细锯条 纠正起锯方向和起锯角度
锯缝歪斜	锯缝与划线不一致 锯条的锯齿两面磨损不均 锯割压力过大，使锯条左右偏摆 锯条安装太松	扶正锯弓，保持锯缝与划线一致 更换锯条 压力应适当 锯条安装不能太松

五、锯割的安全知识

(1) 锯割时不要突然用力过猛，防止锯条突然折断从锯弓中崩出伤人。

(2) 工件将锯断时，必须用手扶着被锯下的部分，防止工件突然断开掉下来砸伤脚。

六、锯割技能实训练习

1. 练习要求

(1) 正确安装锯条

(2) 能对各种材料进行正确的锯割，操作姿势正确。

2. 材料工具

直径 30mm，长为 70mm 的圆钢一根。

3. 练习图，见图 4-43。

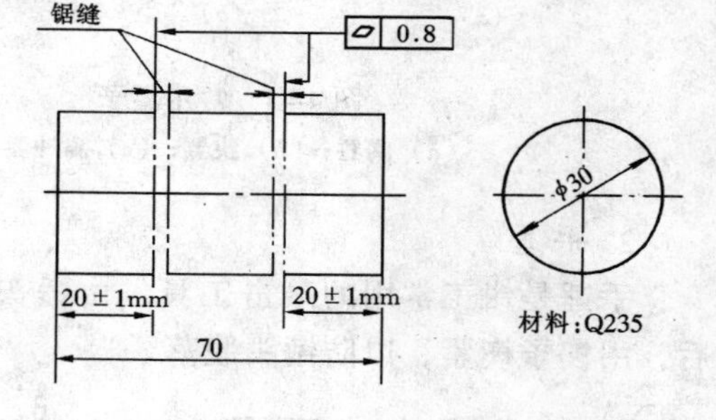

图 4-43　锯割作业图

4. 练习步骤

(1) 按图纸尺寸划出锯割加工线。

(2) 将圆钢夹在虎钳上，使锯割线超出并靠近钳口，并保证锯割线所在的平面沿铅垂方向。

(3) 锯割圆钢，保证尺寸 20 ± 1mm。平面度误差不大于 0.8mm。

(4) 要求锯痕整齐。

5. 评分标准（见表 4-4）

操作练习考查评分表　　表 4-4

序　号	考察项目	得　分	练习要求、检查方法	备　注
1	锯割姿势		弓锯握法及锯割姿势正确	
2	锯条使用		锯条安装正确、松紧适宜	
3	锯割		起锯方法正确，锯割断面纹路整齐，外形无损伤	
4	尺寸		符合规定要求	
5	安全与文明		安全文明操作，锯条无折断	
6				
7				
课题	锯割			

班级________姓名________指导老师________日期________

第四节　錾　　削

用手捶打錾子对金属进行切削加工叫做錾削，又叫做凿削。一般用来錾掉锻件的飞边，铸件的毛刺，分割板料等。

一、錾削工具

1. 錾子

錾子是錾削工件的刀具，用碳素工具钢经锻打成形后再进行磨和热处理而成，常用錾子主要的阔錾、狭錾、扁冲錾。如图 4-44。

錾子的头部有一定的锥度，顶部略带球面形，它的形状如图 4-45（*a*）所示，錾子经多次锤击后，会打出卷回的毛翅来，如图 4-45（*b*）。如果再继续用下去，很容易把毛翅打飞，造成工伤。所以出现了毛翅，就应该在砂轮上磨去，以免发生危险。

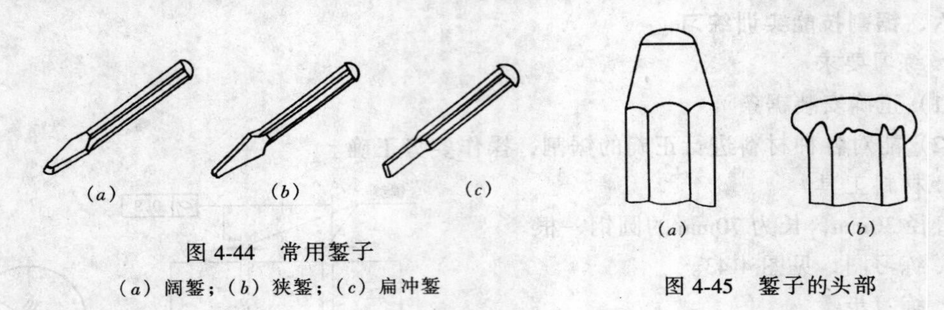

图 4-44　常用錾子

（*a*）阔錾；（*b*）狭錾；（*c*）扁冲錾

图 4-45　錾子的头部

2. 手锤

手锤是钳工常用的敲击工具，由锤头、木柄和楔子组成。见图 4-46。木柄装入锤孔后，用楔子楔紧，以防锤头脱落。

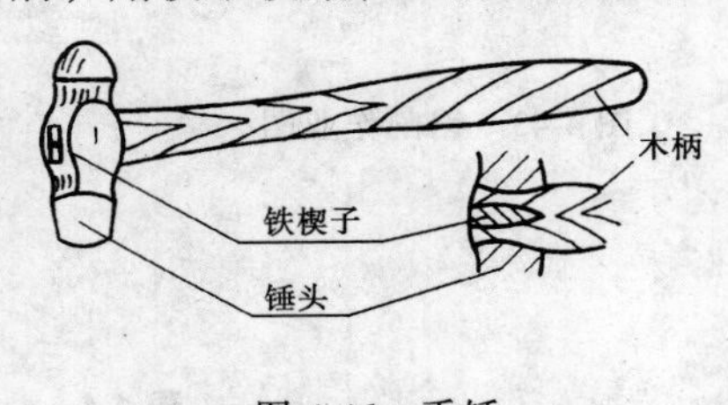

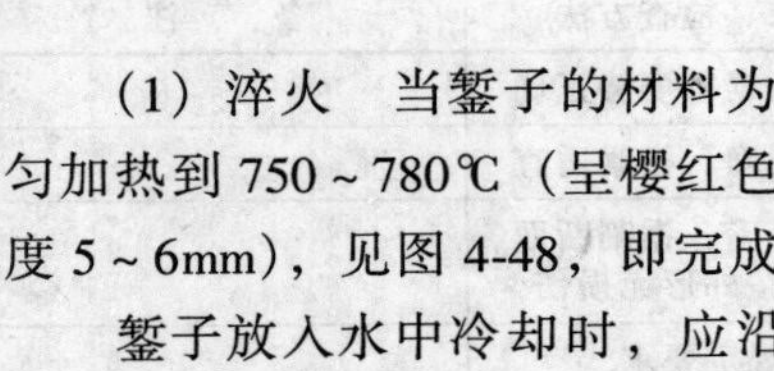

图 4-46　手锤

3. 錾子的刃磨与热处理

錾子经过一定时间的使用后，会磨损变钝。再被锤击的过程中，头部会逐渐产生毛翅，这时就要刃磨，刃磨的方法，如图 4-47 所示。

热处理方法：錾子的热处理包括淬火和回火两个过程。其目的是为了保证錾子切削部分具有较高的硬度和一定的韧性。

(1) 淬火　当錾子的材料为 T7 或 T8 钢时，可把錾子切削部分约 20mm 长的一端，均匀加热到 750～780℃（呈樱红色）后迅速取出，并垂直地把錾子放入冷水内冷却（浸入深度 5～6mm），见图 4-48，即完成淬火。

錾子放入水中冷却时，应沿着水面缓缓地移动。其目的是：加速冷却，提高淬火硬度，使淬硬部分与不淬硬部分不致有明显的界线，避免錾子再此线上断裂。

(2) 回火　錾子的回火是利用本身的余热进行的。当淬火的錾子露出水面的部分呈黑色时，即由水中取出，迅速擦去氧化皮，观察錾子刃部的颜色变化，对一般阔錾，在錾子刃口部分呈紫红色与暗蓝色之间（紫色）时，对一般狭錾，在錾子刃口部分呈黄褐色与红色之间（褐红色）时，将錾子再次放入水中冷却。至此即完成了錾子的淬火-回火处理的全部过程。

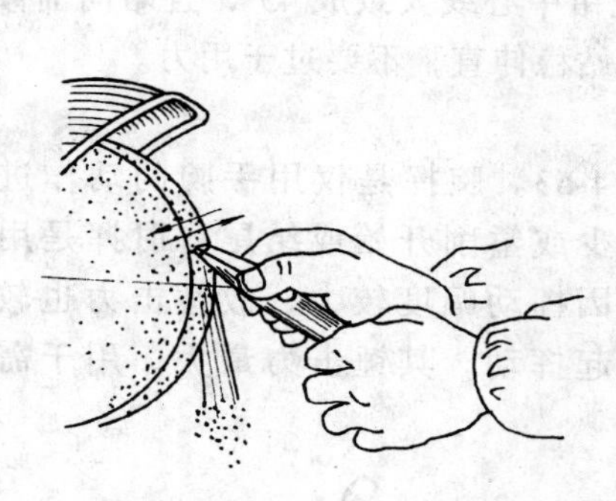

图 4-47　錾子的刃磨

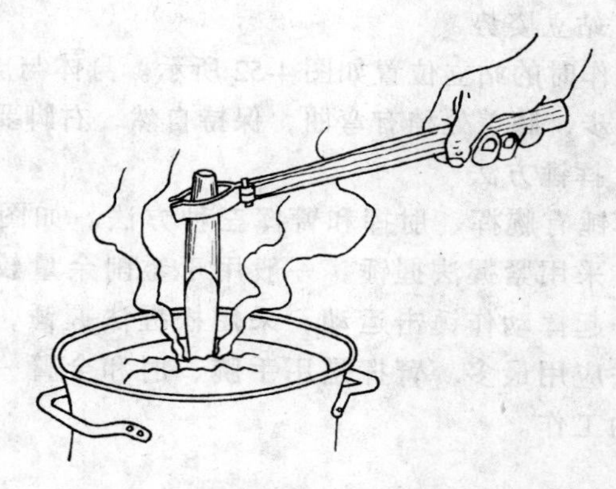

图 4-48　錾子的淬火

二、錾削姿势

1. 手锤的握法

（1）紧握法：用五指紧握锤柄，在挥锤和锤击的过程中，五指始终紧握。如图 4-49。

（2）松握法：只用大拇指和食指，始终握紧锤柄。挥锤时，小指，无名指，中指则依次放松，锤击时，又以相反的次序，收拢握紧。见图 4-50。

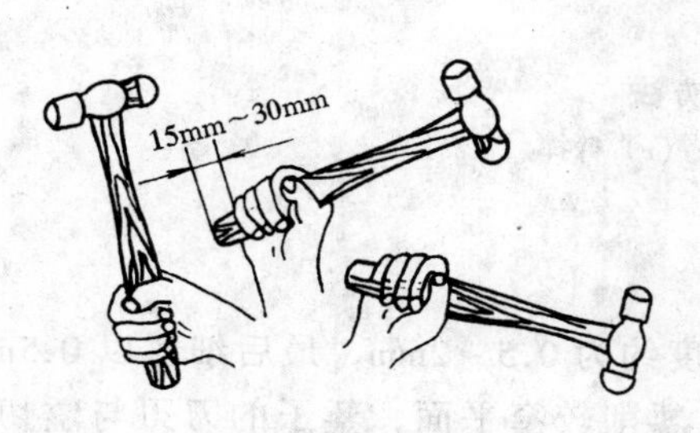

图 4-49　手锤紧握法

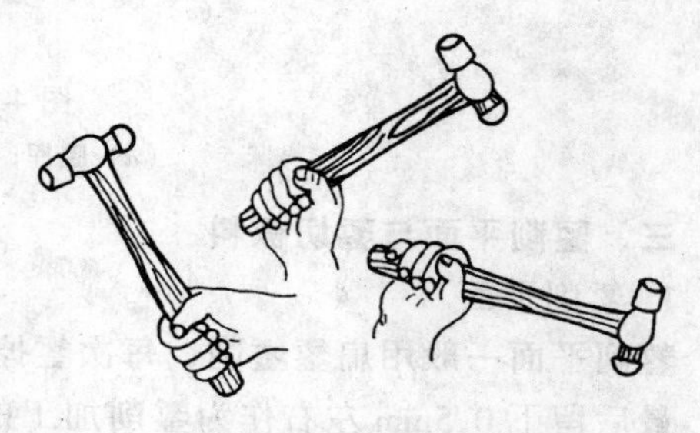

图 4-50　手锤松握法

2. 錾子的握法

（1）正握法：手心向下，腕部伸直，用中指、无名指握住錾子，小指自然合拢，食指和大拇指自然伸直地松靠，錾子头部伸出约 20mm，见图 4-51（*a*）。

（2）反握法：手心向上，手指自然捏住錾子，手掌悬空，见图 4-51（*b*）。

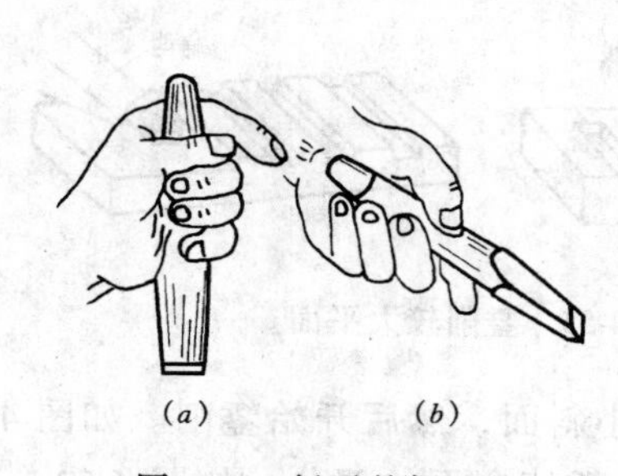

图 4-51　錾子的握法

（*a*）正握法；（*b*）反握法

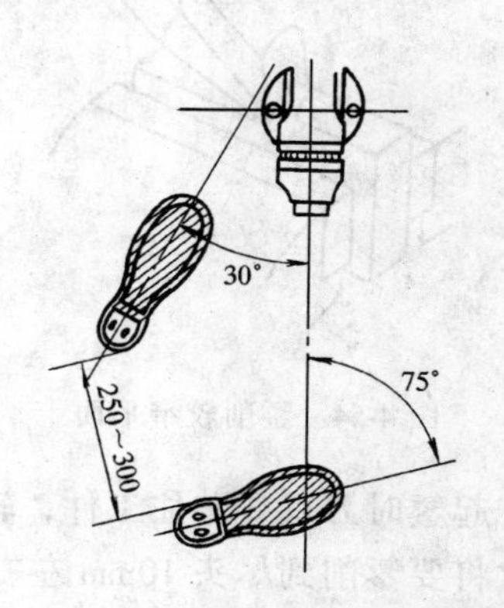

图 4-52　錾削时的站立位置

3. 站立姿势

操作时的站立位置如图 4-52 所示。身体与虎钳中心线大致成 45°，且略向前倾，左脚跨前半步，膝盖处稍有弯曲，保持自然，右脚要站稳伸直，不要过于用力。

4. 挥锤方法

挥锤有腕挥、肘挥和臂挥三种方法。如图 4-53。腕挥是仅用手腕的动作进行锤击运动，采用紧握法握锤，一般用于錾削余量较少或錾削开始或结尾。肘挥是用手腕与肘部一起挥动作锤击运动，采用松握法握锤，因挥动幅度较大，故锤击力也较大，这种方法应用最多。臂挥是用手腕、肘和全臂一起挥动，其锤击力最大，用于需要大力錾削的工作。

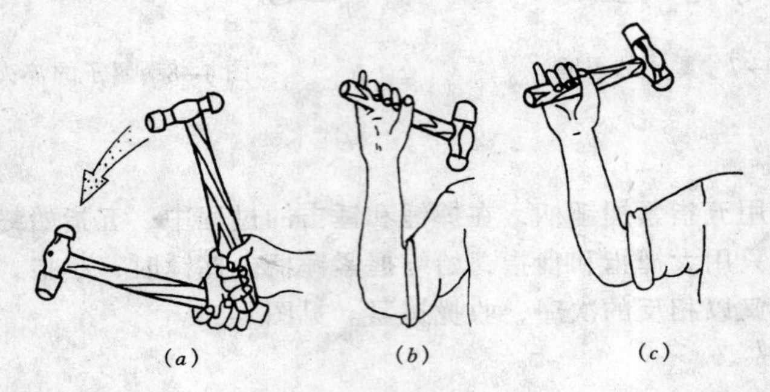

图 4-53　挥锤方法

（*a*）腕挥；（*b*）肘挥；（*c*）臂挥

三、錾削平面与錾切板料

1. 錾削平面

錾削平面一般用扁錾錾削，每次錾掉金属厚度约为 0.5～2mm，最后细錾以 0.5mm 为宜，最后留下 0.5mm 左右作为錾削加工的余量。錾削较窄平面，錾子的刀刃与錾切方向应保持一定的斜度。如图 4-54。錾削较大的平面，先用狭錾开槽，再用阔錾把槽间凸出金属錾去。如图 4-55。

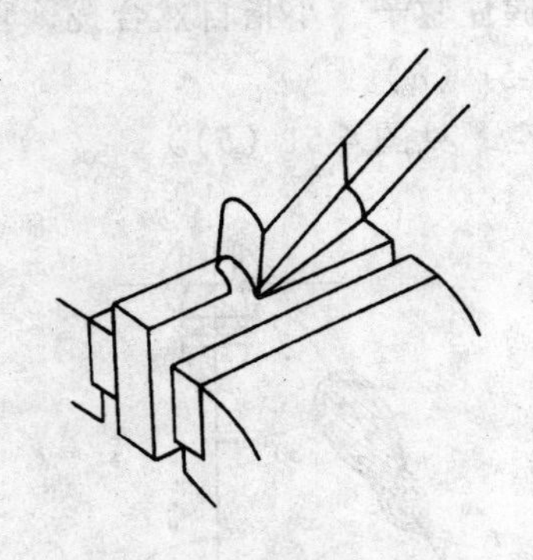

图 4-54　錾削较窄平面

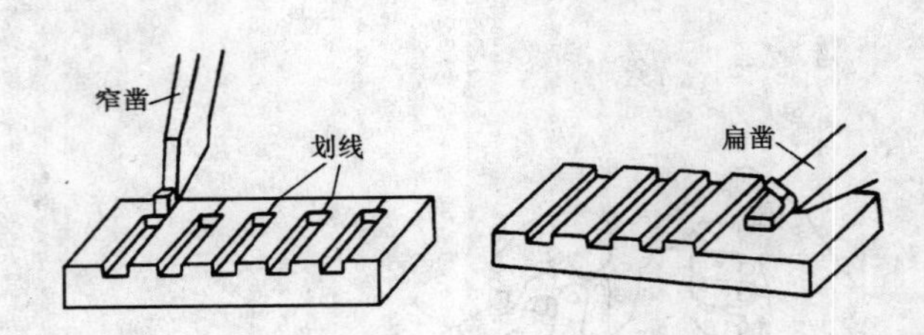

图 4-55　錾削较大平面

起錾时刀口要贴住工件，轻打錾子，待得到一个小斜面，然后开始錾削。如图 4-56。每次将要錾削到尽头 10mm 左右时，必须停住，应掉头錾掉余下的部分。如图 4-57。当錾削脆性材料时更应如此，否则容易崩裂。如图 4-58。

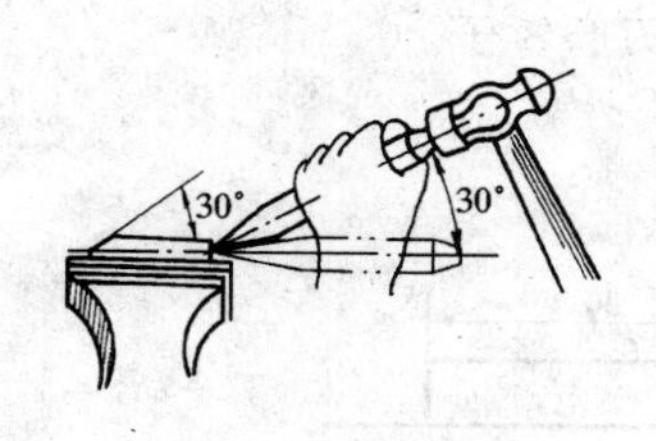

图 4-56　起錾方法

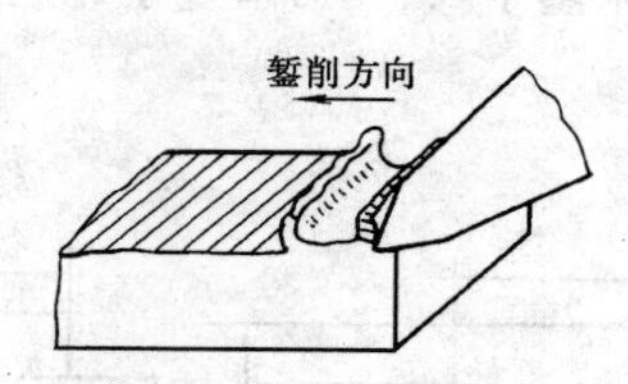

图 4-57　錾削到尽头的方法

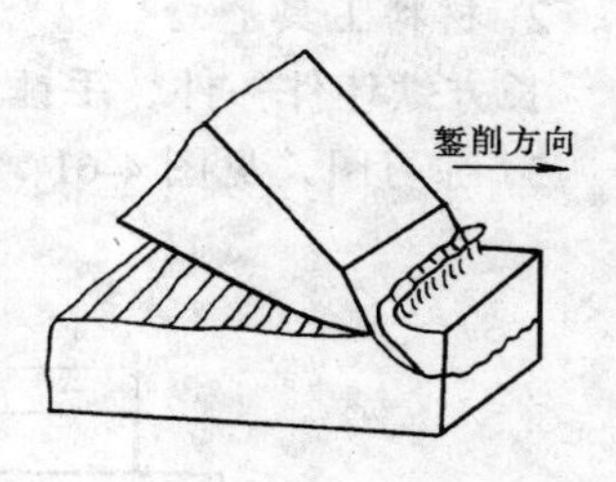

图 4-58　错误的錾削

2. 錾切板料

錾切薄板料（厚度在 2mm 以下），可将其夹在台虎钳上錾切，见图 4-59。錾切时，板料按划线夹成与钳口平齐，用阔錾沿着钳口并斜对着板料（约成 45°）自右向左錾切。

对尺寸较大的板料或錾切线有曲线而不能在台虎钳上錾切，可在铁砧上进行。如图 4-60。

四、錾削的安全常识

（1）工件在虎钳中必须夹紧。

（2）发现手锤柄有松动，要立即装牢，木柄上不应有油，以免使用时滑出，锤柄不可露在钳台外面，以免掉下砸伤脚。

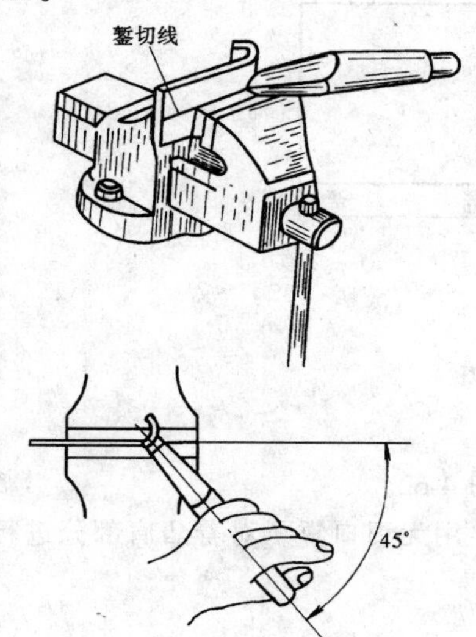

图 4-59　在台虎钳上錾切板料

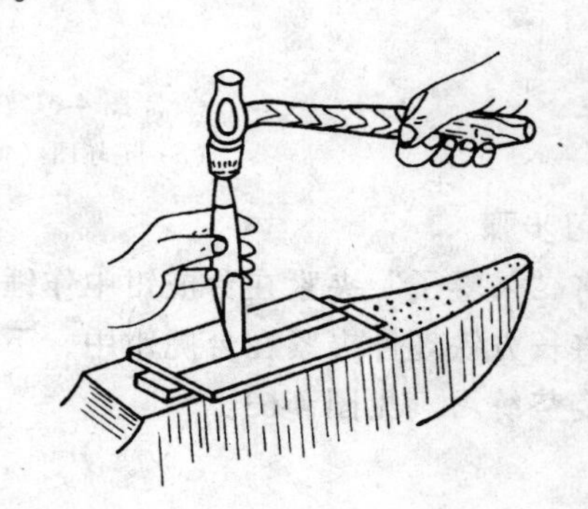

图 4-60　在铁砧上錾切板料

（3）錾子头部有明显的毛刺时，应及时磨去。

（4）眼睛的视线要对着工件的錾削部位，不可对着錾子的锤击头部。

（5）磨錾子要站立在砂轮机的斜侧位置，不能正对砂轮的转速方向。

（6）刃磨时必须戴好防护眼镜，以防铁屑飞溅伤害眼睛。

五、錾削技能实训练习

1. 练习要求

（1）掌握錾子和手锤的握法及锤击动作。

（2）錾削的姿势、动作正确，协调自然。

（3）正确掌握錾子的刃磨。

（4）掌握平面錾削方法。

2．材料工具

长方铁坯件一件、手锤、“呆錾子”、无刃口錾子、已刃磨錾子。

3．练习图，见图 4-61

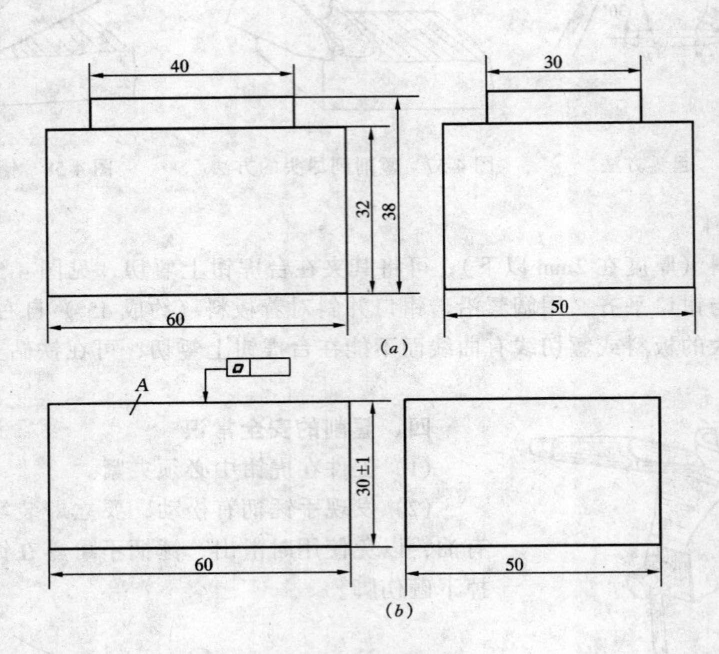

图 4-61　錾削作业图

（a）毛坯图（40 钢）；（b）加工图

4．练习步骤

（1）将“呆錾子”夹紧在台虎钳中作锤击练习。见图 4-62。

（2）将长方铁坯件夹紧在台虎钳中，下面垫好木垫，用无刃口錾子对着凸肩部分进行模拟錾削姿势练习。见图 4-63。

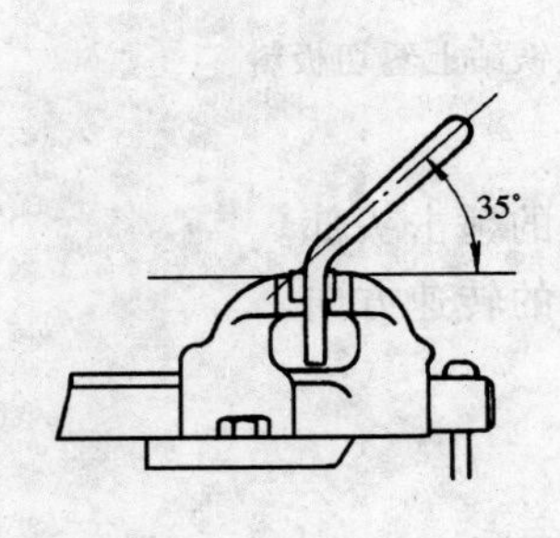

图 4-62　挥臂练习

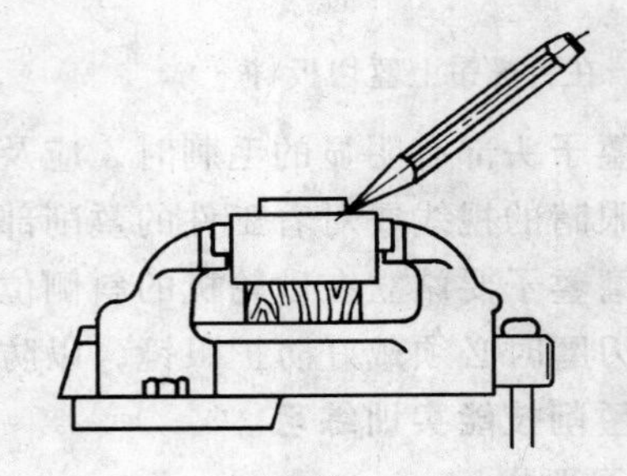

图 4-63　錾削练习

（3）用已刃磨的錾子，把长方铁凸台錾平。达到平面度 1mm。

5．评分标准，见表 4-5

操作练习考查评分表　　表 4-5

序　号	考 察 项 目	得　分	练习要求、检查方法	备　注
1	工件夹持		夹持正确	
2	工具安放		位置正确、排列整齐	
3	站姿		站立位置正确、身体姿势自然	
4	握錾		握錾正确、自然、錾削角度稳定	
5	挥锤		握锤与挥锤动作正确	
6	錾削		视线方向正确，挥锤和锤击稳健有力，锤击落点正确	
7	清屑		方法正确	
课题	錾削	Σ		

班级＿＿＿＿＿＿姓名＿＿＿＿＿＿指导教师＿＿＿＿＿＿日期＿＿＿＿＿＿

第五节　钻　孔

用钻头在材料上加工出孔的工作称为钻孔。用钻床钻孔时，工件装夹在钻床工作台上，固定不动，钻头装在钻床主轴上（或装在与主轴连接的钻夹头上），一面旋转，一面沿钻头轴线向下作直线运动。见图 4-64。

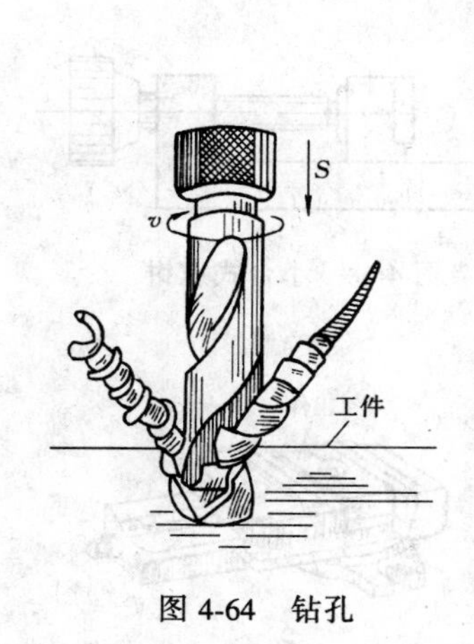

图 4-64　钻孔

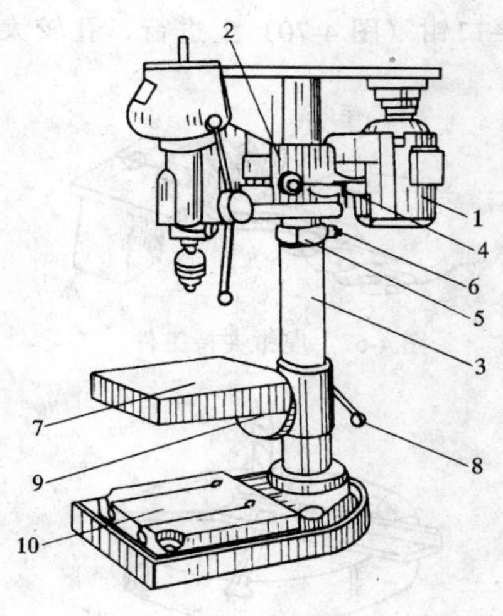

图 4-65　台式钻床

1—电动机；2—头架；3—立柱；4—手柄；5—保险环；6—螺钉；7—工作台；8—锁紧手柄；9—锁紧螺钉；10—钻床底座

一、台式钻床的使用及养护

台钻是一种小型钻床，放在台子上使用。一般用来钻直径 4mm 以下的孔，一般是手动进刀的。图 4-65 是一台应用广泛的台钻。电动机 1 通过五级三角皮带，使主轴可变五种转速。头架 2 可在立柱 3 上上下移动，并可绕立柱中心转到任意位置，调整到适当位置后用手柄 4 锁紧。5 是保险环，如头架要放低时，先把保险环调节到适当位置，扳螺钉 6

把它锁紧，然后略放松手柄4，靠头架自重落到保险环上，再把手柄4扳紧。工作台7也可在立柱上上下移动，并可绕立柱转动到任意位置。8是工作台座的锁紧手柄。当松开锁紧螺钉9时，工作台在垂直平面内还可左右倾斜45°。工件较小时，可放在工作台上钻孔；当工件较大时，可把工作台转开，直接放在钻床底座面10上钻孔。

台钻在使用过程中，工作台面必须保持清洁。钻通孔时必须使钻头能通过工作台面上的让刀孔，以免钻坏工作台面。使用完毕后将台钻外露滑动面及工作台面擦净，并对工件各滑动面及各注油孔加注润滑油。

二、钻孔方法

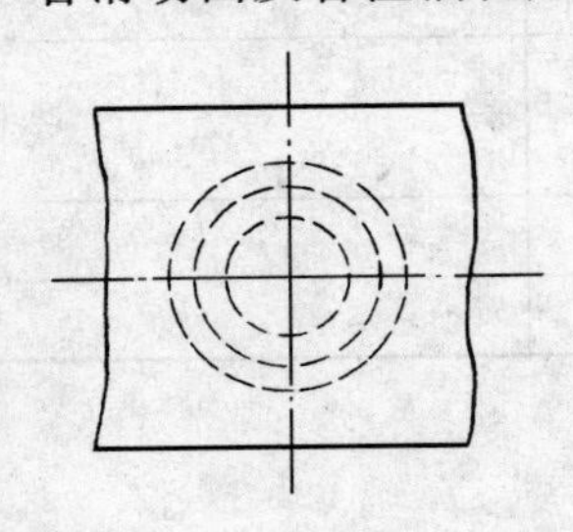

图4-66　钻孔时的划线

1. 钻孔时的工件划线

按钻孔的位置尺寸要求，划出孔位的十字中心线，并打上中心冲眼（要求冲眼要小，位置要准），按孔的大小划出孔的圆周线。对钻直径较大的孔，还应划出几个大小不等的检查圆，以便钻孔时检查和纠正钻孔位置。见图4-66。

2. 工件的夹持

一般钻8mm以下的孔，而工件又可以用手握时，就用手捏住工件钻孔（工件锋利的边角必须倒钝）。手不能拿的小工件或所钻的孔超过8mm时，必需用手虎钳夹持工件（图4-67）或用小台式虎钳（图4-68）夹持。在长工件上钻孔时，虽可用手握住，但应在钻床台面上用螺钉靠住（图4-69）这样比较安全。在平整工件上钻孔一般夹在平口钳（图4-70）上进行，孔较大时，平口钳用螺钉固定在钻床台面上。

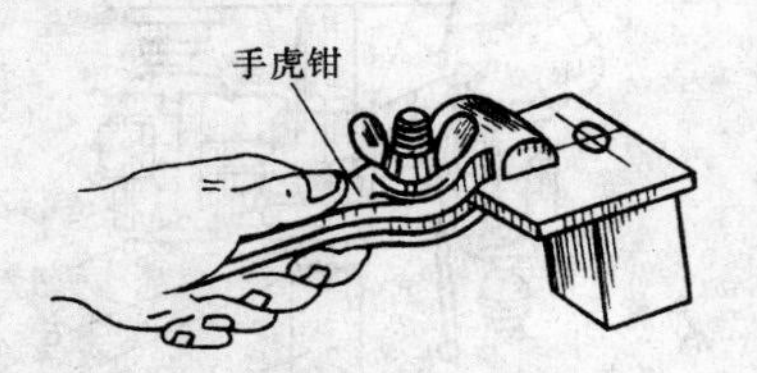

图4-67　虎钳夹持工件

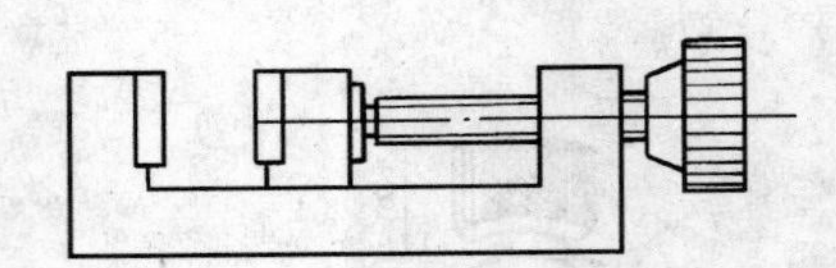

图4-68　小台式虎钳

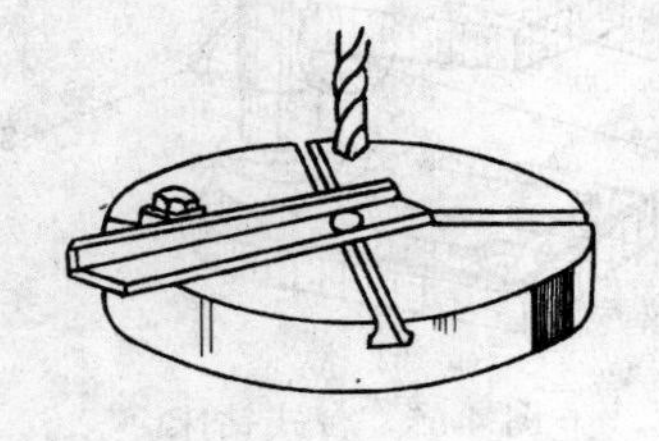

图4-69　长工件用螺钉靠住钻孔

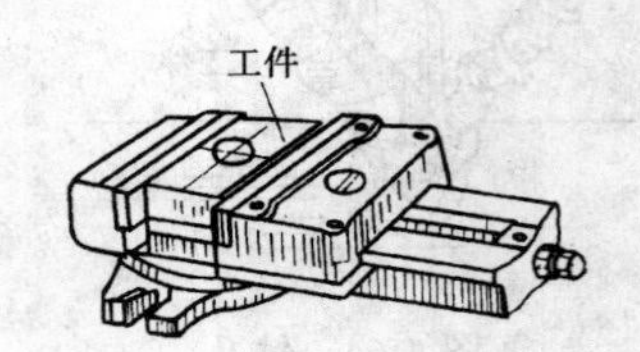

图4-70　平整工件用平口钳夹紧钻孔

在圆轴或套筒上钻孔，一般把工件放在V形铁上进行。图4-71列出了三种常见的方法。

3. 直柄钻头装拆

直柄钻头用钻夹头夹持。先将钻头柄塞入钻夹头的三卡爪内，其夹持长度不能小于15mm，然后用钻夹头钥匙旋转外套，使环形螺母带动三只卡移动作夹紧或放松动作。见图4-72。

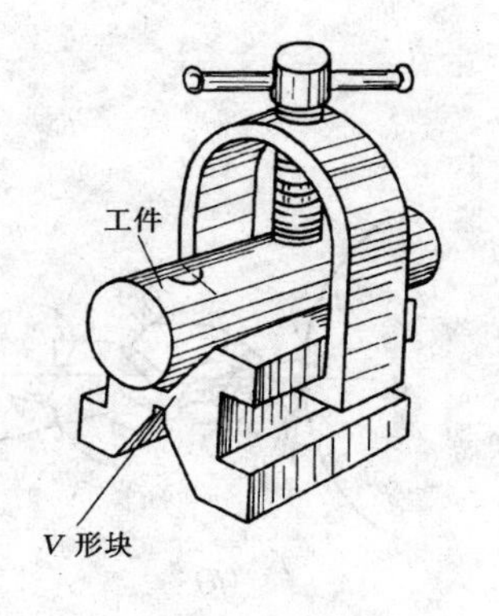

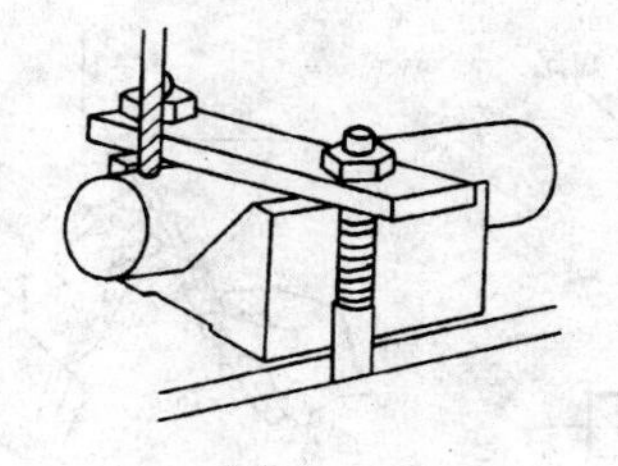
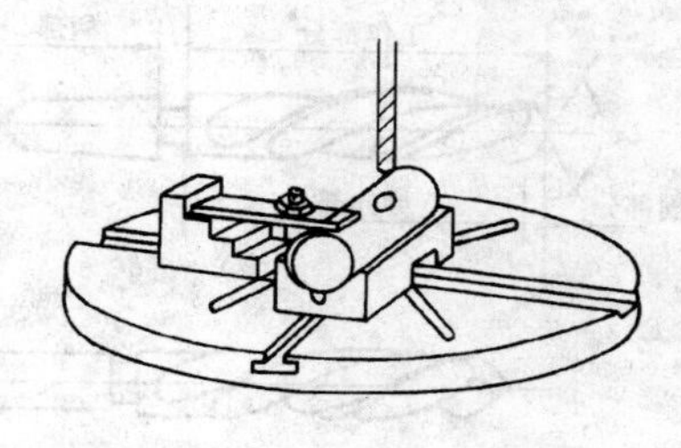

图 4-71　在圆轴或套筒上钻孔方法

4. 转速的选择

选择时首先确定钻头的允许切削速度 v。用高速钢钻头钻铸件时 $v = 14 \sim 22\text{m/min}$（米/分）；钻钢件时 $v = 16 \sim 24\text{m/min}$；钻青铜或黄铜件时 $v = 30 \sim 60\text{m/min}$。工件材料的硬度和强度较高时取小值，钻头直径小时也取较小值。钻孔深度 $L > 3d$ 时应将取值乘以 0.7～0.8 的修正系数，然后按下式求出钻床转速 n。

$$n = 1000v/\pi d \quad \text{r/min（转/分）}$$

式中　v——切削速度。m/min

d——钻头直径。mm

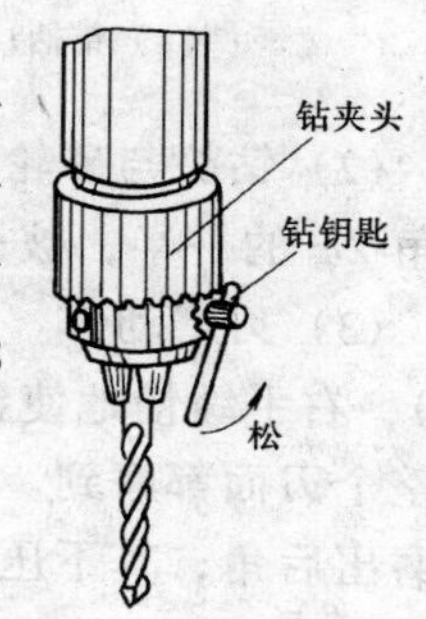

图 4-72　用钻头夹持

例如：在钢件上钻直径 10mm 的孔，钻头材料为高速钢，钻孔深度为 25mm，则应选用的钻头转速为：

$$n = 1000v/\pi d = 1000 \times 19/3.14 \times 10 = 600\text{r/min}$$

5. 钻孔

钻孔时，先将钻头对准钻孔中心起钻出一浅坑，观察钻孔位置是否正确，并要不断校正，使起钻浅坑与划线圆同轴。当起钻达到钻孔的位置要求后，即可钻孔。钻小直径孔或深孔时，要经常退钻排屑，以免切屑阻塞而扭断钻头。钻孔将穿时进给力必须减小，以防进给量突然过大造成钻头折断。

三、钻头的刃磨

1. 钻头

钻头是用来在实体材料上加工出孔的，常用的是麻花钻。它有锥柄和柱柄两种。一般直径大于 4mm 的钻头做成锥柄的，4mm 以下的钻头做成柱柄的。麻花钻由柄部，颈部，工作部分组成。见图 4-73。

麻花钻柄部供装夹用，颈部位于工作部分与柄部之间，供磨削钻头时砂轮退刀用。工作部分又分切削部分和导向部分。切削部分担负主要的切削工作，导向部分在钻孔时引导钻头方向的作用。工作部分有两条螺旋槽，它的作用是容纳和排除切屑。工作部分的外形如“麻花”，所以这种钻头称“麻花钻”。

2. 钻头的刃磨

（1）两手握法　右手握住钻头的头部，左手握住柄部。如图 4-74。

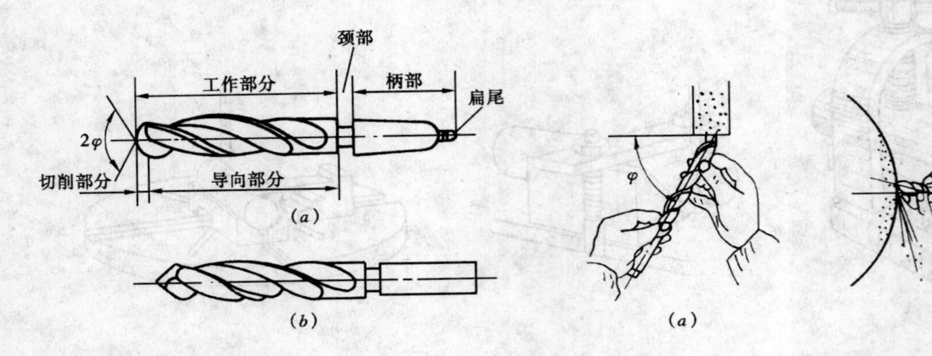

图 4-73 钻头
(a) 锥柄；(b) 柱柄

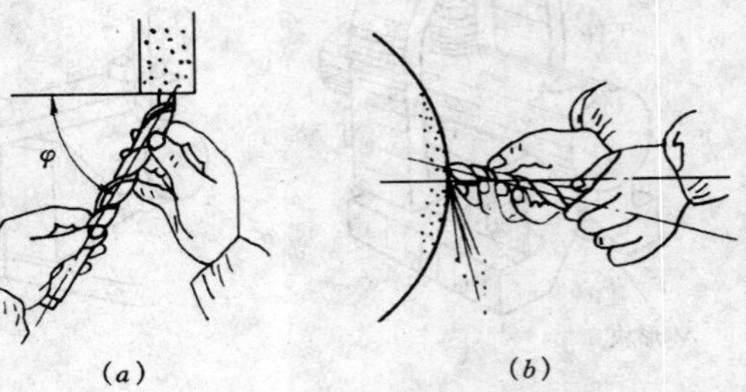

图 4-74 钻头刃磨时与砂轮的相对位置

(2) 钻头与砂轮的相对位置　钻头轴心线与砂轮圆柱母线在水平面内的夹角等于钻头顶角 2φ 的一半，被刃磨部分的主切削刃处于水平位置。如图 4-74 (*a*)。

(3) 刃磨动作　将主切削刃在略高于砂轮水平中心平面处先接触砂轮，如图 4-74 (*b*)，右手缓慢地使钻头绕自己的轴线由下向上转动，同时施加适当的刃磨压力，这样可使整个刃面都磨到。左手配合右手作缓慢的同步下压运动，刃磨压力逐渐加大。这样就便于磨出后角，其下压的速度及其幅度随要求的后角大小而变，为保证钻头近中心处磨出较大后角，还应作适当的右移运动。刃磨时两手动作的配合要协调、自然。按此不断反复，两刃面经常轮换，直至达到刃磨要求。

(4) 钻头冷却　钻头刃磨压力不宜过大，并要经常蘸水冷却，防止因过热退火而降低硬度。

四、钻孔的安全知识

(1) 操作台钻时不可带手套，袖口必须扎紧，戴上工作帽。

(2) 工件必须夹紧。

(3) 开动台钻前，应检查是否有钻夹头钥匙插在钻轴上。

(4) 钻孔时不可用手和棉纱头或用嘴吹来清除切屑，必须用毛刷清除。

(5) 操作者的头部不准与旋转着的主轴靠得太近。

(6) 严禁开车状态下装拆工件。

(7) 清洁钻头或加注润滑油时，必须切断电源。

五、钻孔技能实训练习

1. 练习要求

(1) 正确使用台钻。

(2) 初步掌握钻头的刃磨。

(3) 掌握钻孔方法。

2. 材料工具

长方体（HT150）一件，台钻，麻花钻头。

3. 作业图（见图 4-75）

4. 练习步骤

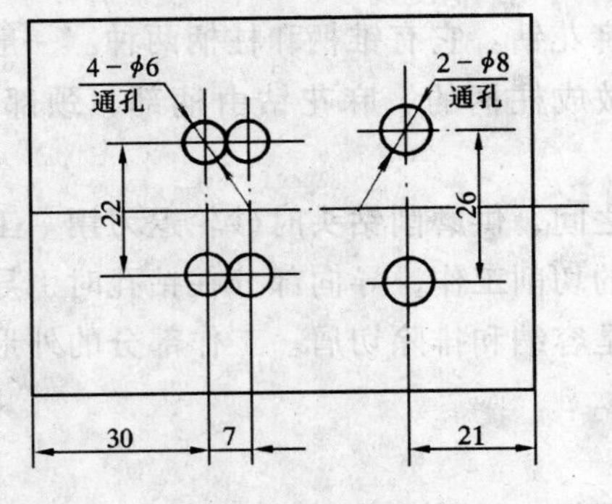

图 4-75 钻孔作业图

(1) 用练习钻头或废钻头进行刃磨练习。

(2) 台钻空车操作并作钻床转速、头架和工作台升降等调整练习。

(3) 在实习件上进行划线钻孔，达到图样要求。

5. 评分标准（见表 4-6）

操作练习考查评分 表 4-6

序 号	考 查 项 目	得 分	练习要求检查方法	备 注
1	台钻使用		正确操作	
2	划线		位置尺寸符合要求	
3	钻头装拆		方法正确	
4	工件夹持		方法正确	
5	钻孔		孔径与孔距尺寸符合要求	
6	安全文明		安全文明操作符合安全要求	
课题	钻孔	Σ		

班级______姓名______指导教师______日期______

第六节 钣金放样

用手工成形的方法使板料变成所需之形状的工作叫做钣金。

一、钣金放样

按照施工图的要求，用1:1的比例，把构件画出，这个过程称作放样，这样画出的图称放样图。施工图和放样图之间有着密切的联系，其中放样的第一步就是按施工图画出实样，但两者之间又有区别。其一，施工图比例可以是1:3或3:1以及其他比例，而放样图只限于1:1。其二，施工图上不能随意增加或减少线条，而放样图上则可以添加各种必要的辅助线，也可以去掉与下料无关的线条。

放样前，应熟悉并核对图纸，如有疑问，应及时处理。对于单一的产品零件，可直接在所需厚度的平板上进行放样。为了防止由于下料不当使零件造成废品，往往在展开图的周围加放一定宽度的修边余量，此修边余量叫加工余量。放加工余量的一般方法是在展开图的同一边线的法线方向扩展出等宽的余量，如图4-76所示为放加工余量的情形。其中 AD 和 BC 边线以外加放的余量 δ_2 是用于接缝外的咬缝余量；AB 边线以外加放的余量 δ_3

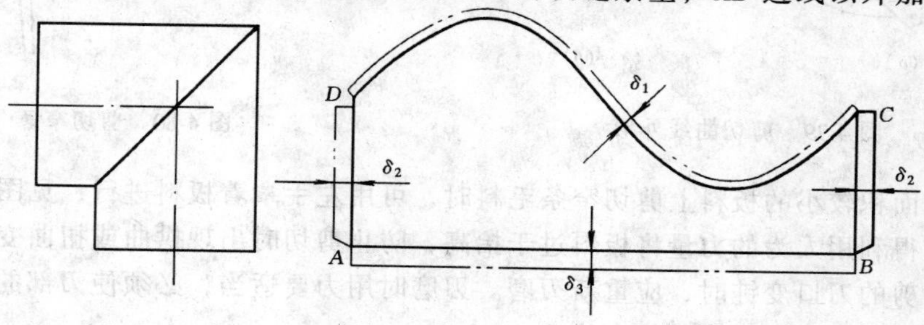

图4-76 放加工余量

是用于联接的翻边余量：展开曲线 CD 以外的加放余量 δ_1 是用于接口处的咬口余量。放加工余量时，应根据加工的实际情况确定。如手动切割切断的加工余量为 3～4mm。

二、钣金工基本操作

1. 手剪

手剪的工具是剪刀。有直剪刀和弯剪刀两种。见图 4-77 所示。直剪刀用于剪切直线，弯剪刀用于剪切曲线。手剪一般用来剪切厚度为 1.5mm 以下的薄钢板。

手剪时，右手握持剪切柄末端，左手持料配合，剪切口的张开角度应保持在 15°左右，见图 4-78 所示。

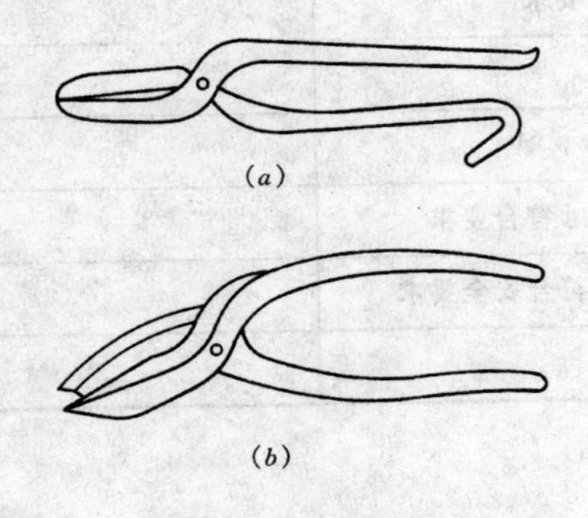

图 4-77 手剪刀
（a）直剪刀；（b）弯剪刀

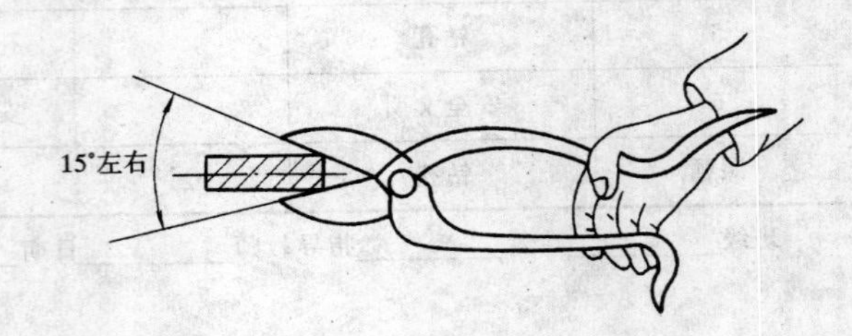

图 4-78 手剪的握持方法

手剪时应注意以下事项：

（1）剪切时，刀口必须垂直对准剪切切线，切口不要倾斜。

（2）剪切曲线外形时，应逆时针方向进行见图 4-79 所示，剪切曲线内形时，应顺时针方向进行，因为这样操作标记线可不被剪刀遮住。

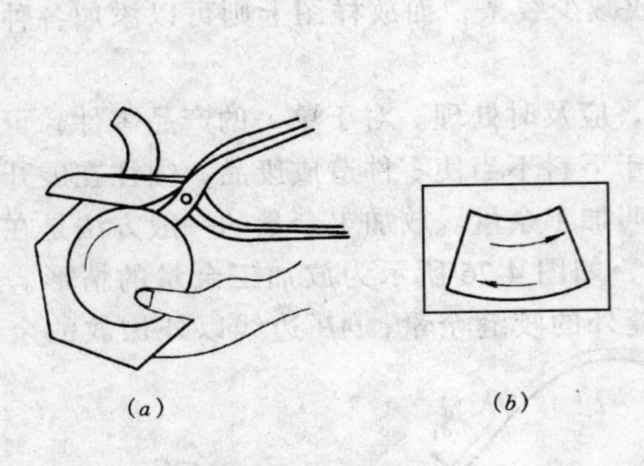

图 4-79 剪切曲线外形

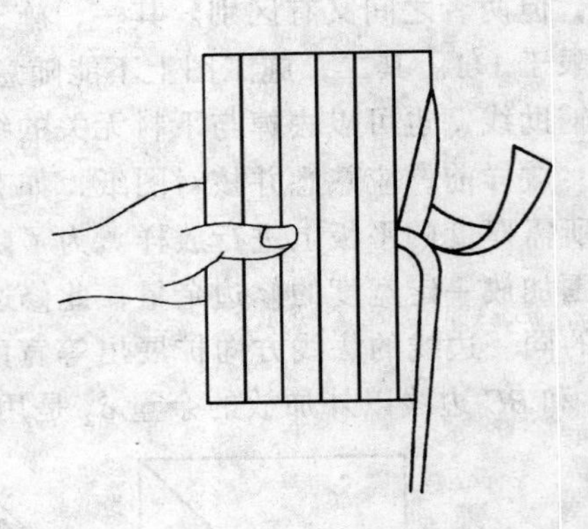

图 4-80 剪切窄条

（3）在面积较小的板料上剪切窄条毛料时，可用左手拿着板料进行，见图 4-80 所示。

（4）不得利用人为的力量将板料过于抬高，防止剪切时出现拱曲或扭曲变形。

（5）手剪的刀口变钝时，应重新刃磨。刃磨时用力要适当，必须使刃部的斜面保持平整，从端部到根部刃磨，直到锋利为止。

2. 弯曲

手工弯曲是通过手工操作来弯曲板料。弯曲角形零件是最简单的一种，首先下好展开料，划出弯曲线，弯曲时如图 4-81 所示，将弯曲线对准规铁的角，左手压住板料，右手用木锤先把两端敲弯成一定角度，以便定位，然后再全部弯曲成形。

3. 卷边

为增加零件边缘的刚性和强度，将零件的边缘卷过来，这种工作称为卷边，卷边分夹丝卷边和空心卷边两种。如图 4-82 所示。

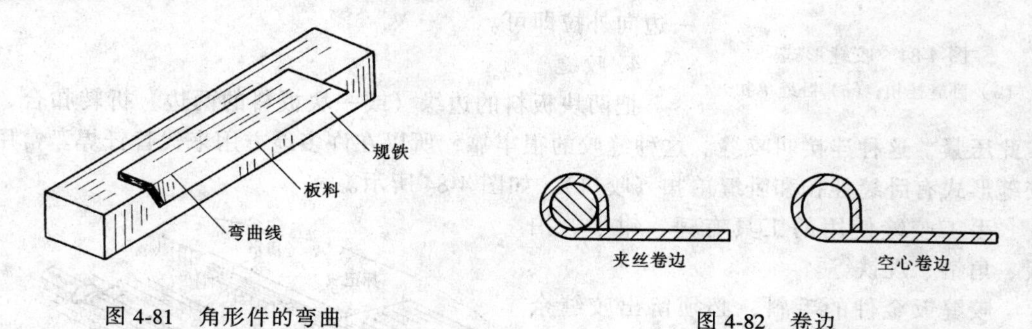

图 4-81　角形件的弯曲

图 4-82　卷边

手工卷边操作如图 4-83 所示，其操作过程如下：

(1) 在毛料上划出两条卷边线，见图 4-83 (*a*)，图中：

$$l_1 = 2.5d; l_2 = (1/4 \sim 1/3) l_1$$

式中　d——铁丝直径。

(2) 放在平台或方铁上，使其露出平台的尺寸等于 l_2。左手压住毛料，右手用锤敲打露出平台部分的边缘，使向下弯曲成 85°~90°，如图 4-83 (*b*) 所示。

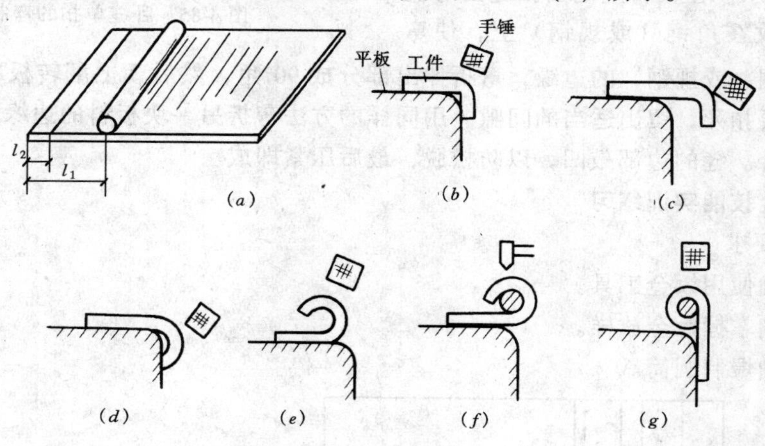

图 4-83　夹丝卷边过程

(*a*) 板料划线；(*b*) 弯折第一段成型；(*c*) 弯折第二段；
(*d*) 弯折第二段成初型；(*e*) 卷曲部分成圆弧形；(*f*) 夹丝；(*g*) 卷边成型

(3) 再将毛料向外伸并弯曲，直至平台边缘对准第二条卷边线为止，也就是使露出平台部分等于 l_1 为止，并使第一次敲打的边缘靠上平台，如图 4-83 (*c*) (*d*) 所示。

(4) 将毛料翻转，使卷边朝上，轻而均匀地敲打卷边向里扣，使弯曲部分逐渐成圆弧形，如图 4-83 (*e*) 所示。

(5) 将铁丝放入卷边内，放时先从一端开始，以防铁丝弹出，先将一端扣好，然后放一段扣一段，全扣完后，轻轻敲打，使卷边紧靠铁丝，如图 4-83（*f*）所示。

(6) 翻转毛料，使接口靠住平台的缘角，轻轻地敲打，使接口咬紧，如图 4-83（*g*）所示。

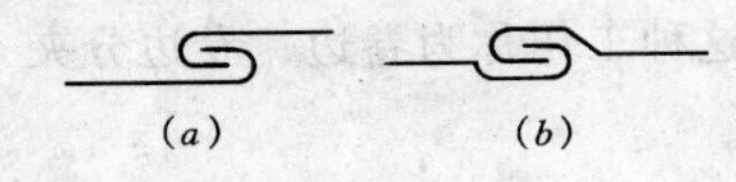

图 4-84 咬缝形式

（*a*）卧缝挂扣；（*b*）卧缝单扣

手工空心卷边的操作过程和夹丝一样，就是最后把铁丝抽出来。抽拉时，只要把铁丝的一端夹住，将零件一边转，一边向外拉即可。

4. 咬缝

把两块板料的边缘（或一块板料的两边）折转扣合，并彼此压紧，这种连接叫咬缝。这种缝咬的很牢靠，所以在许多地方用来代替钎焊。常用的咬缝形式有卧缝挂扣和卧缝单扣（咬口）。如图 4-84 所示。

手工咬缝使用的工具有锤、钳子、拍板、角钢、规铁等。

咬缝钣金件的毛料，必须留出咬缝余量，否则制成的零件尺寸小，成为废品。如是卧缝单扣，在一块板料上留出等于咬缝宽度的余量，而在另一块板料上需留出咬缝宽度两倍的余量，所以制单扣缝的余量是缝宽的三倍。

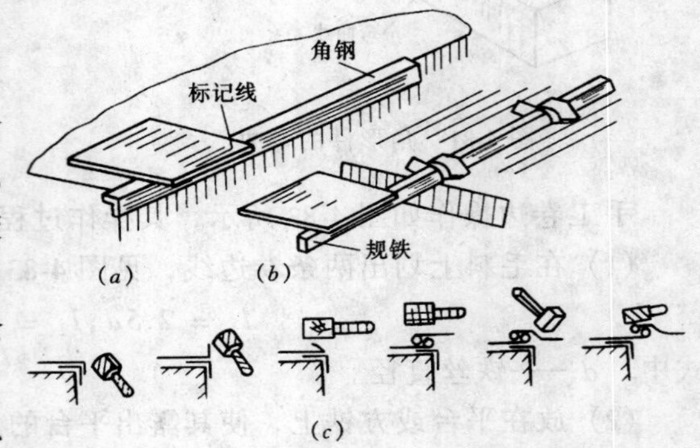

图 4-85 卧缝单扣的弯制

弯制卧缝单扣的过程，如图 4-85（*a*）、（*b*）、（*c*）所示。在板料上划出扣缝的弯折线，把板料放在角钢（或规钢）上，使弯折线对准角钢（或规钢）的边缘，弯折伸出部分成 90°角，然后朝上翻转板料，再把弯折向里扣，不要扣死，留出适当的间隙。用同样的方法弯折另一块板料的边缘。然后相互扣上，锤击压合。缝的边部敲凹，以防松脱，最后压紧即成。

三、钣金技能实训练习

1. 练习要求

(1) 正确使用钣金工具。

(2) 正确掌握钣金放样。

(3) 正确煨制圆筒。

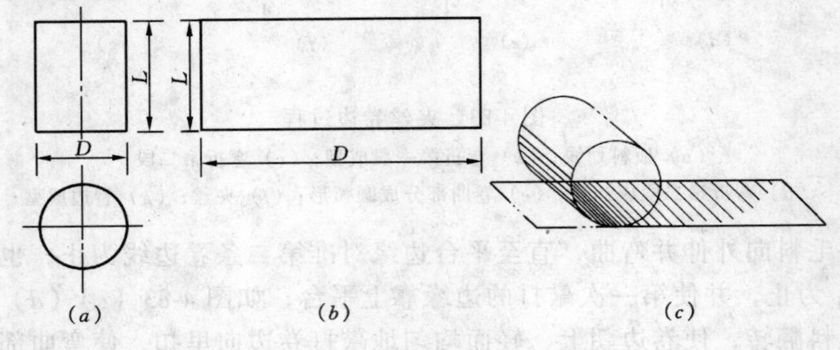

图 4-86 煨制圆筒

2．材料、工具

铁皮一块。手剪刀、方木棒等。

3．练习图，图 4-86

4．练习步骤

首先计算出圆筒的周长并下料，然后将板料放在方杠（或圆杠上），由两端向下敲打弯曲，当两端敲成 1/4 圆时，见图4-87（a），（b）所示，再由两端逐渐向板料中心煨制（或敲打）见图 4-87（c）所示，并且敲打出口的两端圆弧一定要和规定直径的圆弧相同。当圆接口煨制到近于合拢时，可放在平台上再行压煨，见图 4-87（d）所示，直接全部合拢为止。

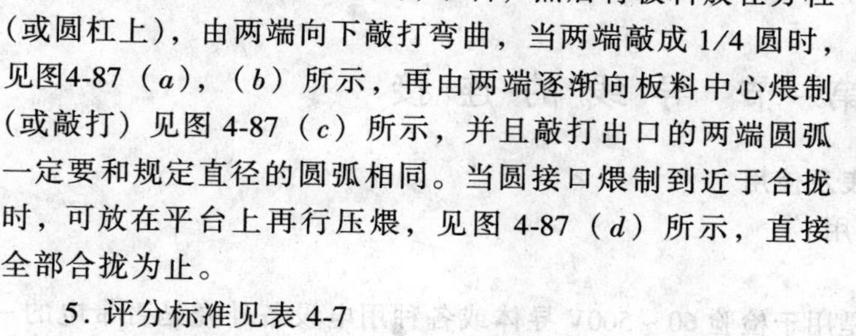

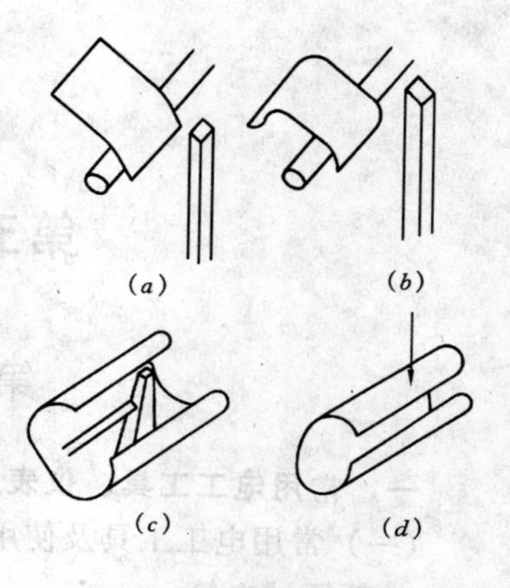

图 4-87　煨制圆筒程序

5．评分标准见表 4-7

操作练习考查评分表　　表 4-7

序　号	考　查　项　目	得　分	练习要求、检查方法	备　注
1	计算圆周长		计算正确	
2	放样划线		尺寸符合要求	
3	剪切		剪切方法正确	
4	煨制		程序和方法符合要求	
5	圆筒直径		尺寸符合要求	
6	工具使用		正确使用工具	
7	安全与文明操作			
课题	煨制圆筒	Σ		

班级＿＿＿＿＿姓名＿＿＿＿＿指导教师＿＿＿＿＿日期＿＿＿＿＿

思　考　题

4-1　什么叫划线？划线有何作用？

4-2　怎样正确使用台虎钳？

4-3　如何选择锉刀？

4-4　锉削时两手用力如何变化？

4-5　平面的锉法有哪几种？各有何特点？

4-6　如何检查锉削平面？

4-7　怎样正确安装锯条？

4-8　起锯不正确会出现什么问题？

4-9　锯割频率很快，你认为妥当吗？会产生什么后果？

4-10　錾削平面应注意那些问题？

4-11　了解台钻的规格，性能及其使用方法。

4-12　什么是钣金放样？施工图和放样图有何关系？

第五章 电工基本技能

第一节 导线的连接

一、常用电工工具、仪表及使用

(一) 常用电工工具及使用

1. 低压试电笔

低压试电笔又称电笔，是用于检验60~500V导体或各种用电设备外壳是否带电的一种常用的辅助安全用具，分钢笔式和螺丝刀式（又称起子式或旋凿式）两种。

试电笔由氖管、电阻、弹簧、笔身和笔尖上的金属探头组成，如图5-1所示。

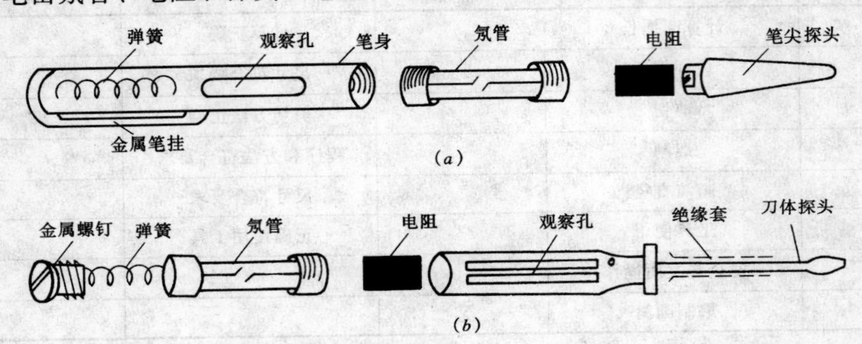

图5-1 试电笔

(a) 钢笔式低压验电器；(b) 螺丝刀式低压验电器

试电笔的原理是：当手拿着它测试带电体时，电流经带电体、电笔、人体到大地形成通电回路。只要带电体与大地之间的电位差超过60V，电笔中的氖管就会发光。测交流电时，氖泡两极均发光，测直流电则一极发光。

目前，还有一种电笔，它根据电磁感应原理，采用微型晶体管作机芯，并以发光二极管显示，整个机芯装在一个螺丝刀中。它的特点是测试时不必直接接触带电体，只要靠近带电体就能显示红光，有的还可直接显示电压的读数。利用它还能检测导线的断线部位，当电笔沿导线移动时，红光熄灭处即为导线的断点。

低压试电笔使用时，必须按图5-2所示的方法把笔握妥。以手指触及笔尾的金属体，使氖管小窗背光朝向自己，便于观察；要防止笔尖金属体触及皮肤，以避免触电。

验电笔主要用途如下：

1) 区别相线与零线　在交流电路中，当验电笔触及导线时，氖管发亮的即是相线；正常时，零线不会使氖管发亮。

2) 区别电压的高低　测试时可根据氖管发亮的强弱来估计电压的高低。

3) 区别直流电与交流电　交流电通过验电笔时，氖管里的两个极同时发亮；直流电

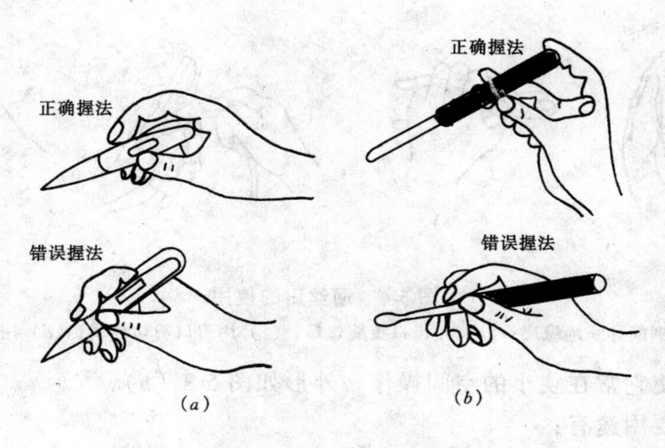

图 5-2　试电笔的握法

(a) 笔式握法；(b) 螺钉旋具式握法

通过验电笔时，氖管里两个极只有一个发亮。

4) 区别直流电的正负极　把验电笔连接在直流电的正负极之间，氖管发亮的一端即为直流电的正极。

5) 识别相线碰壳　用验电笔触及电机、变压器等电气设备外壳，若氖管发亮，说明该设备相线有碰壳现象。如果壳体上有良好的接地装置，氖管是不会发亮的。

6) 识别相线接地　用验电笔触及三相三线制星形接法的交流电路时，有两根比通常稍亮，而另一根的亮度则暗些，说明亮度较暗的相线有接地现象，但不太严重。如果两根很亮，而另一根不亮，则这一相有接地现象。在三相四线制电路中，当单相接地后，中线用验电笔测量时，也会发亮。

2. 钢丝钳

它是弯、钳、剪导线的电工常用工具。由钳头和钳柄两大部分构成，钳头由钳口、齿口、刀口和铡口组成，见图 5-3 (a) 所示。钢丝钳的使用方法如图 5-4 所示。

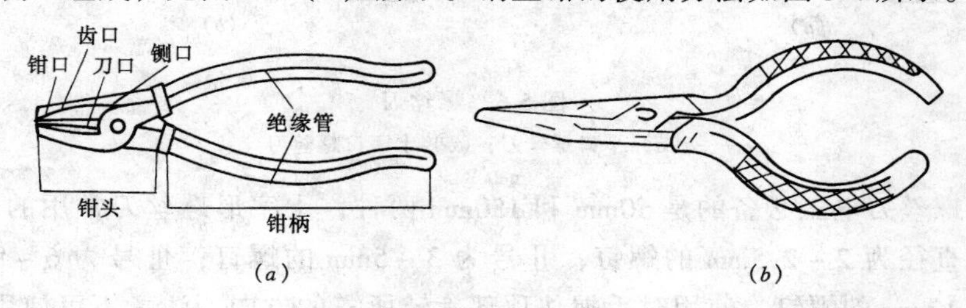

图 5-3　钢丝钳和尖嘴钳

(a) 钢丝钳；(b) 尖嘴钳

钢丝钳的主要用途有：

1) 用钳口来弯绞或钳夹导线线头；

2) 用齿口来紧固或旋松螺母；

3) 用刀口来剪切或剖削软导线绝缘层；

4) 用铡口来铡切粗电线线芯、钢丝或铅丝等较硬金属。

3. 尖嘴钳

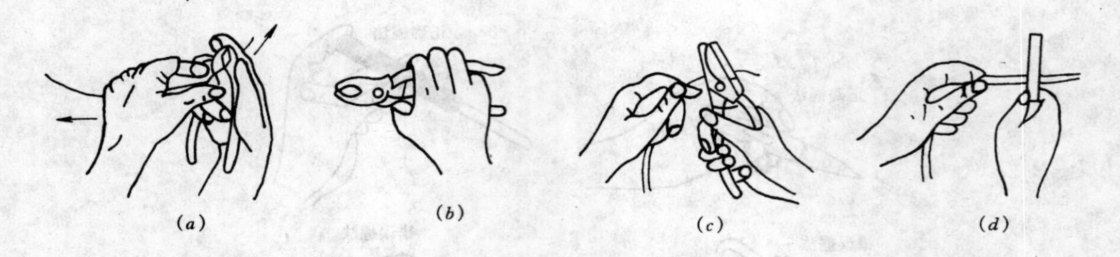

图 5-4 钢丝钳的使用

（a）用刀口剖削导线绝缘层；（b）用齿口扳旋螺母；（c）用刀口剪切导线；（d）用铡口铡切导线

头部的尖细使它常在狭小的空间操作，外形如图 5-3（b）。

尖嘴钳的主要用途有：

1）钳刃口剪断细小金属丝；

2）夹持较小螺钉、垫圈、导线等元件；

3）装接控制线路板时，将单股导线弯成一定圆弧的接线鼻子。

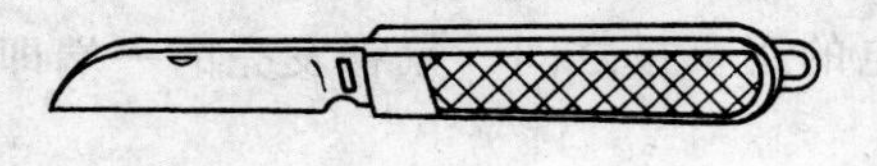

图 5-5 电工刀

4. 电工刀

电工刀其外形如图 5-5 所示。由于刀柄是无绝缘的，不能在带电导线或器材上剖削，以免触电。使用时，应将刀口朝外剖削。剖削导线绝缘层时，应将刀面与导线成较小的锐角，以免割伤导线芯。刀用毕后，随即将刀身折大刀柄。

电工刀的主要用途有：用来剖削电线线头，切割木台缺口，削制木楔等。

5. 螺丝刀

螺丝刀是紧固或拆卸螺钉的专用工具。有一字形和十字形两种如图 5-6 所示。

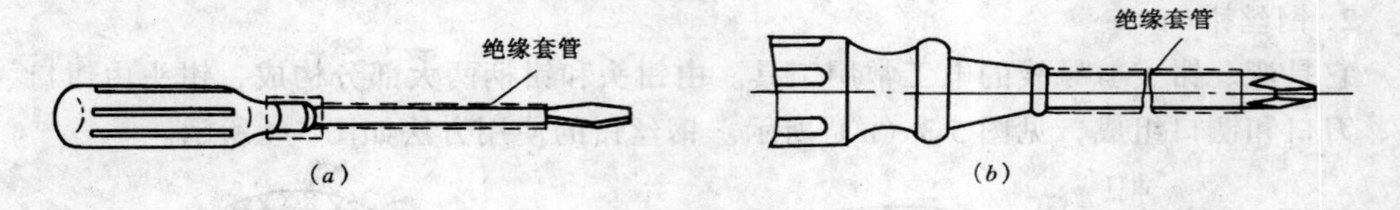

图 5-6 螺丝刀

（a）平口螺丝刀；（b）十字口螺丝刀

一字形螺丝刀电工必备的是 50mm 和 150mm 两种；十字形螺丝刀常用的规格有四个，Ⅰ号适用于直径为 2～2.5mm 的螺钉；Ⅱ号为 3～5mm 的螺钉；Ⅲ号为 6～8mm 的螺钉，Ⅳ号为 10～12mm 的螺钉。使用时手握住顶部旋转所需的方向。注意不可使用金属柄直通柄顶的螺丝刀。

使用螺丝刀紧固或拆卸带电的螺钉时，手不得触及螺丝刀的金属杆，以免发生触电事故。为了避免螺丝刀的金属杆触及皮肤，或触及邻近带电体应在金属杆上穿套绝缘管。正确的使用方法见图 5-7 所示。

6. 活络扳手

它是用来紧固或旋松螺母的专用工具，由头部和柄部组成，头部又由活络扳唇、呆扳唇、扳口、蜗轮和轴销等构成。使用方法如图 5-8 所示。旋动蜗轮可调节扳口的大小。注意活络扳手不可反用，即动扳唇（活动部分）不可作为重力点使用，也不可用钢管接长柄

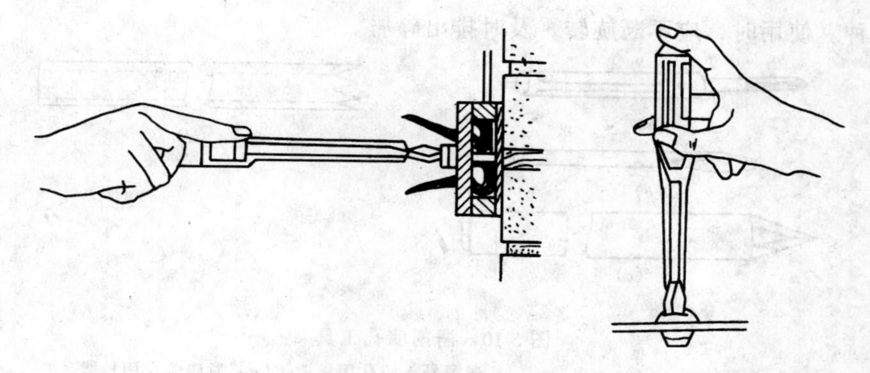

图 5-7　螺丝刀的使用

部来施加较大的扳拧力矩。

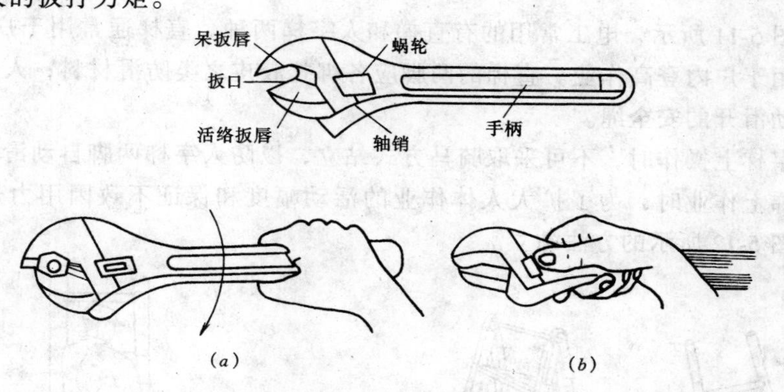

图 5-8　活络扳手

（a）扳较大螺母时握法；（b）扳较小螺母时握法

7. 冲击钻

冲击钻如图 5-9 所示，可以用来在砖墙或混凝土墙上钻孔，使用时注意在调速或调档时（“冲”和“锤”），均应停转。

8. 麻线凿

麻线凿也叫圆榫凿，如图 5-10（a）所示。麻线凿是用来凿打混凝土结构建筑物的木榫孔。电工常用的麻线凿有 16 号和 18 号两种，分别可凿直径为 8mm 和 6mm 两种圆形木榫孔。凿孔时要不断转动凿子，使灰砂碎石及时排出。

9. 小扁凿

小扁凿如图 5-10（b）所示，是用来凿打砖墙上的方形木榫孔。电工常用的凿口宽 12mm。

10. 长凿

长凿如图 5-10（c）、（d）所示，图示两种均用来凿打墙孔，作为穿越线路导线的通孔。（c）所示用来凿打混凝土墙孔，由中碳钢制成；（d）所示用来凿打砖墙孔，由无缝钢管制成。长凿直径分有 19mm、25mm、30mm，长度通常有 300mm、400mm、

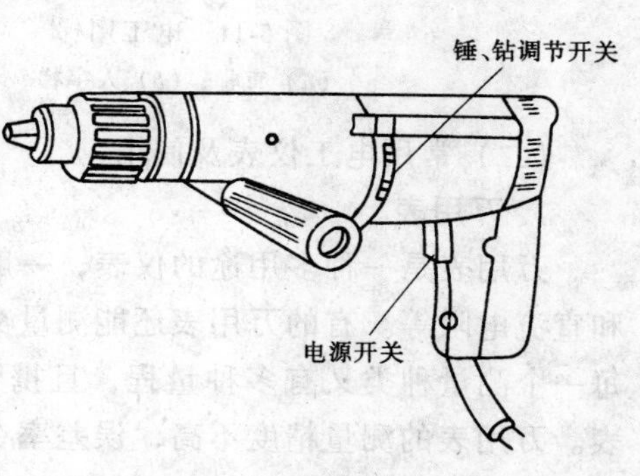

图 5-9　冲击钻

500mm 多种。使用时，应不断旋转，及时排出碎屑。

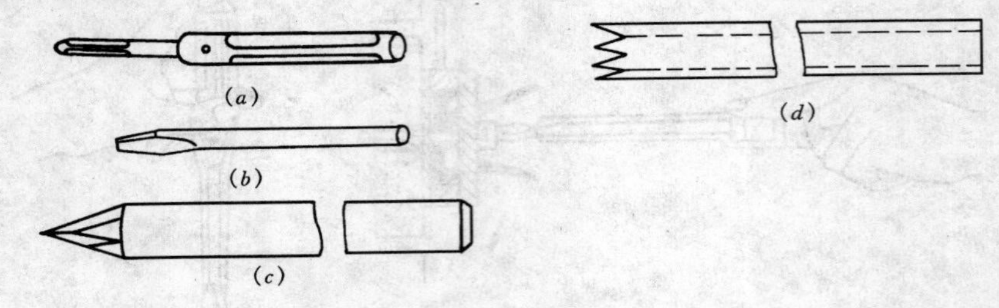

图 5-10　凿削墙孔工具

（a）麻线凿；（b）小扁凿；（c）凿混凝土墙孔用长凿；（d）凿砖墙孔用长凿

11. 梯子

梯子如图 5-11 所示，电工常用的有直梯和人字梯两种。直梯通常用于户外登高作业，人字梯通常用于户内登高作业。直梯的两脚应各绑扎胶皮之类防滑材料；人字梯应在中间绑扎两道自动滑开的安全绳。

登在人字梯上操作时，不可采取骑马方式站立，以防人字梯两脚自动滑开时造成工伤事故。在直梯上作业时，为了扩大人体作业的活动幅度和保证不致因用力过度而站立不稳，必须按图 5-12 所示的方法站立。

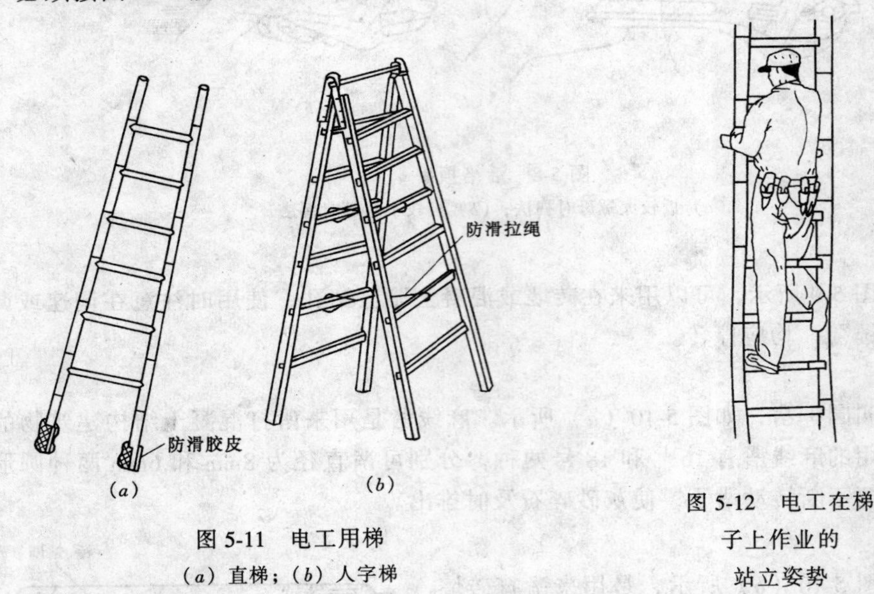

图 5-11　电工用梯

（a）直梯；（b）人字梯

图 5-12　电工在梯子上作业的站立姿势

（二）常用电工仪表及使用

1. 万用表

万用表是一种多用途的仪表，一般的万用表可以测量交流电压、直流电压、直流电流和直流电阻等。有的万用表还能测量交流电流、电容、电感以及晶体管参数等。万用表的每一个测量种类又有多种量程，且携带和使用方便，因而是电气维修和测试最常用的仪表。万用表的测量精度不高，误差率在 2.5%～5%，故不宜用于精密测量。

万用表主要由表头、测量机构、测量线路和转换开关组成，如图 5-13 所示。

(1) 表头

表头通常采用磁电式测量机构作为万用表的表头。这种测量机构灵敏度和准确度较高，满刻度偏转电流一般为几个微安到数百微安。满刻度偏转电流越小，灵敏度就越高，表头特性就越好。

(2) 测量线路

万用表的测量线路由多量程的直流电流表、多量程直流电压表、多量程交流电压表及多量程欧姆表组成，个别型号的万用表还有多量程交流档。实现这些功能的关键是通过测量线路的变换把被测量变换成磁电系统所能接受的直流电流，它是万用表的中心环节。测量线路先进，可使仪表的功能多、使用方便、体积小和重量轻。

(3) 转换开关

转换开关是用来选择不同的被测量和不同量程时的切换元件。转换开关里有固定接触点和活动接触点，当活动接触点和固定接触点闭合时就可以接通一条电路。

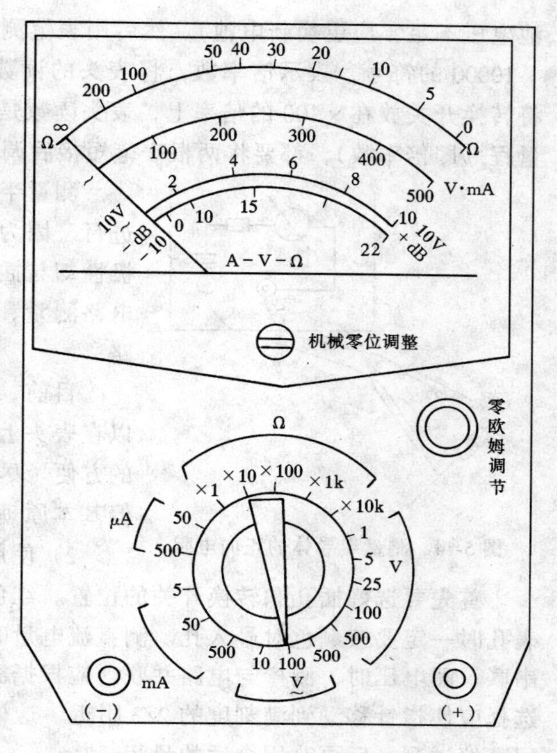

图 5-13 MF-30 型万用表面板图

(4) 万用表的使用

万用表测量的电量种类多、量程多，而且表的结构型式各异，使用时一定要仔细观察，小心操作，以获得较准确的测量结果。

1) 测量方法

测量前，先检查万用表的指针是否在零位，如果不在零位，可用螺丝刀在表头的“调零螺丝”上，慢慢地把指针调到零位，然后再进行测量。

测量电压时，当转换开关转到“V̲”符号是测量直流电压，转到“V̰”符号是测量交流电压，所需的量程由被测量电压的高低来确定。如果被测量电压的数值不知道，可选用表的最高测量范围，指针若偏转很小，再逐级调低到合适的测量范围。测量直流电压时，事先须对被测电路进行分析，弄清电位的高低点（即正负极），“+”号插口的表笔，接至被测电路的正极，“-”号插口的表笔，接至被测电路的负极，不要接反，否则指针会逆向偏转而被打弯。如果无法弄清电路的正负极，可以选用较高的量程，用两根表笔很快地碰一下测量点，看清表针的指向，找出正负极。测量交流电压则不分正负极，但转换开关必须转到“V̰”符号档。

测直流电流时，也要先弄清电路的正负极，将万用表串联到被测电路中“+”插口的表笔是电流流进的一端，“-”插口的表笔是电流流出的一端。如果无法确定电路的正负极，可以选用较高的量程，用表笔很快地碰一下测量点，看清表针的指向，找出正负极。

测量电阻时，把转换开关放在“Ω”范围内的适当量程位置上，先将两根表笔短接，旋动“Ω”调零旋钮，使表针指在电阻刻度的“Ω”上，（如果调不到“0”Ω，说明表内电池电压不足，应更换新电池）。然后用表笔测量电阻。表盘上×1、×10、×100、×1000、×10000的符号，表示倍率数，将表头的读数乘以倍率数，就是所测电阻的阻值。例如：将转换开关放在×100的倍率上，表头读数是80，则这只电阻的阻值是8000Ω。每换一种量程（即倍率数），都要将两根表笔短接后调零。

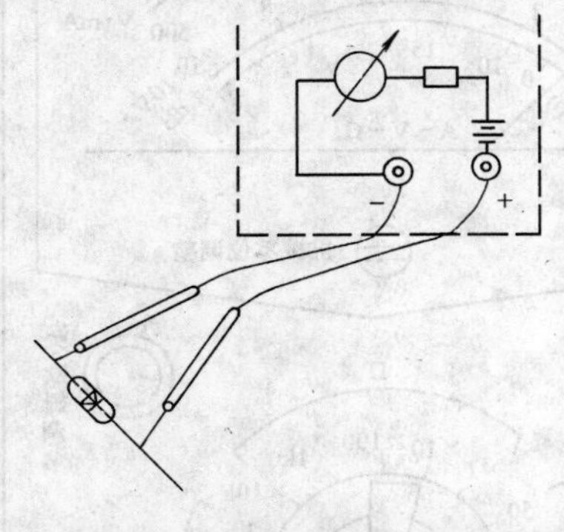

图 5-14　测量半导体的正向电阻

测量半导体二极管的正向电阻时，要按图5-14所示进行，因为表内部有电池，表笔上带有电压，而且它的极性却与插口处标的“+”与“-”相反，只有按图示电路测量，才能使表内电路与二极管构成正向导通回路。

目前，晶体管数字式万用表的使用已很普及，它可以在表头上直接显示出被测量的读数，给使用带来很大的方便。尽管万用表的型式很多，使用方法也有差别，但基本原理是一样的。

2）使用万用表一般应注意：

首先要选好插孔和转换开关的位置。红色测棒为“+”，黑色测棒为“-”，测棒插入表孔时一定要按颜色对号入孔。测直流电量时，要注意正负极性；测电流时，测棒与电路串联；测电压时，测棒与电路并联。应根据测量对象，将转换开关旋至所需位置。量程的选择应使指针移动到满刻度的2/3附近，这样测量误差小。在被测量的大小不详时，应先用高档试测，后再改用合适的量程。

读数要正确，万用表有多条刻度线，分别适用于不同的被测对象。测量时应在对应的刻度尺上读数，同时应注意刻度尺读数和量程的配合，避免出错。

测量电阻时，应注意倍率的选择，使被测电阻接近该量程的中心值，以使读数准确。测量前应先把两测量棒短接调零，旋转调零旋钮使指针指在电阻零位上。每变换一种倍率（即量程）都要调零。严禁在被测电阻带电的状态下测量。

测电阻时，尤其是测大电阻时，不能用两手接触测棒的导电部分，以免影响测量结果。

用欧姆表内部电池作测试电源时（如判断晶体管管脚），注意此时测棒的正、负极与电池极性相反。

测量较高电压或较大电流时，不准带电转动开关旋钮，以防止烧坏开关触点。

当转换开关置于测电流或测电阻的位置上时，切勿用来测电压，更不能将两测棒直接跨接在电源上，否则万用表会因通过大电流而烧毁。

使用完毕后，应注意保管和维护。万用表应水平放置，不得震动、受热和受潮。每当测量完毕后，应将转换开关置于空档或最高电压档，不要将开关置于电阻档上，以免两测棒短接时使表内电源耗尽。如果在测量电阻时，两测棒短接后指针仍调整不到零位，则说明电池应该更换。如果长期不用时，应将电池取出，防止电池泄漏腐蚀电表内其他元件。

2. 兆欧表

(1) 用途

兆欧表又称摇表，主要用来测量绝缘电阻，以判定电机、电气设备和线路的绝缘是否良好，这关系到这些设备能否安全运行。由于绝缘材料常因发热、受潮、污染、老化等原因使其电阻值降低，泄漏电流增大，甚至绝缘损坏，从而造成漏电和短路等事故，因此必须对设备的绝缘电阻进行定期检查。各种设备的绝缘电阻都有具体要求。一般来说，绝缘电阻越大，绝缘性能也越好。

（2）结构

兆欧表主要有两部分组成：磁电式比率表和手摇发电机。手摇发电机能产生 500V、1000V、2500V 或 5000V 的直流高压，以便与被测设备的工作电压相对应。目前有的兆欧表，采用晶体管直流变换器，可以将电池的低压直流转换成高压直流。图 5-15 是兆欧表的外形平面图，*L*、*E*、*G* 是它的三个接线柱，手柄转动，手摇发电机发电，指针显示电阻值的读数。

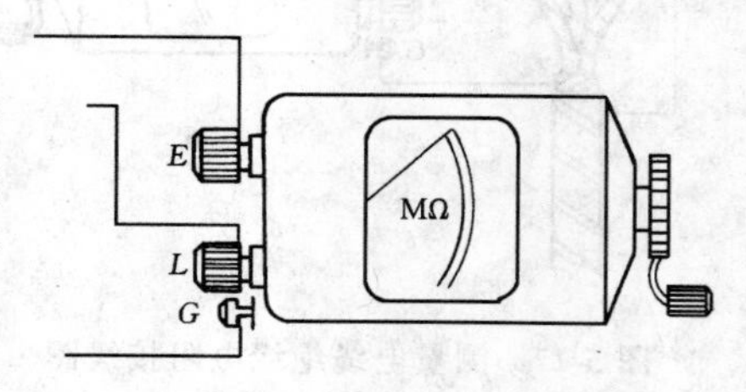

图 5-15　兆欧表外形平面图

（3）兆欧表的使用

1）兆欧表的选用与接线方法

（a）兆欧表的选用

选用兆欧表测试绝缘电阻时，其额定电压一定要与被测电气设备或线路的工作电压相适应；兆欧表的测量范围也应与被测绝缘电阻的范围相吻合。在施工验收规范的测试篇中有明确规定，应按其规定标准选用。一般低压设备及线路使用 500 ~ 1000V 的兆欧表；1000V 以下的电缆用 1000V 的兆欧表；1000V 以上的电缆用 2500V 的兆欧表。在测量高压设备的绝缘电阻时，须选用电压高的兆欧表，一般需 2500V 以上的兆欧表才能测量，否则测量结果不能反映工作电压下的绝缘电阻。同时还要注意：不能用电压过高的兆欧表测量低压设备的绝缘电阻，以免设备的绝缘受到损坏。

各种型号的兆欧表，除了有不同的额定电压外，还有不同的测量范围，如 ZC11-5 型兆欧表，额定电压为 2500V，测量范围为 0 ~ 10000MΩ。选用兆欧表的测量范围，不应过多的超出被测绝缘电阻值，以免读数误差过大。有的表，其标尺不是从零开始，而是从 1MΩ 或 2MΩ 开始，就不宜用来测量低绝缘电阻的设备。

（b）接线方法

兆欧表的接线柱有三个，一个为“线路”（*L*），另一个为“接地”（*E*），还有一个为“屏蔽”（*G*）。在进行一般测量时，应将被测绝缘电阻接在“*L*”和“*E*”接线柱之间。如测量照明线路绝缘电阻，则将被测端接到“*L*”接线柱，而“*E*”接线柱接地，如图 5-16 所示。

测量电缆的绝缘电阻，为了使测量结果准确，消除线芯绝缘层表面漏电所引起的测量误差，其接线方法除了用“*L*”和“*E*”接线柱外，还需用“屏蔽”（*G*）接线柱。将“*G*”接线柱引线接到电缆的绝缘纸上，如图 5-17 所示。

接线时，应选用单根导线分别连接“*L*”和“*E*”接线柱，不可以将导线绞合在一起，因为绞线间的绝缘电阻会影响测量结果。如果被测物表面潮湿或不清洁，为了测量被测物内部的电阻值，则必须使用“屏蔽”（*G*）接线柱。

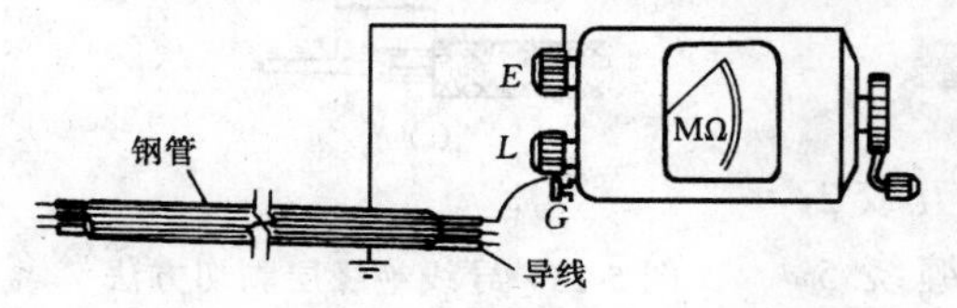

图 5-16　测量照明线路绝缘电阻接线图

2）兆欧表使用时应注意以下事项

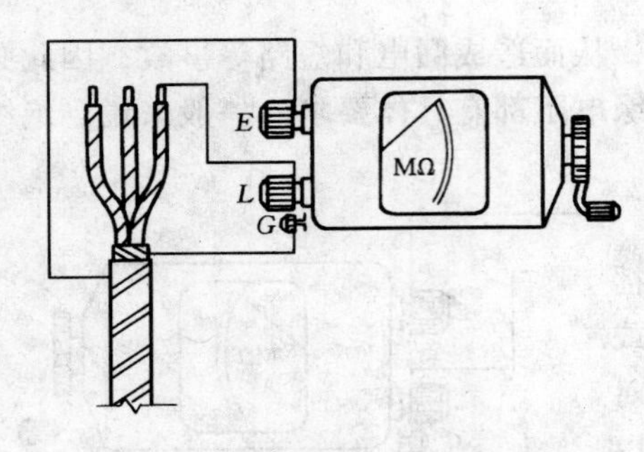

图 5-17 测量电缆绝缘电阻接线图

使用兆欧表测量设备和线路的绝缘电阻时，须在设备和线路不带电的情况下进行；测量前须先将电源切断，并使被测设备充分放电，以排除被测设备感应带电的可能性。

兆欧表在使用前须进行检查，检查的方法如下：将兆欧表平稳放置，先使“*L*”、“*E*”两个端钮开路，摇动手摇发电机的手柄并使转速达到额定值，这时指针应指向标尺的“∞”处；然后再把“*L*”、“*E*”端钮短接，再缓缓摇动手柄，指针应指在“0”位上；如果指针不指在“∞”或“0”刻度上，必须对兆欧表进行检修后才能使用。

在进行一般测量时，应将被测绝缘电阻接在“*L*”和“*E*”接线柱之间。如测量线路绝缘电阻，则将被测端接到“*L*”接线柱，而“*E*”接线柱接地。

接线时，应选用单根导线分别连接“*L*”和“*E*”接线柱，不可以将导线绞合在一起，因为绞线间的绝缘电阻会影响测量结果。

测量电解电容器的介质绝缘电阻时，应按电容器耐压的高低选用兆欧表，并要注意极性。电解电容的正极接“*L*”，负极接“*E*”，不可反接，否则会使电容击穿。测量其他电容器的介质绝缘电阻时可不考虑极性。

测量绝缘电阻时，发电机手柄应由慢渐快地摇动。若表的指针指零，说明被测绝缘物有短路现象，此时就不能继续摇动，以防止表内动圈因发热而损坏。摇柄的速度一般规定每分钟 120 转，切忌忽快忽慢，以免指针摆动加大而引起误差。当兆欧表没有停止转动和被测物没有放电之前，不可用手触及被测物的测量部分尤其是在测量具有大电容的设备的绝缘电阻之后，必须先将被测物对地放电，然后再停止兆欧表的发电机转动，以防止电容器放电而损坏兆欧表。

二、导线绝缘层剥切方法

对于绝缘导线的连接，其基本步骤为：剥切绝缘层；线芯连接（焊接或压接）；恢复绝缘层。

绝缘导线连接前，必须把导线端头的绝缘层剥掉，绝缘层的剥切长度，因接头方式和导线截面的不同而不同。绝缘层的剥切方法要正确，通常有单层剥法、分段剥法和斜削法三种，如图 5-18 所示。一般塑料绝缘线用单层剥法，橡皮绝缘线采用分段剥法或斜削法。

三、导线连接

1. 单股铜线的连接法

截面较小的单股铜线（截面积 $6mm^2$ 以下），一般多采用绞接法连接。而截面超过 $6mm^2$ 的铜线，常采用绑接法连接。

2. 绞接法

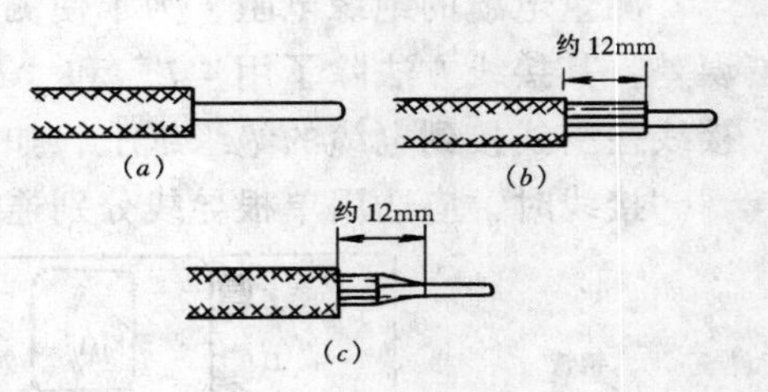

图 5-18 导线绝缘层剥切方法
(*a*) 单层剥法；(*b*) 分段剥法；(*c*) 斜削法

直线连接见图 5-19 (*a*)。绞接时先将导线互绞 2 圈，然后将导线两端分别在另一线上紧密地缠绕 5 圈，余线割弃，使端部紧贴导线。图 5-19 (*b*) 为分支连接。绞接时，先用手将支线在干线上粗绞 1 ~ 2 圈，再用钳子紧密缠绕 5 圈，余线割弃。

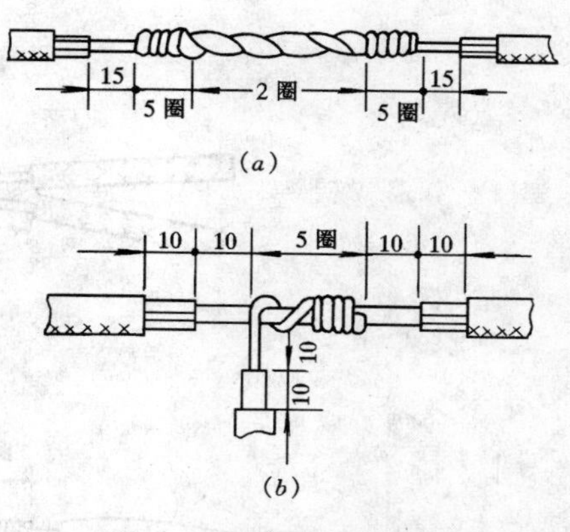

图 5-19　单股铜线的绞接连接
(a) 直线接头；(b) 分支接头

3. 绑接法

直线连接见图 5-20（a）。先将两线头用钳子弯起一些，然后并在一起，中间加一根相同截面的辅助线，然后用一根直径 1.5mm 的裸铜线做绑线，从中间开始缠绑，缠绑长度为导线直径的 10 倍，两头再分别在一线芯上缠绑 5 圈，余下线头与辅助线绞合，剪去多余部分。图 5-20（b）为分支连接。连接时，先将分支线作直角弯曲，其端部也稍作弯曲，然后将两线合并，用单股裸线紧密缠绕，方法及要求与直线连接相同。

图 5-21 是单芯铜导线的另外几种连接方法。

4. 多股导线的连接法

多股铜导线的直线绞接连接如图 5-22 所示。先将导线线芯顺次解开，成 30°伞状，用钳子逐根拉直，并剪去中心一股，再将各张开的线端相互交叉插入，根据线径大小，选择合适的缠绕长度，把张开的各线端合拢，取任意两股同时缠绕 5 ~ 6 圈后，另换两股缠绕，把原有两股压住或割弃，再缠 5 ~ 6 圈后，又取二股缠绕，如此下去，一直缠至导线解开点，剪去余下线芯，并用钳子敲平线头。另一侧亦同样缠绕。

多股导线的分支绞接连接如图 5-23 所示。

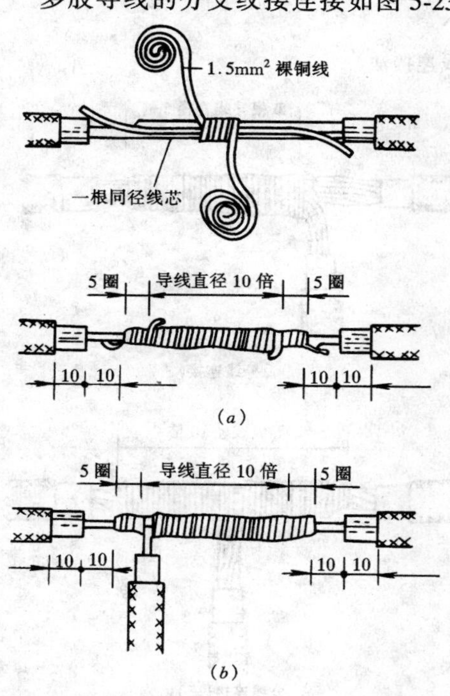

图 5-20　单股铜线的绑线连接
(a) 直线连接；(b) 分支连接

5. 导线在接线端子处的连接

导线端头接到接线端子上或压装在螺栓下时，要求做到两点：接触面紧密，接触电阻小；连接牢固。

截面在 $10mm^2$ 及以下的单股铜导线均可直接与设备接线端子连接，线头弯曲的方向一般均为顺时针方向，圆圈的大小应适当，而且根部的长短要适当。

对于 $2.5mm^2$ 以上的多股导线，在线端与设备连接时，须装设接线端子。图 5-24 所示是导线端接的方法。

四、恢复导线绝缘

所有导线接好后，均应采用绝缘带包扎，以恢复其绝缘。经常使用的绝缘带有黑胶布、自粘性橡胶带、塑料带和黄蜡带等。

应根据接头处环境和对绝缘的要求，结合各绝缘带的性能选用。图 5-25 所示为导线绝缘包扎方法。包缠时采用斜迭法，使每圈压迭带宽的半幅。第一层绕完后，再用另一斜迭方向缠绕第二

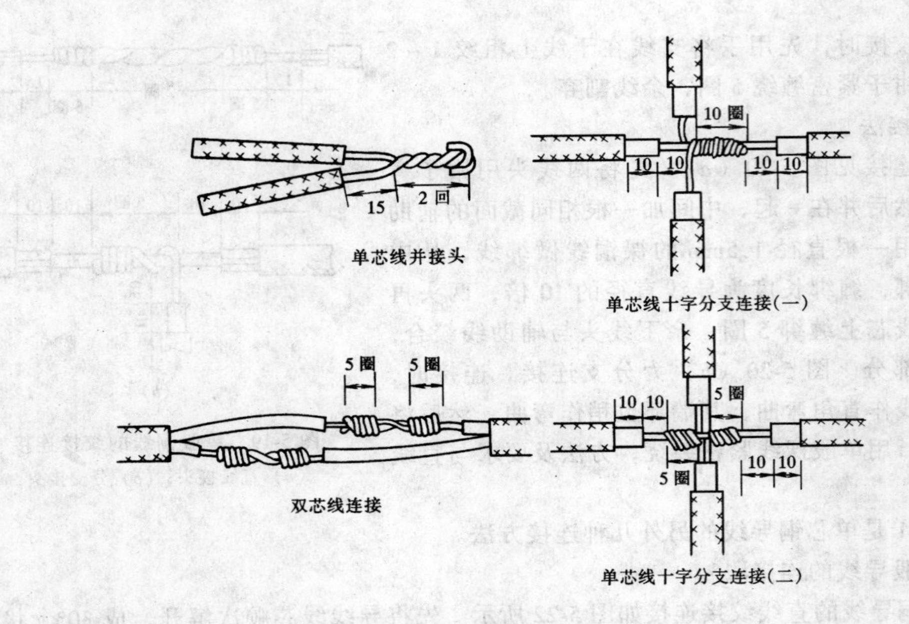

图 5-21　单芯铜导线的连接方法

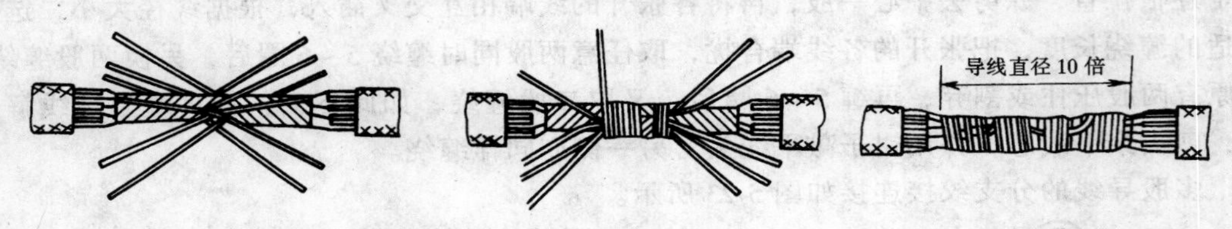

图 5-22　多股导线直线连接法

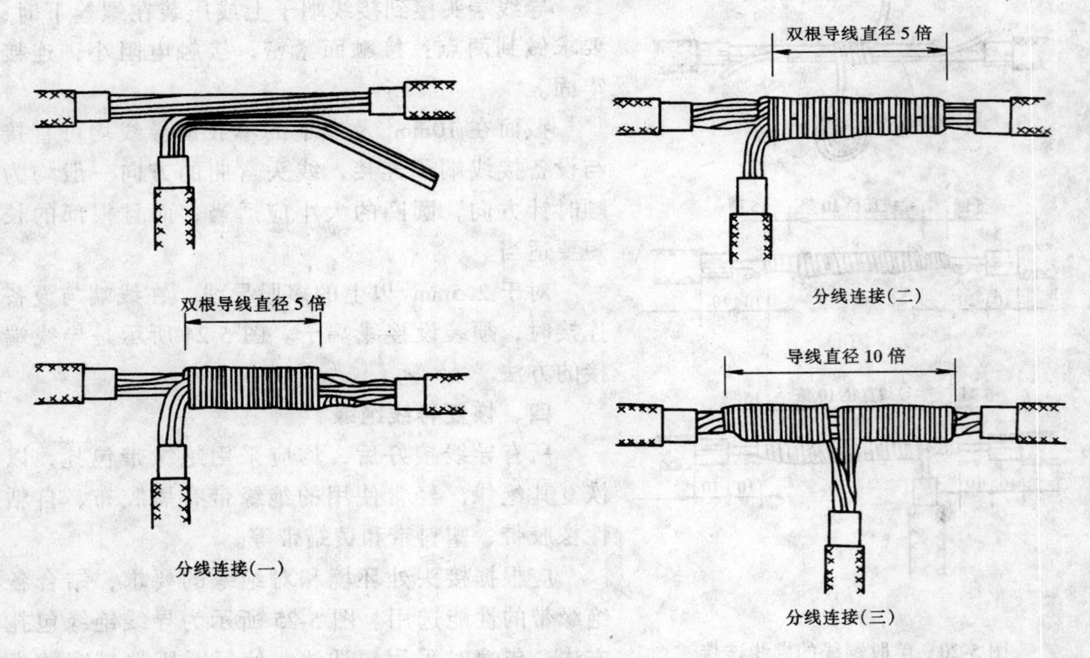

图 5-23　多股导线的分支连接

层，使绝缘层的缠绕厚度达到电压等级绝缘要求为止。包缠时要用力拉紧，使之包缠紧密坚实，以免潮气浸入。

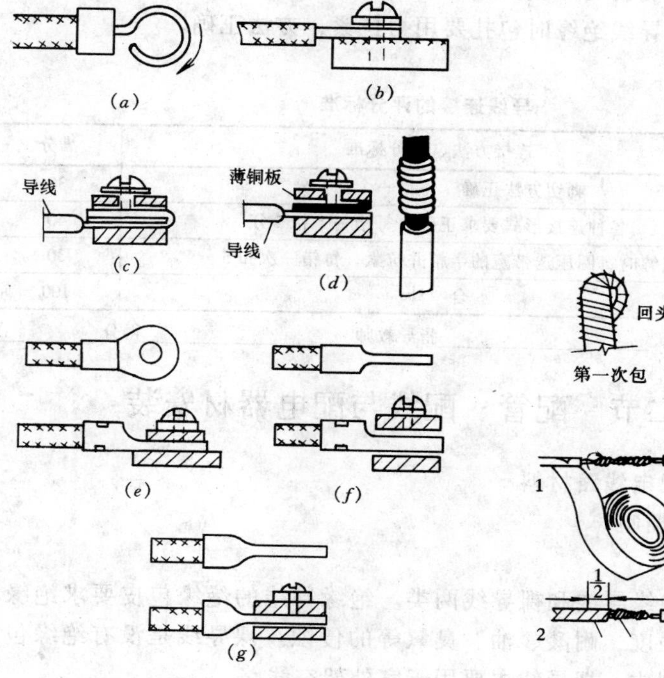

图 5-24 导线端接方法

(a)导线旋绕方向；(b)导线端接；(c)导线端接；(d)针孔过大时的导线端接；(e)OT 型接线端子端接；(f)IT 型接线端子端接；(g)管状接线端子端接

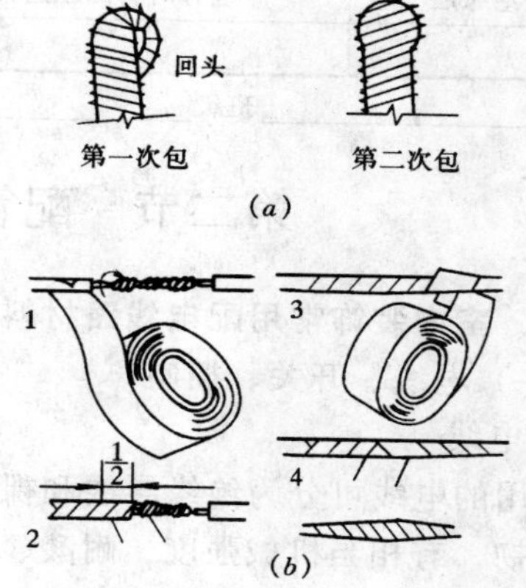

图 5-25 导线绝缘包扎方法

(a) 并接头绝缘包扎；
(b) 直线接头绝缘包扎

五、操作练习

1. 使用工具练习

目的：通过练习，掌握电工工具的正确使用。

要求：两人一组，练习使用各种电工工具。

2. 使用电工仪表练习

目的：通过练习，掌握电工仪表的正确使用方法。

要求：两人一组，根据所讲内容及注意事项逐个测试，要求测试准确，使用方法正确。

评分标准：见表 5-1。

电工仪表练习评分标准 表 5-1

项 目	测量方法、评分标准	满分	得分
测量电阻	测量 10 个不同阻值的电阻，每错一个扣 2 分	20	
测量二极管	测量二极管判断极性和管子的好坏，每错一个扣 5 分	20	
测量交流电压	测量不同的交流电压，每错一个扣 5 分	30	
测量直流电压	测量不同的直流电压，每错一个扣 5 分	30	
	合 计	100	

姓名____________班级____________指导教师____________得分____________

3. 导线连接练习

目的：通过练习，掌握导线连接的各种方法，能正确的连接。

要求：一人一组，正确剥切导线的绝缘层，不要切伤线芯，不同的导线，不同的连接方式要求操作正确，恢复导线绝缘时包扎要用力拉紧，方法正确。

评分标准：见表 5-2。

导线连接的评分标准 **表 5-2**

项　目	连接方法、评分标准	满分	得分
剥切绝缘层	剥切方法正确，每错一个扣 5 分	30	
线芯连接	各种连接形式要求正确，每错一个扣 5 分	40	
恢复绝缘层	包缠时每圈压迭带宽的半幅并拉紧，每错一次扣 5 分	30	
	合　计	100	

姓名＿＿＿＿＿＿＿＿班级＿＿＿＿＿＿＿＿指导教师＿＿＿＿＿＿＿＿得分＿＿＿＿＿＿＿＿

第二节　配管、配线与配电器材安装

一、室内装饰常用配电线路材料

(一) 电线、开关、插座

1. 电线

常用的电线可分为绝缘导线和裸导线两类。绝缘导线的绝缘包皮要求绝缘电阻值高，质地柔韧，有相当机械强度，耐酸、油、臭氧等的侵蚀。裸导线是没有绝缘包皮的导线。裸导线多用铝、铜、钢制成。裸导线主要用于室外架空线路。

电缆是一种多芯的绝缘导线，即在一个绝缘套内有很多互相绝缘的线芯，所以要求线芯间的绝缘电阻高，不易发生短路等故障。

橡皮绝缘电线是在裸导线外先包一层橡皮，再包一层编织层（棉纱或无碱玻璃丝），然后再以石蜡混合防潮剂浸渍而成。一般橡皮绝缘电线供室内敷设用，有铜芯和铝芯之分，在结构上有单芯、双芯和三芯等几种。长期工作温度不得超过 +60℃。电压在 250V 以下的橡皮线，只能用于 220V 照明线路。

聚氯乙烯绝缘电线是用聚氯乙烯作绝缘层的电线，简称塑料线。它的特点是耐油、耐燃烧、并具有一定防潮性能，不发霉，可以穿管使用。室外用塑料电线具有较好的耐日光、耐大气老化和耐寒性能。和橡皮电线比较，它的造价低廉，节约了大量橡胶，且性能良好，因此，是广泛采用的一种导电材料。塑料线的种类很多，各种类型的塑料线用于各种需要的场所。

低压橡套电缆的导电线芯是用软铜线绞制而成，线芯外包有绝缘包皮，一般用耐热无硫橡胶制成。绝缘线芯上包有橡胶布带，外面再包有橡胶护套。橡套电缆用于将各种移动的用电装置接到电网上。电缆线芯的长期允许工作温度不超过 +55℃。电缆有单芯、双芯、三芯和四芯等几种。

电线的种类很多，为了便于区分和使用，国家统一规定了电线的型号。

线规是表示导线直径粗细的一种国家标准。全国统一标准后，产品规格比较统一，设计和使用时便有所依据。

2. 开关、插座

常用的电灯开关有：翘板式、纽扣式和触摸式三种。按其装设条件分，有明装和暗装两类。插座有普通式、安全式和防溅式。按插口形状又分扁型和圆型两种。目前常用的开关、插座都是面板与器芯共体结构，改变了旧产品分体安装形式。开关和插座按产品外型尺寸又分为120系列和86系列两大类。

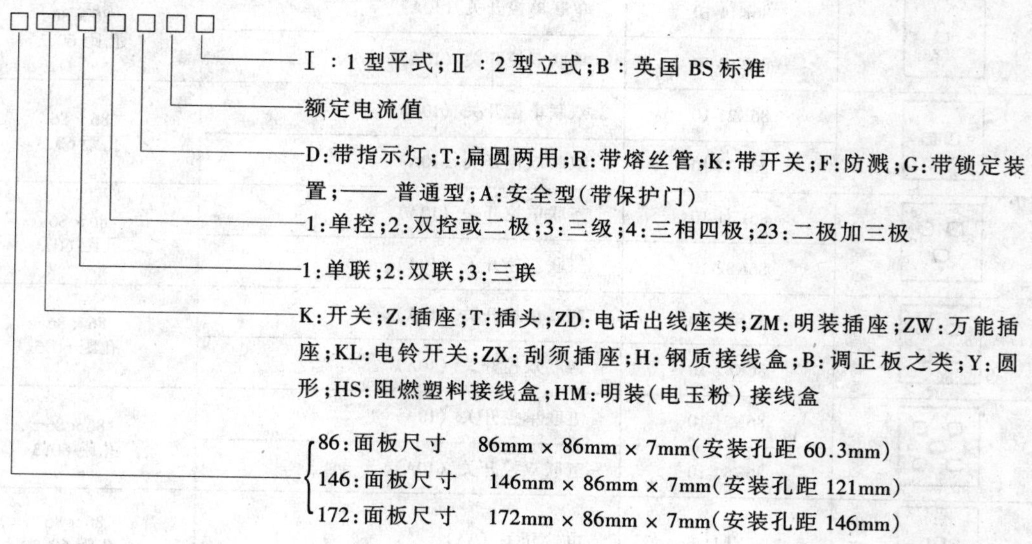

【例1】

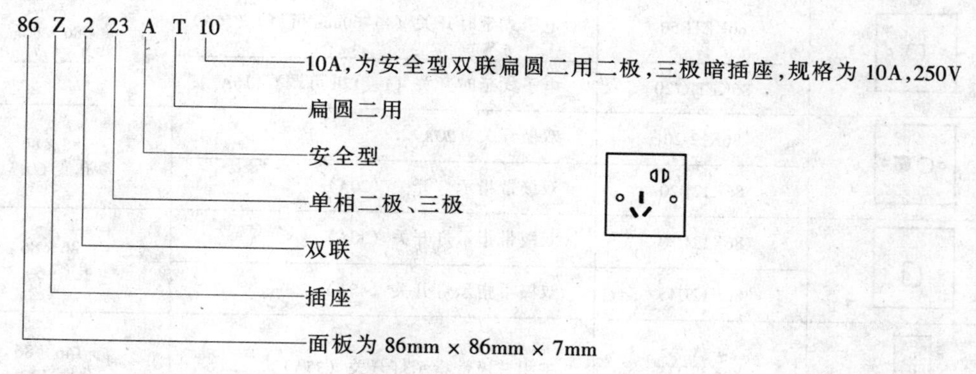

【例2】

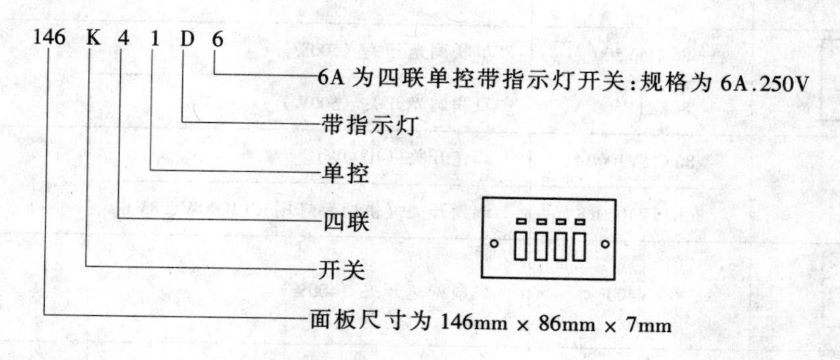

常用的86系列产品型号的含义如下：
表5-3是86系列中常用的开关、插座的型号和尺寸。

86 系列常用开关插座型号及尺寸 **表 5-3**

图 形	型 号	名称及摘要	尺 寸 (mm)
开关系列			
	86K11-10	单联单控开关（10A）	86×86 孔距 60.3
	86K12-10	单联双控开关（10A）	
	86K21-10	双联单控开关（10A）	86×86 孔距 60.3
	86K22-10	双联双控开关（10A）	
	86K31-10	三联单控开关（10A）	86×86 孔距 60.3
	86K32-10	三联双控开关（10A）	
	86K41-10	四联单控开关（10A）	86×86 孔距 60.3
	86K42-10	四联双控开关（10A）	
	86K51-10	五联单控开关（10A）	86×86 孔距 60.3
	86K52-10	五联双控开关（10A）	
	86KL11-3	电铃开关（3A）	86×86 孔距 60.3
	86KETR60	电子式延时开关（1～60min 可调）（16A）	86×86 孔距 60.3
	86KETR720	电子式延时开关（1～12h 可调）（16A）	
	86K12-20	双极开关（20A）	86×86 孔距 60.3
	86K12D20	双极带指示灯开关（20A）	
	86K12D30	双极带指示灯开关（30A）	86×86 孔距 60.3
	86K12D45	双极带指示灯开关（45A）	
	86K33D35	三相三极带指示灯开关（35A）	146×86 孔距 120.6
	86K11V500	单联调光开关（500W）	86×86 孔距 60.3
	86K21V500	双联调光开关（500W）	
	86K11V1000	调光开关（1000W）	115×73 孔距 84
	86K11V1000/8	调光开关（供卤钨灯用）（1000W、8V）	
	86KV400F	风扇调速开关（400W）	86×86 孔距 60.3
	86BM2	塑胶面调光器（普通型）（630W）	86×86 孔距 60.3

续表

图形	型号	名称及摘要	尺寸 (mm)
	86BMP2	银色金属面调光器（630W）	86×86 孔距 60.3
	86BMG2	金色金属面调光器（630W）	
	86BM3	塑胶面风扇调速开关（250W）	86×86 孔距 60.3
	751	红外线感应开关（墙装或顶装）（2A）	直径 100.2，高 57，孔距 50.3，84

电源用插座系列
（除标明外，所有插座均带保护门）

图形	型号	名称及摘要	尺寸 (mm)
	E426/5	三极圆脚插座（5A）	86×86 孔距 60.3
	E15/5	三极带开关圆脚插座（5A）	
	E15/5N	三极带开关带灯圆脚插座（5A）	
	E426/10	三极扁脚插座（不带保护门）（10A）	86×86 孔距 60.3
	E426/10S	三极扁脚插座（10A）	
	E15/10S	三极带开关扁脚插座（10A）	
	E15/10N	三极带开关带灯扁脚插座（10A）	
	E426/10SF	三极带熔丝管扁脚插座（10A）	86×86 孔距 60.3
	E426/10U	双联二极及三极插座（不带保护门）（10A）	86×86 孔距 60.3
	E426/10US	双联二极及三极插座（10A）	
	E426/16	欧陆式二极插座（16A）	86×86 孔距 60.3
	E426U	二极扁圆两用插座（10A）	86×86 孔距 60.3
	E15U	二极带开关扁圆两用插座（10A）	
	E426U2	双联二极扁圆两用插座（10A）	86×86 孔距 60.3
	E31/405A	单联二极扁脚插座（10A）	86×86 孔距 60.3
	E32/405A	双联二极扁脚插座（10A）	
	E426	三极方脚插座（13A）	86×86 孔距 60.3
	E15	三极带开关方脚插座（13A）	
	E15N	三极带开关带灯方脚插座（13A）	

表5-4是120系列中常用的开关、插座的型号及尺寸。

120系列的开关、插座的型号及尺寸　表5-4

图　形	型　号	名称及摘要	尺　寸（mm）
普通开关系列			
	WC501	单联一位单控开关	120×70 孔距83.5
	WC502	单联一位双控开关	
	WC503	单联二位单控开关	120×70 孔距83.5
	WC504	单联二位双控开关	
	WC505	单联三位单控开关	120×70 孔距83.5
	WC506	单联三位双控开关	
	WC551	双联三位单控开关	120×116 孔距83.5×46
	WC552	双联三位双控开关	
	WC553	双联四位单控开关	120×116 孔距83.5×46
	WC554	双联四位双控开关	
	WC555	双联五位单控开关	120×116 孔距83.5×46
	WC556	双联五位双控开关	
	WC557	双联六位单控开关	120×116 孔距83.5×46
	WC558	双联六位双控开关	
高机能开关系列			
	WC511	单联一位单控荧光显示开关	120×70 孔距83.5
	WC512	单联一位双控荧光显示开关	
	WC521	单联一位单控指示灯开关	120×70 孔距83.5
	WC201	单联一位指示灯	120×70 孔距83.5
	WC202	单联一位按钮开关	120×70 孔距83.5
	WC520	单联空调用开关	120×70 孔距83.5
	WC683	双联三位荧光显示混合开关（双控、钥匙开关）	120×116 孔距83.5×46

续表

图形	型号	名称及摘要	尺寸 (mm)
	WC684	双联三位荧光显示混合开关（双控、调光）	120×116 孔距 83.5×46
电源用插座系列			
	WC101	单联单相一位三极插座（10A）	120×70 孔距 83.5
	WC102	单联单相一位三极带保护门插座（10A）	
	WC111	单联单相一位二极插座（10A）	120×70 孔距 83.5
	WC112	单联单相一位二极带保护门插座（10A）	
	WC103	单联单相一位三极插座（15A）	120×70 孔距 83.5
	WC104	单联单相二位三极插座（10A）	120×70 孔距 83.5
	WC105	单联单相二位三极带保护门插座（10A）	
	WC121	单联单相二位混合插座（二、二极）(10A)	120×70 孔距 83.5
	WC122	单联单相二位混合带保护门插座（二、三极）(10A)	
	WC123	单联单相二位混合插座（二、三极）(10A、15A)	120×70 孔距 83.5
	WC124	单联单相二位混合带保护门插座（二、三极）(10A、15A)	
	WC113	单联单相二位二极插座（10A）	120×70 孔距 83.5
	WC114	单联单相二位二极带保护门插座（10A）	
	WC115	单联单相三位二极插座（10A）	120×70 孔距 83.5
	WC116	单联单相三位二极带保护门插座（10A）	
	WC117	单联单相二位带接地端子二极插座(10A)	120×70 孔距 83.5
	WC151	双联单相二位三极插座（10A）	120×116 孔距 83.5×46
	WC152	双联单相二位三极带保护门插座（10A）	
	WC171	双联单相四位混合插座（二、三极）(10A)	120×116 孔距 83.5×46
	WC172	双联单相四位混合带保护门插座（二、三极）(10A)	

注：尺寸为高×宽，单联为两个螺丝孔距（高），双联为四个螺丝孔距（高×宽）。

暗装式的开关和插座都必须安装在接线盒上，接线盒也可作为开关盒。接线盒一般分为钢盒和塑料盒两种，表 5-5 是 86 系列接线盒的型号与规格。

暗装接线盒　钢盒　　　　表 5-5

图　形	产品名称	型　号	规　格
	钢盒	86H40	75 × 75 × 40
		86H50	75 × 75 × 50
		86H60	75 × 75 × 60
	钢盒	146H50	75 × 135 × 50
		146H60	75 × 135 × 60
		146H70	75 × 135 × 70
		150H70	89 × 139 × 70
		172H50	75 × 160 × 50
	八角钢盒	DH75	长边 75
塑　料　盒			
	塑料盒	86HS50	75 × 75 × 50
		86HS60	75 × 75 × 60
	塑料盒	146HS50	75 × 135 × 50
		146HS60	75 × 135 × 60

（二）灯具

灯具是灯座和灯罩的联合结构的总称。常用的灯具品种繁多，可以分为以下三种类型。

工厂灯具：主要用于工厂车间、仓库、运动场及室内外工作场所的照明。有配照型、广照型、探照型、防水型和防尘型等。

荧光灯具：适用的范围很广，工业、民用、写字间以及商场等都广泛采用。有简式荧光灯、密闭式荧光灯。按安装方式分有吊杆式、吊链式、吸顶式和嵌入式等。

建筑灯具：品种繁多。按安装方式分为：吸顶灯（XD）、吸壁灯（XB）、吊灯（DD）、花式吊灯（DDH）、以及庭院灯（TY）等。本书主要介绍几种建筑灯具。

1. 吸顶灯

吸顶灯是直接安装在顶棚上的一种固定式灯具，分白炽吸顶灯和荧光吸顶灯。

白炽吸顶灯：如图 5-26 所示为一般式多灯组合白炽吸顶灯。白炽吸顶灯品种很多，造型丰富。按其在顶棚安装情况可分为嵌入式、半嵌入式和一般式三类。

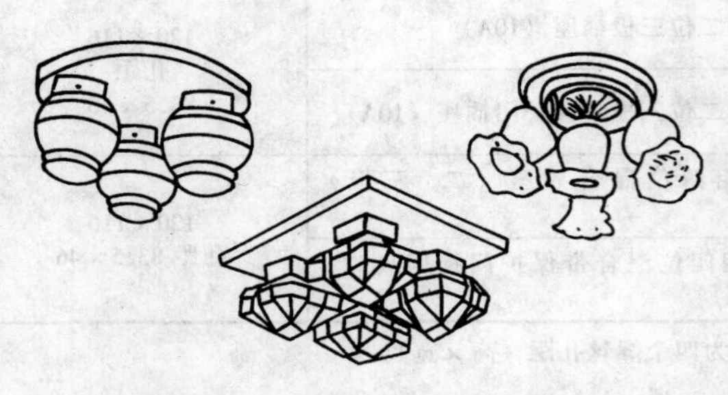

图 5-26　多灯组合白炽吸顶灯具

荧光吸顶灯：荧光吸顶灯有直管荧光吸顶灯和紧凑型荧光吸顶灯。直管荧光吸顶灯有的采用透明压花板或乳白塑料板做外罩、有的安装镀膜光栅，既有装饰性又有实用性，使灯具显得造型大方，清晰明亮。图 5-27 中的（*a*）、（*c*）、（*d*）均为直管型荧光吸顶灯。

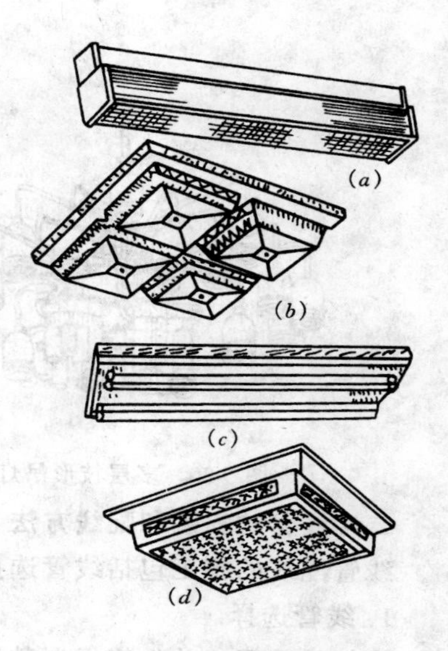

图 5-27　荧光吸顶灯具

2. 吊灯

吊灯是悬挂在室内屋顶上的照明灯具，经常用作大面积范围的照明，它比较讲究造型、强调光线作用。吊灯可分成二类，即白炽类吊灯和荧光类吊灯。

白炽吊灯有四种：

1）灯罩吊灯。这是以一个灯罩为主体的吊灯。如图 5-28 所示。

2）枝形吊灯。枝形吊灯又分为单层枝形吊灯如图 5-29 所示。将若干个单灯罩在一个平面上通过尤如树枝的灯杆组装起来，就成了单层枝形吊灯。

3）多层枝形吊灯。枝形向多层次空间伸展如图 5-30 所示。

4）珠帘吊灯。这是近年来发展很快的豪华型吊灯。全灯用成千上万只经过研磨处理的玻璃珠（片、球）串连装饰。当灯开亮时，玻璃珠使光线折射。由于角度不同，会使整个吊灯呈现出五彩之色。给人以华丽、兴奋的感受。

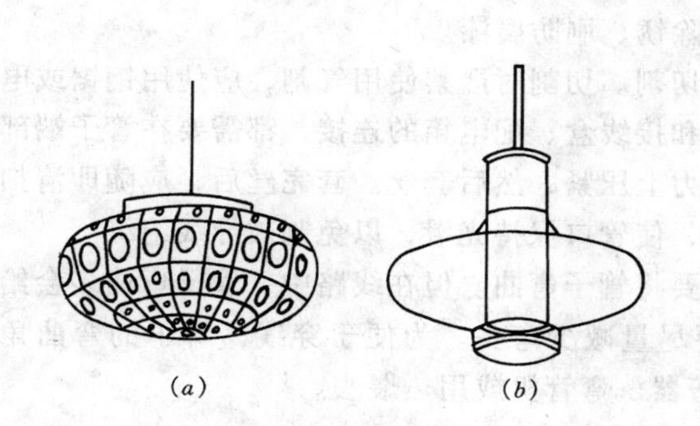

图 5-28　单灯罩吊灯

（*a*）吹制玻璃灯罩吊灯；（*b*）双色罩吊灯

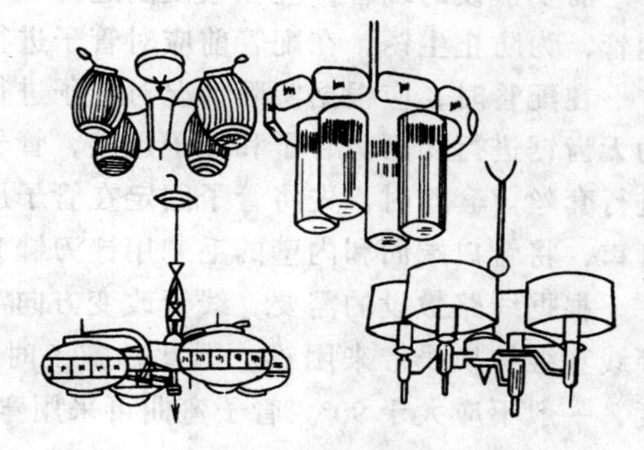
图 5-29　单层枝形吊灯

荧光类吊灯。由于荧光灯光效高，因此商店、图书馆、学校等的一般照明多采用荧光灯吊灯。

3. 射灯

射灯是近几年迅速发展起来的一种灯具，它的光线投射在一定区域内，使被照射物获得充足的照度与亮度。它已被广泛应用在商店、展览厅等处作室内外照明，以增加展品及商品的吸引力。射灯的造型千姿百态，有圆筒式、方形椭圆式、喇叭形、还有抛物线形等，图 5-31 所示是几种常用的射灯。射灯的几何线条明显，充满现代气息。

4. 门灯

门灯多半安装在公共建筑正门处，作夜间照明。门灯的种类主要有门壁灯、门前座灯、门顶灯等。

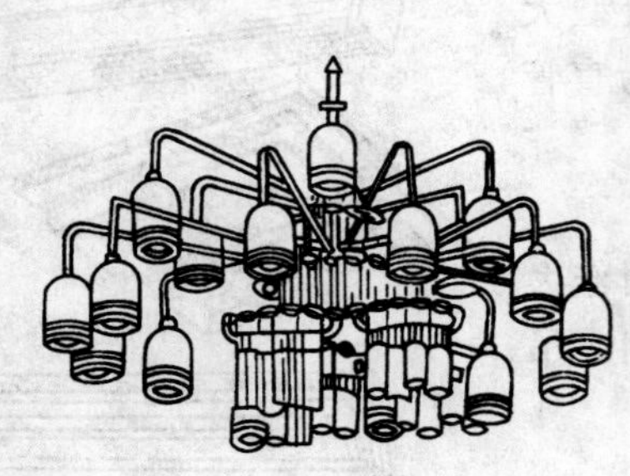

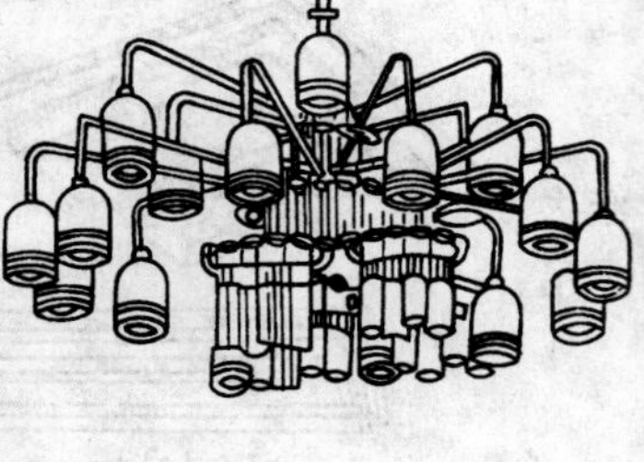

图 5-30　多层枝形吊灯

图 5-31　射灯

二、线管的安装和配线方法

线管配线的施工包括线管选择、线管加工、线管敷设和穿线等几道工序。

1. 线管选择

线管的选择，首先应根据敷设环境决定采用哪种管子，然后再决定管子的规格。一般明配于潮湿场所和埋于地下的管子，均应使用厚壁钢管；明配或暗配于干燥场所的钢管，宜使用薄壁钢管。硬塑料管适用于室内或有酸、碱等腐蚀介质的场所，但不得在高温和易受机械损伤的场所敷设。金属软管多用来作为钢管和设备的过渡连接。

2. 线管加工

需要敷设的线管，应在敷设前进行一系列的加工，如除锈、切割、套丝和弯曲。对于钢管，为防止生锈，在配管前应对管子进行除锈、刷防腐漆。

在配管时，应根据实际情况对管子进行切割。切割时严禁使用气割，应使用钢锯或电动无齿锯进行切割。管子和管子连接，管子和接线盒、配电箱的连接，都需要在管子端部进行套丝。套丝时，先将管子固定在管子压力上压紧，然后套丝。套完丝后，应随即清扫管口，将管口端面和内壁的毛刺用锉刀锉光，使管口保持光滑，以免割破导线绝缘。

根据线路敷设的需要，线管改变方向需要将管子弯曲。但在线路中，管子弯曲多会给穿线和维护换线带来困难。因此，施工时要尽量减少弯头。为便于穿线，管子的弯曲角度，一般不应大于 90°。管子弯曲可采用弯管器、弯管机或用热煨法。

3. 线管连接

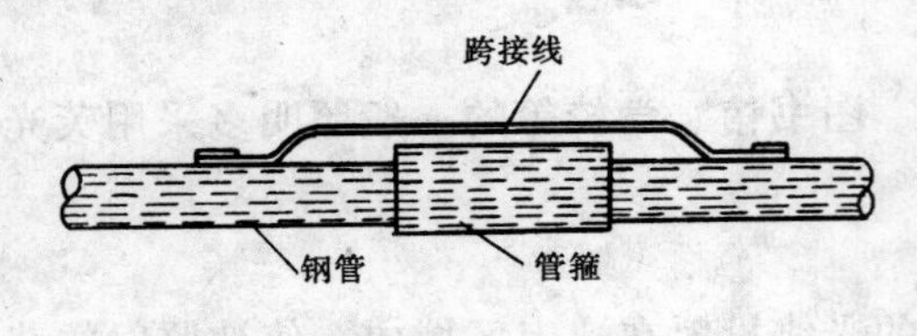

图 5-32　钢管连接处接地

无论是明敷还是暗敷，一般都采用管箍连接。不允许将管子对焊连接。钢管采用管箍连接时，要用圆钢或扁钢作跨接线焊在接头处，使管子之间有良好的电气联接，以保证接地的可靠性，见图 5-32 所示。硬塑料管连接通常有两种方法：第一种叫插入法，另一种叫套接法。

4. 线管穿线

管内穿线工作一般在管子全部敷设完毕后及土建地坪和粉刷工程结束后进行。在穿线前应将管中的积水及杂物清除干净。

导线穿管时，应先穿一根钢线作引线。当管路较长或弯曲较多时，应在配管时就将引线穿好。一般在现场施工中对于管路较长，弯曲较多，从一端穿入钢引线有困难时，多采用从两端同时穿钢引线，且将引线头弯成小钩，当估计一根引线端头超过另一根引线端头时，用手旋转较短的一根，使两根引线绞在一起，然后把一根引线拉出，此时就可以将引线的一头与需穿的导线结扎在一起。在所穿电线根数较多时，可以将电线分段结扎，如图 5-33 所示。

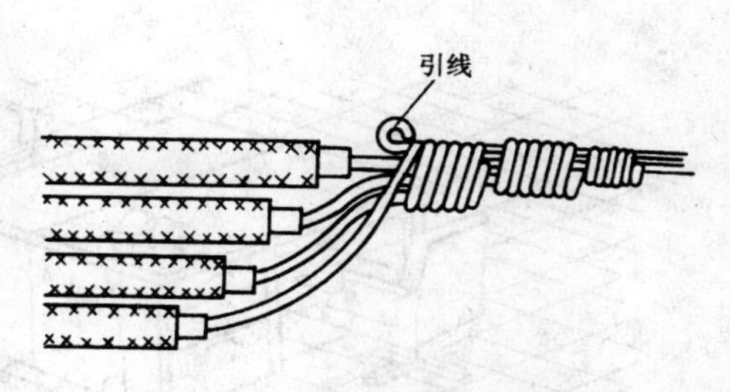

图 5-33　多根导线的绑法

拉线时，应由两人操作，一人担任送线，另一个担任拉线，两人送拉动作要配合协调，不可硬送硬拉。当导线拉不动时，两人应反复来回拉 1 ~ 2 次再向前拉，不可过分勉强而将引线或导线拉断。

穿线完毕，即可进行电器安装和导线连接。

三、线槽的安装和配线方法

线槽是线槽配线的主要材料。线槽配线是近来使用较多的一种配线方式。线槽按其材质分主要有 PVC 线槽和金属线槽。

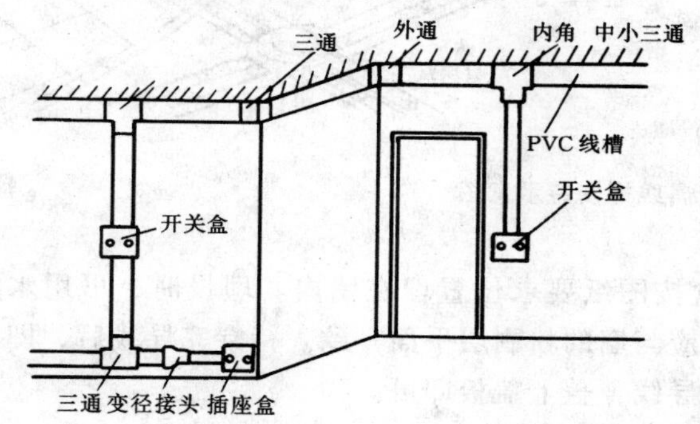

图 5-34　PVC 线槽安装示意图

PVC 线槽配线一般适用于办公室、写字楼等的明配线路，如图 5-34 所示。PVC 线槽配线整齐美观，操作较简单且造价低。

金属线槽一般用于地面内暗装布线，适用于正常环境下大空间且隔断变化多、用电设备移动性大或敷有多种功能线路的场所，暗敷于现浇混凝土地面、楼板或楼板垫层内。如图 5-35 所示。

常用的安装材料还有：

木材（不同规格的木方、木条、木板）、铝合金（板、型材），型钢、扁钢、钢板作支撑构件。塑料、有机玻璃板、玻璃作隔片，外装饰贴面和散热板、铜板、电化铝板作装饰构件。其他配件如螺丝、铁钉、铆钉、胶粘剂等。

四、常用开关及插座的安装

1. 开关和插座的明装

其方法是先将木台固定在墙上，固定木台用的螺丝长度约为木台厚度的 2 ~ 2.5 倍，然后再在木台上安装开关或插座，如图 5-36 所示。

当木台固定好后，即可用木螺丝将开关或插座固定在木台上。且应装在木台的中心。相邻开关及插座应尽可能采用同一种形式配置，特别是开关柄，其接通和断开电源的位置应一致。但不同电源或电压的插座应有明显区别。

插座接线孔的排列顺序：单相双孔为面对插座的右孔接相线，左孔接零线。单相三孔、三相四孔的接地或接零均在上方，如图 5-37 所示。

在砖墙或混凝土结构上，不许用打入木楔的方法来固定安装开关和插座的木台，应用埋设弹簧螺丝或其他紧固件的方法，所用木台的厚度一般不应小于 10mm。

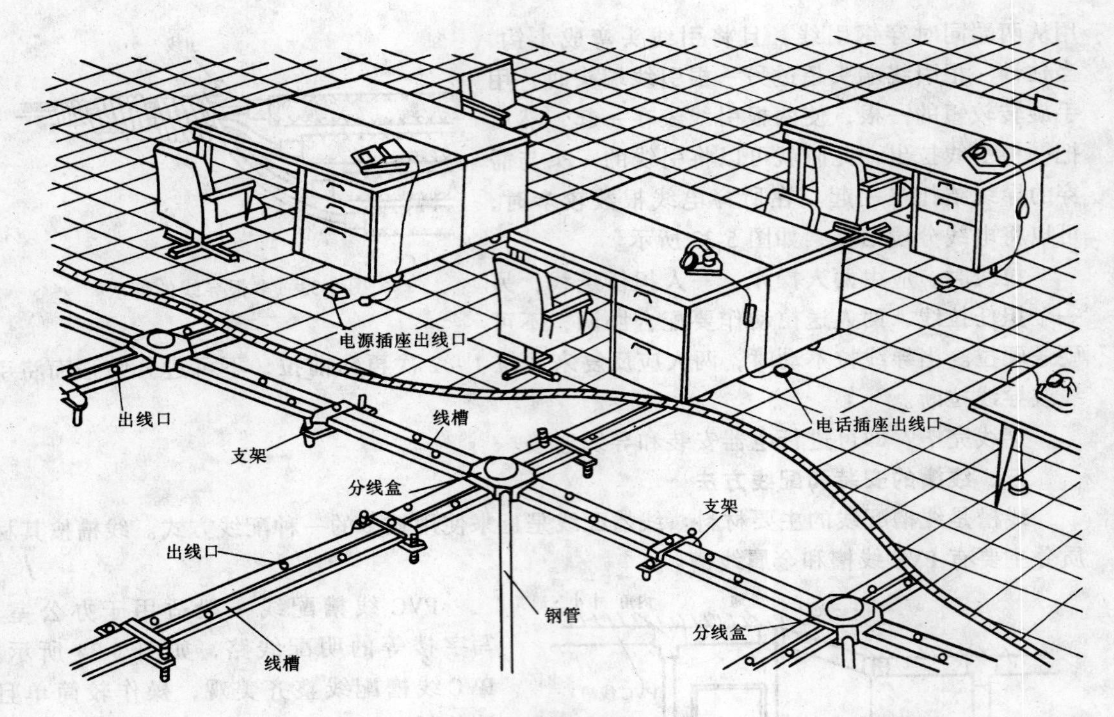

图 5-35 金属线槽安装示意图

2. 开关及插座暗装

暗装方法如图 5-38 所示。先将开关盒按图纸要求位置埋在墙内。埋设时，可用水泥砂浆填充，但应注意埋设平正，铁盒口面应与墙的粉刷层平面一致。待穿完导线后，即可将开关或插座用螺栓固定在铁盒内，接好导线，盖上盖板即可。

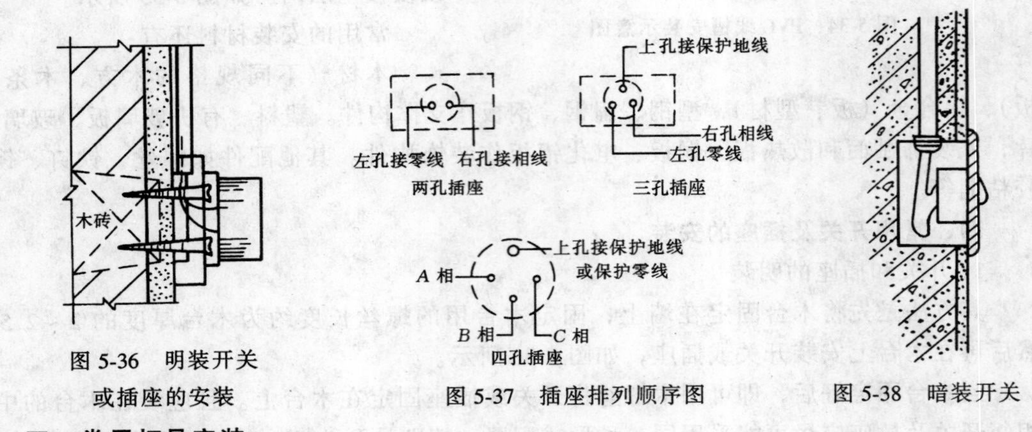

图 5-36 明装开关或插座的安装

图 5-37 插座排列顺序图

图 5-38 暗装开关

五、常用灯具安装

1. 灯具安装使用的工具

常用工具有钳子、螺丝刀、锤子、手锯、直尺、漆刷、手电钻、冲击钻、电动曲线锯、射钉枪、型材、切割机等。

2. 荧光灯的安装

荧光灯的安装方式有吸顶、吊链和吊管几种。安装时应注意灯管和镇流器、启辉器、电容器要互相匹配，不能随便代用。特别是带有附加线圈的镇流器，接线不能接错，否则要损坏灯管。图 5-39 ~ 图 5-42 是荧光灯的几种安装方法。

3. 吊灯安装

吊灯一般都安装于结构层上，如楼板、屋架下弦或梁上，小的吊灯常安装在顶棚上。在吊灯安装前，应对结构层或顶棚进行强度检查。

放线、定位、吊灯安装位置，应按设计要求，事先定位放线。

安装吊杆、吊索。先在结构层中预埋铁件或木砖。埋设位置应与放线位置一致，并有足够的调整余地。

图 5-43 是一种花灯的安装方法。

4. 灯具安装注意事项

当在砖石结构中安装电气照明装置时，应采用预埋吊钩、螺栓、螺钉、膨胀螺栓、尼龙塞或塑料塞固定；严禁使用木楔。当设计无规定时，上述固定件的承载能力应与灯具的重量相匹配。

螺口灯头的相线应接在中心触点的端子上，零线应接在螺纹的端子上。采用钢管作灯具的吊杆时，钢管内径不应小于 10mm；钢管壁厚不应小于 1.5mm。

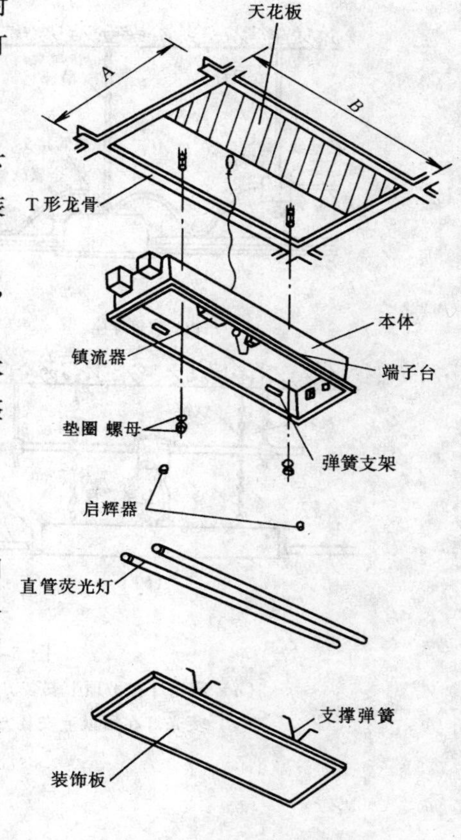

图 5-39 荧光灯安装示意图

吊链灯具的灯线不应受拉力，灯线应与吊链编叉在一起。软线吊灯的软线两端应作保护扣，两端芯线应搪锡。

同一室内或场所成排安装的灯具，其中心线偏差不应大于 5mm。

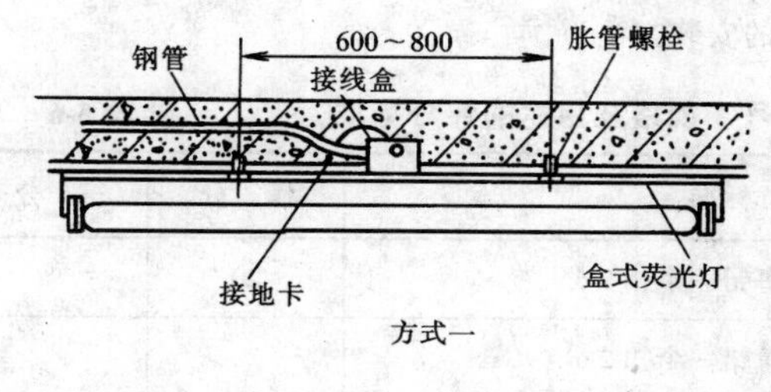

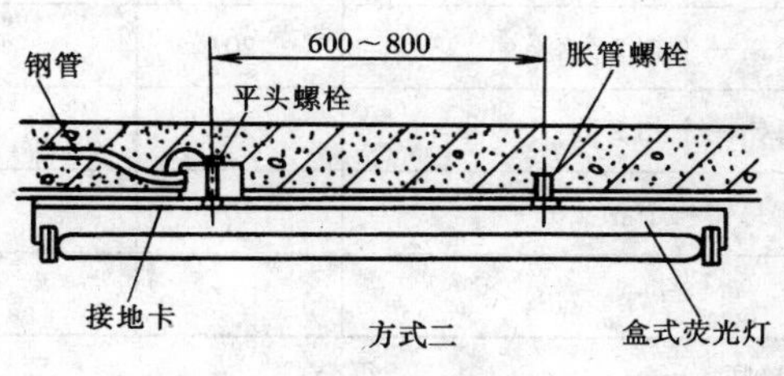

图 5-40 盒式荧光灯顶装方法

六、操作练习

1. 掌握各种配电线路材料的练习

目的：通过练习，熟知各种配电线路材料的型号、规格及用途。

要求：两人一组，练习掌握各种配电线路材料的型号、规格及用途。

评分标准：见表 5-6。

2. 室内配线施工练习

目的：通过练习，掌握塑料护套线配线和线管配线的操作方法和步骤。

要求：两人一组，学会护套线配线的操作步骤：了解线管配线的全过程，并要求学会线管穿线及在接线盒内连接。

评分标准：见表 5-7。

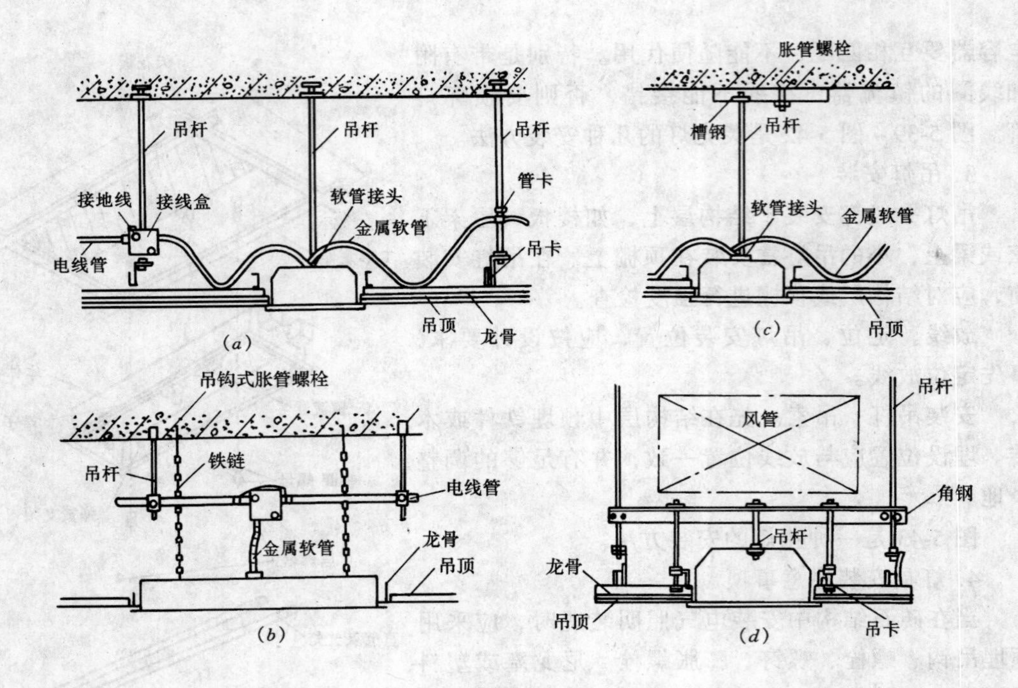

图 5-41　荧光灯的安装方法

(a) 荧光灯在吊顶上安装方法（一）；(b) 荧光灯在吊顶上安装方法（二）；
(c) 荧光灯在吊顶上安装方法（三）；(d) 荧光灯在吊顶上安装方法（四）

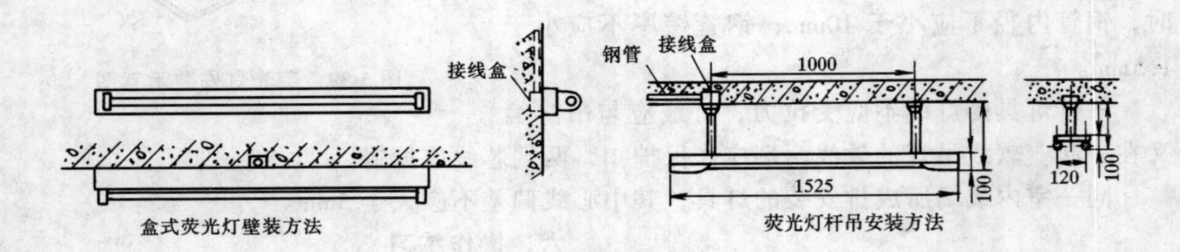

图 5-42　荧光灯的安装方法

练习掌握各种配电线路材料的型号、规格及用途的评分标准　　表 5-6

项　目	识别方法、评分标准	满　分	得　分
识别各类导线	识别各类导线及用途，每错一个扣 2 分	20	
识别各类开关	识别各类开关及用途，每错一个扣 2 分	20	
识别各类插座	识别各类插座及用途，每错一个扣 2 分	20	
识别各类灯具	识别各类灯具及用途，每错一个扣 2 分	20	
识别各类线管线槽	识别各类线管线槽及用途，每错一个扣 2 分	20	
	合　计	100	

姓名________　班级________　指导教师________　得分________

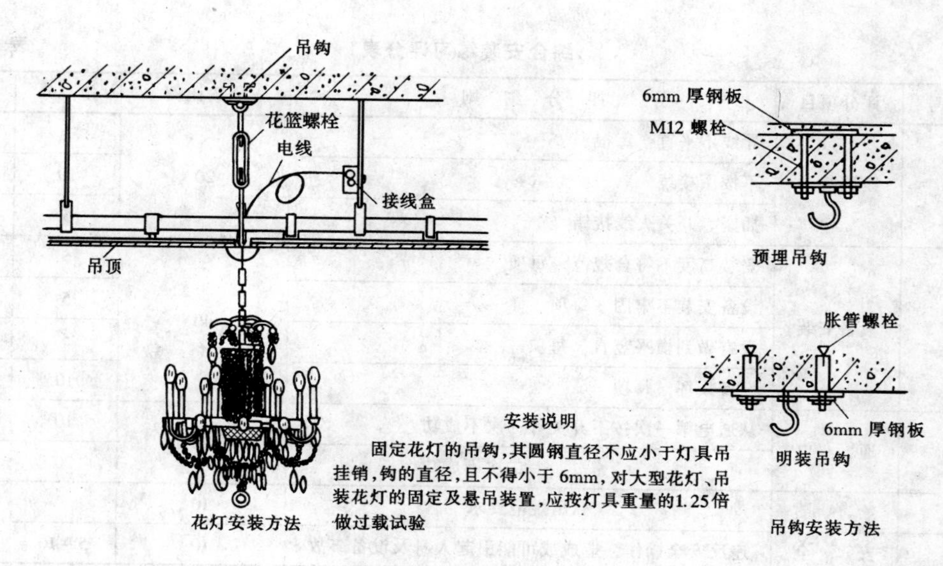

图 5-43　花灯的安装

室内配线施工练习评分标准　　　　表 5-7

项　目	施工练习方法、评分标准	满　分	得　分
护套线配线	每道工序正确，每错一道工序扣 5 分	40	
敷设线管	线管加工及敷设的方法正确，每错一处扣 5 分	30	
管内穿线及连接	管内穿线、接线盒内连接方法正确，每错一处扣 5 分	30	
	合　计	100	

姓名＿＿＿＿＿＿＿＿班级＿＿＿＿＿＿＿＿指导教师＿＿＿＿＿＿＿＿得分＿＿＿＿＿＿＿＿

3. 综合练习

目的：通过安装练习：巩固所学知识，学会正确的操作方法。在安装练习的同时掌握各种设备安装的规范。

要求：四人一组，8 课时完成。掌握电气安装的正确操作方法，设备的安装要求横平竖直，明敷导线要求排列整齐、横平竖直。插座和开关的接线要符合规范要求。

练习内容：1）根据规范查找并标出施工图中 a、b、c、d 的具体数字。

2）根据施工图（图 5-44）进行电气安装练习，配电箱、插座、开关可视具体情况决定明装或暗装，导线的敷设视具体情况确定明敷或暗敷。

评分标准：见表 5-8。

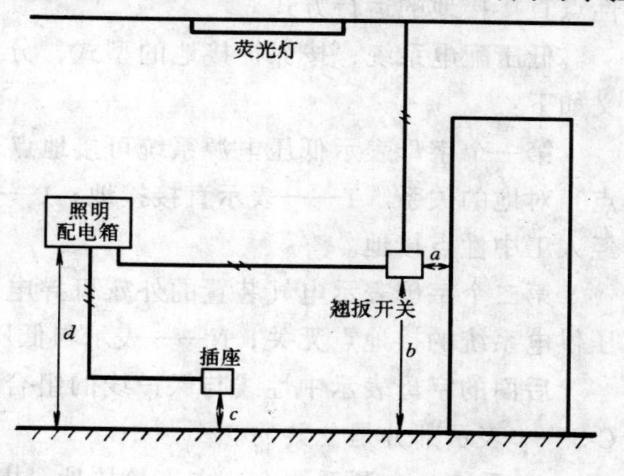

图 5-44　施工图

综合安装练习评分表 **表 5-8**

序 号	评分项目	评 分 细 则	分数比例	扣 分	得 分
1	线路敷设	导线不平直　每根	20	3	
		不按图接线		10	
		插座、开关火线接错		5	
2	设备安装	安装高度不符合规范　每项	40	5	
		设备安装不牢固　每项		5	
		没有做到横平竖直　每项		5	
		设备损坏　每项		10	
3	通　电	从通电第一次按下开关计一次不成功	20	10	
		二次不成功		20	
4	绘　图	标出规范要求	10		
5	安　全	违反安全操作，造成或可能引起人身及设备事故	10	5～10	

班级＿＿＿＿＿＿姓名＿＿＿＿＿＿指导教师＿＿＿＿＿＿日期＿＿＿＿＿＿总得分＿＿＿＿＿＿

第三节　安　全　用　电

一、供电方式

我国电力系统中电源（含发电机和电力变压器）的中性点有三种运行方式：一种是中性点不接地；一种是中性点经阻抗接地；再有一种是中性点直接接地。前两种称为小电流接地系统，后一种称为大电流接地系统。

我国 3～66kV 的电力系统，大多数采取中性点不接地的运行方式。只有当系统单相接地电流大于一定数值时（3～10kV，大于 30A 时；20kV 及以上，大于 10A 时）才采取中性点经消弧线圈（一种大感抗的铁心线圈）接地。110kV 以上的电力系统，则一般均采取中性点直接接地的运行方式。

低压配电系统，按保护接地的型式，分为 TN 系统、TT 系统和 IT 系统。系统符号含义如下：

第一个字母表示低压电源系统可接地点（三相供电系统通常是发电机或变压器的中性点）对地的关系。T——表示直接接地；I——表示不接地（所有带电部分与大地绝缘）或经人工中性点接地。

第二个字母表示电气装置的外露可导电部分对地的关系。T——表示直接接地，与低压供电系统的接地点无关；N——表示与低压供电系统的接地点进行连接。

后面的字母表示中性线与保护线的组合情况，S——表示分开的；C——表示公用的；C-S——表示部分是公共的。

TN 系统：电源系统有一点直接接地，电气装置的外露可导电部分通过保护线（导体）接到此接地点上。如图 5-45 所示。

TT 系统：供电网接地点与电气装置的外露可导电部分分别直接接地。如图 5-46 所示。

IT 系统：电源系统可接地点不接地或通过电阻器（或电抗器）接地，电气装置的外

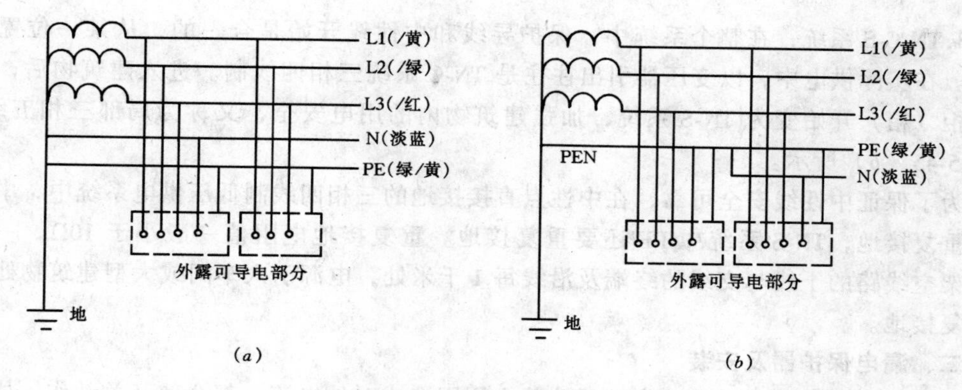

图 5-45　低压电网 TN 系统接线方式

(*a*) TN-S 系统；(*b*) TN-C-S 系统

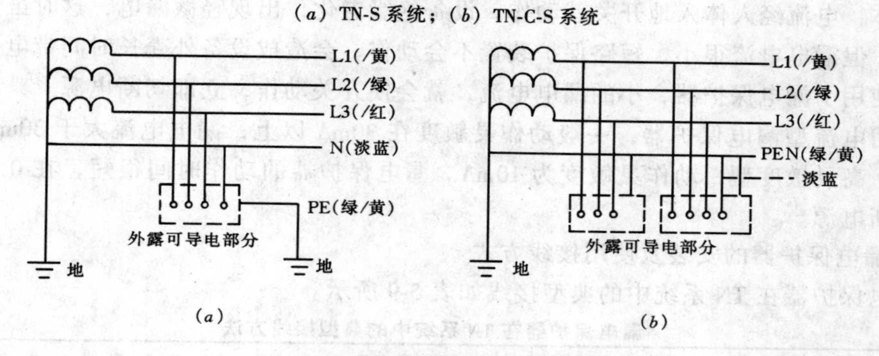

图 5-46　低压电网 TT 系统接线方式

(*a*) TT 系统；(*b*) TT-C 系统

露可导电部分单独直接接地。如图 5-47 所示。

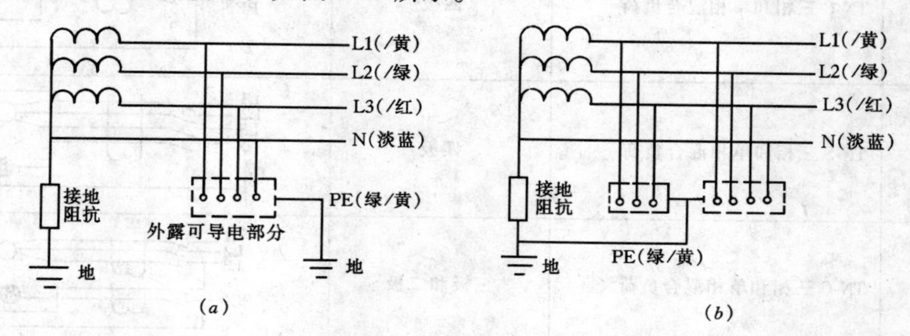

图 5-47　低压电网 IT 系统接线方式

(*a*) 具有独立接地极；(*b*) 具有公共接地极

以上几种供电方式中，TN 系统是采用广泛的一种供电系统，根据中性线和保护导线的布置连接方式的不同，可分为 TN-C 系统、TN-S 系统、TN-C-S 系统。

1.TN-C 系统：在系统中，保护导线（PE 线）和中性线（N 线）合一为 PEN 线，则供电系统常用三相四线制。

2.TN-S 系统：在整个系统中，保护导线与中性线分开，保护导线为保护零线，中性线称为工作零线。此系统安全可靠性高，施工现场必须使用，称为三相五线制，如图 5-45（*a*）所示。

3.TN-C-S 系统：在整个系统中，保护导线和中性线开始是合一的，从某一位置开始分开。在实际供电中，以变压器引出往往是 TN-C 系统三相四线制。进入建筑物后，从总配电柜（箱）开始变为 TN-S 系统，加强建筑物内的用电安全，又称为局部三相五线制，如图 5-45（*b*）所示。

为了保证中性线安全可靠，在中性点直接接地的三相四线制低压供电系统中，中性点也要重复接地，TN-S 系统中 PE 还要重复接地。重复接地电阻值一般小于 10Ω。一般规定：架空线路的干线与支线的终端及沿线每 1 千米处，电源引入车间或大型建筑物处都要做重复接地。

二、漏电保护器及安装

在使用漏电保护器的电路中，无论什么原因造成对地电流，都会使开关动作。如人触及带电体，电流经人体入地开关就动作。设备绝缘老化，出现轻微漏电，这时虽然做了接零保护，但漏电电流很小，短路保护装置不会动作，会造成设备外壳长时间带电，引起触电。但使用了漏电保护器，小的漏电电流，就会使开关动作，立即切断电源。

采用电流型漏电保护器，一般动作灵敏度在 30mA 以上，漏电电流大于 30mA 开关就会动作；高灵敏度型，动作灵敏度为 10mA。漏电保护器的动作时间很短，在 0.1 秒以内即可切断电源。

1. 漏电保护器的安装及使用接线方式

漏电保护器在 TN 系统中的典型接线如表 5-9 所示。

漏电保护器在 TN 系统中的典型接线方法 表 5-9

序号	适用的负荷类型	漏电保护器类型	典型接线方式
1	TN-C 三相和单相混合负荷	四极	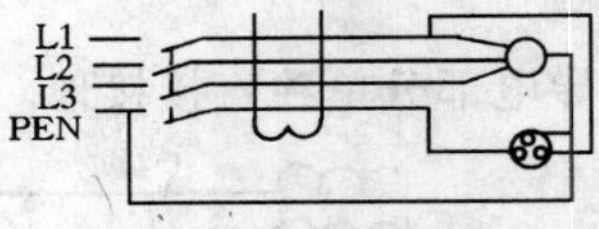 L1 L2 L3 PEN
2	TN-S 三相和单相混合负荷	四极	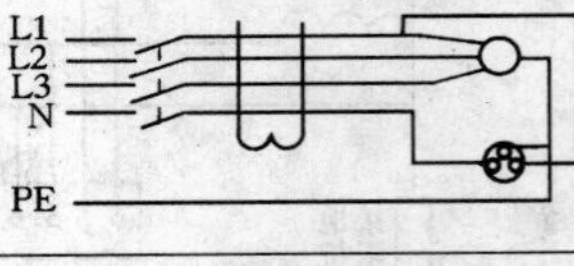 L1 L2 L3 N PE
3	TN-C 三相和单相混合负荷	三极和二极	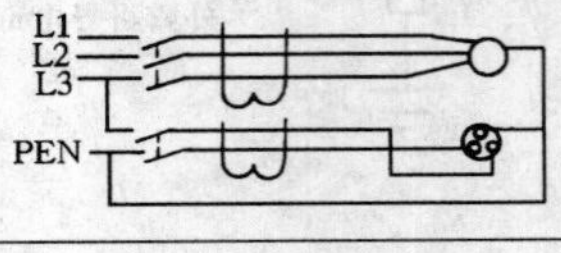 L1 L2 L3 PEN
4	TN-S 三相和单相混合负荷	三极和二极	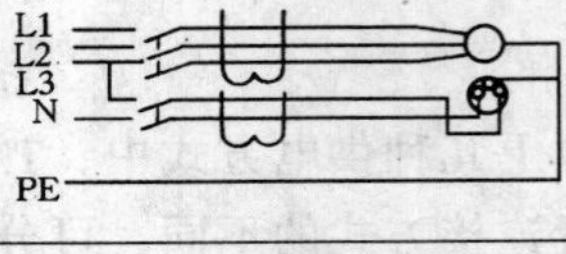 L1 L2 L3 N PE
5	TN-C 三相动力负荷	三极	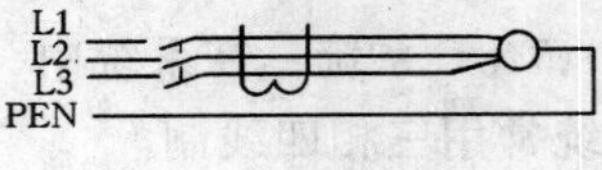 L1 L2 L3 PEN
6	TN-S 三相动力负荷	三极	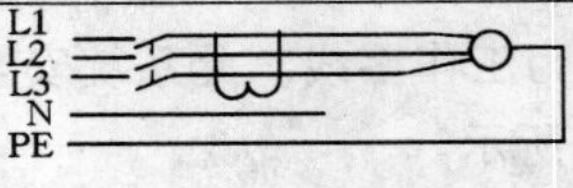 L1 L2 L3 N PE

续表

序 号	适用的负荷类型	漏电保护器类型	典型接线方式
7	TN-C 三相动力负荷	四极	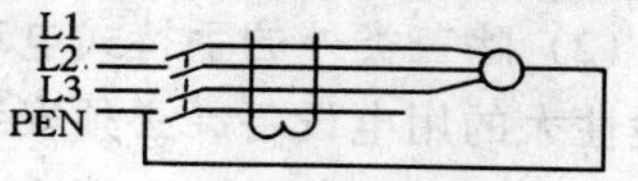 L1 L2 L3 PEN
8	TN-S 三相动力负荷	四极	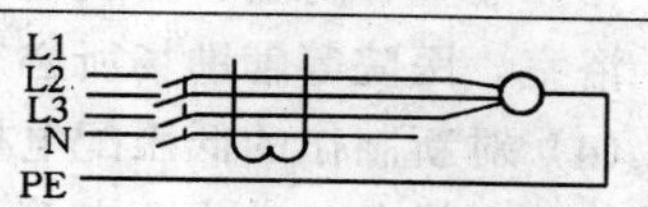 L1 L2 L3 N PE
9	TN-C 单相负荷	二极	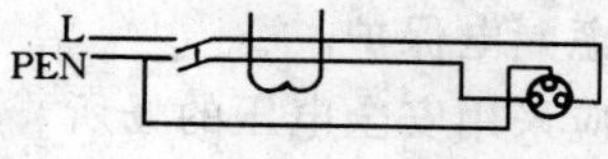 L PEN
10	TN-S 单相负荷	二极	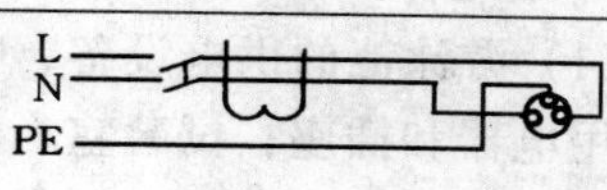 L N PE
11	TN-C 单相负荷	三极	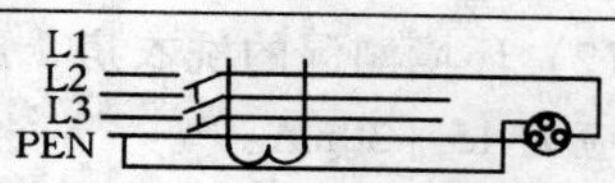 L1 L2 L3 PEN
12	TN-S 单相负荷	三极	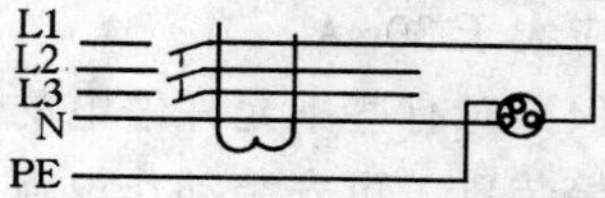 L1 L2 L3 N PE
13	TN-C 单相负荷	四极	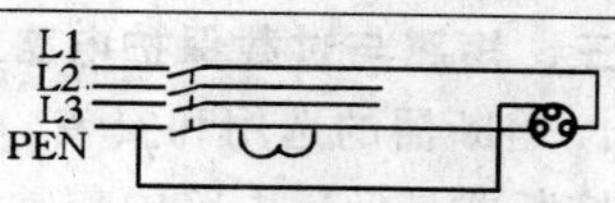 L1 L2 L3 PEN
14	TN-S 单相负荷	四极	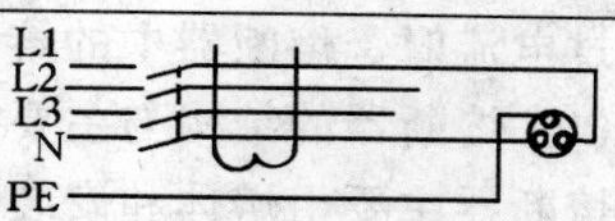 L1 L2 L3 N PE

2. 在 TN 系统中使用漏电保护器的注意事项

(1) 严格区分 N 线和 PE 线。使用漏电保护器后，以漏电保护器起，系统变为 TN-S 系统，PE 线和 N 线必须严格分开。N 线要通过漏电保护器，PE 线不通过漏电保护器，可从漏电保护器上口接线端分开。

(2) 单相设备接线使用漏电保护器后，单相设备一定要接在 N 线上，不能接在 PE 线上，否则会合不上闸。

(3) 重复接地使用漏电保护器后，PE 线可以重复接地，开关后的 N 线不准重复接地，否则会合不上闸。

(4) 使用漏电保护器后，从漏电保护器起，系统变为 TN-S 系统，后面的线路接线不能再变回 TN-C 系统，否则会引起前级漏电保护器误动作。

3. 漏电保护的使用场所

根据 1990 年劳动部颁发的《漏电保护器安全监察规定》，下列场所应采用漏电保护器。

(1) 建筑施工场所，临时线路的用电设备必须安装漏电保护器。

(2) 除三类外的手持式电动工具，移动式生活日常电器，其他移动式机电设备及触电危险性大的用电设备，必须安装漏电保护器。

(3) 潮湿、高温、金属占有系数大的场所及其他导电良好的场所，以及锅炉房、食堂、浴室、医院等辅助场所必须安装漏电保护器。

(4) 对新制作的低压配电柜（箱、屏）、动力柜（箱）、开关箱（柜）、试验台、起重机械等机电设备的动力配电箱，在考虑设备的过载、短路、失压、断相等保护的同时，必须考虑漏电保护。

应采用安全电压的场所，不得采用漏电保护器代替。

4. 漏电保护器及漏电保护器动作电流的选择

(1) 游泳池的供电设备、喷水池和水下照明、水泵、浴室中的插座及电气设备；住宅的家用电器和插座；试验室、宾馆、招待所客房的插座；有关的医用电气设备和插座，都应安装快速型漏电保护器，其动作电流应在6~10mA。

(2) 环境潮湿的洗衣房、厨房操作间及其潮湿场所的插座，所安装漏电保护器的动作电流应为15~30mA。

(3) 储藏重要文物和重要场所内电气线路上，主要为了防火，所装漏电保护器的动作电流应大于30mA。

(4) 对有些不允许停电的负荷，如事故照明、消防水泵、消防电梯等，宜酌情装设漏电报警装置。可安装动作电流大于30mA的延时型漏电继电器。

三、短路与过载保护电路及安装

1. 熔断器的选用和安装

熔断器是低压电路中最常用的电器之一。它串联在线路中，当线路或电气设备发生短路或过电流时，熔断器中的熔体首先熔断、切断电源，起到保护设备作用。

(1) 熔断器的结构与主要技术参数

熔断器主要由熔体和安装熔体的熔管或熔座两部分组成。熔体是熔断器的主要部分，常做成丝状或片状；熔管是熔体的保护外壳，在熔体熔断时兼有灭弧作用。

每一种熔体都有两个参数，额定电流与熔断电流。所谓额定电流是指长时间通过熔体而不熔断的电流值。熔断电流一般是额定电流的两倍，因此熔断器一般不宜做过载保护，主要用作短路保护。

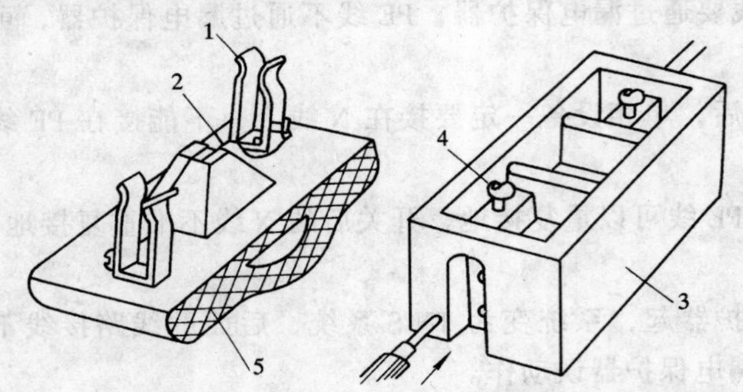

图 5-48　RC1A 系列瓷插式熔断器

1—触头；2—熔丝；3—外壳；4—螺钉；5—瓷盖

(2) 常用类型及适用场合

常用熔断器的主要类型有 RC1A 系列瓷插式熔断器、RL1 系列螺旋式熔断器、RM10 系列无填料封闭管式熔断器、RTO 系列有填料封闭管式熔断器等。

RC1A 系列瓷插式熔断器的结构如图 5-48 所示，一般适用于交流 50Hz、额定电压 380V、额定电流 200A 以下的低压线路末端或分支电路中，作为电气设备的短路保护及一定程度上的过载保护之用。

RL1系列螺旋式熔断器的外形及结构如图5-49所示，主要适用于控制箱、配电屏、机床设备及震动较大的场所，作为短路保护元件。

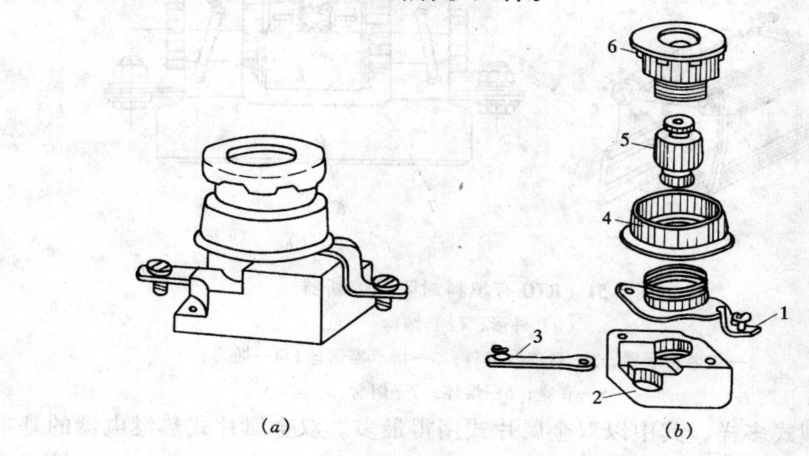

图5-49　RL1系列螺旋式熔断器

(a) 外形；(b) 结构

1—上接线端；2—瓷底；3—下接线端；4—瓷套；5—熔断器；6—瓷帽

RM10系列无填料封闭管式熔断器的外形及结构如图5-50所示一般适用于低压电网和成套配电装置中，作为导线、电缆及较大容量电气设备的短路或连续过载保护用。

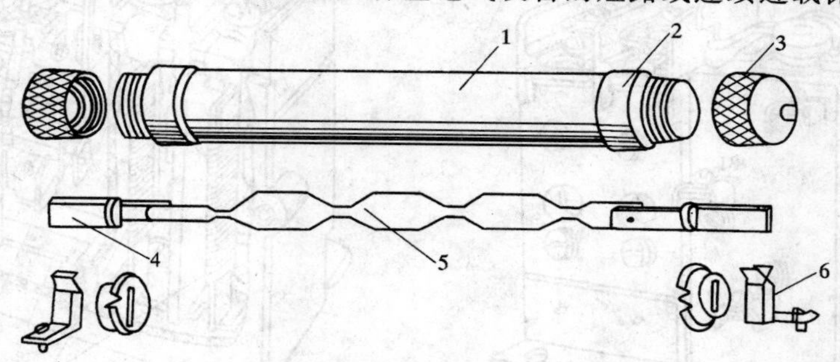

图5-50　RM10系列无填料封闭管式熔断器

1—钢纸管；2—黄铜管；3—黄铜帽子；4—插刀；5—熔体；6—夹座

RTO系列有填料封闭管式熔断器的外形及结构如图5-51所示，主要适用于短路电流很大的电力网络或低压配电装置中。

(3) 熔断器的安装

瓷插式熔断器在安装使用时，电源线应接在上接线端，负载应接在上接线端上。螺旋式熔断器在安装使用时，电源线应接在下接线座，负载应接在上接线座上。更换熔断管时，金属螺纹壳的上接线不会带电，保证维修者安全。

2. 热继电器的选用和安装

热继电器主要作为电动机及电气设备过载保护，常采用双金属片受热弯曲而动作，常与交流接触器配合使用。现在常用的热继电器有JR16B、JRS系列和T系列。

(1) 热继电器的结构

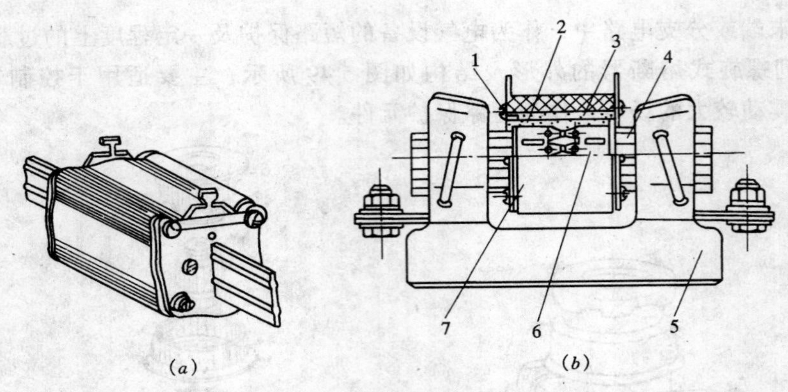

图 5-51　RTO 有填料封闭管熔断器

（a）外形；（b）结构

1—熔断指示器；2—石英砂填料；3—指示器熔丝；4—插刀；

5—底座；6—熔体；7—熔管

热继电器的型式多样，其中以双金属片式用得最多。双金属片式热继电器的基本结构由加热元件、主双金属片、动作机构、触头系统、电流整定装置、复位机构和补偿元件等组成，其外形如图 5-52 所示。

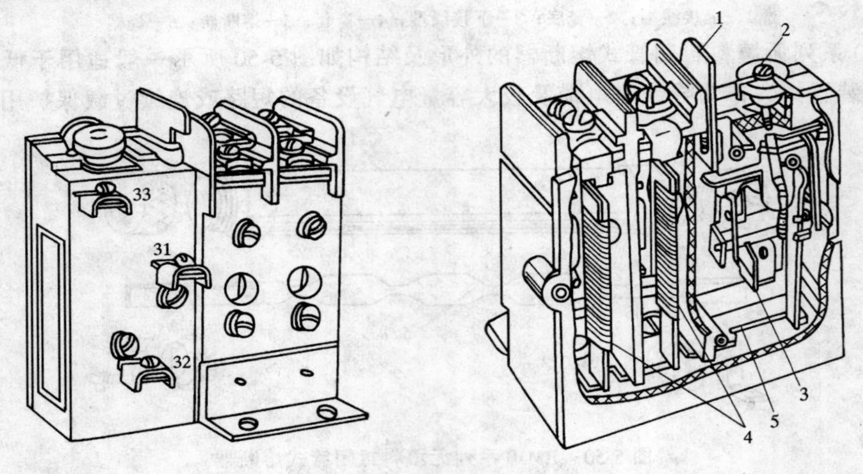

图 5-52　双金属片式热继电器

1—复位按钮；2—整定旋钮；3—常闭触头；4—热元件；5—动作机构

另外、对 JR0、JR15、JR16 和 JR14 型热继电器国家有关部门已于 1996 年规定淘汰使用。新装配电装置不能再采用上述继电器。但考虑到目前有不少设备还在使用这些继电器，故本书对热继电器做了简单介绍。目前推广使用的新型保护继电器有 JL-10 电子型电动机保护继电器、EMT6 系列热敏电阻过载继电器等。

（2）热继电器的选用

1）热继电器额定电流的选择：热继电器的额定电流应略大于电动机的额定电流。

2）热继电器的整定电流的选择：依据热继电器的型号和热元件额定电流，即可查出热元件整定电流的调节范围。通常热继电器的整定电流调整到等于电动机的额定电流。旋钮上的电流值与整定电流之间可能有些误差，可在实际使用时按情况作适当调节。

（3）热继电器的安装使用

1）热继电器只能作为电动机的过载保护，而不能作短路保护使用。

2）热继电器安装时，应清除触头表面尘污，以免因接触电阻太大或电路不通，影响热继电器的动作性能。

3）热继电器必须按照产品说明书中规定的方式安装。

4）热继电器出线端的连接导线，应符合热继电器的额定电流。

5）对点动、重载起动、连续正反转及反接制动等运行的电动机，一般不宜用热继电器作过载保护。

四、安全操作知识

电工必须接受安全教育，掌握电工基本的安全知识，方可参加电工的实际操作。凡没有接受过安全教育、不懂得电工安全知识的学员是不允许参加电工实际操作的。

电工所应掌握的具体的安全操作技术与电工操作的技术要求和规定相同，如安装开关时，相线必须接入开关，不可接入灯座；导线连接时接点要接触良好，以防过热；安装灯具时不能用木楔作预埋件，以防木楔干燥后脱落等等。所以要做到安全操作，就必须熟悉每一项电气安装工程的技术要求和操作规范；必须了解每一种工具的正确使用方法和每一种仪器仪表的测量方法。除此以外还应熟悉基本安全用电知识。这里就电工最基本的安全知识综述如下：

在进行电工安装与维修操作时，必须严格遵守各种安全操作规程和规定，不得玩忽职守。

在进行电工操作时，要严格遵守停电操作的规定。操作工具的绝缘手柄、绝缘鞋和手套等的绝缘性能必须良好，并应作定期检查。登高工具必须牢固可靠，也应作定期检查。

对已出现故障的电气设备、装置和线路必须及时进行检查修理，不可继续勉强使用。

具有金属外壳的电气设备，必须进行可靠的保护接地；凡有被雷击可能的电气设备，要安装防雷装置。

严禁采用一线一地、二线一地和三线一地（指大地）安装用电设备或器具。

在一个插座或灯座上不可引接过多或功率过大的用电器具。

不可用金属线绑扎电源线。

不可用潮湿的手去触及开关、插座和灯座等电气装置；更不可用湿布去揩抹电气装置和用电器具。

在搬移电焊机、鼓风机、电钻和电炉等各种移动电器时，应先分离电源，更不可拖拉电源引线来移动电器。

在雷雨时，不可走近高压电杆、铁塔和避雷针的接地导线周围，至少要相距 10m 远，以防雷电入地时周围存在跨步电压而造成触电。

五、电工消防知识

1. 电气火灾的原因

电气事故不但能造成人员伤亡，设备损坏，还会造成火灾，有时火灾的损失比起电气事故的直接损失要大得多。电气设备在运行中产生的热量和电火花或电弧是引起火灾的直接原因。线路、开关、保险丝、照明器具、电动机、电炉等设备均可能引起火灾。电力变压器、互感器、电力电容器和断路器等设备除能引起火灾外还会产生爆炸。

2. 预防和扑救

预防电气火灾和爆炸的具体措施很多，在此仅介绍几点一般的措施。

选用绝缘强度合格，防护方式、通风方式合乎要求的电气设备。

严格执行安装标准，保证安装质量。

控制设备和导线的负荷，经常检查它们的温度。

合理使用设备，防止人为地造成设备及导线的机械损伤、漏电、短路、通风道的堵塞、防护装置的损坏等。

导线的接点要接触良好，以防过热。铜、铝导线连接时应防止电化腐蚀。

消除有害的静电。

万一发生了火灾，应尽量断电灭火，断电时应注意下面几点：

起火后由于受潮或烟熏，开关的绝缘电阻下降，拉闸时最好用绝缘工具。

高压侧应断开油断路器，一定不能先断开隔离开关。

断电的范围要适当，要保留救火需要的电源。

剪断电线时，一次只能断一根，并且不同相电线应在不同的部位剪断，以免造成短路。

不得不带电灭火时，下面的事项应予以注意：

按火情选用灭火机的种类。二氧化碳、四氯化碳、二氟一氯、一溴甲烷（“1211”）、二氟二溴甲烷或干粉灭火机的灭火剂都是不导电的，可用于带电灭火。泡沫灭火机的灭火剂（水溶液）有一定导电性，且对电气设备的绝缘有影响，故不宜使用。

防止电通过水流伤害人体。用水灭火时，电会通过水枪的水柱、地上的水流、潮湿的物体使人触电。可以让灭火人员穿戴绝缘手套、绝缘靴或均压服，把水枪喷嘴接地，使用喷雾水枪等。

人体与带电体之间要保持一定距离。水枪喷嘴至带电体（110kV 以下）的距离不小于 3m。灭火机的喷嘴机体和带电体的距离，10kV 不小于 0.4m，35kV 不小于 0.6m。

对架空线路等架空设备进行灭火时，人体和带电体间连线与地平面的夹角不应超过 45°，以免导线断落危及灭火人员的安全。

如有带电导线落到地面，要划出一定的警戒区，防止有人触及或跨步电压伤人。

六、触电急救方法

1. 预防人体触电

为防止触电事故，除思想上重视，认真贯彻执行合理的规章制度外，主要依靠健全组织措施和完善各种技术措施。

为防止触电事故或降低触电危害程度，需要作好以下几方面的工作：

设立屏障，保证人与带电体的安全距离，并悬挂标示牌；

有金属外壳的电气设备，要采取接地或接零保护；

采用联锁装置和继电保护装置，推广、使用漏电保安器；

正确选用和安装导线、电缆、电气设备，对有故障的电气设备，及时进行修理；不要乱拉电线，乱接用电设备，更不准用“一线一地”方式接灯照明；

不要用湿手去摸灯口、开关和插座等。更换灯泡时要先关闭开关，要经常检查电器的电源线是否完好；

发现电线断开落地时不要靠近，对 6～10kV 的高压线路应离开落地点 8～10m，并及时报告；

建立健全各项安全规章制度，加强安全教育和对电气工作人员的培训。

2. 触电急救

触电急救要做到镇静、迅速、方法得当，切不可惊慌失措。具体方法如下：

使触电者迅速脱离电源。应立即断开就近的电源开关，如果距开关太远，则要采用与触电者人体绝缘的方法直接使他脱离电源。如戴绝缘手套拉开触电位置或用干燥木棒、竹竿等挑开导线。

如触电者脱离电源后有摔跌的可能时，应在使之脱离电源的同时作好防摔伤的措施。触电者一经脱离电源，应立即进行检查，若是已经失去知觉，便着重检查触电者的双目瞳孔是否已经放大、呼吸是否停止和心脏的跳动情况如何等项目。应在现场就地抢救，使触电者仰天平卧，松开衣服和腰带，打开窗户，但要注意触电者的保暖，及时通知医务人员前来抢救。

根据检查结果，立即采取相应的急救措施。对有心跳而呼吸停止的触电者，应采用“口对口人工呼吸法”进行抢救。

对有呼吸而心脏停跳（或心跳不规则）的触电者，应采用“胸外心脏挤压法”进行抢救。对呼吸和心跳都已停止的触电者，应同时采用上述两种方法进行抢救。

抢救方法：

口对口（或口对鼻）人工呼吸法步骤：

使触电者仰天平卧，头部稍后仰，松开衣服和腰带。

清除触电者口腔中血块、痰唾或口沫，取下假牙等杂物。

急救者深深吸气，捏紧触电者鼻子，大口地向触电者口中吹气，然后放松触电者鼻子，使之自身呼气，同时急救者再吸气，向触电者吹气。每次重复应保持均匀的间隔时间，以每分钟吹气 15 次左右为宜，人工呼吸要坚持连续进行，不可间断，直至触电者苏醒为止。见图 5-53 所示。

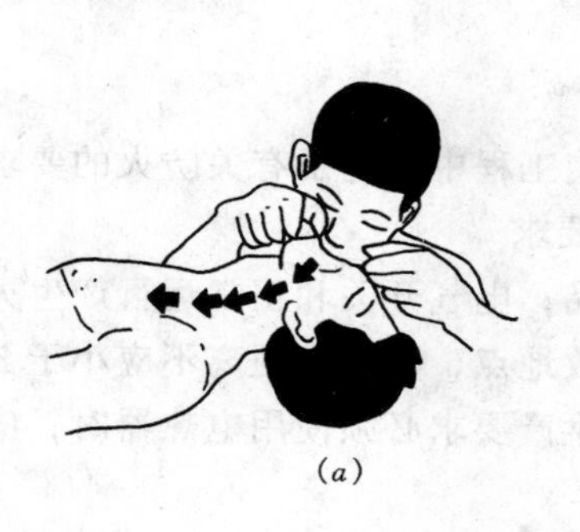

(*a*)

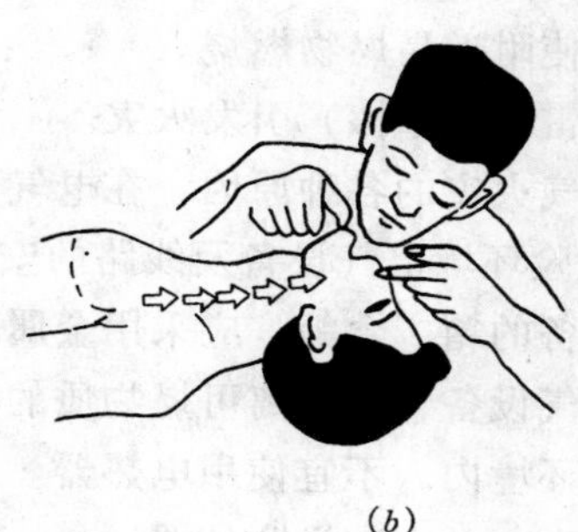

(*b*)

图 5-53 人工呼吸法

(*a*) 吹气；(*b*) 呼气

若触电者的嘴不易掰开，可捏紧嘴，往鼻孔里吹气。

胸外心脏挤压法施行步骤：

使触电者仰天平卧，松开衣服和腰带，颈部枕垫软物，头部稍后仰，急救者跪在触电者侧或跨在其腰部两侧，两手交叉相叠，用掌根对准心窝处（两乳中间略下一点）向下按压。

向下按压不是慢慢用力，要有一定的冲击力，但也不要用力过猛，一般对于成人压陷胸骨 3~4cm，儿童酌减。然后突然放松，但不要离开胸壁，让胸部自动恢复原状，此时心脏扩张，整个过程如图 5-54 所示。如此反复做，每分钟约 60 次，对儿童每分钟大约 90~100 次。

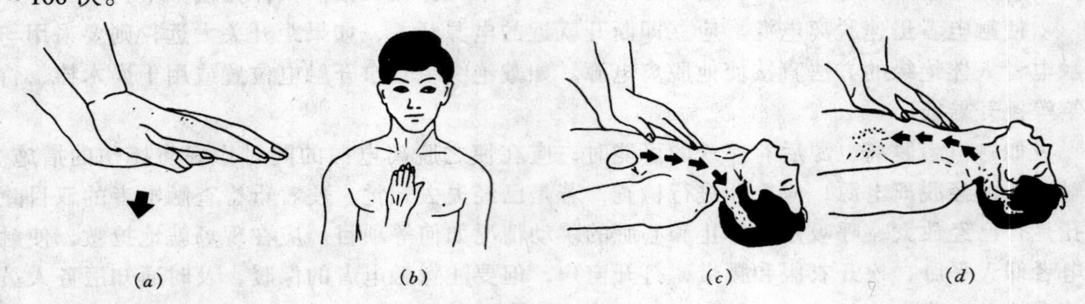

图 5-54 胸外心脏挤压法

触电者如果呼吸停止，心脏也停止跳动，则同时使用口对口人工呼吸法和心脏挤压法，每挤压心脏四次，吹一口气，操作比例为 4:1，最好由两个人共同进行。

七、电气安装工程的防火施工要求

我们知道电气事故不但能使设备损坏，还会造成火灾，而且火灾的损失比电气事故的直接损失要大得多，所以预防电气火灾是一项非常重要的工作，防患于未然，我们必须在电气安装的整个施工过程把好电气防火的每一关。

发生电气火灾的主要原因有：

线路严重过载或接头处接触不良引起严重发热，使附近易燃物、可燃物燃烧而发生火灾。

开关通、断或熔断器熔断时喷出电弧、火花，引起周围易燃、易爆物质燃烧爆炸。

由于电气设备受潮、绝缘性能降低而引起漏电短路，使设备产生火花引发火灾。电气照明及电热设备使附近易燃物燃烧。

由于静电（雷电、摩擦）引发火灾。

鉴于发生电气火灾的各种原因，在电气安装工程中制定了有关防火的要求和规范。

1. 在火灾危险环境电气设备及线路的安装要求

装有电气设备的箱、盒等，应采用金属制品；电气开关和正常运行产生火花或外壳表面温度较高的电气设备，应远离可燃物质的存放地点，其最小距离不应小于 3m。

在火灾危险环境内，不宜使用电热器。当生产要求必须使用电热器时，应将其安装在非燃材料的底板上，并应装设防护罩。

移动式和携带式照明灯具的玻璃罩，应采用金属网保护。

在火灾危险环境内的电力、照明线路的绝缘导线和电缆的额定电压，不应低于线路的额定电压，且不得低于 500V。

1kV 以下的电气线路，可采用非铠装电缆或钢管配线。

在火灾危险环境内，当采用铝芯绝缘导线和电缆时；应有可靠的连接和封端。

移动式和携带式电气设备的线路，应采用移动电缆或橡套软线。

电缆引入电气设备或接线盒内，其进线口处应密封。

2. 电气安装工程的一般防火要求

各式灯具在易燃结构部位或暗装在木制吊顶内时，在灯具周围应做好防火隔热处理。卤钨灯具不能在木质或其他易燃材料上吸顶安装。

在可燃结构的顶棚内，不允许装设电容器、电气开关以及其他易燃易爆的电器。如在顶棚内装设镇流器时，应设金属箱。铁箱底与顶棚板净距应不小于50mm，且应用石棉垫隔热，铁箱与可燃构架净距应不小于100mm，铁箱应与电气管路连成整体。

在顶棚内布线时，应在顶棚外设置电源开关，以便必要时切断顶棚内所有电气线路的电源。

在顶棚内由接线盒引向器具的绝缘导线，应采用可挠金属电线保护管或金属软管等保护，导线不应有裸露部分。

导线在槽板内不应设有接头，接头应置于接线盒或器具内；盖板不应挤伤导线的绝缘层。

塑料线槽必须经阻燃处理，外壁应有间距不大于1m的连续阻燃标记和制造厂标。

电气照明装置的接线应牢固，电气接触应良好；需接地或接零的灯具、开关、插座等非带电金属部分，应有明显标志的专用接地螺钉。

第四节 小型电动工具

一、单相异步电动机

（一）单相异步电动机的结构

无论是哪种类型的单相异步电动机，其结构基本相同，都是由定子、转子、端盖、风叶、启动元件等组成，如图5-55所示。根据使用条件，可做成封闭式或开启式，冷却方

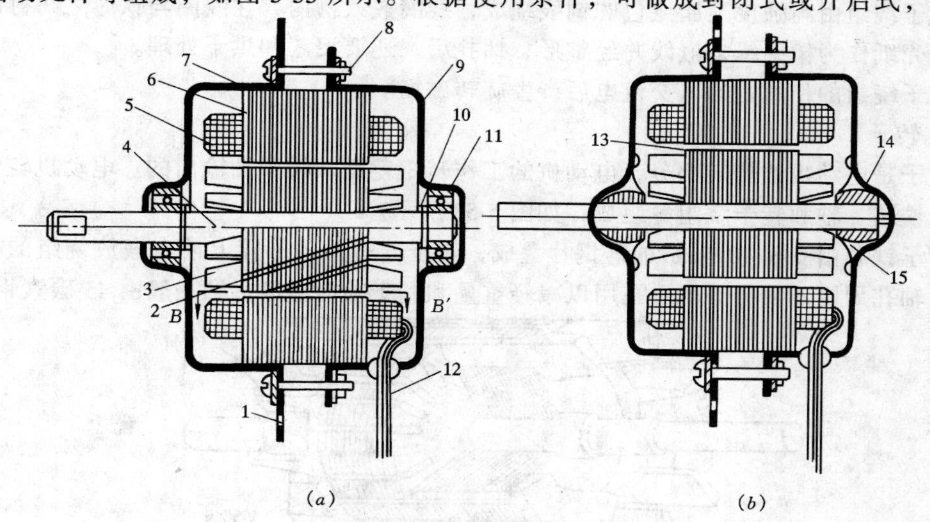

图 5-55 单相异步电动机的结构

1—安装孔；2—转子；3—风叶；4—电机轴；5—线圈；6—定子；7—上端盖；8—螺钉；9—下端盖；10—挡圈；11—滚珠轴承；12—电源线；13—气隙；14—含油轴承；15—油毡

式有自然冷却（自冷）、自然及风扇冷却（风扇冷）两种。

1. 定子

定子是电动机的静止部分，是产生旋转磁场的部件。在定子部件中必须包含有：通过电流的电路部分——绕组，能使磁路顺畅地通过的磁路部分——铁芯，以及固定和支持定子铁芯的机壳及上、下端盖三部分。

定子结构如图 5-56 所示。定子铁芯是电动机磁路的一部分，绕组产生的旋转磁场相对于定子铁芯以同步转速旋转，因此定子铁芯中磁通的大小和方向都是变化的。为了减少磁场在定子铁芯中的损耗，定子铁芯由 0.3～0.5mm 厚的硅钢片叠成。硅钢片两面涂以绝缘漆，硅钢片或经铆接，或经焊接而成为一个整体的铁芯。

在定子铁芯内圆周均匀地分布着许多形状相同的槽见图 5-57，用以嵌放定子绕组。

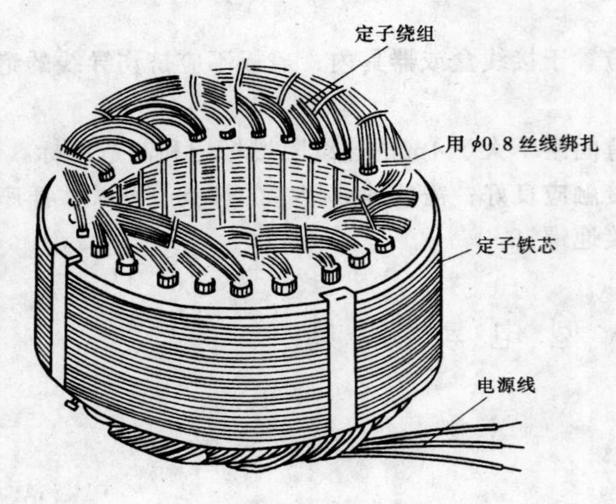

图 5-56 定子结构

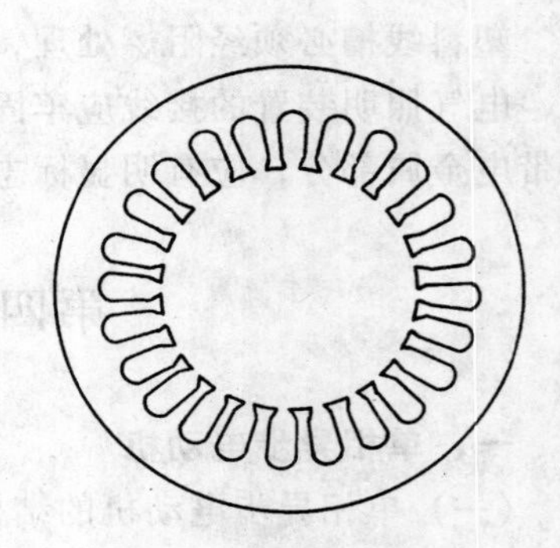

图 5-57 定子硅钢片

定子绕组由高强度聚脂漆包圆铜线绕成，线圈嵌入槽内，在线圈与铁芯之间衬以聚脂薄膜青壳纸作为槽绝缘，嵌线并经整形、捆扎后，还要浸漆和烘干处理。

定子绕组的作用是通入交流电后产生旋转磁场。

2. 转子

转子是电动机的旋转部分，电动机的工作转矩就是从转子轴输出的。电动机转子主要由转子铁芯、轴和转子绕组等组成，如图 5-58 所示。

转子铁芯由 0.3～0.5mm 的硅钢片叠成，转子硅钢片的外圆上冲有嵌放绕组的槽，一般冲片轴孔周围还冲出 6 个小孔用以减轻重量和利于轴向通风。轴一般由 45 碳素钢制成，

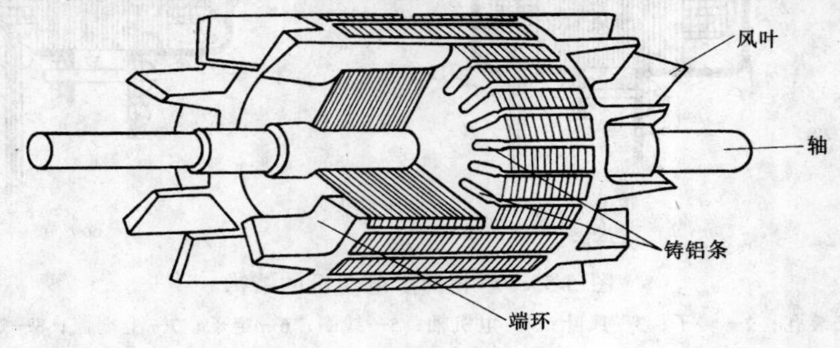

图 5-58 鼠笼式转子

轴经滚花后压入转子铁芯。这样，在转子表面就形成均匀分布的槽，转子绕组就在此槽中，为了改善电动机的启动性能和运转时的噪声，转子铁芯多采用斜槽结构。槽内经铸铝加工而形成铸铝条，在伸出铁芯两端的槽口处，用两个端环把所有铸铝条都短接起来，形成鼠笼式转子。铸铝条和端环通称为转子绕组。整个转子经上、下端盖的轴承而定位。轴承有如图 5-55 所示的滚动轴承和含油轴承两种。

转子绕组用于切割定子磁场的磁力线，在闭合成回路的铸铝条（即导体）中产生感应电动势和感应电流，感应电流所产生的磁场和定子磁场相互作用，在导条上将会产生电磁转矩，从而带动转子启动旋转。

3. 机座、端盖及轴承

机座是整个电动机的支撑部分，用来固定和保护定子与转子。常用的材料有铸铁、铸铝和钢板。机座的结构形状因用途不同，各种电机的差异很大。有的电动机省略了机座，如洗衣机、电风扇电动机，靠两端盖装在铁芯外缘上，既是机座又是端盖。

4. 启动元件

由于单相异步电动机没有启动力矩，不能自行启动，需在副绕组电路上附加启动元件才能启动运转。启动元件有电阻、电容器、耦合变压器、继电器、PTC 元件等多种，因而构成不同类型的电动机。启动元件应看做是单相异步电动机结构的一个组成部分。当电动机出现不能启动（但有嗡嗡声）、运转缓慢等不正常现象时，常常是由启动元件故障引起的。

（二）单相异步电动机的种类

单相异步电动机根据启动方法有两类：分相启动电动机和罩极启动电动机。分相启动根据所用启动元件不同，又分为电阻分相式电动机（简称分相式电动机）、电容启动式电动机、电容运转式电动机和电容启动运转式电动机共四种。

（三）单相异步电动机的起动

实际使用的单相异步电动机都有自行起动的能力。这种电机定子上具有两套空间位置互相垂直的绕组，一套为主绕组（工作绕组）另一套则为副绕组（起动绕组）。尽管两套绕组均接入同一单相电源，但由于人为地使两套绕组的阻抗不相同，从而使流入两套绕组的电流存在着相位差，称为分相。分相的结果使电动机具有一定的起动能力。

1. 电容分相单相异步电动机

（1）电容分相起动单相异步电动机

接线如图 5-59 所示。起动绕组串接电容 C 和离心开关 S，C 的接入使两相电流分相。起动时，S 处于闭合状态，电动机两相起动。当转速达到一定数值时，离心开关 S 由于机械离心力的 b 作用而断开，使电动机进入单相运行。由于起动绕组为短时运行，所以电容 C 可采用交流电解电容器。

（2）电容运转电动机

这种电动机的副绕组只串接电容器，在运行的全过程中始终参加工作。实质上，电容运转电动机已是一台两相异步电动机。此时，电容 C 应采用油浸式电容器。

2. 电阻分相单相异步电动机

如果电动机的起动绕组采用较细的导线绕制，则它与工作绕组的电阻值不相等，两套绕组的阻抗值也就不等，流过这两套绕组的电流也就存在着一定的相位差，从而达到分相起动的目的。通常起动绕组按短时运行设计，所以起动绕组要串接离心开关 S。

欲使分相电动机反转，只要将任意一套绕组的两个端接线交换接入电源即可。

3. 罩极式单相异步电动机

定子为硅钢片叠成的凸极式，工作绕组套在凸极的极身上。每个极的极靴上开有一个凹槽，槽内放置有短路铜环，铜环罩住整个极面的三分之一左右，如图 5-60 所示。当工作绕组接入单相交流电源后，磁极内即产生一个脉振磁场 ϕ_1。脉振磁场的交变，使短路环产生感应电势和感应电流，根据楞次定律可知，环内将出现一个阻碍原来磁场变化的新磁场 ϕ_2，从而使短路环内的合磁场变化总是在相位上落后于环外磁场岛的变化。可以把环内、环外的磁场设想为两相有相位差的电流所形成，这样分相的结果，使气隙中出现椭圆形旋转磁场。由于相位差并不大，因此，起动转矩也不大。所以罩极式单相异步电动机只适用于负载不大的场所，如电唱机、电风扇等。

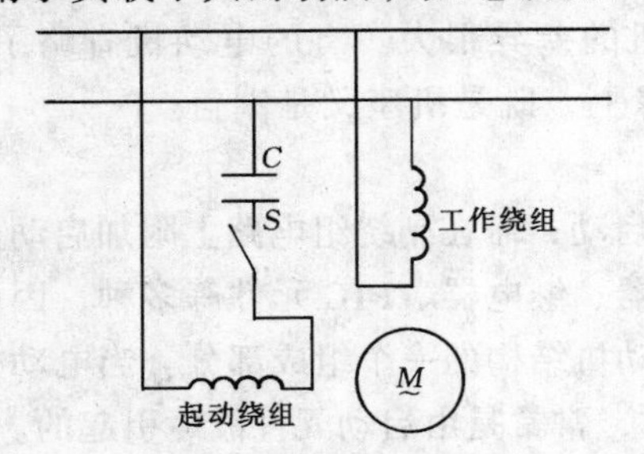

图 5-59 电容分相起动电动机接线图

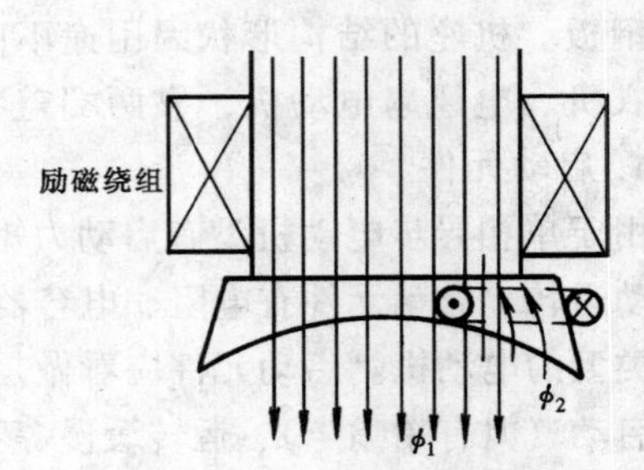

图 5-60 罩极式电动机的磁极

二、串激电动机

单相串激电动机采用换向器式结构，属于直流电动机范畴，因将定子铁芯上的激磁绕组和转子上的电枢绕组串联起来而得名。由于它既可以使用直流电源，又可以使用交流电源，所以又叫通用电动机。串激电动机具有转矩大、过载能力强、转速高、体积小、重量轻、调速方便等优点，在家用电器和电动工具上得到了广泛应用，如用于吸尘器、食品加工机、电吹风机、电动按摩器、电动扳手、电钻、电刨子等器具和工具上。

（一）单相串激电动机的工作原理

单相串激电动机的工作原理是建立在直流串激电动机工作原理的基础上的。因为直流电动机的旋转方向是由定子磁场方向和电枢中电流方向两者之间的相对关系来决定的，所以，如果改变其中的一个方向，则电动机的旋转方向就改变。如果同时改变磁场方向和电枢电流的方向，则两者的相对性没有改变，电动机不会改变方向。单相串激电动机的工作原理如图 5-61 所示。

由于激磁绕组和电枢绕组串接在同一单相电源上，当交流电处于正半周时，电流通过激磁绕组和转子绕组的方向（即磁场方向）和电枢电流的方向如图 5-61（*b*）所示。激磁绕组产生的磁场与电枢绕组电流相互作用产生电磁转矩，根据左手定则，电动机反时针方向旋转；当交流电处于负半周时，激磁绕组产生的磁场方向和转子绕组的电流方向同时改变，如图 5-61（*c*）所示，用左手定则判断出转子仍为反时针方向旋转，方向不变。所以，串激电动机的转向与电源极性无关，可以用于交流电源上。

（二）单相串激电动机的结构

小型单相串激电动机结构相似于一般激磁式直流电动机，主要由定子、电枢、机座、

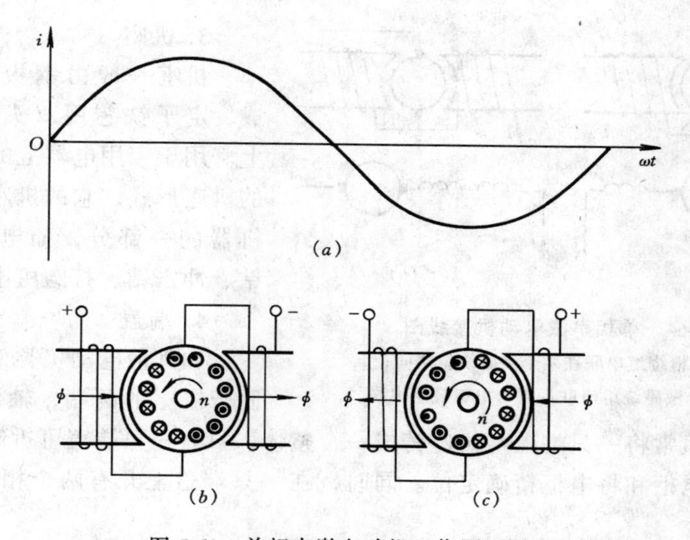

图 5-61 单相串激电动机工作原理图

(a) 交流电流变化曲线；(b) 当电流为正半波时，转子的旋转方向；(c) 当电流为负半波时，转子的旋转方向

端盖等 4 部分组成，如图 5-62 所示。

1. 定子

定子由铁芯和激磁绕组组成，铁芯用厚 0.5mm 硅钢片冲制的双凸极形冲片（图 5-63 所示）叠压而成，激磁绕组用高强度漆包线绕制成集中绕组，嵌入铁芯后再进行浸漆绝缘处理。

2. 电枢

电枢即是电动机转子，由铁芯、绕组、轴、换向器、风扇组成，与直流电动机的电枢结构相同。

激磁绕组与电枢绕组串联方式有两种：一种是电枢绕组串在两只激磁绕组的中间，如图 5-64（a）所示；另一种是两只激磁绕组串联后再串接电枢绕组，如图 5-64（b）所示。两种串联方式的工作原理相同，即两只激磁绕组通过电流时所形成的磁极极性必须相反。在实践中，第一种串联方式使用较多。

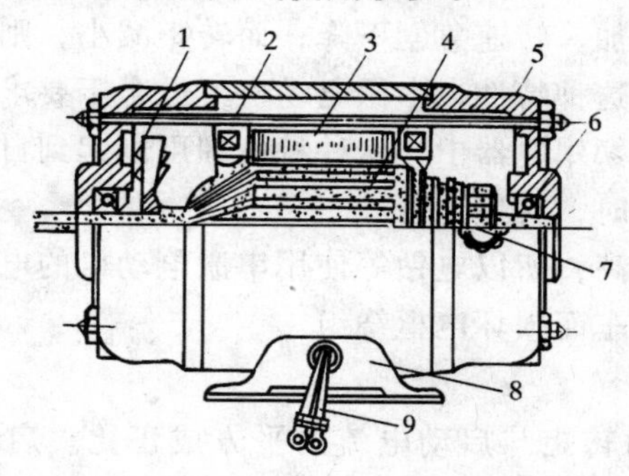

图 5-62 小型单相串激电动机结构图

1—风扇；2—励磁绕组；3—定子铁芯；4—转子；5—端盖；6—轴承；7—电刷孔；8—机座；9—引出线

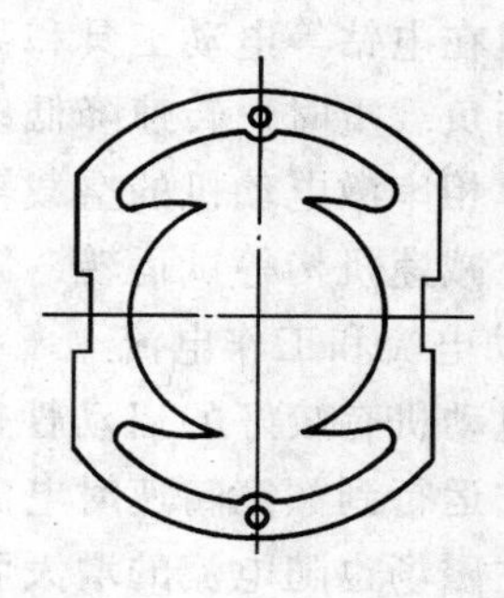
图 5-63 小型单相串激电动机的定子冲片

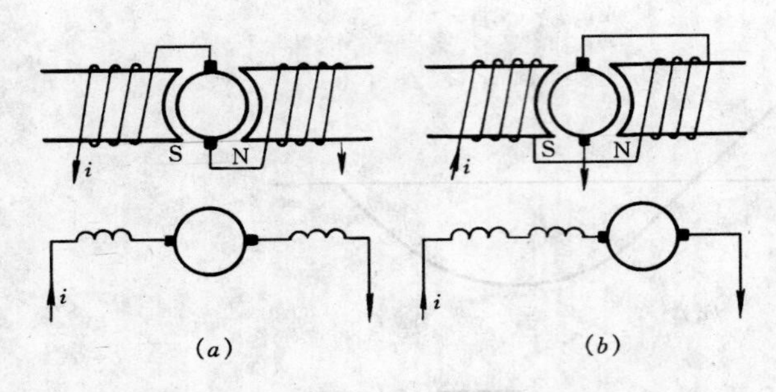

图 5-64　单相串激电动机接线图

（a）电枢绕组串联在两个激磁绕组之间；

（b）两个激磁绕组串联后再与电枢绕组串联

3. 机座

机座一般由钢板、铝板或铸铁制成，定子铁芯用双头螺栓固定在机座上。用于家用电器上的电动机则无固定的机座形式，它的机座常常直接制成为机器的一部分，如电吹风电动机、电钻、冲击钻、打磨机电动机等。

4. 端盖

和其他电动机类似，端盖用螺栓紧固于机座的两端，轴承装于端盖内孔。小型串激电动机常将一只端盖与机座铸成一个整体，只有一只端盖可拆卸。端盖内孔中的轴承用于支撑电枢和将电枢精确定位。同时，在一只端盖上开有两个相对的圆孔或方孔，用来装设电刷。

（三）单相串激电动机的主要特性

1. 转速高、体积小、重量轻

一般为 1000～4000r/min，高的可达到 20000～40000r/min。转速愈高，体积可做得愈小，重量也就愈轻，因为铁芯可以缩小。

2. 调速方便

改变单相串激电动机电枢绕组的总匝数、磁极对数、磁通均可调节电动机的转速。通常采用减小电枢绕组总匝数的方法。电枢绕组总匝数减小，使转速提高，同时也使电动机体积减小，重量减轻。同时，改变电源电压，也可以调节电动机的转速。

3. 不允许在空载下运转

空载时，负载转矩很小，串激电动机的转速急剧上升，以至于升到电动机的机械强度所不能允许的程度，造成损坏。通常要求电动机的负载不小于额定负载的 25%～30%，电动机转速在 25000r/min 以下。

4. 机械特性

单相串激电动机的机械特性，无论是采用直流电源或交流电源时，都与普通直流串激电动机的机械特性相类似。随着转矩的增加，转速急剧下降；而转矩减小，则转速迅速上升。这种特性叫软特性或串联特性。由于这种特性，串激电动机不适合于要求转速稳定的器具中，但在电钻等电动工具和吸尘器等家用电器中，这种特性却可以起到自动调整转速的作用。当负载重时，转速降低；负载轻时，转速升高。

由于单相串激电动机的空载转速非常高，所以电钻等使用串激电动机的电动工具，一般不可拆下减速机构等试运转，以防止飞车而损坏电枢绕组。

5. 启动电流和工作电流

串激电动机有较好的启动性能，启动转矩与启动电流的平方成正比。启动时电流很大，而当它运行到额定转速时电流较小，这是因为启动时感应电动势等于零，因而电流很大。同时主磁场也随电流的增大而增强，使转矩很大。随着转速的增加，电枢线圈切割磁力线的速率增加，使转矩很大，感应电动势也随着增大，使电流减小。所以电动机在额定转速时的电流总是比启动时要小得多。

（四）单相串激电动机的反转

若要改变单相串激电动机的旋转方向，只要改变激磁绕组或电枢绕组的极性即可。如果在修理中，由于接线错误，致使电动机转向不对时，只要改变一下激磁绕组或者电枢绕组的接线，就可以把旋转方向纠正过来。

三、电动机基本控制电路及安装

1. 单向直接起动控制电路的工作原理

如图 5-65 所示，图中有主电路和控制电路两部分。

主电路是从三相电源端点 *L*1、*L*2、*L*3 引来，经过电源开关 *QS*，熔断器 FU_1 和接触器三对主触头 *KM* 到电动机。

控制电路是由二相熔断器，交流接触器线圈 *KM* 组成，它控制主电路的通或断。

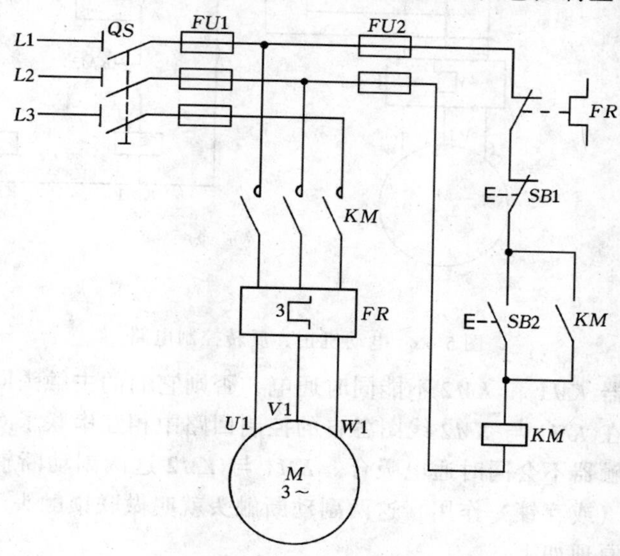

图 5-65　具有过载保护的单向控制电路

电路动作原理如下：

起动：按 *SB*2→*KM* 线圈获电→ →*KM* 动合辅助触头闭合自锁；→*KM* 动合主触头闭合→电动机运转

松开按钮 *SB*2，由于接在按钮 *SB*2 两端的 *KM* 动合辅助触头闭合自锁，控制回路仍保持接通，电动机 *M* 继续运转。

停止：按 *SB*1→*KM* 线圈断电释放→ →*KM* 动合辅助触头断开；→*KM* 动合主触头断开→电动机停止运转

这种当起动按钮 *SB*2 断开后，控制回路仍能自行保持接通的线路，叫做自锁（或自保），与起动按钮 *SB*2 并联的这一副动合辅助触头 *KM* 叫做自锁触头。

具有自锁控制线路的另一个重要特点是它具有欠电压与失电压（或零电压）保护作用。

2. 电动机正、反转控制线路的工作原理

如图 5-66 所示。图中采用两个接触器，*KM*1，*KM*2，如设定 *KM*1 为正转，则 *KM*2 为反转。当 $KM1$ 的三副主触头接通时，三相电源的相序按 $L1 \to L2 \to L3$ 接入电动机。而 $KM2$ 的三副主触头接通时，三相电源的相序按 $L3 \to L2 \to L1$ 接入电动机。所以当两个接触器分别工作时，电动机按正、反两个方向转动。

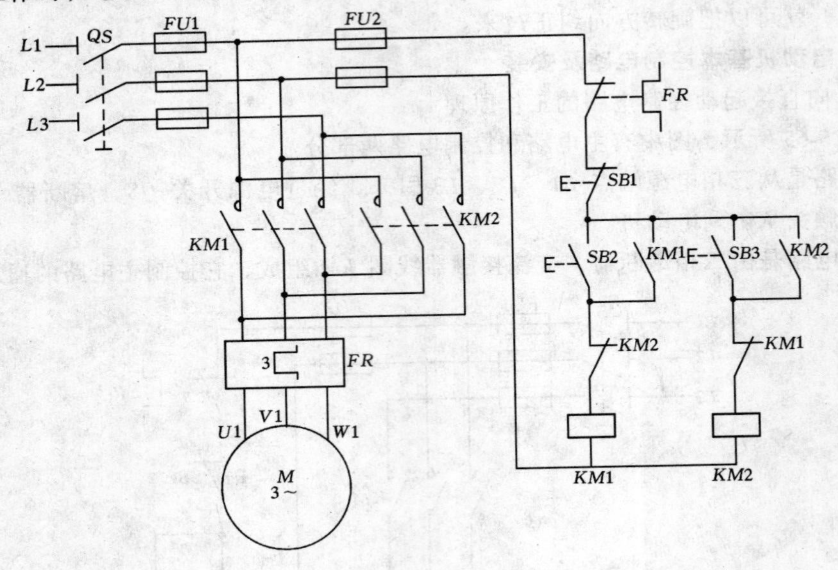

图 5-66 电动机正、反转控制电路

线路要求接触器 $KM1$ 和 $KM2$ 不能同时通电，否则它们的主触头同时闭合，将造成两相电源短路，为此在 $KM1$ 与 $KM2$ 线图各自的控制回路中相互串联了对方的一副动断辅助触头，以保证两接触器不会同时通电吸合。$KM1$ 与 $KM2$ 这两副动断辅助触头在线路中所起的作用称为联锁（或互锁）作用，这两副动断触头就叫做联锁触头。

控制线路动作原理如下：

正转控制：

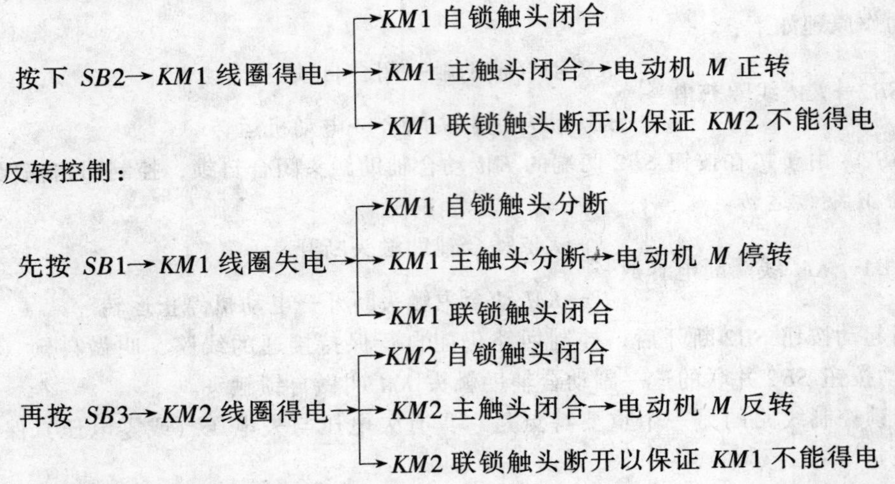

3. 电动机正、反转控制线路的安装

在电气设备安装、配线时经常采用安装接线图。它是按电气设备各电器的实际安装位置，用各电器规定的图形符号和文字符号绘制的实际接线图。图5-67是三相异步电动机双向旋转的安装接线图。

安装接线图绘制的原则如下，

（1）应表示出电器元件的实际安装位置。同一电器的各部件应画在一起，各部件相对位置与实际位置一致，并用虚线框表示。如图5-67所示。

（2）在图中画出各电气元件的图形符号和它们在控制板上的位置，并绘制出各电气元件及控制板之间的电气联接。控制板内外的电气联接则通过接线端子板接线。

（3）接线图中电气元件的文字符号及接线端子的编号应与原理图一致，以便于安装和检修时查对，保证接线正确无误。

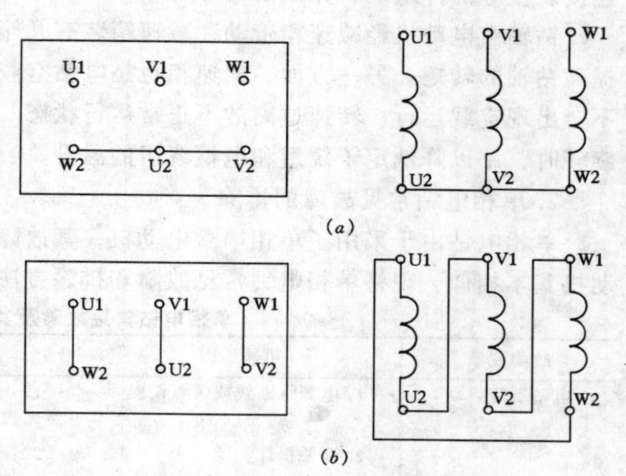

图5-67 电动机接线图

（a）星形联接；（b）三角形联接

（4）为方便识图，简化线路，图中凡导线走向相同且穿同一线管或绑扎在一起的导线束均以一单线画出。

（5）接线图上应标出导线及穿线管的型号、规格及尺寸。管内穿线满七根时，应另加备用线一根，便于检修。

四、手提电动工具的使用与保养

1. 手提电钻的结构

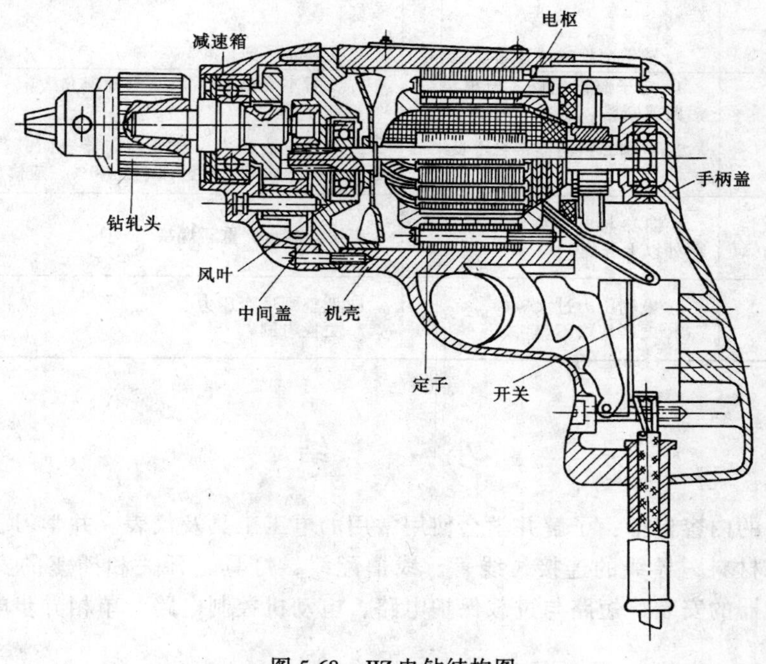

图5-68 JIZ电钻结构图

单相电钻主要由串激电动机、减速箱、快速切断自动复位手揿式开关、钻轧头及电源连接装置等部件组成，如图 5-68 所示。

钻轴由电动机经减速箱带动，减速箱装有几个相互啮合的齿轮，以降低钻轴的转速，提高钻轴的转矩。另一方面，减速箱也是电钻空载时串激电动机的负载，可使串激电动机不会出现空载运行、转速过高的不正常运行状态。风叶以静配合固定在转子轴上，当转子旋转时，用以降低定子绕组和电枢绕组的温升。

2. 单相电钻常见故障的排除

单相电钻由于采用了单相串激电动机，其故障现象、产生原因及排除方法都与直流电动机基本相似，现将单相电钻常见故障和排除方法列于表 5-10。

单相电钻常见故障及其排除方法　　表 5-10

故障现象	可能原因	排除方法
电钻不能启动	1. 电源线断线或焊点松脱	1. 用万用表或校验灯检查，如断线，更换电源线；焊点松脱，重新焊好
	2. 开关损坏	2. 用万用表或校验灯检查，修理或更换开关
	3. 电刷和换向器不接触	3. 调整电刷压力及改善接触面积
	4. 定子绕组断路	4. 如断在焊接点，可重新焊接；否则要重绕
	5. 电枢绕组严重断路	5. 重绕电枢绕组
	6. 减速齿轮卡住或损坏	6. 修理或更换齿轮
电钻转速慢	1. 电枢绕组短路或断路	1. 电钻转速慢，工作无力，换向器与电刷间产生很大火花，火花呈红色 ①经检查如有的线圈短路，需重绕电枢绕组 ②经检查如发现线圈引线与换向器焊接处如有开焊后，可重新焊接，如断路在线圈内部，需重绕电枢绕组
	2. 定子绕组通地或短路	2. 用兆欧表、检验灯检查定子线圈对地绝缘，如通地，应重绕；用万用表检查定子两线圈，阻值小者有短路，需重绕
	3. 轴承磨损或减速齿轮损坏	3. 更换轴承或齿轮
换向器与电刷间火花大	1. 定子绕组短路、电枢绕组短路或断路	1. 参看本表第二栏 1、2 点处理方法
	2. 电刷和换向器接触不良	2. 增加电刷压力，修理换向器表面，若电刷太短，应更换电刷；如电刷接触面小于 70%，应修磨电刷接触面
转子在某一位置上不能启动	换向器与电枢绕组连接处有两处以上开焊	查出开焊点，重新焊接
换向器发热	1. 电刷压力过大 2. 电刷规格不符	1. 调整到适当压力 2. 更换电刷

小　　结

本章学习的内容包括：了解并学会使用常用的电工工具及仪表。并学习了解室内装饰常用配电线路材料，导线的连接，线管、线槽配线，灯具、开关和插座的安装，供电方式，漏电保护器的安装，短路与过载保护电路，电动机控制电路，单相异步电动机，串激电动机等。

我们应重点掌握室内配电安装的要求，熟记灯具、开关和插座的安装，掌握安全用电知识，学会触电急救方法，了解发生电气火灾的原因，在今后的施工过程中把好电气防火的每一关，认真做好防火施工。

思　考　题

5-1　常用的电工工具有哪些？

5-2　常用的电工仪表有哪些？各有什么用途？

5-3　如何用万用表测量、判断二极管的好坏？

5-4　使用兆欧表时应注意哪些事项？

5-5　导线的连接分为几个步骤？

5-6　钢管采用管箍连接时，应注意什么问题？

5-7　一般灯具分为哪几种类型？

5-8　灯具的安装应注意哪些事项？

5-9　常用的插座有哪几种形式？

5-10　常用的电灯开关有哪几种形式？

5-11　灯具、开关和插座的安装要求是什么？

5-12　电工的安全操作有哪些规定？

5-13　发生电气火灾的原因是什么？

5-14　电气安装工程的防火施工要求有哪些？

5-15　对触电者如何急救？

5-16　漏电保护器的使用有哪些注意事项？

5-17　保护接地与保护接零的作用各是什么？

5-18　单相异步电动机根据起动方法分类有几种？

5-19　单相串激电动机有哪些主要特性？

5-20　单相串激电动机如何调速？

5-21　造成手提电钻转速慢的可能原因有哪些？如何排除？

参 考 文 献

1 王义山主编．建筑装饰基本理论知识．北京：中国建筑工业出版社，2000
2 孙倜，张明正主编．建筑装饰实际操作．北京：中国建筑工业出版社，2000
3 劳动部培训司编．钳工生产实习．北京：中国劳动出版社，1991
4 陈宏钧，马素敏主编．钳工操作技能指导手册．北京：机械工业出版社，1998
5 杨光臣主编．电气安装施工技术与管理．北京：中国建筑工业出版社，1996
6 徐君贤，朱平主编．电工技术实训．北京：机械工业出版社，2001
7 王炳荣主编．机械常识与钳工技能．北京：电子工业出版社，2002